水利水电工程 BIM 框架研究与技术探索

张社荣　潘　飞　王　超　姜佩奇　著

科 学 出 版 社

北　京

内 容 简 介

本书从水利水电工程BIM的整体框架搭建方式出发，分为综述篇、理论篇、技术篇和应用篇。综述篇主要介绍BIM技术的应用现状、技术价值与发展趋势，理论篇和技术篇着重介绍了BIM框架搭建过程中涉及的理论知识和关键技术，包括标准化水利水电信息模型的创建、协同平台系统框架及协作管理体系的建立、水利水电工程信息模型的共享管理技术、BIM Server协同设计技术、BIM与P6的进度成本联合管控技术、BIM与GIS的融合技术和水利水电工程数据安全保障技术。应用篇以RCC重力坝和长距离引水工程为依托，进行水利水电BIM综合管理平台的示范应用。

本书可供水利水电工程相关专业师生学习使用，也可供工程技术人员参考借鉴。

图书在版编目(CIP)数据

水利水电工程BIM框架研究与技术探索/张社荣等著. —北京：科学出版社，2020.9

ISBN 978-7-03-063121-3

Ⅰ. ①水… Ⅱ. ①张… Ⅲ. ①水利水电工程-计算机辅助设计-应用软件-研究 Ⅳ. ①TV222.2

中国版本图书馆CIP数据核字（2019）第250189号

责任编辑：任加林 / 责任校对：赵丽杰
责任印制：吕春珉 / 封面设计：耕者设计工作室

科学出版社出版
北京东黄城根北街16号
邮政编码：100717
http://www.sciencep.com
北京中科印刷有限公司印刷
科学出版社发行　各地新华书店经销
*
2020年9月第　一　版　开本：787×1092　1/16
2020年9月第一次印刷　印张：19 1/4
字数：370 000

定价：142.00元

（如有印装质量问题，我社负责调换〈中科〉）
销售部电话 010-62136230　编辑部电话 010-62130874（BA08）

前　言

水利水电工程建设具有规模大、周期长、投资巨大、技术复杂且专业性强、管理复杂、协调配合困难等特点。在工程建设中各参与方需要面对大量复杂的、高度碎片化的信息，且在工程建设的每一个阶段都需进行有效的沟通与信息共享。但是目前水利水电行业管理方式依然比较粗放，缺乏有效的协同，信息化水平较低，先进技术的普及程度不高，导致部分项目进度拖延、成本效益低下，同时也制约了项目管理整体水平的提升。借助先进的信息和通信技术是改善这一现象的有效途径。以建设项目全生命周期信息管理为特征的建筑信息模型（building information modeling，BIM）的出现，为水利水电项目各参与方提供了先进的数字化工具和信息共享平台，并为实现项目的集成化、协同化管理提供了新的方法和手段。

基于此，本书从水利水电工程 BIM 的整体框架搭建方式出发，着重探讨标准化水利水电工程信息模型的创建方式、协同平台系统框架的搭建方式及协同管理体系的建立方式，提出基于工业基础类（industry foundation classes，IFC）标准的水利水电 BIM 多维度架构，基于水利水电 BIM 的模型存储技术路线、基于水利水电 BIM 的模型创建方法、工程协作管理体系框架、全生命周期协作技术路线及协同工作模型等多方面理论，为构建标准化的水利水电 BIM 框架提供理论支撑。

在框架理论的基础上，本书主要阐述在水利水电工程 BIM 应用平台搭建过程中所采用的技术方法。针对水利水电工程数据复杂而零散的问题，提出水利水电工程信息模型共享管理关键技术，实现数据的专业化管理；针对水利水电行业设计阶段协同需求等问题，基于开源的 BIM 服务器产品，提出基于 BIM Server 的协同设计管理系统架构，并阐述详细的资源配置、关键技术和功能模块开发方式；基于 IFC 标准的进度成本信息表达，建立基于 IFC 的进度成本集成信息模型，以 Qracle Primavera P6（以下简称 P6）为计划编制软件并作为进度成本计划信息来源，实现构件与进度成本信息的关联，进而提出进度成本协同管理的实施流程，实现基于 BIM 的 5D 跟踪分析功能；提出基于 Web Service 和 WebGL 的 BIM/GIS 融合框架，并详细探讨其实现的关键技术手段；针对 Web 端数据安全性低的问题，提出安全环境的设置方式、安全设备和系统的搭建方式及安全存储机制的建立方式，实现数据的安全稳定传输。

最后本书以水利水电工程建设实例为依托，开发出基于 BIM 的应用管理平台，具有很强的实用性，对 BIM 技术标准的制定和行业应用具有一定的推动作用。

每一位水利水电建设人员都应当成为生产与管理现代化的推动者和实践者。让我们共同努力，积极推进信息技术应用及创新，为加强能力短板、创新商业模式、优化资源配置及深化业务协同提供服务支撑，为提高国际竞争力和影响力奠定坚实的信息化基础。

目　　录

第一篇　综述篇

第二篇　理论篇

第三篇 技术篇

第一篇　综　述　篇

第 1 章　BIM 技术概述

1.1　BIM 技术简介

随着全球社会生产力的高速发展，建设工程规模的不断扩大，技术复杂程度的逐渐提升，如何提高数字化信息技术在工程上的应用受到了广泛的关注。20 世纪 60 年代，计算机图形学的诞生与发展带动了计算机辅助设计（computer aided design，CAD）的蓬勃发展，工程师们经历了从手工绘图到计算机绘图的历史性转变。20 世纪 70 年代，CAD 软件进入实质性应用阶段，并取得了巨大的成功。也正是在这一过程中，BIM 的萌芽开始诞生。1975 年，被称作“BIM 之父”的查理斯·伊士曼（Chuck Eastman）在其研究性实验项目中提出了建筑描述系统（building description system）的概念，就建筑业发展需要解决的问题提出了一些精辟的观点，后被认为是 BIM 的雏形。20 世纪 80 年代开始，一批不错的建筑软件面市。第一个运用 BIM 技术的是 Graphisoft 公司。它提出了虚拟建筑（virtual building，VB）的概念，并运用在 ArchiCAD 软件中。直到 2002 年，Autodesk 公司在推广 Revit 软件时，首次提出了建筑信息模型（building information modeling，BIM）的概念，BIM 才真正被人们认同并流行起来。如今 BIM 已经得到行业和学术界的普遍认可，关于 BIM 的研究和应用也取得突破性进展。图 1.1 所示为 BIM 的发展历史。

BIM 作为建筑行业先进的理论和技术，全球 AEC 行业对于其的认识也在不断地丰富和深入。在这一过程中，行业和学术界对于 BIM 有着各自的理解和定义。作为领域里比较权威的组织机构，国际 BIM 标准协会认为：BIM 是一个建设项目物理和功能特性的数字表达，因此它能像共享的知识资源一样，分享有关信息，为项目全生命周期提供可靠的依据，在项目的不同阶段，不同利益相关方通过在 BIM 中插入、提取、更新和修改信息，以支持和反映其各自职责的协同作业。美国总承包商协会（Associated General Contractors of American，AGC）将 BIM 定义为：建筑信息模型是开发和使用计算机软件来模拟设施的建设和运作；由此产生的模型——建筑物信息模型，是一个关于设施的数据丰富、面向对象、智能化和参数化的数字表达系统；根据不同用户的需求，提取出其中的视图和数据来分析生成更多有用的信息，进而用来辅助用户做出决策以改善项目交付的进程。使用 BIM 来改善规划、设计和施工的过程也越来越多地被称为虚拟设计和施工（virtual design and construction，VDC）。

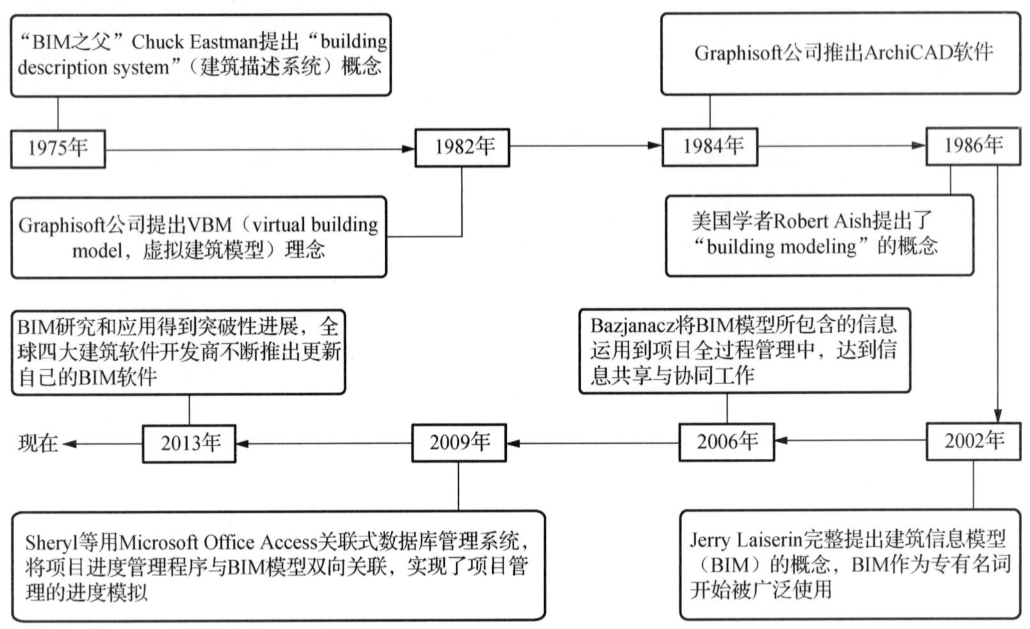

图 1.1　BIM 的发展历史

BIM 概念具有狭义和广义两个层面。在狭义层面上，BIM 是以三维数字化信息技术为基础，集成了建设工程在设计、施工、运营管理各个阶段协调一致的、可计算信息的工程数据模型，核心在于协同设计与信息集成。在广义层面上，BIM 是在相互交互的政策、过程和技术三个方面共同作用的前提下，形成的一种面向建设项目全生命周期的项目设计和项目数据的管理方法。因此从这个角度来看，BIM 不仅是工程技术上的革新，更是工程建设业务流程上的革新。

根据 BIM 的定义，可以看出它有如下一些明显的特性。

1）数据丰富性和全面性：BIM 是语义丰富和全面的数字化表达，因为它包含一个建筑所有的物理属性和功能特性。

2）全生命周期性：BIM 涵盖项目生命周期的各个阶段，包括规划和设计、施工和安装、运行和维护。

3）n 维：BIM 不仅是一个建筑物或其他设施的基于对象的三维表示，也包括能够被其他应用程序使用的信息，如时间（4D）、成本（5D）、能耗（6D）等信息，因此 BIM 是一个多维信息模型。

4）互操作性和协作性：BIM 以一致的、结构化的、可访问的方式将信息集成在一个数据库中，所有的信息都可以供整个项目团队成员访问。此外，它还为软件和硬件平台提供了一个开放的信息交换接口。

5）可操作性和可计算性：一个建筑项目的 BIM 解决方案是基于结构化的、可量化的、可计算的信息，它允许用户模拟和分析建筑的性能，如光照分析、热性能分析、声学分析、能耗分析、结构计算、流体力学分析、环境的可持续性分析等。

从根本上说，BIM 的目的是确保信息能够以恰当的格式在适当的时间被创建，以便在建筑设施的整个设计、施工和运营过程中帮助用户更好地做出决策。因此，在建筑设施的全生命周期过程中运用 BIM 来实现一个或多个特定的目标就是 BIM 的应用。宾夕法尼亚州立大学的计算机集成建造研究小组通过研究将 BIM 的应用进行了系统的归纳和总结，基于实施 BIM 的目的将其分为 5 个大类，分别为采集、生成、分析、沟通和实现。在大类的基础上，又进一步划分为 18 个小类（图 1.2）。从图 1.2 中可以直观地看出 BIM 在设施全生命周期所能发挥的某个具体作用。

图 1.2　BIM 在工程项目全生命周期中的应用

1.2　BIM 技术应用现状

科技信息革新技术的浪潮在全世界蔓延开来，其衍生出了虚拟化、数字化等一系列基于服务的非物质设计形态。作为数字化技术的杰出代表之一，BIM 是推动当代工程建设领域技术进步的关键。它可以真实并全面地将一项建筑工程物理及功能方面的所有建筑信息进行数字表达，它是在整个建设生命周期内时刻进行修整、补充、完善的动态信息储备中心。它通过数字化技术仿真模拟设计、建造、运营等工程全生命周期建设过程，整合业主、设计、施工、监理、供应商、分包商、制造商、政府各方信息，大大提高了工程的一体化建设程度，具有极高的价值。

1.2.1 国外 BIM 应用现状

1. 北美洲

美国：BIM 应用始于美国，美国总务管理局（GSA）于 2003 年推出了国家 3D-4D-BIM 计划，并陆续发布了一系列 BIM 指南。美国联邦机构美国陆军工程兵团（USACE）在 2006 年制定并发布了一份 15 年（2006～2020 年）的 BIM 发展路线图。美国建筑科学研究院于 2007 年发布美国国家 BIM 标准（NBIMS），旗下的 Building SMART 联盟负责 BIM 应用研究工作。2009 年，美国威斯康星州成为第一个要求州内新建大型公共建筑项目使用 BIM 技术的州政府；同年，得克萨斯州设施委员会也对州政府投资的设计和施工项目提出应用 BIM 技术的要求。根据 McGraw Hill 的调研，工程建设行业应用 BIM 的比例从 2007 年的 28%增长至 2009 年的 49%，直至 2012 年的 71%。其中 74%的承包商已经在实施 BIM 了。

2. 欧洲

（1）英国

与大多数国家相比，英国政府要求强制使用 BIM。英国政府内阁办公室在 2011 年 5 月发布了“Government Construction Strategy”（政府建设战略）文件，其中有整章节介绍 BIM 的发展规划。章节中明确表示，到 2016 年，政府要求全面实现协同 3D-BIM，并将全部的文件进行信息化管理。英国的设计公司在 BIM 实施方面已经相当领先了，因为伦敦是全球众多领先设计企业的总部，如 Foster and Partners、Arup Sports，同时也是很多领先设计企业的欧洲总部，如 HOK、SOM。在这些背景下，政府发布的强制使用 BIM 的文件可以得到有效的执行。

（2）北欧

北欧国家包括挪威、丹麦、瑞典和芬兰，是一些主要的建筑业信息技术的软件厂商所在地，如 Tekla 和 Solibri，而且对发源于邻近国家匈牙利的 ArchiCAD 的应用率也很高。因此，这些国家是全球最先一批采用基于模型设计的国家，也在推动建筑信息技术的互用性并开放标准。北欧国家冬天漫长多雪，这使得建筑的预制化非常重要，也促进了包含丰富数据、基于模型的 BIM 技术的发展，使这些国家及早地进行了 BIM 的部署。

除了当地气候的要求和先进建筑信息技术软件的推动外，BIM 技术的发展主要是企业的自觉行为，如 Senate Properties 是一家芬兰国有企业，也是荷兰最大的物业资产管理公司。2007 年，Senate Properties 发布了一份建筑设计的 BIM 要求（Senate Properties' BIM Requirements for Architectural Design，2007）。自 2007 年 10 月 1 日起，Senate Properties 的项目仅强制要求建筑设计部分使用 BIM 技术，其他设计部分可根据项目情况自行决定是否采用 BIM 技术，但目标将是全面使用 BIM。

3. 亚洲

(1) 日本

2009 年被认为是日本的 BIM 元年。大量的日本设计公司、施工企业开始应用 BIM，而日本国土交通省也在 2010 年 3 月选择一项政府建设项目作为试点，探索 BIM 在设计可视化、信息整合方面的价值及实施流程。

2010 年秋，日经 BP 社调研了 517 位设计院、施工企业及相关建筑行业从业人士，了解他们对于 BIM 的认知度与应用情况。结果显示，BIM 的知晓度从 2007 年的 30.2%提升至 2010 年的 76.4%。2008 年的调研显示，采用 BIM 的最主要原因是 BIM 绝佳的演示或呈现效果，而 2010 年人们采用 BIM 则主要用于提高业务或工作流程效率。2010 年仅有 7%的业主或者客户要求施工企业应用 BIM，这也表明日本企业应用 BIM 更多是企业的自身选择与需求，如图 1.3 所示。日本 33%的施工企业已经应用 BIM 了，在这些企业当中近 90%是在 2009 年之前开始实施的。

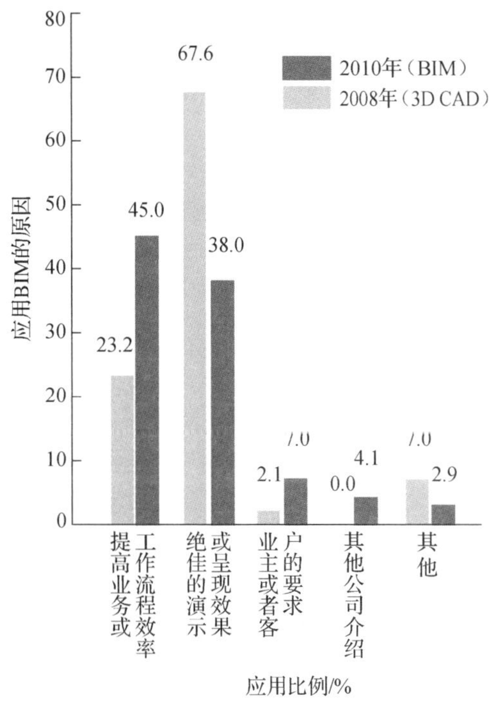

图 1.3　日本企业应用 BIM 的原因

日本软件业较为发达，在建筑信息技术方面也拥有较多的国产软件，日本 BIM 相关软件厂商认识到，BIM 需要多个软件来互相配合，而数据集成是基本前提，因此多家日本 BIM 软件商在 IAI 日本分会的支持下，以福井计算机株式会社为主导，成立了日本国产解决方案软件联盟。

此外，日本建筑学会于 2012 年 7 月发布了日本 BIM 指南，从 BIM 团队建设、BIM 数据处理、BIM 设计流程、应用 BIM 进行预算和模拟等方面为日本的设计院和施工企业应用 BIM 提供了指导。

（2）韩国

韩国在运用 BIM 技术上十分领先。多个政府部门都致力于制定 BIM 的标准，如韩国虚拟建造研究院、韩国调达厅、韩国公共采购服务中心和韩国国土交通海洋部。

韩国公共采购服务中心（Public Procurement Service，PPS）是韩国所有政府采购服务的执行部门。2010 年 4 月，PPS 发布了 BIM 路线图，如图 1.4 所示。其内容包括：2010 年，在 1～2 个大型工程项目应用 BIM；2011 年，在 3～4 个大型工程项目应用 BIM；2013～2015 年，500 亿韩元以上大型工程项目都采用 4D BIM 技术（3D+成本管理）；从 2016 年起，全部公共工程应用 BIM 技术。2010 年 12 月，PPS 发布了《设施管理 BIM 应用指南》，针对建筑设计、施工图设计、施工等阶段中的 BIM 应用进行指导，并于 2012 年 4 月对其进行了更新。

	短期（2010～2012年）	中期（2013～2015年）	长期（2016年至今）
目标	通过扩大BIM应用提高设计质量	构建4D设计预算管理系统	设施管理全部采用BIM，实行行业革新
对象	500亿韩元以上交钥匙工程公开招标项目	500亿韩元以上的大型工程项目	全部公共工程
方法	通过积极的市场推广，促进BIM的应用；编制BIM应用指南，并每年更新；BIM应用的奖励措施	建立专门管理BIM发包产业的诊断队伍；建立基于3D数据的工程项目管理系统	利用BIM数据库进行施工管理、合同管理及总预算审查
预期成果	通过BIM应用提高客户满意度；促进民间部门的BIM应用；通过设计阶段多样的检查校核措施，提高设计质量	提高项目造价管理与进度管理水平；实现施工阶段设计变更最少化，减少资源浪费	革新设施管理并强化成本管理

图 1.4　韩国 BIM 路线图

2010 年 1 月，韩国国土交通海洋部发布了《建筑领域 BIM 应用指南》（简称指南）。该指南为开发商、建筑师和工程师在申请四大行政部门、16 个都市及 6 个公共机构的项目时，提供采用 BIM 技术必须注意的方法和要素的指导。指南提出企业能在公共项目中系统地实施 BIM，同时也为企业建立实用的 BIM 实施标准。目前，土木工程领域的

BIM 应用指南也已立项，暂定名为《土木领域 3D 设计指南》。

韩国主要的建筑公司都在积极采用 BIM 技术，如现代建设、三星建设、空间综合建筑事务所、大宇建设、GS 建设、Daelim 建设等公司。其中，Daelim 建设将 BIM 技术应用到桥梁的施工管理中，利用 BIM 软件 Digital Project 对建筑设计阶段和施工阶段进行一体化的研究和实施。

（3）新加坡

新加坡负责建筑业管理的国家机构是建筑管理署（Building and Construction Authority，BCA）。2011 年，BCA 发布了新加坡 BIM 发展路线规划（BCA's Building Information Modeling Roadmap），规划明确推动整个建筑业在 2015 年前广泛使用 BIM 技术。为了实现这一目标，BCA 分析了面临的挑战，并制定了相关策略（图 1.5）。其中清除障碍的主要策略，包括制定 BIM 交付模板以减少从 CAD 到 BIM 的转化难度，2010 年 BCA 发布了建筑和结构的模板，2011 年 4 月发布了 M&E 的模板。另外，与 buildingSMART 新加坡分会合作，制定了建筑与设计对象库，并明确在 2012 年以前合作确定发布项目协作指南。

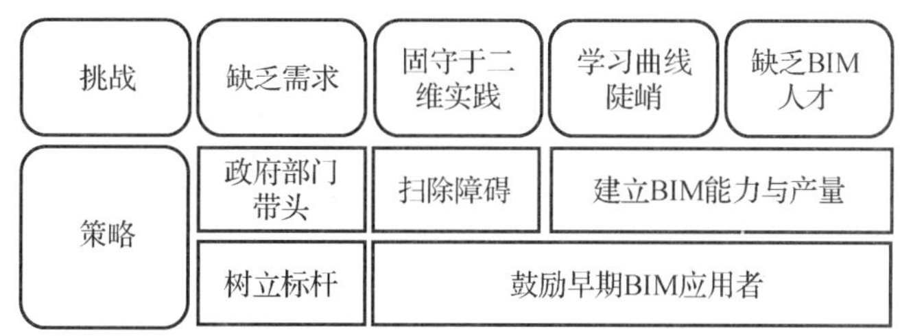

图 1.5　新加坡 BIM 发展策略

为了鼓励早期的 BIM 应用者，BCA 于 2010 年成立了一个 600 万新元的 BIM 基金项目，任何企业都可以申请。基金分为企业层级和项目协作层级，公司层级最多可申请 20000 新元，用以补贴培训、软件、硬件及人工成本；项目协作层级需要至少 2 家公司的 BIM 应用协作，每家公司、每个主要专业最多可申请 35000 新元，以补贴培训、咨询、软件及硬件和人力成本。申请的企业必须派员工参加 BCA 学院组织的 BIM 建模/管理技能课程。

在创造需求方面，新加坡决定政府部门必须带头在所有新建项目中明确提出 BIM 需求。2011 年，BCA 与一些政府部门合作确立了示范项目。BCA 将强制要求提交建筑模型（2013 年起）、结构与机电模型（2014 年起），并且最终在 2015 年前实现所有建筑面积大于 5000m^2 的项目都必须提交 BIM 模型的目标。

在建立 BIM 能力与产量方面，BCA 鼓励新加坡的大学开设 BIM 的课程，为毕业学生组织密集的 BIM 培训课程，为行业专业人士建立了 BIM 专业学位。

1.2.2 国内 BIM 应用现状

近年来 BIM 在国内建筑业形成一股热潮，除了前期软件厂商的大声呼吁外，政府相关单位、各行业协会与专家、设计单位、施工企业、科研院校等也开始重视并推广 BIM。“十一五”国家科技支撑计划重点项目“现代建筑设计与施工关键技术研究”中，其已明确提出将深入研究 BIM 技术，完善协同工作平台以提高工作效率、生产水平与质量。2011 年 6 月，住房和城乡建设部（以下简称住建部）颁布了《2011—2015 年建筑业信息化发展纲要》，明确表示将“加快建筑信息模型（BIM）、基于网络的协同工作等新技术在工程中的应用，推动信息化标准建设，促进具有自主知识产权软件的产业化，形成一批信息技术应用达到国际先进水平的建筑企业”列入总体目标，在政策层面正式推动 BIM 的发展。2011 年，清华大学 BIM 课题组联合我国建筑设计单位、施工企业及 BIM 软件供应商，发布了第一个与国际标准接轨并符合我国国情的开放的中国建筑信息模型标准（Chinese Building Information Modeling Standard，CBIMS）框架。与此同时出现了一批商业化的 BIM 应用软件，如广联达公司的 BIM 造价估算、BIM 算量、BIM5D，鲁班 BIM View、BIM Works 鲁班进度计划等。在国家重大工程中，BIM 的应用也逐渐深入，从最初的国家体育场（鸟巢）和国家游泳中心（水立方）工程，到上海世界博览会的国家电网企业馆，再到上海中心大厦。BIM 的应用为项目的成功实施提供了保障，缩短项目周期，节约更多成本，为项目的设计、施工、运营提供了便利。同时绿色、环保、节能、可持续发展的理念持续深入，显著地提高了项目的整体效益。在产业界，前期主要是设计院、施工单位、咨询单位等对 BIM 进行一些尝试。业主对 BIM 的认知度也在不断提升，SOHO 已将 BIM 作为 SOHO 未来三大核心竞争力之一；万达、龙湖等大型房产商也在积极探索应用 BIM。国内大中小型设计院、大型施工企业、民用建筑企业也竞相发展企业内部的 BIM 应用，中国电建集团下属企业如昆明勘测设计研究院、华东勘测设计研究院、成都勘测设计研究院等已经开始推广应用 BIM 技术。目前，大中型设计企业基本上拥有了专门的 BIM 团队，有一定的 BIM 实施经验；施工企业起步略晚于设计企业，但也有很多大型施工企业开始应用 BIM，并积累了一定的成功案例；运维阶段 BIM 的应用还处在探索研究阶段。

2015 年 6 月，住房和城乡建设部发布了《关于推进建筑信息模型应用的指导意见》，强调了 BIM 在建筑领域应用的重要意义，提出了推进建筑信息模型应用的指导思想与基本原则，同时明确提出“十三五”期间推进 BIM 应用的发展目标。这一时期内，各地也纷纷出台关于推广建筑信息模型（BIM）的指导意见，如北京、上海、广东、山东、四川等。

香港的 BIM 发展主要靠行业自身的推动，早在 2009 年便成立了香港 BIM 学会。2010

年，香港 BIM 学会主席梁志旋表示，香港的 BIM 技术应用已经完成从概念到实用的转变，处于全面推广的最初阶段。香港房屋署自 2006 年起，已率先试用建筑信息模型；同时为了成功地推行 BIM，该机构自行订立 BIM 标准、用户指南、组建资料库等用于设计指引和参考。这些资料为模型建立、管理档案，以及用户之间的沟通创造了良好的环境。

早在 2007 年，台湾大学与 Autodesk 签订了“产学研”合作协议，重点研究建筑信息模型（BIM）及动态工程模型设计。2009 年，台湾大学土木工程系成立了“工程信息仿真与管理研究中心”（Research Center for Building & Infrastructure Information Modeling and Management，简称 BIM 研究中心），建立技术研发、教育训练、产业服务与应用推广的服务平台，促进 BIM 相关技术与应用的经验交流、成果分享、人才培训与“产学研”合作。此外，台湾交通大学、台湾科技大学、高雄应用科技大学、淡江大学等对 BIM 进行了广泛的研究，极大地推动了台湾对于 BIM 的认知与应用。台湾相关主管部门对于建筑产业界 BIM 的推动并没有强制的政策和奖励措施，但对于其拥有者为政府单位，其发包监督都受政府的公共工程委员会管辖的工程，则要求在设计阶段与施工阶段运用 BIM 技术。另外，台北市牵头邀请各界专家齐聚一堂，召开座谈研讨会，从不同角度就台北市的研究专案说明、推动环境与策略、应用经验分享、工程法律与产权等课题提出专题报告并进行研讨，极大地推动了 BIM 在台湾的发展。

1.2.3　BIM 总体研究现状

目前，国内外关于 BIM 的研究主要集中在以下四个方面。

1）相关标准及其扩展研究。国际上关于 BIM 数据标准——IFC 标准的研究已日趋成熟。在此基础上，研究者们又进行了扩展，如创建了用于分析钢结构桥梁设计的信息模型和用于结构分析的信息模型；在已开发的物业管理框架的基础上，通过扩展 IFC 标准，构建物业管理信息模型等。其他相关标准如视图标准定义等，也在不断地补充和完善。许多国家和地区纷纷加入了 buildingSMART 联盟，共同推动 BIM 理论走向成熟。

2）*n*D 模型的研究。运用 *n*D 技术辅助工程项目管理是非常必要和可行的，通过 BIM 技术建立 *n*D 系统模型来实现工程项目集成化管理是解决问题的关键。学者们研究了 *n*D 模型的发展，以及实现 *n*D 模型的技术，并提出了 *n*D 模型未来发展的蓝图。其中英国的索尔福德大学开发的 *n*D 模型，集成了进度、成本、建筑节能、性能分析等各个方面的信息。

3）基于 BIM 的项目协同管理。项目设计阶段 BIM 的应用主要集中在多专业协同设计。协同设计过程中的支撑技术，特别是支持远程协同设计的 3D 虚拟技术、图形用户接口技术、客户端-服务器及 P2P 网络技术，共同建立了异步协作平台，主要用于 BIM

的建立。同时，基于 BIM 的存储和交换机制，以模型为基础的同步协作模式也随之出现。数据交换与共享作为项目管理的核心至关重要。一些研究者也开始研究 BIM 作为项目协同中心的详细细节，出现了如基于 IFC 的模型服务器以支持 BIM 数据交换；基于 IFC 的 4D 项目管理系统，通过 B/S 网络结构实现了建筑、进度、概算数据的交互与共享。欧洲 InPro 项目，详细研究了 BIM 协同中心的架构、关键技术和功能特性。此外，一些商用和开源的 BIM 数据服务器面世，如 Graphisoft ArchiCad BIM Server、EuroSTEP Share-A-Space Model Server、EDM Server、Open BIM Server 及 Onuma BIMstroms 等。

4）基于 BIM 技术集成扩展。国内外的许多研究学者已经开始研究 BIM 与其他高科技的结合。通过整合 BIM 与先进的数据获取技术，如 3D 激光扫描和 RFID 技术，来研究实时建设项目信息管理；通过 BIM 数据仓库的数据挖掘，以及大数据来实现项目的知识管理；通过 BIM 和 GIS 集成，研究宏微观条件下建筑信息的集成问题；通过整合云技术，引入云计算和云存储，解决 BIM 高成本问题，引领 BIM 向 SaaS 转型等。这些都为以 BIM 为核心的项目信息化管理的发展提供了更好的支持。

1.3 BIM 技术的价值

（1）三维参数化设计与图纸生成

传统二维设计中，视图之间缺少关联性，易因疏忽而漏改，导致错误，并且反复的修改和协调工作浪费了设计师大量宝贵的时间和精力。而在 BIM 设计中，设计人员直接通过族文件建立三维可视化模型，所有的图纸可直接从模型中生成，所有的数据都取自同一个数据库，因而在任意视图中的修改都会直接反映在数据库中，从而其他图纸视图随着设计的进展而实时更新，大大提高设计效率。

（2）协同化设计

工程建设涉及的专业众多，各专业间的数据传递往往是通过图纸来实现的，不仅传递过程烦琐，而且若一方数据的修改不及时共享，往往会导致其他人员的设计过程无法顺利进行。应用 BIM 设计平台，各专业的最新设计成果实时反映在同一 BIM 设计中。相互关系在三维模型上一目了然，“错、碰、漏”的问题迎刃而解。

（3）虚拟化场景设计平台

对于设计人员，运用 BIM 软件可以创造所见所想即所得的虚拟建筑模型。在虚拟建筑模型中做设计，可以随时看到设计的效果，可以有效避免一些由于空间想象不正确而导致的错误。设计人员还可以将虚拟建筑模型放在 GIS 场地环境中，评价建筑与环境是否融洽，以及考察建筑与周围环境之间的相互影响，大大提高设计效率和设计质量。

（4）计算分析与仿真模拟

传统的二维图纸设计中，设计人员无法直接将设计的图纸用于高级的分析和模拟过程。运用 BIM 技术建立的信息模型不仅包含三维尺寸信息，还包含各种属性信息，通过提取模型中的数据，得到子模型，导入到分析模拟软件中，即可进行计算分析和方案比选。把各种复杂的分析和模拟过程交给计算机来完成，不仅保证了数据的准确性，而且把工程师从冗长的计算中解放出来。

（5）施工可行性模拟

传统的二维设计往往与施工脱节，产生设计易、施工难的状况。集成水利水电施工过程的 BIM 设计可以真实化地模拟施工的整个流程，设计人员能够尽可能全面地了解施工过程中可能发生的状况，并从设计的源头加以解决。对于读图的施工人员，通过三维 BIM 应用可大大提高读图效率和准确度，真正实现设计施工一体化。

（6）设计成果的便捷交付

信息是 BIM 的核心，BIM 是一个富含项目信息的三维或多维建筑模型，高效的信息互用是 BIM 的核心价值所在。三维设计交付，在数据的完整、一致、关联、通用、可重用、轻量化等方面具有巨大优势，保证了数据资源的完整性，供使用者在全生命周期的不同阶段使用。

1.4　BIM 技术与基础设施建设

自从 BIM 被引入建筑工程行业以来，已经在市场上取得了巨大的成功。然而在基础设施建设行业，BIM 的应用才刚刚起步。基础设施行业，如交通基础设施、能源基础设施、公用基础设施、娱乐基础设施和水利基础设施，相对于建筑工程行业，基本上都是投资巨大、工程复杂、建设周期较长的大型项目，整合项目所有信息进行工程的设计建造尤其重要。从 BIM 的理念来说，它们对 BIM 的需求丝毫不亚于普通建筑工程项目。如今，BIM 的内涵已经不仅仅局限在建筑（building）上，其在基础设施行业已经得到全面的推广和应用。“Horizontal BIM”“Heavy BIM”“Civil Information Modeling”“Virtual Design and Construction”这些形容基础设施 BIM 的名词不断涌现，一定程度上反映出了当前行业和学界对于基础设施 BIM 的研究热情。麦格劳•希尔建筑信息公司的调查研究报告显示，BIM 已经开始显著影响基础设施建设行业。2009 年在业主、承包商和设计企业里的基础设施项目中，BIM 的最高使用率仅为 16%，而到了 2013 年，这一数字上升到了 52%。报告认为目前基础设施行业 BIM 的应用情况大致落后于建筑工程行业 3 年左右，但是根据预测，基础设施行业市场 BIM 的普及速度将比建筑行业快很多。

2015年6月，在我国举行的“第六届国际基础设施投资与建设高峰论坛”中，首次向业界提出“建设 4.0”概念，认为基础设施建设行业与其他制造业一样，在先后经历了机械时代、电子时代、信息时代后，正面临跨入智能时代的机遇（图1.6），也为“智能建设”提供了广阔的发展平台。工业革命为基础设施建设的发展提供了技术基础，德国“工业4.0”的提出也同样为当代基础设施工程的建设提供了借鉴和启示，“基础设施4.0”也正向我们走来。

从技术形式看，“基础设施 4.0”是指以工程信息技术资源的开发利用为核心，以BIM技术、网络技术、通信技术、大数据挖掘、云计算技术、移动终端技术等高科技手段为依托的一种新技术扩散的过程，通过实现基础设施信息的在线采集与共享，可以随时随地为基础设施提供信息支持和解决方案。

从行业影响看，“基础设施4.0”是一个利用数字化、智能化技术对基础设施工程建设与管理水平进行整体提升的过程。它涵盖了勘测、设计、施工、监理、咨询、政府监管、企业管理、教育培训等诸多领域，尤其针对我国实际，有效地解决了工程建设量大、涉及面广和信息知识资源分布严重不均的矛盾，推动了整体的技术进步。

19世纪	20世纪末	21世纪初	2015年以后
基础设施1.0	基础设施2.0	基础设施3.0	基础设施4.0
• 机械时代 • 蒸汽工程机械被发明 • 机械代替了人力畜力 • 建设规模转向大型化	• 电子时代 • 计算机发明，CAD出现 • 电子技术、系统集成化 • 手工操作转向电子操作	• 信息时代 • 各类信息技术被发明 • 微电脑、GPS得到应用 • 实现建设优化和信息化	• 智能时代 • 智能化、自动化、互联化 • 人、机、物、信息、组织之间智能融合 • 建设成本降低、效率提高

图1.6　基础设施行业的发展历程

从实现过程来看，“基础设施4.0”是一个包含三个层面、六大要素的动态过程。三个层面如下：一是基础设施工程信息技术的开发和应用过程，主要指在互联网等信息技术的基础上，制定工程信息在软件、硬件方面的数据传输标准，同时大力开发研制工程信息的采集终端，这是实施“基础设施4.0”的基础；二是工程资源的开发和利用过程，这是实施“基础设施 4.0”的核心与关键；三是基础设施工程建设是一个不断发展的过程，主要指应发展一批与工程技术开发制造相关的科研机构和企业，这是实施“基础设施4.0”的重要支撑。六大要素是指网络、资源、技术、产业、政策与人才。

“基础设施4.0”正显示着它独特的魅力——互联性、数据性、集成性、创新性和网络性，真正的“智能建设”时代已经到来。在虚拟现实技术、物联网技术、大数据技术、云计算技术、移动终端技术、激光扫描技术、三维打印技术等各种新技术的热潮下，BIM 作为基础设施行业创新发展的核心动力，它在与新技术集成的过程中，对基础设施行业的科技进步与转型升级产生了不可估量的影响，同时也必将给行业内相关企业的发展带来巨大动力，为国家的经济建设和战略目标提供巨大而厚实的基础。

1.5　BIM 技术集成发展趋势

当前，越来越多国家的企业投入到 BIM 技术的应用和推广中。在“互联网+”的发展浪潮下，BIM 应用也正朝着集成化的方向往前发展，正成为各种应用、数据及价值创造的核心。2015 年版《中国建筑施工行业信息化发展报告》指出 BIM 技术在建筑施工行业逐渐进入了注重应用价值的深度应用阶段，并呈现出“BIM+”的特点，主要体现在五个方面的发展：一是多阶段应用；二是集成化应用；三是多角度应用；四是协同化应用；五是普及化应用。报告也给出了 BIM 与九大技术（项目管理、云计算、物联网、数字化加工、智能型全站仪、地理信息系统、三维扫描、虚拟现实和三维打印）集成应用的理论与实践，对 BIM 在建筑施工行业的深度应用和推广做出了客观的诠释。

随着各行各业 BIM 实践的不断增加，BIM 核心角色的作用日益凸显。BIM 的集成化发展趋势主要集中在技术领域、行业领域和业务领域。

首先，BIM 技术维度的集成发展是行业技术提升和创新的必要途径。从广义的角度来说，BIM 已经不仅仅是建筑信息模型，而是相关技术的集合。“BIM+大数据技术”“BIM+云计算技术”“BIM+物联网技术”等充分体现了以 BIM 为技术核心的行业发展新态势。

其次，BIM 行业维度的发展使得全球市场向建筑新兴领域及其他横向领域拓展。BIM 技术除了向绿色建筑、装配式建筑、古建筑保护、综合管廊、智慧城市等建筑新兴领域发展以外，也不断地向轨道交通、能源设施、水利基础设施等行业延展。这些跨领域的发展展现出 BIM 巨大的优势和潜力，与此同时 BIM 也为市场的竞争与发展注入了新的活力。

最后，BIM 业务维度的发展是全生命周期业务整合应用的必然结果。BIM 不仅仅应用于规划设计阶段的场地规划、方案论证等方面，随着工程阶段的发展，围绕物料跟踪、现场管理以及资产管理、设施维护等业务应用也不断展开，实现 BIM 应用的串联，从而保证了 BIM 全生命周期信息的完备性。

第二篇　理　论　篇

第 2 章　水利水电工程信息模型的创建标准化

水利水电行业发展至今，在水利水电工程生命周期过程中尚存在以下几个方面的问题。

1）信息在工程全生命周期各阶段流失严重。一方面，设计过程中使用的结构化数据和非结构化数据数量巨大、来源广泛、种类繁多、传递频繁、版本众多，难免出现人为失误导致数据丢失；另一方面，由于设计成果提交没有统一的标准，而设计变更又会产生众多的设计成果版本，不可避免地造成施工、运行阶段对设计成果的错误利用，导致正确信息的丢失。

2）工程项目设计效率低。水利水电行业设计单位仍然主要以二维设计或是非参数化的三维设计为主，前者的设计成果严重制约专业内部和专业间设计协作的效率，后者的设计成果不具有可重用性，对协同设计效率的提高有限；少数设计院已有的参数化设计没有统一的标准，存在各设计院建立模型的建模顺序、构件划分、尺寸变量及装配参数不统一的现象，导致不同设计院的设计成果在协作过程中不能直接利用。此外，缺少高效的协同设计模式，有的也只是仅利用图档共享系统进行协同设计。

解决上述问题的有效方法就是建立水利水电工程信息模型，并运用该信息模型进行水利水电工程生命周期各阶段信息的集成、存储，实现各参与方的协同设计。这一点在制造业和建筑业已经得到了证实。水利水电工程信息模型是指在水利水电工程及设施全生命周期内，对其物理和功能特性进行数字化表达，并依此进行设计、施工、运维的过程和结果的总称，具有 BIM 的全部属性特征，简称模型。然而，水利水电工程枢纽规模庞大，用于表达的模型种类繁多，需要众多专业配合工作，具有一套不同于产品设计和建筑设计的独有的设计流程。此外，模型功能的多样性也造成了设计软件及其文件数据结构的多样性，这些都使模型在信息存储和协同设计方面不同于制造业和建筑业。

针对上述水利水电行业存在的问题和工程特点，本章分别对水利水电工程信息模型创建过程中的三个重要环节，包括信息模型的分类存储、快速创建方法和基于信息模型的协同设计方法进行标准化研究。

2.1 水利水电工程信息模型交换标准化

2.1.1 BIM 精度和 IFC 标准

2.1.1.1 BIM 精度

纵观 BIM 技术在建筑业全生命周期都有其广泛的应用。但 BIM 必须符合生命周期各阶段的使用需求，因此 BIM 在不同阶段会呈现不同的面貌。按照常理而言，BIM 被赋予的信息的质和量都会随着生命周期不断增长，从简单到复杂，从抽象到具体，变数和不确定性从高到低。若将 BIM 视为许多组件所构成的信息集合，必须有一套公开的标准来界定 BIM 中各个子集在不同阶段的需求和目标，如此才能使 BIM 技术在多方协同作业和系统整合时有共同的交流语言。

许多人在应用 BIM 技术的过程中接触过 LOD，有人认为它是英文 level of detail 的缩写，因此翻译成详细程度或者精细程度。实际上 BIM 中的 LOD 来自美国建筑师协会（AIA）编写的 E202 号文件，LOD 是 level of development 的缩写，译为发展程度，用来表示 BIM 中的模型元件在生命周期的不同阶段中所要达成的完成度。

BIM 从 2D 跨入 3D 时代，一开始的观念转变还没有那么顺利，一部分人也很自然地将工程图的概念和 LOD 来对应，因而得到了如下的对照关系：LOD100 相当于概念设计图，LOD200 相当于初步设计图，LOD300 相当于详细设计图，LOD400 相当于施工设计图，LOD500 则相当于竣工图。因此在直觉上，模型元件的发展程度应是随着全生命周期的进展而越来越详细完整，于是将 LOD 解读成 level of detail 也是直觉上可以接受的。

但是，为何 AIA 却要刻意使用“level of development”（发展程度）呢？关键就在于完整度和详细度所要表达的观念有所不同。AIA 用 level of development 来描述 BIM 模型元件（而非整个模型）的完整度，并用完整度来说明随着建筑物生命周期不同阶段的发展，而逐步应用 BIM 元件时，使用者根据其专业特性及不同阶段所需要与所能掌握的信息，会期待在几何与非几何属性信息上有一定的完整度，也就是信息的充分必要程度。此外，同一工程阶段的 BIM 元件并不必然需要相同的信息完整度。详细度是来描述模型细节的完成度的，并未提示模型元件所含信息是否完整必要，又较容易让人觉得在同一工程阶段的 BIM 中所有元件都会有相同的详细度。因此，AIA 选择使用 level of development 来避免 Level of Detail 带给人们的刻板印象。

2.1.1.2　IFC 标准整体概述

BIM 应用的核心是数据交互，通过建立统一的标准规范，使各专业设计人员、各参建方能够基于同一平台实现 BIM 的协同化应用。目前应用最为广泛的 BIM 数据交互标准就是 buildingSMART 组织（前身为 IAI）针对建筑工程特性制定的 IFC 标准，国内外约有 150 家软件开发商的产品支持通过 IFC 标准格式文件共享和交换 BIM 数据。

IFC 标准体系结构由 4 个层次构成，如图 2.1 所示，从下到上依次为资源层（resource layer）、核心层（core layer）、交互层（interoperability layer）和领域层（domain layer），主要内容如表 2.1 所示。各层均包含一系列信息描述模块，并遵守如下规则：每层内的实体只能对同层及下层的资源进行引用，而不能直接引用上层的资源；当上层资源发生变动时，下层不会受到影响。

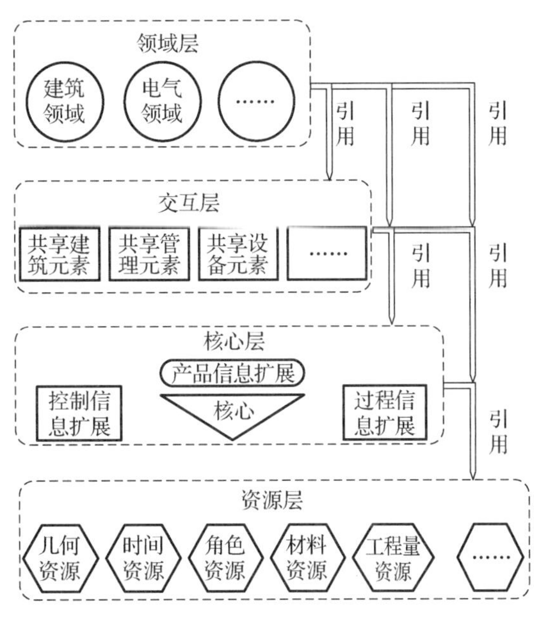

图 2.1　IFC 标准体系层次结构图

表 2.1 IFC 标准体系层次内容简述

IFC 层次	主要内容
资源层	主要定义了 21 类基本的可多次利用的模块，包括时间资源、材料资源、几何资源、属性资源、数量资源、测量资源等。这层所有数据结构无法独立存在，需要依赖于上层实体直接/间接地引用
核心层	主要对 IFC 对象模型的基本构造、关联关系和最普遍的概念进行了规定，以便模型能够得到更深入的具体化
交互层	主要定义了由多个领域所共享的、更加具体的对象与关系，包括建筑结构元素模块、建筑服务元素模块、设备元素模块、组件元素模块及管理元素模块
领域层	主要定义了特定领域的实体对象，包括暖通、电气、建筑、施工管理、结构分析、结构元素、管道消防、建筑控制等领域

完整的 IFC 标准由类型定义、实体、规程和相关的内容定义组成。

1）类型定义是 IFC 标准的主要部分，包括定义类型（DefinedType）、枚举类型（Enumeration）和选择类型（SelectTypes）。

2）实体是信息交换与共享的载体，采用面向对象的方式构建，与面向对象中类的概念相对应，是 IFC 标准体系的核心内容。实体（Entity）依靠属性对自身信息进行描述，分为直接属性、导出属性和反属性。直接属性是指使用定义类型、枚举类型、选择类型表示实体的属性值，如 Globalld、Named 等；导出属性是指由其他实体来描述的属性；反属性是指通过关联类型的实体进行链接的属性，如 IsTypedBy 通过关联实体 IfcRelDefinesByType 关联构件的类型实体。

三种不同类别的属性在其应用范围和应用时机上各有其侧重点。一般来讲，如果一个实体中的某个属性是专有属性或不变属性，则适合使用直接属性进行定义，如 GlobalID 定义了全局唯一标识；反之则使用逆属性进行定义，如 IfcPropertySet 属性集实体中的 DefinesOccurrence 就是通过逆属性来定义的，因为一个属性集可以由其他多个实例共用；导出属性则多用于定义资源层的一些底层实体。

3）规程包括函数和规则两个部分，主要用于计算实体类型的属性值，控制实体类型属性值满足约束条件以及验证模型的正确性等。相关的内容定义包括属性集（Property Set）、数量集（Quantity Set）和个体特性集（Individual Properties Set）三个部分。IFC 标准对常用的属性集进行了定义，称为预定义属性集。数量集是对长度、面积、体积、质量、个数或时间等参数的度量。

2013 年 4 月 1 日，IFC 标准（IFC4 标准）在 ISO 体系中从 PAS（公共可用规范）升级为 IS 标准，正式标准号为 ISO16739：2013。此次标准等级的提升，将 IFC 体系中所有的内容都纳入 ISO16739 标准中，扩大了 IFC 标准在建筑工程管理领域的影响范围。

目前，最新的 IFC 标准是 2016 年 7 月 15 日发布的 IFC4 ADD2，共包含 776 个实体和 397 个定义、枚举、选择等类型。

2.1.1.3　IFC 标准的数据描述

（1）EXPRESS 描述

IFC 标准本质上是建筑物和建筑工程数据的定义，反映现实世界中的对象。它采用了一种面向对象的、规范化的数据描述语言——EXPRESS 语言（机械、航空航天等领域的国际标准 STEP 使用的产品数据表达规范化语言）作为定义描述语言，直观表达实体、实体属性、实体约束及实体之间的关系。图 2.2 为 IfcDoor 实体定义的 EXPRESS 表述。

EXPRESS 语言虽然能够准确描述 IFC 实体的各种关系及属性，但仅适合软件的读写，在人工读取上存在一定的困难。因此，一种以图表描述的方式开始出现，并得到了应用者的广泛认同，即 EXPRESS-G 视图。

（2）EXPRESS-G 描述

EXPRESS-G 视图通过各种预定义的图形符号对 EXPRESS 内容进行描述，常用符号如图 2.3 所示。其中最常用的两种符号如下。

1）定义符号，主要用于表达各种数据类型，如定义类型、选择类型、枚举类型、简单类型、实体类型等。定义符号采用矩形框/圆角矩形（实线和虚线）表示，各定义之间的关系用关系符号（普通实线、虚线和粗实线）表示，不同线型表示有关定义和关系类型的信息。

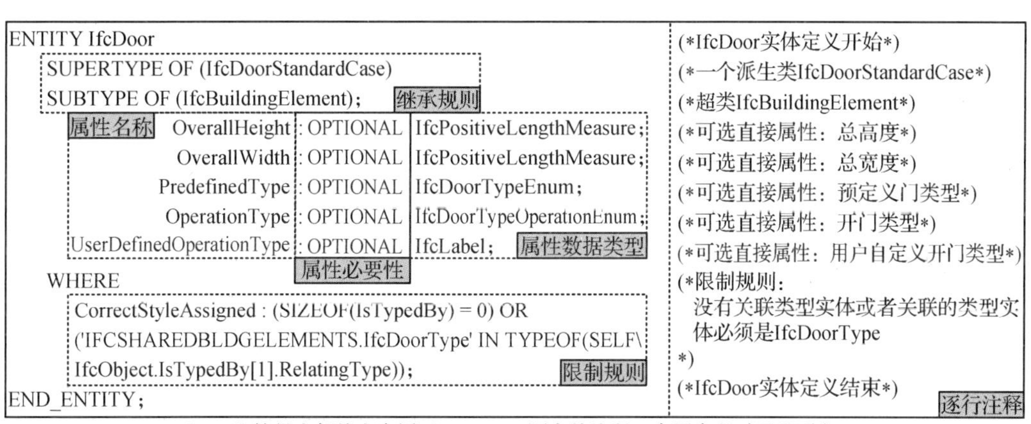

图 2.2　IfcDoor 实体定义的 EXPRESS 表述

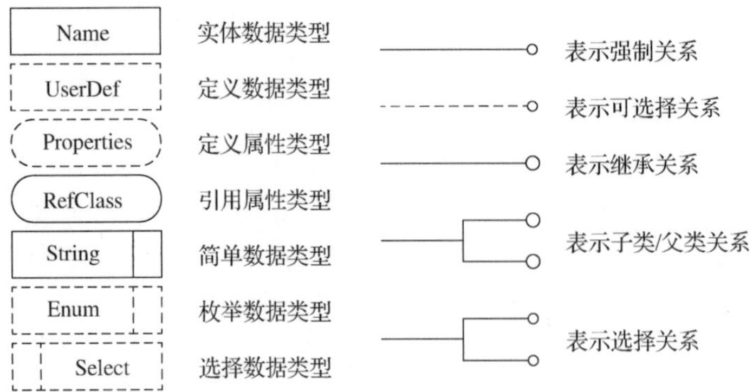

图 2.3 EXPRESS-G 视图常用符号

2）关系符号，用于定义各种符号之间的联系，并利用端部形状定义各类关系的侧重点。直线的线型主要有普通实线、虚线和粗实线，线型尾端基本为空心圆。

图 2.4 为 IfcDoor 实体定义的 EXPRESS-G 表述。

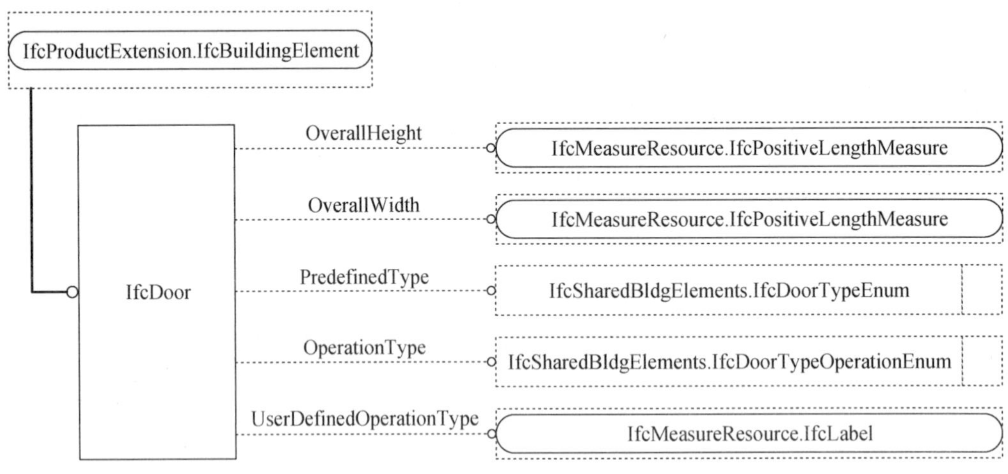

图 2.4 IfcDoor 实体定义的 EXPRESS-G 表述

（3）XSD 描述

利用 EXPRESS 语言描述的 IFC 标准，最终可将 BIM 文件转换为 SETP Part 21 格式（后缀名为 ifc）的中性文件。“.ifc”模型文件虽然减少了数据存储占用的空间，提高了数据交互的效率，但是缺乏足够的灵活性和扩展性，也非常不利于用户直接阅读和修改，制约了 IFC 标准的传播。因此，buildingSMART 发布了基于 XML（Extensible Markup Language）语言结构的“.ifcxml”中性文件。利用 XML 语言开放、可扩展、可自描述的特点，加上其已成为网上数据和文档传输的主要标准，吸引了大量人员对 IFC 标准进行研究和利用。

IFC 标准的 XSD（XML Schemas Definition）描述即是对“.ifcXML”文件所含内容及结构的定义，如图 2.5 所示为 IfcDoor 实体定义的 XSD 表述，主要包括以下内容：

1）定义 XML 文档的元素组成。

2）定义 XML 文档的属性组成。

3）定义某节点的子节点集合内容、数量及出现的顺序。

4）定义元素/属性的数据类型。

5）定义元素/属性的默认值/固定值。

```
<xs:element name="IfcDoor" type="ifc:IfcDoor" substitution Group="ifc:IfcBuildingElement" nillable="true"/>
<xs:complexType name="IfcDoor">
    <xs:complexContent>
        <xs:extension base="ifc:IfcBuildingElement">
            <xs:attribute name="OverallHeight" type="ifc:IfcPositiveLengthMeasure" use="optional"/>
            <xs:attribute name="OverallWidth" type="ifc:IfcPositiveLengthMeasure" use="optional"/>
            <xs:attribute name="PredefinedType" type="ifc:IfcDoorTypeEnum" use="optional"/>
            <xs:attribute name="OperationType" type="ifc:IfcDoorTypeOperationEnum" use="optional"/>
            <xs:attribute name="UserDefinedOperationType" type="ifc:IfcLabel" use="optional"/>
        </xs:extension>
    </xs:complexContent>
</xs:complexType>
```

图 2.5 IfcDoor 实体定义的 XSD 表述

2.1.1.4 IFC 模型的压缩

水利水电工程信息模型由设计单位创建，并经过采购方、施工方等不断地补充，其 BIM 的模型语义不断丰富。理论上，最终生成的模型包含水利水电工程生命周期的全部信息。虽然数据完备是 BIM 的优势，但对于特定项目阶段的特定业务需求，过度冗余的运维模型不仅造成应用软件占用较多计算机内存，导致模型的解析、渲染等过程变得吃力，也会降低需求信息的搜寻速度。因此，将模型运用到某个阶段之前，需在保证信息质量的前提下对其进行筛选，如运用到机电设备维修管理之前可将项目描述、土建工程的施工进度、费用等信息适当删除，即对模型进行一定的“压缩”。

不过，由于个体习惯的差异，每个用户对于“压缩”过程的理解有很大的不同，人为地进行随意操作不仅会造成 IFC 标准的使用混乱，也不利于各 BIM 应用软件商进行统一的开发。因此 IDM（information delivery manual，信息交付手册）标准被制定并发布，用以规范不同阶段间 IFC 信息的交互流程，清晰 IFC 信息的交互内容，由此产生适用于特定目的的 BIM 子模型，即 IFC 数据模型的子集——MVD。

图 2.6 是 IDM/MVD 的开发概念图。从图中可以了解到，在一个 IFC 数据模型中提取相关信息，以一个子集的形式分解出特定的子模型，而具体这个子集的构成和方法（各子模型信息传递方式即内容）就是 IDM/MVD。

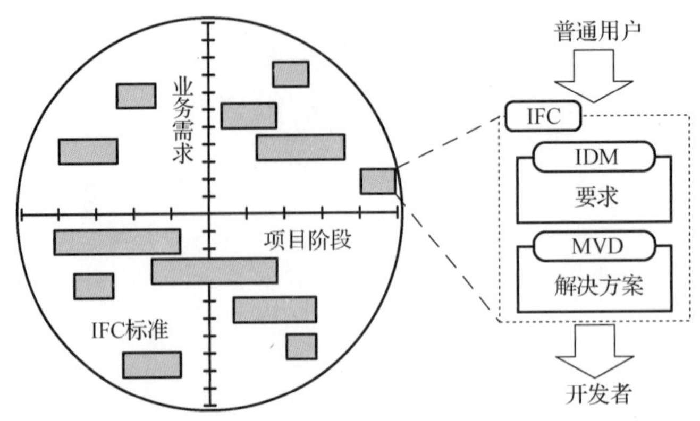

图 2.6　IDM/MVD 的开发概念图

（1）IDM

buildingSMART 将项目阶段划分为 4 个大阶段，11 个小阶段，如图 2.7 所示。其根据美国 OmniClass（美国建筑分类体系）定义了 10 个服务类型，包括用户需求、调控、模型创建、性能分析、成本核算、施工建设、运行、文档、协作和呈现。

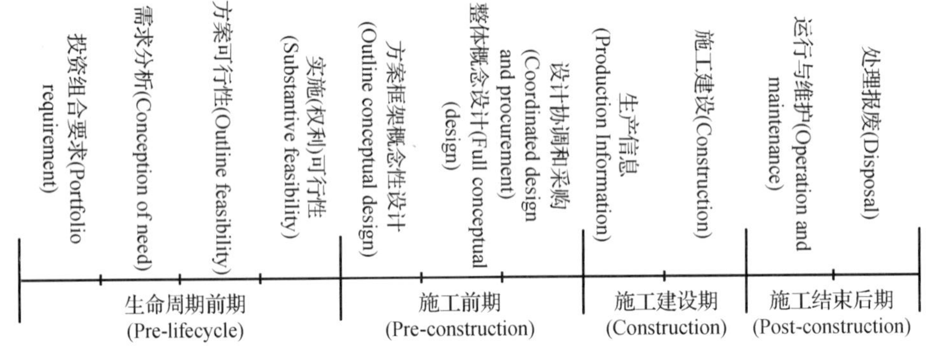

图 2.7　buildingSMART 组织对项目阶段的划分

按照小阶段及目标，可将 IFC 标准划分为 110 个部分，每个部分均代表某一阶段的某一服务目标。在这 110 个内容中，buildingSMART 选择了其中的 44 个作为当前急需发展的 IDM 项目，包括 9 个优先项（表 2.2）和 5 个次优先项。目前已经得到发展的项目大约为 20 项，极大地加强了 IFC 标准应用的针对性，并以此吸引了大量软件开发商，使其支持 IDM 标准的执行。

表 2.2　buildingSMART 发布的优先发展的 IDM 项目

IDM 项目名称	阶段	服务内容
Perform energy analysis	可行性研究	性能分析
Make Archi. BIM model	概念设计、协同设计、采购	建模
Make Elect. BIM model	概念设计、协同设计、采购	建模
Make HVAC. BIM model	概念设计、协同设计、采购	建模
Make Struc. BIM model	概念设计、协同设计、采购	建模
Make quantity take-off	协同设计、采购	成本核算
Perform cost analysis	协同设计、采购	成本核算
Make FM documentation	协同设计、采购	文档
Perform consistency control	协同设计、采购	协同

（2）MVD

MVD 的主要目的是将用户的需求完整准确地转述给 BIM 软件开发商，主要手段是提供精确、可重复运用的模型视图定义，实现相应 IDM 标准中所需的交换请求，即将 IDM 需求转化成计算机系统能够识别的 IFC 模型文件，并在不同 BIM 软件中得以验证、实施。

目前，世界各地的学者和组织参与了各类 MVD 的开发工作，并取得了大量成果，但是 MVD 的认证却是个漫长的过程：从 MVD 被定义后提交至 buildingSMART 组织，再转交给各类相关软件开发商认证，接着反馈意见，MVD 开发者对 MVD 进行修改。在这个过程中，所有的 MVD 定义均会经历 Draft（草稿）、Proposal（推荐）、Candidate（候选）、Official（官方认定）四个阶段，如果中间被认定为 Deprecated（反对）状态，则会停止验证。每一个 MVD 会上传至 IFC Solutions Factory，该网站目前有 29 个模型视图，包括“Architectural Design to Building Energy Analysis”（建筑设计到建筑物能源分析视图）、“Architectural Design to Circulation/Security Analysis”（建筑设计到流通/安全分析视图）等。

当前，有 6 种 MVD 被 buildingSMART 认定为官方 MVD，如表 2.3 所示。

表 2.3　buildingSMART 认定的 6 种官方 MVD

MVD 名称	IFC 版本	主要内容
Basic FM HandOver view	IFC2×3	策划、设计、施工、试运行等过程到设备管理阶段的移交视图
Structural Analysis View		结构设计到结构分析视图
Coordination View		buildingSMART 开发的第一个 MVD，2010 年，被 2.0 版本取代
Coordination View Version 2.0		设计阶段建筑、结构、机电专业间的协同工作视图，是目前最完整的 MVD
IFC4 Design Transfer View	IFC4	满足不同专业之间的协同设计需求的 MVD
IFC4 Reference View		参考模型，只读，主要用于 BIM 应用的工作流程中，当需变更模型时，可将“变更请求”返回给创建者，只有创建者有权进行修改

2.1.2 IFC 标准的水利水电工程扩展

虽然 IFC 标准通过多年发展已逐渐成熟，但 IFC 标准体系内的实体类型及属性尚未完全满足所有建筑工程领域的信息交互需求。从 IFC 标准中可以看出，设备管理领域实体主要针对建筑领域，对水利水电工程的支持性较差，如对水轮机、蜗壳等设备均未提供相应的实体支持，若使用建筑中的实体强行进行描述，不仅容易造成歧义，而且不利于维修管理时的分类统计。因此，扩展 IFC 标准中的实体，以适应 IFC 在水利水电设备维修管理领域的应用。

2.1.2.1 扩展方式分类

作为开放的标准体系，IFC 标准提供了多种方式供应用开发者根据需要进行扩展，包括：①基于属性集的扩展；②基于 IfcProxy 实体的扩展；③基于实体定义的扩展。主要扩展方式的描述如下。

（1）基于属性集的扩展

属性集扩展是 IFC 标准提供的一种主要扩展方式。如通过 IfcRelDefinedByProperties（属性关系实体）可以将 IFC 体系中与墙相关的预定义属性集 Pset_ReinforcementBarPitchOfWall（钢筋与墙的间距信息）、Pset_WallCommon（墙的通用属性）及自定义属性集（如描述合同信息的 Pset_WallContractInfo_S 等）与多个 IfcWallStandardCase（标准墙实体）建立关联关系，即利用增加属性集实现对墙实体属性的扩展，如图 2.8 所示为属性集扩展模型的实例，其中以“_S”结尾的表示自定义的属性集/属性名称。

属性集扩展是 BIM 设计软件实现 IFC 标准扩展最主要的方式，如 Autodesk Revit，软件本身虽然不提供导出 IFC 的各项设置，但其官方应用商店发布了一款“Autodesk IFC For Revit”辅助插件，用于设置 IFC 导出过程的各项参数，如图 2.9 所示。

该插件支持导出 Revit 内各类型或实例化对象的预定义属性及用户通过项目参数建立的各类属性，并根据 Revit 内置的参数分组方式生成不同的 IfcPropertySet 实体，通过其 HasProperties 属性关联分组范围内的各类型属性，并以 IfcProperty 的派生类型形式（通常为 IfcPropertySingleValue）存储具体属性值。此外，用户可通过建立“Revit-IFC”属性映射配置文件，自定义 IfcPropertySet，扩展 Revit 的参数分组类型。

相对于后续两种扩展方式，属性集的扩展具有不破坏原有的 IFC 模型结构、灵活性较好、可按需集成的优点。但属性集是对主体实体信息描述的辅助，对主体实体有较强的依赖性，无法实现水利水电机械的独立表述，且属性集由字符串标识，同一语义信息字符串具有相当大的不确定性，包括各国语言及各地习惯用法都会对其产生影响，这将对计算机自动化处理造成障碍。

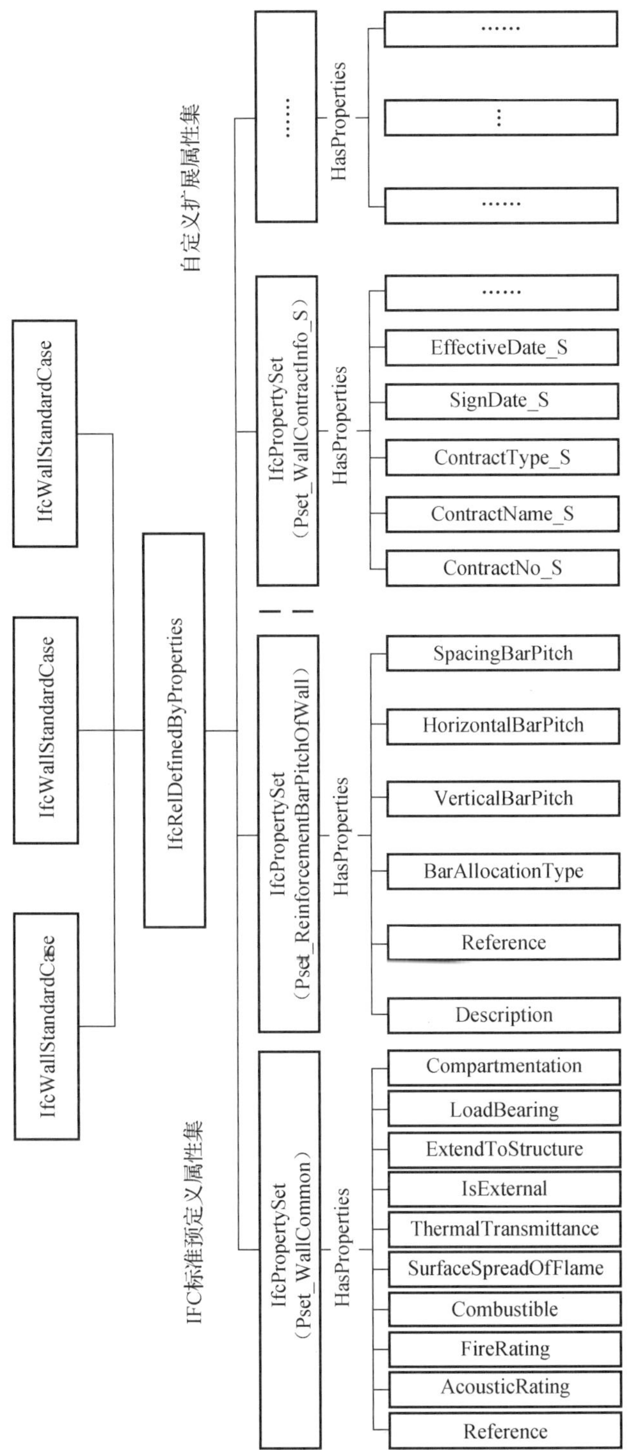

图 2.8　IfcWallStandardCase 实体的属性集扩展方式

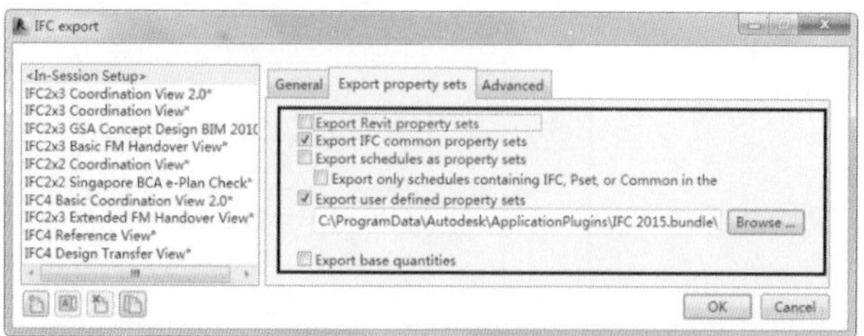

图 2.9 "Autodesk IFC For Revit"插件导出属性集设置及自定义属性集配置文件示例

（2）基于 IfcProxy 实体的扩展

IfcProxy 是处于核心层的一个预定义实体，可通过对其实例化，并赋予相应的属性集和几何信息描述，即可构造出 IFC 标准中未定义的信息实例，因此 IfcProxy 也可以说是一种基于实例的扩充方式。

IfcProxy 的继承关系如图 2.10 所示，其继承自 IfcProduct，增加了 ProxyType 和 Tag 属性，其中 ProxyType 属性用于表示扩展实体的实体类型，包括 PRODUCT、PROCESS、CONTROL、RESOURCE、ACTOR、GROUP、PROJECT 及 NOTDEFINED，分别代表建筑产品、过程、控制、资源、人员、群组、项目及用户自定义类型；Tag 属性用于确定扩展实例的标识符。当 IfcProxy 实例类型为 PRODUCT 时，可通过超类 IfcProduct 的 ObjectPlacement 和 Representation 属性分别确定实例的空间位置及几何形状。

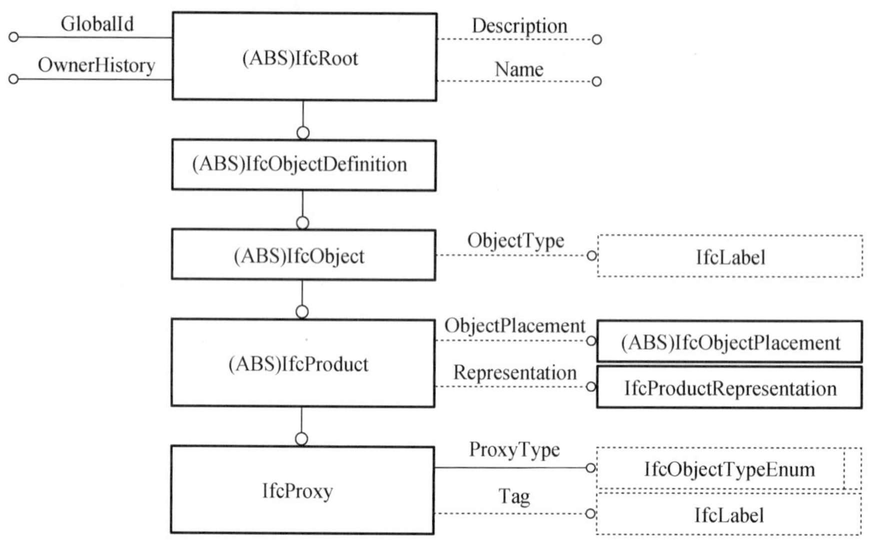

图 2.10 IfcProxy 继承关系图

（3）基于实体定义的扩展

基于实体定义的扩展方式意义较为明显，即人为增加 IFC 标准的定义数量，进而使用新定义的实体来描述所需要扩展的信息对象，是对 IFC 标准的模型体系的扩充。由于实体扩展方式拥有较好的数据封装性、高效的运行效率，IFC 标准的每次升级通常都是采用此方式对体系结构进行扩展。

IFC 实体扩展又分为 IFC 实体属性的扩展和 IFC 实体的增加两类。IFC 实体属性的扩展包括：增加属性、修改属性和删除属性。图 2.11 是通过改变项目订单实体（IfcProjectOrder）的属性实现实体扩展的实例。IfcProjectOrder 实体在 IFC2×3 标准中包含 ID、Status、PredefinedType 三个属性；升级到了 IFC4 后，ID 属性被删除，订单编号改由从超类 IfcControl 实体继承，新增了 LongDescription 属性，用于描述订单的详细内容，并且将 PredefinedType 改为可选属性。

IFC 实体的增加主要依赖于 IFC 标准的继承结构，新扩展的实体需要建立与已有实体的派生和关联关系，避免由于新实体的出现对模型体系造成语义不明确的缺点。此外，新定义的实体通过继承 IFC 中现有的基类实体，可以直接获得基类的属性，从而避免重复定义属性，将精力集中在定义新实体所特有的属性上。如图 2.12 所示为 IFC 中主要的基类实体及其继承层次，其中 IfcRoot 是所有核心层、交互层、领域层内实体的根基类，拥有 Name、GlobalId、OwnerHistory、Description 属性，因此根据继承原则，用户新增自定义实体时，无须考虑名称、唯一标识、描述、历史信息等属性的创建。

基于实体定义的扩展方式较为灵活，不同于前面叙述的两种类型，此方式需要对 IFC 标准描述语言进行修改，因此用户需要对 EXPRESS 语言的语法规则及 IFC 标准的定义结构有一定了解。为降低不熟悉 EXPRESS 导致 IFC 扩展造成出错率，buildingSMART 提供了 IfcDoc 软件（主要用于创建 IFC 和 mvcXML 说明文档），开发者可以根据自身需要，依靠简单操作完成实体增加、超类指定、属性定义等过程（图 2.13）。

（4）三种扩展方式的对比

三种扩展方式均有各自的优缺点，从难易程度、版本兼容性、可开发性、运行效率等方面对比其特点，如表 2.4 所示。

表 2.4　三种扩展方式的对比

对比项目	难易程度	版本兼容性	可开发性	运行效率
基于属性集的扩展	低	高	高	中
基于 IfcProxy 实体的扩展	中	高	高	低
基于实体定义的扩展	高	低	低	高

1）基于属性集的扩展方式难度最低，大部分 BIM 设计软件都提供了用户自定义属性的方式对相应实体进行属性集扩展。此外，由于属性集依附于 IfcPropertySet 实体，拥有较高的兼容性及可开发性，但 IfcPropertySet 一般与其他实体通过关系实体连接，在运行时需要通过一定的搜寻，其效率相较于直接属性而言有一定程度的不足。

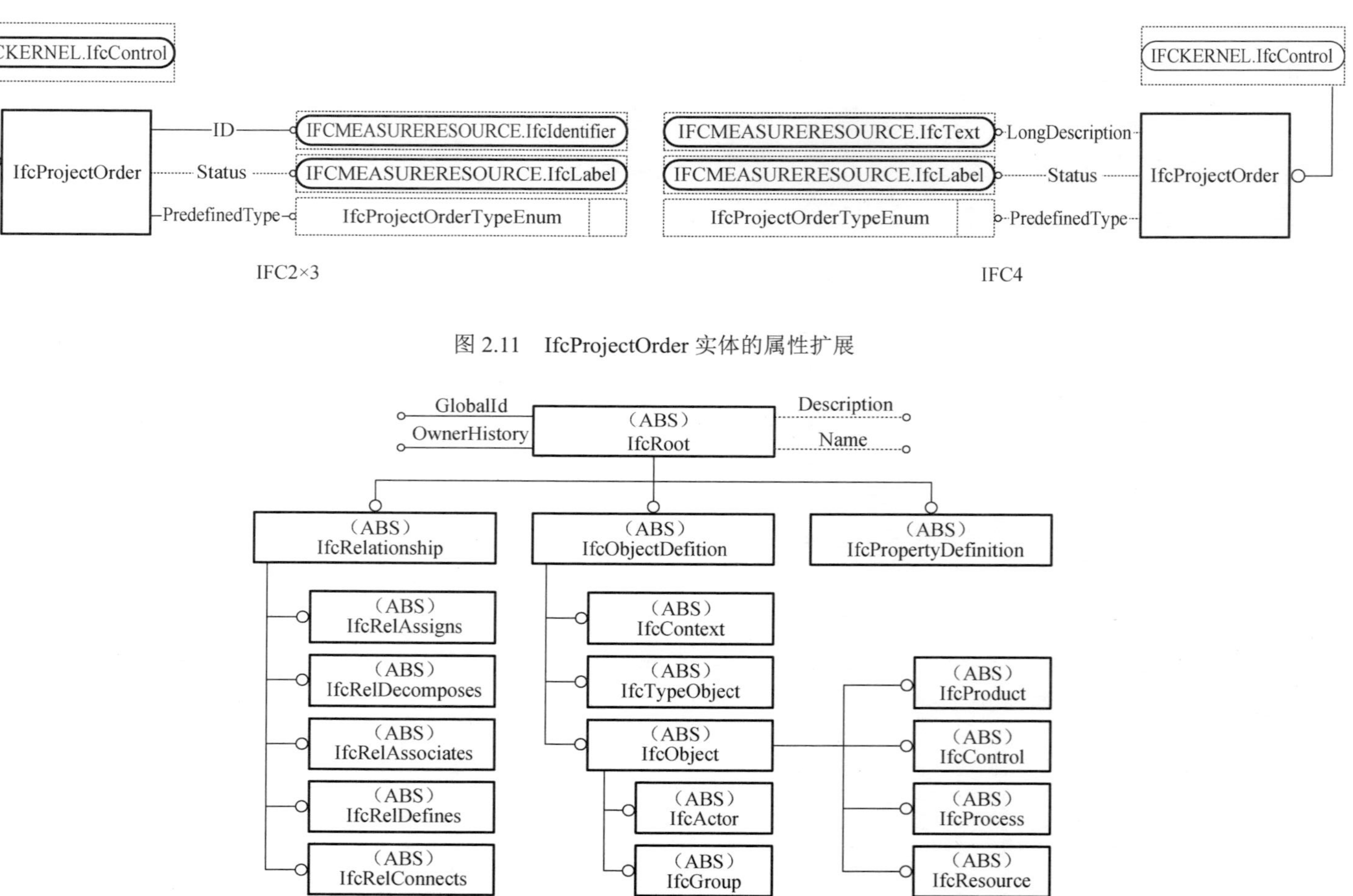

图 2.11 IfcProjectOrder 实体的属性扩展

图 2.12 IFC 标准中常用基类实体及继承层次

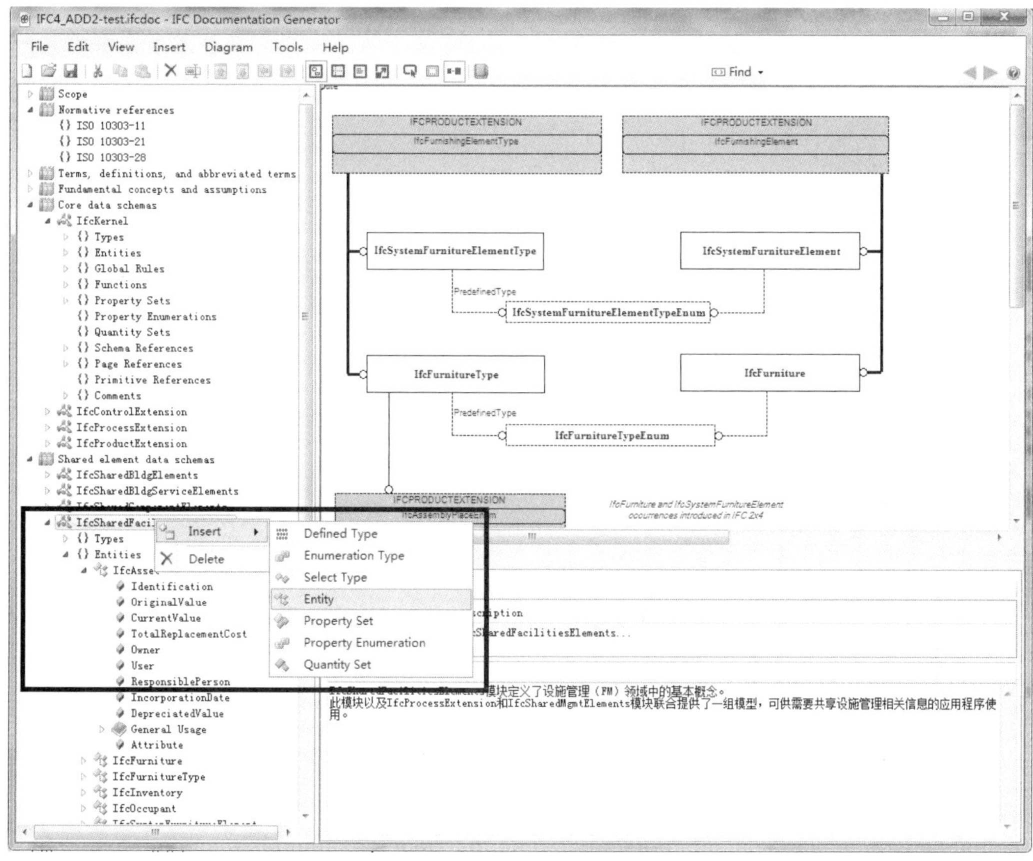

图 2.13　IfcDoc 进行 IFC 实体扩展

2）基于 IfcProxy 实体的扩展方式的难易程度处于三者中间，对其进行扩展即是对其实例化对象关联属性集及类型对象的描述，且其版本兼容性与 IfcProxy 相同，不过考虑到在 IFC4 版本中，buildingSMART 官方不推荐使用 IfcProxy，明确指出了该实体在后续版本中可能将被弃用，因此该方式在 IFC 标准后续版本中的兼容性难以保证。此外，由于 IfcProxy 处于核心层的 Kernel 模块，大部分开发工具箱均对其提供支持，保证了可开发性；不过由于 IfcProxy 的属性存储在其他实体中，造成了其较低的访问效率。

3）基于实体定义的扩展方式是三者中最难的一种，用户需对 IFC 标准体系及其描述机制有充分的了解，方能进行准确无误的操作；在版本兼容性上，若用户自定义的实体未能被 buildingSMART 组织接受并采纳，当扩展与应用采用版本不一致的 IFC 标准时，就需考虑扩展的向下/向上兼容；此外，从可开发性上看，目前大部分开发工具包只支持

IFC 标准内容，对于外部扩展开发者需对工具包进行一定的修改才能支持自定义实体；不过新增实体将常用属性定义到了实体本身，BIM 应用软件可以直接访问，因此拥有比其他两者更高的运行效率。

2.1.2.2 机电设备实体扩展

（1）实体扩展原则

根据第 2.1.2.1 节对三种扩展方式的对比，选用以实体定义的扩展为主，属性集扩展为辅的扩展方式进行设备维修相关信息的扩展，并遵从以下原则。

1）最少实体原则。IFC 实体的扩展不是盲目的任意扩展，应在理解并使用原有 IFC 标准体系的基础上，充分利用已存在的 IFC 实体描述所需内容，尽量减少不必要的实体扩展，只在原有标准体系内容均无法满足项目特定需求的条件下，再进行扩展操作，减少同类实体的重复定义。如王勇等基于 IFC2×3 标准扩展的_IfcFlowProcess（施工流水实体），在 IFC4 标准中可以通过实例化 IfcTaskType 实体实现相同功能，并将其置于项目模板集中（IfcProjectContext），可方便在进度管理中多次调用。

2）最优继承原则。理解 IFC 实体继承树上的各实体定义及用处，根据项目需求，选用最适合的实体作为扩展实体的超类，最大限度地利用各级超类实体的属性，减少同类属性的重复定义。例如，水轮机扩展作为将水能转换为机械能的机械，可以选用 IfcEnergyConversionDevice（能量转换机械实体）作为其超类，而不直接继承 IfcElement。

（2）实体扩展的具体步骤

在 IFC 标准体系中，资源层已包含了众多类型的信息资源，完全能够满足对基础信息的描述；核心层十分完善地描述了 IFC 标准的基本概念，共享层所包含的实体也能准确描述实体之间的关联关系，上述三个层次均不存在扩展要求。因此，针对机电设备的实体扩展主要集中在领域层。

在领域层，具体的实体对象主要通过实体实例及实体类型实例两种结合描述，如图 2.14 所示。发电机实体使用 IfcElectricGenerator 实例表示具体的发电机对象，通过其 PredefinedType（预定义类型）属性描述对象类型，并通过相关联的 IfcElectricGeneratorType 实例描述该实体对象所属类型的通用属性。

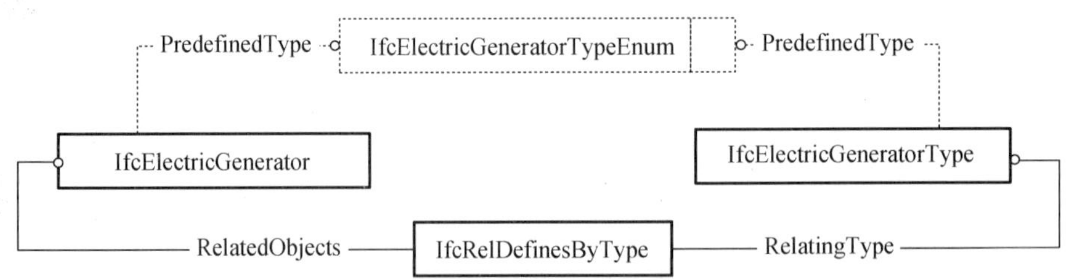

图 2.14 IfcElectricGenerator 与 IfcElectricGeneratorType 之间的关系

由于领域层的实体与现实物理对象的对应关系比较明确，而随科学技术的发展，现实对象的技术参数会有较大改动，某些属性的变更相较于其他层实体而言较频繁，所以领域层实体一般不直接包含各类型属性，而是通过各属性集对实体对象进行属性描述。

因此，根据实体扩展原则，按照对 IFC 标准体系的修改范围等级，可分为如下三个层次。

1）轻度扩展。根据机电设备的形状及各项物理参数特点，首先在已有的实体范围内，寻找能够准确描述该设备的实体，并将设备类型注入该实体的预定义类型中。此时，新设备即可利用该 IFC 实体进行表述。之后创建该类型设备的通用属性集及具体设备的特定属性集，分别与类型描述实体（IfcTypeObject 的派生类）及具体设备实体实例关联。

2）中度扩展。对于能够描述该设备的实体，但其直接属性中并不包括预定义属性（PredefinedType），可以在它的属性中加入 PredefinedType 属性，并创建相应的枚举类型，接着进行轻度扩展，这样该实体就可以表示多种枚举值类型下的设备，这些设备可以用相同的几何属性和物理属性表达。

3）重度扩展。对于某些设备，在领域层中不存在能够描述它的几何属性及物理属性的实体，需要在最优集成原则的指导下，扩展新的 IFC 实体描述这种设备，并进行中度扩展。

（3）设备实体扩展

以实体扩展原则为基础，对水电站机电设备系统进行 IFC 实体比对，确定需要扩展的实体及扩展方式，如表 2.5 所示。

表 2.5 常用水电站机电设备所需 IFC 实体

机电设备类型		对应 IFC 实体	预定义类型	扩展方式
机械设备	拦污栅	IfcInterceptor	CYCLONIC	
	启闭机	IfcTransportElement	CRANEWAY	
	水轮机	IfcWaterTurbineGenerator_S	TURGO/CROSSFLOW/...	重度扩展
	水轮机调速器	IfcWaterTurbineGovernor_S	mechanical/…	重度扩展
	主阀	IfcValve	ISOLATING	
	桥机	IfcTransportElement（核心层）	CRANEWAY	
	电梯	IfcTransportElement（核心层）	ELEVATOR	
电气设备	水轮发电机	IfcElectricGenerator	WaterTurbine	轻度扩展
	出口断路器	IfcProtectiveDevice	CIRCUITBREAKER	
	母线或高压电缆	IfcCableSegment	BUSBARSEGMENT	
	主变压器	IfcTransformer	VOLTAGE-MAIN	轻度扩展

续表

机电设备类型		对应 IFC 实体	预定义类型	扩展方式
电气设备	GIS 组合电器	IfcGIS_S	FGIS/HGIS	重度扩展
	室外开关站	IfcSwitchingDevice	SELECTORSWITCH	
	厂用变压器	IfcTransformer	VOLTAGE-HOUSESER	轻度扩展
	柴油发电机	IfcElectricGenerator	ENGINEGENERATOR	
	避雷器	IfcProtectiveDevice	VARISTOR	
	中低压电缆	IfcCableSegment	CABLESEGMENT	
	厂用照明	IfcLightFixture	POINTSOURCE	
	紧急照明	IfcLightFixture	SECURITYLIGHTING	
暖通消防系统	消防系统	IfcPlumbingFireProtectionDomain 中的实体进行描述		
	暖通系统	IfcHvacDomain 中的实体进行描述		

如表 2.5 所示，在水电站机电设备中，大部分可使用已定义实体，只需明确预定义类型即可，其余部分可根据需要选择扩展层次。如图 2.15 所示为水轮机实体的重度扩展示例，包括水轮机实体定义、水轮机类型实体定义、对象类型枚举等。

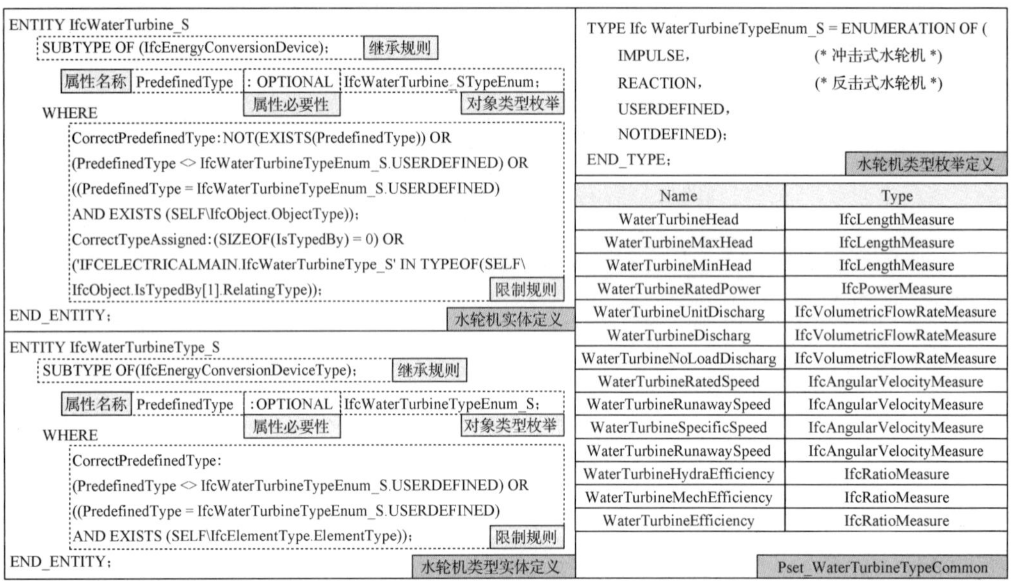

图 2.15 重度扩展示例——水轮机实体及相关定义

轻度扩展实例如主变压器及厂用变压器实体，虽然 IFC 标准中存在变压器描述实体 IfcTransformer，但是由于主变压器、厂用变压器的使用范围不同，在相应的预定义枚举类型中增加了 VOLTAGE-MAIN 及 VOLTAGE-HOUSESER 两项枚举值，用以区分上述两类变压器。

2.2　水利水电工程信息模型存储信息标准化

2.2.1　水利水电工程信息模型信息构成分类标准化

水利水电工程规模大且布置复杂、开发建设周期长、参与方众多，社会、环境影响大，是一个由空间维（各个设计专业：枢纽、施工、水库、机电、金属结构、环保水保等）、主体维（业主、设计方、施工方、监理方、政府机构、科研单位、材料供应商等）及时间维（即工程全生命周期各个阶段：决策期、勘测设计期、施工期、运行期、报废期等）构成的复杂的系统工程。再者，对于任意一个工程项目来说，其全生命周期过程中产生的无非是两种存储结构类型的数据，即结构化数据与非结构化数据。前者指的是基于公开数据标准存储描述、能够采用二维表结构来表达进而存储在数据库中的数据，包括信息模型的属性信息以及具有公开数据标准能够存储在数据库中的信息模型的几何信息；后者指的是不能采用二维表结构来逻辑表达、不能直接存储在数据库中的数据。此外，工程项目生命周期过程中同一数据也会产生不同的版本，通过版本的记录与控制才能更全面地存储信息、更好地推动项目协同工作的开展。水利水电工程信息模型中信息构成的分类、存储需要体现空间维、主体维、时间维、类型维和版本维五个维度。

研究信息模型中信息分类的基础工作需要首先确定信息载体的具体型式，这是因为信息的分类是为了更好地进行信息存储从而能够借助模型实现对信息的全面管理和检索，因此要求通过信息载体及其附属信息的集合能够获得工程所有信息。根据空间维集成的思想，水利水电工程信息模型是由枢纽信息模型、施工信息模型、水库信息模型、机电信息模型、金属结构信息模型及环保水保信息模型等设计专业信息模型共同构成，而这些专业信息模型又由一个个构件经过装配组装生成，可以认为构件信息模型是组成水利水电工程信息模型的基本信息单元。

在按照构件作为信息载体的基础上，根据存储信息的内容及其在主体维、时间维、类型维、版本维四个维度上的集成要求，可以将水利水电工程信息以构件信息模型为载体划分为：模型几何信息、基本属性信息、模型关系信息、几何参数信息、材料属性信息、设计使用信息、组织结构信息、使用功能信息、结构分析信息、施工方案信息、施工进度信息、施工质量信息、安全监测信息、运行维护信息和相关文档信息，如图 2.16 所示。

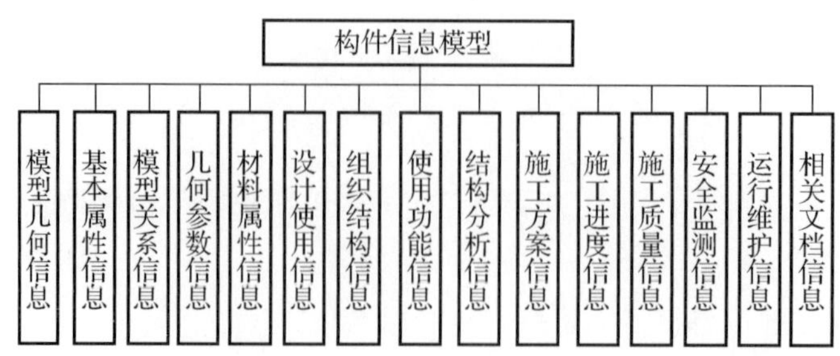

图 2.16 以构件信息模型为载体的水利水电工程信息分类

模型几何信息：存储构件模型形状和拓扑关系的几何数据。

基本属性信息：存储构件模型的基本属性，包括模型名称、模型 ID、创建时间、存储位置、修改时间、版本号、备注等。

模型关系信息：存储构件模型与其父模型的结构关系，包括该模型的父模型编号列表信息。

几何参数信息：存储构件模型的尺寸参数、特征参数。

材料属性信息：存储构件的材料类型、价格、物理性能（如密度、导热性、热膨胀性）和力学参数（如弹性模量、泊松比、内摩擦角、抗压强度、抗拉强度）。

设计使用信息：存储构件设计过程中作为依据、参考的信息，主要包括上游专业提供的设计成果信息及配合单位、部门、专业提供的设计参考信息。

组织结构信息：存储与该构件设计相关联的主体维单位及人员信息。

使用功能信息：存储构件的功能特性信息，如挡水、防渗、泄流、导流、通风等。

结构分析信息：存储构件进行结构分析时的模型信息及计算结果信息，如荷载、边界条件、应力、位移等，包含设计期、施工期和运行期内的所有结构分析信息。

施工方案信息：存储构件的计划施工方案信息和实际施工方案信息，如划分的施工工序及其前后关系和时间参数、施工方法参数、施工资源配置参数。

施工进度信息：存储构件的计划施工进度信息以及实际、预测施工进度信息，如每天施工工程量（含混凝土浇筑，土石方填筑、开挖，支护、监测仪器安装等）、累计工程量、剩余工程量、累计工作时间、剩余工作时间、计划完成日期、实际和预测完成日期。

施工质量信息：存储用于评判构件施工质量的各种指标参数信息，如平整度、碾压遍数、超挖体积、欠挖体积。

安全监测信息：存储施工期和运行期安装在构件模型上的监测仪器信息及其采集的安全监测数据信息，以及安全监测数据的预测信息。

运行维护信息：存储构件运行期的运行参数、维修记录以及气候环境条件信息。

相关文档信息：存储工程全生命周期过程中与构件相关的各种工程文档、合同文档、技术标准、法律法规、项目建议书、工程可行性研究报告、科研报告、施工报表、运行维护报告、图像、视频等。

可以看出，上述对水利水电工程信息的分类已经体现了对主体维、时间维、类型维、版本维四个维度的信息集成。其中包含组织结构信息体现了主体维信息的集成；信息分类涵盖了从决策到运行维护的各个阶段，体现了时间维信息的集成；包含了结构化的模型几何信息和模型属性信息及非结构化的模型文件、其他文档、图像及视频信息，体现了类型维信息的集成；基本属性信息中涵盖了对模型的版本编号，体现了版本维信息的集成。

2.2.2 水利水电工程信息模型信息存储标准化

完成以构件信息模型为载体的水利水电工程信息分类之后，相应地构件信息模型可以作为一个基本信息单元进行信息的存储。

信息的存储与信息的数据结构类型密切相关，从构件信息模型的信息分类来看，可以将分类信息划分为结构化的模型几何信息和模型属性信息及非结构化的模型文件、其他文档、图像及视频等信息。

目前信息存储的方式主要有两种：一种是利用非关系型数据库，即 NoSQL 数据库；另一种是文档电子仓库。包含模型几何数据的结构化的模型几何信息多存储在数据库中，也可以作为模型文件存储在文档电子仓库里；结构化的模型属性信息采用数据库进行存储；非结构化的模型文件、其他文档、图像及视频等信息一般存储在文档电子仓库中，也可以编程通过二进制流转换存储在非关系型数据库中。

根据水利水电工程信息的特点，将存储模型几何数据的结构化模型文件和非结构化模型文件均采用文档电子仓库进行存储，主要出于以下几点考虑。

1）水利水电工程专业众多，且由于不同的业务需求，各专业采用的设计软件不同，导致设计成果模型格式不尽相同，而且多数是非结构化的模型文件，为了统一模型文件的存储方式，便于日后管理和使用，考虑将结构化的模型文件也采用文档电子仓库的形式存储。

2）若通过二进制流转换的方式将非结构化文件存储至非关系型数据库中，则在文件读取时需要再次进行二进制流转换将数据存储至硬盘文件中，这样会延长对数据库的访问时间，当大量用户同时想要读取文件信息时，会大大增加服务器的负载，同时也增加其他用户的等待时间。此外，采用文档电子仓库的存储方式使存储变得更加灵活：水利水电工程各参与单位的协作人员都有自己生产的文件，在各参与单位的中心数据库中存储文件元数据（包含文件属性和目录属性），当用户提出文件访问要求时首先访问文件元数据，通过获取其存储路径进而找到其在某台计算机上的存储位置，实现文件的访问。对于个人文件则存储在自己的计算机上，只有本人赋予权限，他人才能访问，加强了保密性。对于共享文件（如设计完成的专业信息模型）则可以存储在中心服务器上，便于他人共享。可以看出，采用文档电子仓库的存储方式能够促进水利水电行业分布式文件存储系统的建立，各参与人员的计算机既是客户端又是服务器，这样有利于合理利用存储资源，减小中心服务器端的负载，提高系统的整体性能。

根据以构件信息模型为载体的水利水电工程信息分类标准，可以将构件信息模型的属性信息和模型文件元数据利用图 2.17 所示数据库表进行存储。

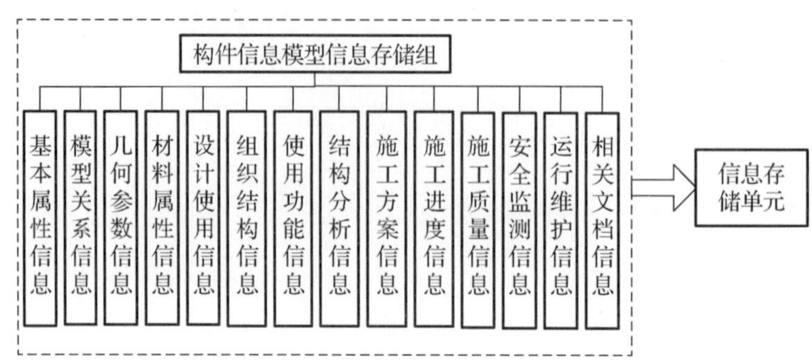

图 2.17　以构件信息模型为载体的水利水电工程信息存储单元

其中基本属性信息和相关文档信息分别用于存储模型文件和相关文档的元数据。以模型文件元数据为例，基本属性信息组中存储的信息包括：文件编号、文件名称、文件大小、创建时间、修改时间、最近访问时间、版本号、文件用户、访问权限、存储位置等。其中，文件编号对应的也是构件信息模型的编号，采用全局唯一标识（GUID）进行编码，如“a5c4c7b5-8a47-49c0-b34d-dd5df6af5c48”。为了使每个构件信息模型与其信息存储组建立对应关系，便于信息的检索，其每一个信息存储组的名称后面均加上该构件的 GUID，如“基本属性信息 a5c4c7b5-8a47-49c0-b34d-dd5df6af5c48”。

在此基础上，进一步实现专业信息模型的信息存储。专业信息模型是由构件信息模型构成，构件信息模型所包含的信息存储集合可以视为一个专业信息模型的“信息存储单元”。因此，专业信息模型的信息都已经存储在其包含的构件信息模型之中，这样一来，专业信息模型的信息存储则变得十分简单，其信息存储表如图 2.18 所示。

专业信息模型信息存储方式由基本属性信息和模型关系信息构成，将 GUID 作为唯一标识进行基本属性信息和模型关系信息的键值对匹配，唯一标识作为组合键值对中的必要参数；其模型关系信息组存储的是其包含的构件信息模型编号列表，以及构件之间的装配约束参数，这样便可以与其包含的“信息存储单元”建立联系，实现各个构件信息的访问。专业信息模型的信息存储表及其引用的各个信息存储单元可以视为水利水电工程信息存储单元组。

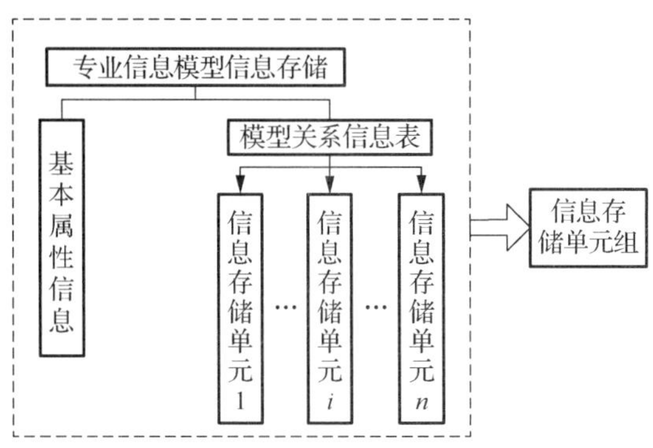

图 2.18　以专业信息模型为载体的水利水电工程信息存储单元组

将各个专业设计完成的信息存储单元组进行组合便生成了水利水电工程信息模型。

2.3　水利水电工程信息模型的标准化创建方法

2.3.1　水利水电工程信息模型的快速创建方法

2.3.1.1　三维参数化特征造型方法

（1）实体造型方法

常用的三维实体造型方法有：空间单元表示法、边界表示法（boundary representation，B-rep）、构造实体几何法（constructive solid geometry，CSG）、混合表示法（CSG+B-rep）和扫描表示法。

1）空间单元表示法。

该方法是用一系列空间单元来表示实体的一种方法。它需要大量的存储空间，不能表达模型各部分之间的拓扑关系，没有点、线、面等形体单元的概念。它对实体的表示是一种近似表示，但算法简单，容易实现交、并、差等运算，易于检查实体间的碰撞干涉，便于消隐和输出显示。

2）边界表示法。

该方法的基本思想是把物体定义为封闭的边界表面围成的有限空间，即遵循体是由面所围成的封闭的几何空间。边界表示法强调的是形体外表的细节，详细记录了构成几何形体的几何/拓扑信息。它具有显示速度快等优点，但不能记录模型产生的过程且数据存储量较大。

3）构造实体几何法。

该方法通过记录基本体素和它们的布尔运算进行表示。它的基本思想是任何复杂形体都可以用若干简单形体按照一定顺序的并、交、差运算来表示。与边界法相比，CSG 表示法数据结构简单，记录模型产生的过程，便于交、并、差等运算，但它对物体的记录不够详细。

4）混合表示法。

该方法是在原有的 CSG 表示法上结合 B-Rep 表示法，充分发挥各自的优点，克服缺点。在混合表示法中，起主导作用的是 CSG 表示法，B-Rep 表示法的存在减少了中间环节的计算工作量，提高了显示速度。

在现在大多数 CAD 系统中，实体模型在其内部数据结构上，采用了基于边界表示法和构造实体几何法的混合法。每一个实体元素同时存在这两种表示方法。边界表示法记录了组成实体元素的所有边界几何信息（点、线、面），以及边界几何信息之间严密的拓扑信息。构造实体几何法记录了复杂实体几何所引用的基本体素，及其体素之间的布尔运算关系。

5）扫描表示法。

该方法是将曲面或形体沿某一路径运动后生成三维实体的方法。它要求表示的实体在某方向具有固定形状剖面。根据扫描路径，扫描表示法有两种主要的基本类型：平移扫描法和旋转扫描法。

（2）三维参数化实体造型方法

参数化设计的原理是通过几何数据参数化驱动机制，在满足模型的约束条件和约束间关联性的条件下，对模型形状进行改变。对一个复杂模型，约束可能十分复杂、数量很大，实际由用户控制的、能够独立变化的参数一般只有几个，称之为主参数或主约束；而其他约束可由模型结构特征确定或与主约束有确定关系，称它们为次约束。对主约束是不能简化的，对于次约束的简化可以有模型特征联动和相关参数联动两种方式。

模型特征联动就是保证在结构拓扑关系不变的情况下，对次约束的驱动，即保证连续、相切、垂直、平行等关系不变。反映到参数驱动过程就是根据各种几何相关性准则去判识与主动点有上述拓扑关系的实体及其几何数据，在保证原关系不变的前提下，求出新的几何数据，称这些几何数据为从动点。这样，从动点的约束就与驱动参数有了联系。依照这一联系，从动点得到驱动点的驱动，驱动机制扩大了其作用范围。

相关参数联动就是建立次约束与主约束在数值和逻辑上的关系，在参数驱动过程中始终要保持这种关系不变。相关参数的联动方法使某些不能用拓扑关系判断的从动点与驱动点建立了联系。使用这种方式时，常引入驱动树，以建立主动点、从动点等之间的约束关系的树形表示，便于直观地判断模型的驱动与约束情况。

参数化设计包括以下主要特点。

1）基于特征：将某些具有代表性的几何形体定义为特征，并将其所有尺寸存为可变参数，进而形成实体，以此为基础来进行更为复杂的三维实体模型的构造。

2）全尺寸约束：将形状和尺寸结合起来考虑，通过尺寸约束实现对几何形状的控制。造型必须以完整的尺寸参数为出发点（全约束），不能漏标尺寸（欠约束），不能多标尺寸（过约束）。

3）尺寸驱动设计修改：通过编辑尺寸来驱动几何形状的改变。

4）全数据相关：尺寸参数的修改导致其他相关模块中的相关尺寸得以全盘更新。采用参数化技术的好处在于它彻底改变了自由建模的无约束状态，几何形体均以尺寸的形式进行有效控制。如打算修改模型形状时，只需修改一下尺寸即可实现形状的改变。尺寸驱动已经成为当今造型系统的最基本功能。

早期 CAD 系统所采用的实体造型方法属于无约束自由造型方法，所构造的产品模型都是几何图素（点、线、面等）的简单叠加，仅仅描述了设计产品的可视形状，难以对模型进行改动，生成新的产品实例的产品可重用性差。将参数化设计技术引入到实体造型方法当中，建立三维参数化实体造型方法正是解决上述问题的有效途径。

目前参数化设计方法主要有以下几种：参数编程法、几何推理法、代数求解法、过程构造法和基于特征的参数化方法。

1）参数编程法：参数编程法需要在参数化建模前分析模型结构特征，确定三维模型各部位间的几何、拓扑关系，给定反映模型特征的输入参数，并能依据输入参数推求其他参数的值。然后利用程序实现参数化建模，最终生成三维模型。这种方法的优点是操作简捷、集成化程度高，便于模块化设计。它的不足之处在于编程量大，程序调试困难，灵活性和扩充性较差。

2）几何推理法：几何推理法的基本思想是将模型初始尺寸和约束关系存入知识库，然后通过推理，利用几何与逻辑规则构造出三维模型。这种方法表达简洁、直观，但在推理过程中要查询匹配规则，所以存在建立的系统庞大、速度较慢的问题。

3）代数求解法：代数求解法的原理是采用一系列特征点和限定这些特征点位置的尺寸约束关系来表示几何模型，同时将尺寸约束关系采用非线性方程组表示，通过求解非线性方程组来确定几何模型的方法，代数求解法的缺点是随着模型复杂程度的增加，约束关系和非线性方程组的数量急剧增多，所需计算量较多。

4）过程构造法：过程构造法是通过记录模型中几何体素在参数化建模过程中的先后顺序和相互关系，来实现几何模型的参数化设计，这种方法适合具有复杂构造过程的几何模型。

5）基于特征的参数化方法：这种方法是对描述模型的特征信息进行参数化，通过输入特定的参数确定具体的三维模型。这些特征不仅包含了物体的尺寸形状、位置关系等几何信息，还包括了材料等非几何信息。它通过对各部件的参数化，最终实现整个三维模型的参数化。

（3）三维参数化特征造型方法

实体造型方法由于其能够定义三维物体的内部结构形状，因此与线框造型和曲面造型相比能完整地描述物体的所有几何信息，更具有优势。然而采用实体造型方法进行设计时，设计人员不得不将产品设计的特征描述转换为点、线、面或体素的集合，使设计意图完全丢失在实体造型过程中，而这些设计意图对下游应用却十分重要。此外，实体造型方法无法方便地修改设计模型，即使实体零件的参数已被定义，在每次零件再生时，也必须重新显示输入所有参数。

特征造型技术是新一代三维设计系统普遍采用的实体造型技术，是面向设计制造过程，实现 CAD/CAE/CAM 集成的重要手段。特征造型的基本思想是首先预定义一些特征，确定其几何和拓扑关系，同时将特征参数存为变量，当进行模型设计时，设计者根据自己的设计意图调用所需特征并为其特征参数赋值，以完成模型定义。

特征造型的特点：该方法定义的模型是由一系列包含设计思想的特征共同构成的，模型结构层次清晰，记录了具体的建模顺序，有利于实现标准化设计；特征参数的存在促进了参数化设计技术在特征造型中的应用。因此，基于特征的设计系统往往使用了参数化驱动的机制。

特征造型技术和参数化设计技术相结合的三维参数化特征造型方法，使得实体零件在包含更多设计信息的情况下又能实现快速设计；同时对零件的修改可以转化为对构成零件的特征参数值的修改，大大方便了零件的设计修改过程，提高了设计效率和准确性，这也为构建参数化构件库提供了方法支持。

2.3.1.2 参数化构件库建立方法

（1）参数化构件库的创建意义

三维参数化构件库的意义主要体现在以下两个方面。

1）将工程师从繁重的重复建模中解放出来，节约人力资源，提高设计水平，提供大量可供随时调用的行业标准构件或系列化产品，能大幅缩短开发设计周期，提高设计效率。

2）将工程师的设计经验和行业标准嵌入构件库中，减少设计过程中出错的可能。在建立构件库过程中，对选取的各构件特点和规范要求进行认真细致的分析，并考虑一些专家意见，因而具有一定的权威性和合理性，可以提高设计的可靠性和规范化程度。

三维参数化构件库将设计过程中用到的构件信息存放在一起，采用标准的描述格式，将模型各构件标准化和规范化，由专门的系统进行管理，建立标准格式的构件信息库。设计人员可以对构件库进行检索、访问，并可以进行扩展、补充。构件库提供与产品设计系统的标准接口，采用参数化设计思想，对构件库中的各构件实现尺寸驱动，实现构件自动生成。

（2）参数化构件库功能分析

对三维参数化构件库而言，无论其提供的标准件数量大和种类多，都不可能完全满足不同行业、不同用户的需求。因此在建立三维参数化构件库前，首先要进行构件库功能分析，以确定用户需求，建立相应功能模块。

水利水电行业工程规模大，涉及专业多，构件库种类和形式丰富，这为建立三维参数化构件库带来了一定的困难。一般而言，水利水电行业三维参数化构件库应具有如下几部分基本功能。

1）构件尺寸的参数化驱动功能。这也是参数化构件库的最基本功能，三维模型参数化驱动使用户可以自动生成模型，根据工程条件确定具体的模型约束关系、尺寸关系，大大提高设计效率。

2）构件库的编辑、管理功能。为了实现对模型构件的参数化驱动，首先需要建立适应于水利水电行业的构件库。构件库中保存着各构件的规格与尺寸驱动等信息。针对水利水电行业的特点，三维参数化构件库包括标准件、非标准件、用户自定义构件这三部分。标准件包括一些形式比较简单、有行业规范可依的构件，如一些厂房机电设备、闸门；非标准件包括一些形式复杂，但在行业内已有丰富的设计经验和公认原则的构件，如重力坝坝段、进水塔；用户自定义件作为对标准件和非标准件的补充，它可以针对不同的工程环境做出一些创造性的构型，反映技术人员的创新设计思想。

3）构件库的添加、删除功能。构件库动态添加工具的出现，使用户可以根据自己的需求增加构件的形式和种类，用户可以采用编程方式，也可以采用人机交互方式进行，这体现了系统自身的柔性和方便性。具体说来，该功能体现在两方面：①用户可以根据自己的需求扩充新的构件入库，也可以将构件库内的构件删除；②用户可以根据专业需求对各类构件的分类进行修改或重新分类。

4）构件库的分类检索、查询功能。构件库中三维参数化模型包含着多种信息格式，如水利水电行业各类构件的功能、材料、参数表。构件库需要提供多种的检索和查询工具，以满足不同方式或不同目的的检索。

5）三维模型预览功能。构件库为用户提供构件以及包含构件的装配体的预览功能，可对其构件以及包含构件的装配体进行预览、缩放、旋转、平移等操作，同时可显示三维模型的特征树。

从以上基本功能可以看出，水利水电行业三维参数化构件库的中心目标是最大限度地利用构件库内部和外部知识资源，同时要具有良好的人机交互界面，方便设计人员使用。这说明构件库系统中不仅要集合大量水利水电行业参数化构件，还应提供大量辅助功能。设计者不仅可以利用构件库系统进行参数化驱动直接生成三维模型并获得所需要的信息，还可以方便地对构件库系统进行添加、修改查询、预览等操作。

（3）水利水电行业三维参数化构件库设计原理及开发步骤

要建立水利水电行业三维参数化构件库系统，首先应根据水利水电行业各类构件的功能分为几个大的类型，然后再按照相似性和可重用性原理对相关结构进行综合分析，确定本类构件具有代表性的特征和几何结构，以及可能的变形设计方案和相关的属性、参数，从而确定该类构件的主模型。建立参数化驱动模式，实现构件几何特征和属性的自定义输入，将模型实体化，就获得了一个相应的三维构件模型。

构件主模型是在 CAD 系统中，将构件的几何图形、属性特征等表示成可变的参数化构件。通过设计者赋予不同参数，构件库系统可以从主模型中派生出所希望得到的构件。构件主模型的构建需要在三维设计软件中进行。软件应具有良好的三维造型能力、可视化能力和易开发性。软件工程师通过二次开发实现构件参数化设计，构建可以读、写模型参数值的系统模块，使用户可以实时地更新参数值，方便快捷地实现构件的参数化驱动，生成所需要的参数化构件。在构建库开发过程中应预先设置各构件的几何、拓扑约束关系，并将其存入构件库中，新构件的具体尺寸值一般与原构件不同，但其几何、拓扑关系具有相似性，建模过程可以利用构件库内各类约束关系进行参数化建模。此外，按照构件的功能分类，为构件库内各构件及其对应的属性和参数值建立数据库，实现对数据快速检索、对参数添加、修改等操作，提高用户的设计效率及对三维参数化构件库的管理能力。

三维参数化构件库开发的主要步骤如下。

1）根据水利水电行业的特点，将各类水工建筑物、厂房机电设备等一些水利水电行业的基本构件按功能分为几大类，对各功能模块中的构件进行深入分析，选取一些典型构件建立标准件或非标准件，构成构件主模型库。

2）在数据库中建立数据表，用于存储各类构件的几何参数值和其他属性值。

3）建立构件模型的参数表，根据构件的几何、拓扑关系明确其约束条件，确定各参数间关系。

4）利用开发工具建立交互式的构件库管理模块，通过构建数据库的接口程序，实现用户开发模块与模型数据库的数据通信，完成对数据的显示、检索和读写等功能，从而可以实时存储新的参数值、自动建模和更新模型参数。

三维参数化构件库的开发技术涉及以下两点：①编程语言、接口。采用编程语言与选定三维设计软件环境进行连接，通过开发实现参数化功能、建立构件模型，并创建人机交互界面；②数据库访问。由于构件库中标准件和非标准件名称、尺寸参数关系描述、几何约束关系描述等都储存到 SQL Server 数据库中，所以快速、安全和稳定访问数据库成为关键。

（4）水利水电行业三维参数化构件库体系结构

水利水电行业三维参数化构件库的体系结构将采用基于模块化设计的三层体系结

构，即数据访问层、功能逻辑层和应用层。

1）数据访问层：由于构件库属于共享资源，所以其体系结构中的数据访问层是基于位于中心服务器上的网络数据库及文档电子仓库，数据库用于存储构件模型文件的元数据和构件的属性信息（含尺寸参数），文档电子仓库用于存储构件模型文件。

2）功能逻辑层：这是整个构件库系统的核心，用户通过应用层发出请求，系统在功能逻辑层进行确认，然后从数据层获得数据，并对数据进行一系列程序操作或人机交互处理，最后将生成的三维模型及模型所有属性信息再发送给应用层。功能逻辑层包含一系列功能不同的模块，其中有构件设计模块、构件添加和删除模块、构件查询和选择模块、构件生成与装配模块。

3）应用层：应用层是客户端用户管理界面和基于三维 CAD 平台开发的人机交互界面及 Web 浏览器。其中客户端用户管理界面，负责管理用户对构件库的访问权限，通过给用户授权，可以对构件库进行增加、删除、修改、查询等操作；基于三维 CAD 平台开发的人机交互界面用于实现构件库中构件的设计、添加、查询、选择到调用的一体化和自动化。Web 浏览器应用程序用于实现无须安装客户端程序即可对构件库进行管理和信息查询。

2.3.1.3　基于构件库和模型模板库的信息模型快速创建方法

在三维参数化特征造型方法以及参数化构件库建立方法的基础上，同时经过对水利水电工程信息模型创建过程的分析，以及对水利水电行业发展现状的考虑，确定了水利水电工程信息模型的创建方法，即以现有基于特征的参数化设计软件为系统工具，以参数化构件库和模型模板库为系统资源，以构件装配和模型装配为主要过程的方法体系。

依据水利水电工程信息模型的创建方法，信息模型的创建主要包括以下几个步骤。

1）将水利水电工程信息模型按照专业和建筑物类型进行划分，确定子模型，如一个渡槽模型或重力坝模型。

2）将子模型进行构件分解（图 2.19），接着确定构件的特征和合理的建模顺序。

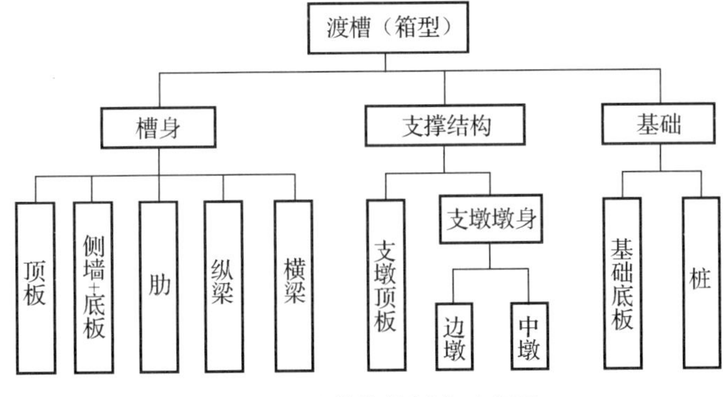

图 2.19　渡槽构件划分示意图

3）在现有基于特征的参数化设计软件中，运用参数化特征造型方法，创建构件实体模型，构建起参数化构件库。构件模型文件的元数据和包含尺寸参数在内的构件属性信息存储在数据库中，构件模型文件存储于文档电子仓库。

4）在参数化设计软件中，根据子模型中的构件组成，调用构件库中的构件，通过构件装配技术，组装生成子模型，进而构建起模型模板库。同样，模型模板文件的元数据和包含装配关系参数的模型属性信息存储在数据库中，模型模板文件存储于文档电子仓库，完成自底而上的建模过程。

5）在参数化设计软件中，根据需要建立的其他子模型的尺寸参数和装配参数，调用相应的模型模板库（当新建子模型中构件数量需要增加时，还需要从构件库调用添加新的构件），生成新的子模型，实现自顶而下的参数化设计。

6）在参数化设计软件中，将各个参数化的子模型及水利水电工程中一些非参数化子模型（如地形或地质模型）进行装配，生成最终的水利水电工程信息模型。

2.3.2 基于信息模型的水利水电工程三维协同设计标准化

2.3.2.1 基于云平台的协同工作组织结构标准化

在水利水电工程全生命周期过程中，为保证信息在空间维、主体维、时间维、类型维和版本维五个维度上的充分集成，提高信息在主体维之间的共享、利用效率，同时保证工程全生命周期过程各阶段质量控制、进度控制、安全控制及成本控制等工作的顺利进行，可以从两个方面努力，一方面是实现基于水利水电工程信息模型的协同设计，另一方面是实现工程全生命周期各阶段基于信息模型的信息集成、共享及有效使用，而构建服务于主体维的高效的协同工作平台是实现这两方面工作的必要条件。

主体维是协同工作的参与者和受益者，因此明确协同工作的组织管理模式及其组织结构，建立标准化的组织管理体系，是实现主体维协同工作的前提。

（1）水利水电工程主体维协同工作的组织管理模式

适用于水利水电工程全生命周期主体维协同工作的组织管理模式包括：工程项目总承包、合作伙伴、全生命周期集成化管理、网络/虚拟组织等。

1）工程项目总承包模式。

作为一项复杂的系统工程，水利水电工程在实践过程中，传统的 DBB（设计–招标–建设）模式引发了大量的“信息孤岛”问题，增加了工程管理的难度。例如，承包商无法介入设计工作，工作包设置不合理，设计人员缺乏施工经验和施工技术，在合同内业主不关心可建造性并缺乏经验总结等。因此，工程建设行业内逐步提出了设计施工无缝衔接的行业集成项目总承包管理模式。总承包商的存在使得设计、采购及施工团队成为一个整体，方便了人员管理和信息交流，能够满足设计、采购、施工等方面工作依据和工作目标的协调一致。然而，项目总承包模式并没有实质性改变传统的沟通方式和沟通手段，由于总承包商在信息化技术方面的投入仍不足，基于纸张的沟通所带来的信息丢失和时间浪费仍然很严重。

2）合作伙伴模式。

合作伙伴模式包含了工程项目组织集成的四个层次，即竞争（competition）、合作（cooperation）、协同（collaboration）和联合（coalescence）。

竞争：在这种组织管理模式里（如传统的业主承包商关系），组织之间没有共同的目标，都以使各自利益最大化作为己方的目标，组织之间单点接触、缺乏信任、只存在简单的信息沟通，不共同承担工程风险。

合作：组织之间基于特定项目在一起合作，具有共同的目标，组织之间多点接触、只有有限的信任、存在协同和保护的信息共享，共同承担风险，但是合作关系依赖于特定的项目，属于短期合作关系。

协同：组织之间通过多个项目的合作建立了长期合作关系，互相关注实现各自的战略目标，具有共享的信息访问权限，提倡风险共享。

联合：组织之间在长期协同的基础上，通过重组过程完成组织的联合，形成共享、奉献的组织文化，在相互信任和风险共享上高度一致。

在上述四个层次的组织集成模式中，随着组织联合层次的逐步递进，合作带来的潜在收益也会相应提升。然而在水利水电行业的工程实践中，不可能期望组织之间都建立联合和协同的组织管理模式，而合作的组织管理模式应该在水利水电工程管理中推广应用。

此外，从合作伙伴模式中各个集成层次可以看出，合作伙伴模式的实现过程强调了共享、协同、沟通、和谐的组织文化，这与实现水利水电工程协同工作的目标一致，可以作为实现主体维协同工作的重要组织管理模式之一。

3）全生命周期集成化管理模式。

由于工程项目总承包管理模式在工程管理上的缺陷，全生命周期集成化管理模式成为一个发展趋势。其基本思想是在工程项目全生命周期过程中，进行总体、全面的协调与控制，尽可能更好地实现工程的投资目标、质量目标、进度目标和安全目标，使项目发展符合投资方、运营方的要求。

工程项目全生命周期集成化管理的组织模式可采用线性组织结构和矩阵组织结构。

线性组织结构（图 2.20）：分别设立工程全生命周期管理经理、开发管理经理、项目管理经理和设施管理经理。其他三个经理由工程项目全生命周期管理经理直接领导，投资方和运营方对这三个经理不直接下达指令。

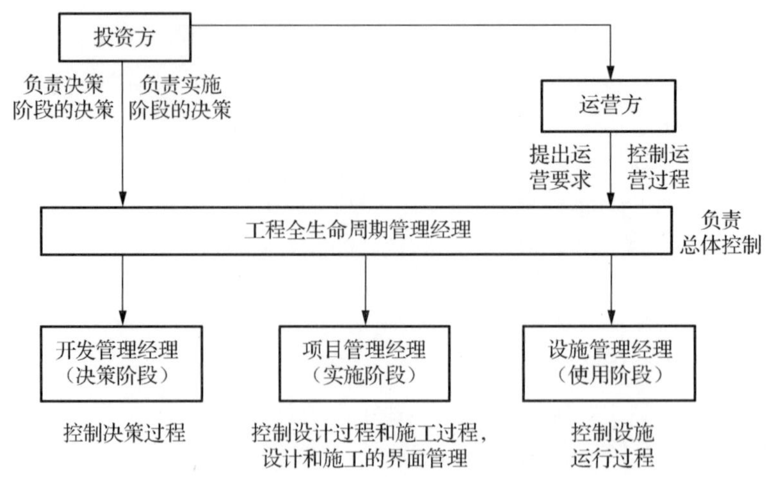

图 2.20 工程全生命周期管理的线性组织结构

矩阵组织结构（图 2.21）：同样设立工程全生命周期管理经理、开发管理经理、项目管理经理、设施管理经理。与线性组织结构不同的是：投资方直接领导开发管理经理和项目管理经理的工作，运营方直接领导设施管理经理的工作，全生命周期管理经理不直接对开发管理经理、项目管理经理和设施管理经理下达指令，其主要任务是协调开发管理、项目管理和设施管理的工作。

从全生命周期集成化管理模式的两种组织结构来看，该种组织管理模式在要求组织间协同工作的基础上，还强调了对工程项目全过程的总体控制。由此可见，全生命周期集成化管理模式的思想也可以作为实现水利水电工程协同工作的借鉴。

4）网络/虚拟组织模式。

随着信息技术的发展和市场竞争的加剧，不同类型的企业为共同完成不同的项目进行灵活组合，协同工作，共享信息和风险，却又保持各自的相对独立性，形成了诸如网络组织和虚拟组织一样的合作模式。

网络组织是由独立的组织以联合体、战略联盟或价值链伙伴等形式进行紧密的联结，协同工作、分摊风险。在这种组织模式环境下，各参与方相互信任，目标一致，故能更好地专注于各自的业务，提高工作效率和市场竞争力。同时，该种组织模式的工作需要网络化的信息平台作为支撑，实现信息的分布式存储、共享和使用。

虚拟组织与网络组织相比具有更加松散、灵活的特点。虚拟组织是由地理上分布的企业、机构和个人所组成的一种基于共同目标的协作形式。虚拟组织具有以下几个方面的基本特征：地理上分布、充分利用信息通信技术、跨越组织边界、互补核心竞争力/共享资源、参与方不断变动、参与方地位平等。

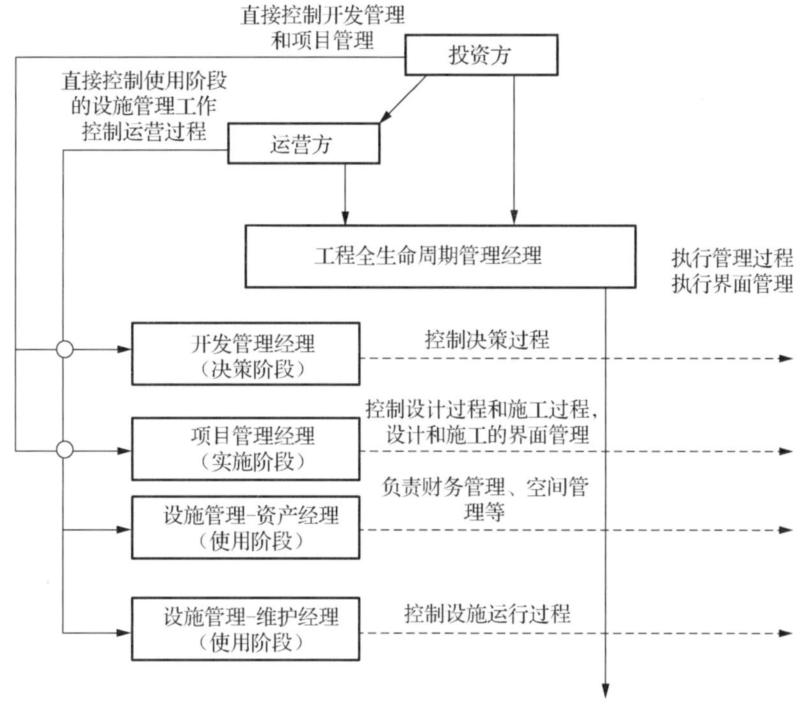

图 2.21　工程全生命周期管理的矩阵组织结构

网络组织和虚拟组织使得分离的组织形态合理地集成以发挥各自的业务优势，有利于组织核心竞争力的互补，有利于促进各参与方的协同工作。

（2）水利水电工程主体维协同工作的组织结构标准化

根据以上对水利水电工程主体维协同工作的组织管理模式的分类研究可知，开展水利水电工程协同工作，要先建立以共享合作为目标、以全生命周期集成化管理为控制手段、以虚拟组织为基础架构的组织结构体系。

根据全生命周期集成化管理模式的思想，同时根据水利水电行业工程项目主体维的特点，水利水电工程全生命周期集成化管理模式的组织结构如图 2.22 所示。

根据水利水电工程项目的特点，水利水电工程业主方既是投资方又是运营方，负责各方的协同和对工程项目的总体管控，因此工程全生命周期管理经理可以任命为业主方现场工程筹建处的总工程师。由于业主还负责工程前期的投资决策和工程完建后的运营管理，且工程投资决策、运营管理与工程实施过程分属不同的阶段，水利水电工程开发管理经理、项目管理经理和设施管理经理均可由工程全生命周期管理经理来担任。此外，水利水电工程实施阶段参与方众多，且各参与方内部涉及部门、专业众多，因此在各参与方中设立项目管理经理，接收工程全生命周期管理经理的直接指令，协助工程全生命周期管理经理的工作。其中设计方管理经理由其设计总工担任，施工方管理经理由其项目总工担任，供应商管理经理由其项目经理担任，监理方管理经理由其项目总工担任，科研机构管理经理由其项目负责人担任。

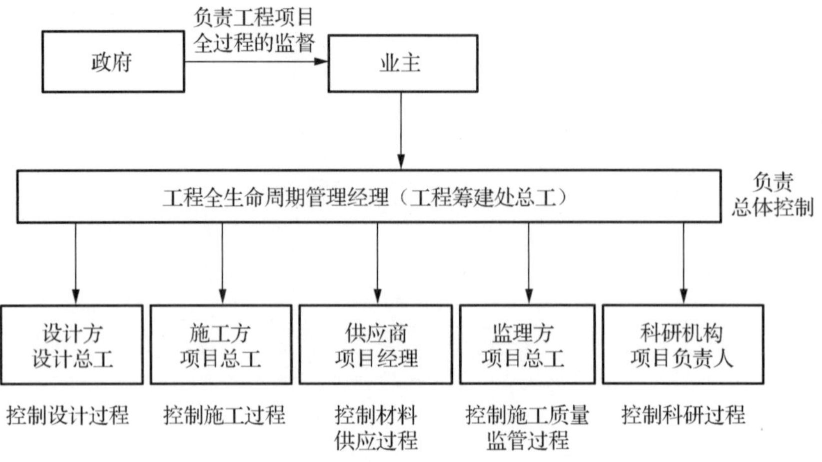

图 2.22　水利水电工程全生命周期集成化管理模式的组织结构

图 2.22 所示的水利水电工程全生命周期集成化管理模式的组织结构只是确定了水利水电工程项目组织中负责项目总体控制的组织领导的定义和相互关系，下面还要在此基础上构建出水利水电工程网络化协同工作的组织结构。

根据虚拟组织管理模式的思想，想要实现此种组织管理模式需要在水利水电工程组织结构的基础上，运用信息化技术，建立一个用于信息存储、传递、共享的协同工作平台。图 2.23 中给出了水利水电工程协同工作的组织网络结构。

如图 2.23 所示，业主方、科研单位、设计方、施工方、监理方和材料供应商通过各自单位内部的计算机和中心服务器、中心数据库组成了自治的局域网络。各单位内部项目参与人员的私人文件存储在各自计算机的私人工作目录中（可以给指定权限的人员访问），共享文件存储在其共享工作目录中。中心服务器用于存储单位内部共享文件（如构件库或专业信息模型）。中心数据库用于存储文件的元数据和附属信息。这些文件包括单位内部所有项目参与人员工作目录中的文件及存储在中心服务器中的单位内部共享文件。

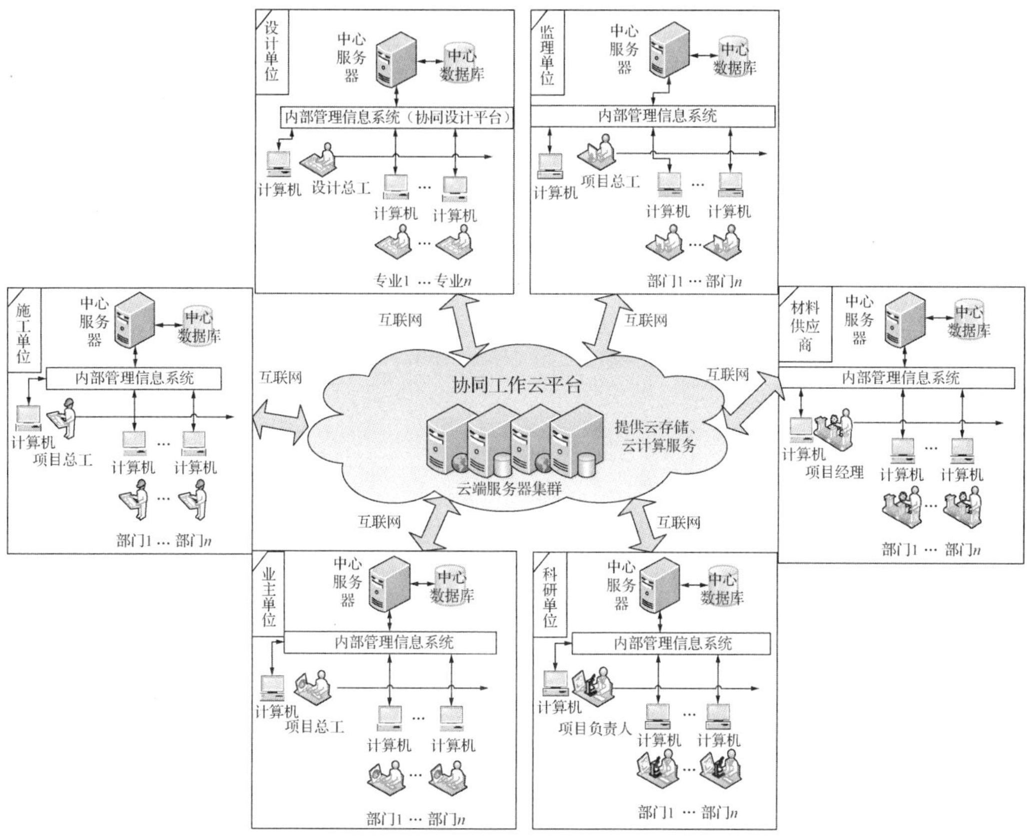

图 2.23　水利水电工程协同工作的组织网络结构

在各单位局域网内：单位内部各个专业、部门通过单位内部的管理信息系统在局域网内实现信息共享和协同工作。在各个组织单位设立的项目经理还负责对组织内部各专业、部门的工作进行协调和统一控制。

各单位局域网之间：各单位局域网中的项目参与人员通过互联网登录协同工作云平台。实现信息通信和协同办公，实现单位之间的协同工作和信息共享。在协同工作云平台上，各个组织单位设立的项目经理同样需要负责对组织内部各专业、部门的工作进行协调和统一控制，业主方项目经理兼有工程全生命周期管理经理的职责，负责直接领导各组织单位的项目经理，监督其对各自组织内部工作的控制。

利用云平台中的数据库服务器除了可以存储各参与方之间需要共享的资源之外，云平台还可以进行各参与方工作成果的交付与展示，同时也是工程全生命周期管理经理对工程进行总体管控的有效工具，此外也将是业主向政府汇报工作的良好媒介。鉴于云平台的特点，构建云平台的软硬件系统应该部署在业主公司总部，并且可以服务于业主方主管的多个工程项目。

2.3.2.2 水利水电工程协同设计工作流程标准化

水利水电工程信息模型的创建过程复杂、涉及专业众多，依靠传统的串行式设计不利于合理利用时间和资源，且专业间信息沟通不畅而导致的设计返工更加拖延了工程设计的进度，因此建立标准化的协同设计工作流程对水利水电行业的发展具有重要意义。

水利水电工程协同设计的开展主要分为专业内部和专业之间两个方面。

（1）水利水电工程专业内协同设计工作流程标准化

水利水电工程专业内协同设计的工作流程即是专业设计人员相互配合共同完成专业信息模型的过程。

1）根据专业信息模型中的模型类型及模型布置情况，可以按照不同类型或不同区域进行工作任务的划分，划分后的任务作为一个个工作集分配给专业内的各个设计人员。

2）专业设计人员将用于参照的其他专业的信息模型作为创建本专业信息模型的基础参考模型，上传为中心模型文件（中心装配文件），存储在中心服务器中。

3）设计人员每次创建完成工作集中的一个子模型（装配文件及其构件模型文件）后，即将其添加（装配）至中心模型文件中，以后修改此子模型均采用签出、签入的方式进行：首先将想要修改的子模型签出到个人计算机工作目录下，修改完成之后再签入用于更新中心模型文件。每次修改更新的子模型文件将按照不同的版本进行存储，中心模型文件中使用的一直是子模型文件的最新版本。

每个设计人员在进行各自工作集中的子模型的设计时可以打开中心模型文件，并动态更新，以查看到其他设计人员最新的设计模型，以协同、参考的方式进行自己的设计。

4）任一设计人员将中心模型文件更新后，需要通知校核人员对此次更新后的模型进行校核。校核完成的结果应及时通知专业内部的各个设计人员，并判断子模型文件应该返回的版本，或是重新修改子模型。

5）当所有设计人员完成各自的工作集，且完成中心模型文件的校核之后，则将中心模型文件依次发送给审查人、核定人及审定人进行审批，通过之后则作为专业信息模型的最终成果，否则返回重新进行修改，其中审查人、核定人可以由不同的设计副总工程师担任、审定人由设计总工程师担任。

（2）水利水电工程专业间协同设计工作流程标准化

水利水电工程专业间协同设计的工作流程即是专业之间相互配合完成工程枢纽布置进而创建水利水电工程信息模型的过程（图 2.24），专业内协同设计可以看作是专业间协同设计的一个子过程。

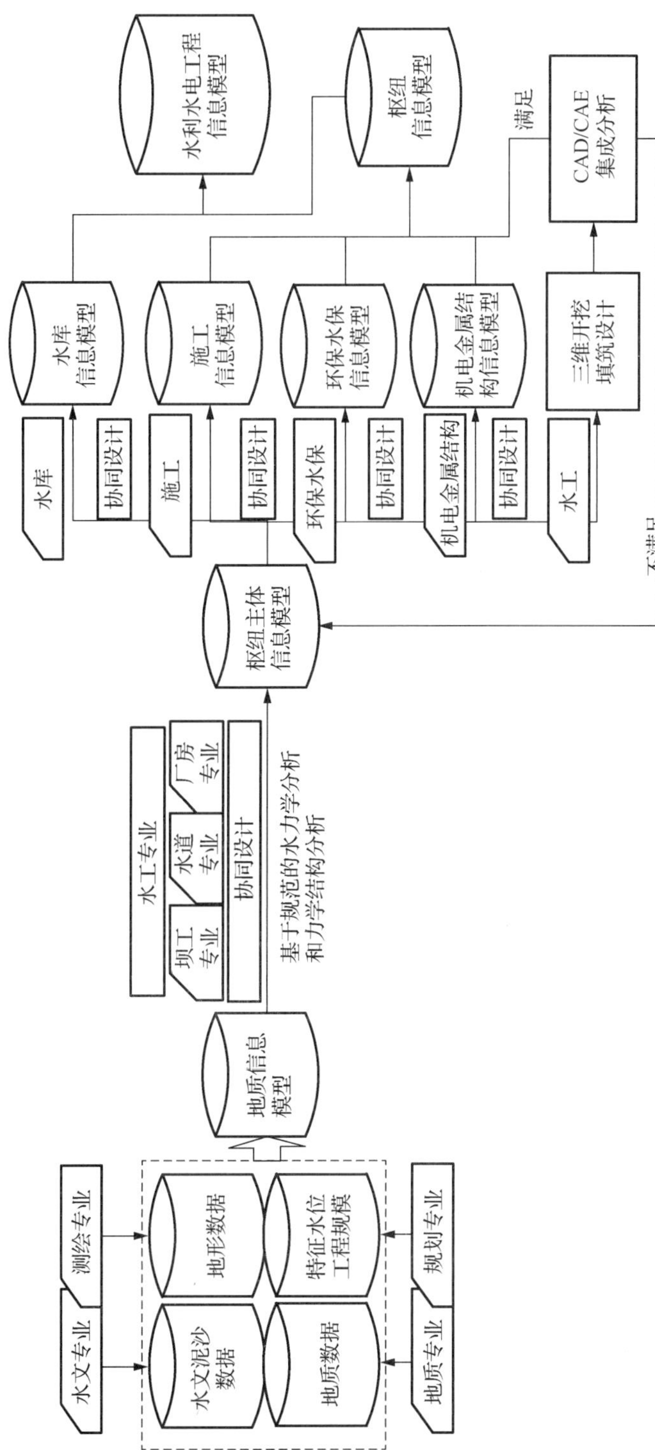

图 2.24　水利水电工程专业间协同设计工作流程

1）根据水利水电工程水文、测绘、地质、规划等专业提供的包含流域水文气象、工程地质条件、特征水位、工程规模等信息的地质专业信息模型，水工专业针对各坝线来进行可能的枢纽布置格局方案的拟定，从而生成多种枢纽布置方案，并通过比选得到推荐方案以进行更为详细的设计。

2）以地质专业信息模型为中心的模型文件，坝工、水道、厂房等专业在满足水力学和结构力学验算的条件下，以协同的方式完成各专业建筑物的创建以及在地质专业信息模型中的布置，初步完成枢纽主体信息模型（含地质、大坝坝体、溢洪道、厂房或渡槽、倒虹吸、箱涵、明渠、控制工程等）的建立。

3）水工（含坝工、水道、厂房等）专业继续进行枢纽建筑物的开挖和填筑设计及枢纽布置方案和枢纽主体信息模型的优化；同时机电、金属结构、施工、环保水保等专业将枢纽主体信息模型作为中心模型文件，以协同的方式创建各自的专业信息模型；水库专业将枢纽主体信息模型作为GIS环境下的中心模型文件，以协同的方式创建水库信息模型。

4）将各专业经过审定的机电信息模型、金属结构信息模型、施工信息模型、环保水保信息模型更新到枢纽主体信息模型当中，生成枢纽信息模型。

5）将枢纽信息模型更新到水库信息模型当中，生成最终的水利水电工程信息模型。

2.3.2.3 基于信息模型的水利水电工程三维协同设计

（1）计算机支持协同设计的特点

计算机支持协同设计（computer supported collaboration design，CSCD）普遍认同的概念为：为了完成某一具体的设计任务，由两个或两个以上设计主体（或称专家），通过一定的信息交换和相互协同机制，分别以不同的设计任务共同完成这一设计目标。计算机支持协同设计，更注重对协同小组提供多种信息交流方式和设计过程监控，强调设计决策过程是一个动态的群体协同行为，注重研究设计活动的动态特性。

计算机支持协同设计技术将计算机技术、通信技术和多媒体技术相结合，通过网络共享技术，可以实现异地分布的设计工作人员相互依赖的协同工作，共同完成同一项设计任务，从而最大限度地缩短生产周期，提高经济效益。协同的实质在于通过交换、共享关于产品设计的信息和知识，从而提高产品设计过程中决策的正确率，并加速决策的过程。协同工作不是单个工作的简单叠加，而是有机的结合，可以产生很大的社会效益和经济效益。协同设计主要分为四个方面的协同。

1）设计人员之间的协同：在协同设计过程中，设计人员是产品创新的主体，所有软件只是设计的辅助工具。协作过程需要人机协作，其主线还是设计人员之间合理的分工和协同，共同完成各种任务。

2）数据信息的协同：协同设计过程中涉及大量数据和信息，不同专业小组根据自身的设计目标所采用的设计软件不同，各专业的设计信息之间既相互独立，又与设计产品和设计过程密切相关。这些数据在设计的整个过程和各个阶段必须保持一致性和协同性，以保证协同设计过程的顺利进行。

3）不同专业组织间协同：在协同设计过程中，由于设计产品的复杂性，任何一项任务的完成都可能需要各专业组织间的交流和协作，每个专业组织承担的子任务间都存在关联性。各个设计专业的设计活动必须按一定顺序协调进行，而且这种协作需要良好的人员组织结构、组织机制和合作机制来保证，以实现设计过程的高效和高质量完成。

4）设计环境的协同：项目的协同设计过程是跨专业，甚至跨企业的活动，不同部门专业、不同企业的设计环境均不同，且设计过程中的设计人员间的协同是随着设计项目进程不断改变的，是动态变化的。

计算机支持协同设计的实现首先要求设计过程中的数据共享性，保证设计过程中每个阶段的设计依据和设计结果数据均可以通过信息模型实现数据实时共享的目的。虽然不同行业领域开展协同设计所构建的系统有所区别，但都具有以下主要特征。

1）协同的全面开展性：协同工作不仅在同专业设计小组中开展，在不同专业设计小组中同样需要协同工作；且协同工作不受地点限制，可以异地进行。

2）协同的同步和异步并存：并行设计过程中同一专业、设计小组领域内需要信息交互，不同专业、设计小组领域内同样需要信息的流通。同一设计小组内设计人员一般设计进度一致，协同工作同步进行；不同设计小组设计工作开展的时间可能有间隔，故在不同专业小组间协同工作可能异步进行。

3）协同数据的实时性：各专业设计小组在设计过程中均不断地对设计数据进行更新和修改，为了使设计过程能够顺利进行，各专业设计小组需要方便地获得所需的最新数据。

4）协同设计的动态安全性：协同设计过程中每个设计人员的权限不尽相同，且在设计的不同阶段设计权限也在变化；同时参与设计的人员也会随设计进展发生变动，因此协同设计过程中必须建立一定安全机制，使不同人员在自己的权限下完成任务。

（2）基于信息模型的协同设计的优势

基于信息模型的协同设计与基于二维图档的协同设计及基于传统三维模型的协同设计相比，在共享信息的完备性、关联性、可操作性、可视化及可分析性等方面具有明显的优势，具体表现在以下几个方面。

1）工程信息全面、系统的数字化，实现数字工程。

信息模型技术将数字化带入到水利水电行业中，可以从根本上改变工程项目中的信息交流方式，影响项目参与各方协调合作的工作模式。利用信息模型对信息的集成和传输可以取代人员之间的文件传送，消除信息鸿沟，提高信息传递的准确性和完整性；可以大量减少信息处理过程中人为因素的影响，从而减少其中的随意性，避免失误。这些都提高了信息在项目的业主、设计人员、施工单位、承包商等之间的共享程度，同时也提高了信息的准确性。

2）统一的信息模型增强了信息的一致性和关联性。

基于信息模型的协同设计促使设计人员基于一个统一的信息模型进行协同工作，各参与者在设计过程中采用的设计依据，生产、修改的设计结果数据等的最新信息都将反映在统一的信息模型之中，避免了信息版本的错误使用，保证信息在各协同设计人员之间的一致性。此外，信息模型的信息存储功能使得模型与其属性信息和相关文档始终保持关联，提高了海量信息的查找效率。利用信息模型中将设计数据与其他技术数据和管理数据进行自动关联，一旦设计方案发生变化，所受影响部分如工程量、工期、预算、工程图等都可自动更新，使设计人员可以专注于信息模型的创建工作。

3）基于参数化特征造型技术建立的信息模型增强了信息的可操作性。

水利水电项目设计阶段设计任务不是一次完成的，需要不断对建筑物结构进行调整和优化，水利水电工程项目的规模越大，每次修改和协调数据所花费的时间和精力也就越多。引入参数化建立的信息模型后，通过实现构件间的相互关联，使整体模型的各构件在几何关系和功能关系上形成一个整体。当结构的某一部分尺寸改变后，与其相关的结构就会自行调整尺寸，可以大量节省人力、物力。在协同设计的过程中提高了各个设计人员对模型的修改效率，同时也缩短了其他设计人员参考模型的等待时间，加快了信息共享更新的进程。

4）有效的信息与模型集成，提高了信息模型中信息的可分析性。

信息模型中信息与模型集成的特点，促使信息能够以可视化的形式进行分析，如施工专业设计人员利用信息模型可以对施工设计方案实现施工过程的可视化模拟，使项目的业主、施工单位等参与方在设计阶段就可以对项目实施过程有直观的感受，便于方案比较和选择。

（3）实现基于信息模型的水利水电工程三维协同设计的关键技术

1）不同软件创建的信息模型的共享转换技术。

水利水电项目设计过程是一个多专业合作的复杂过程，涉及多种CAD设计和CAE数值仿真软件。由于不同软件建立模型的目的、建模思想和模型容差不同，且通常采用不同的语言和表达习惯，因而造成了不同软件之间的信息流通障碍。通过相应的编程语言开发软件工具间的数据接口，实现具有不同几何数据格式的CAD模型之间的数据共享，是实现各专业协同设计的必要条件。此外，实现CAD模型向CAE有限元分析模型的数据转换，利用CAE对产品的几何实体模型进行性能分析、强度分析、稳定分析、流体力学分析、性能结构优化等方面的数值模拟计算，其间不断将CAE计算结果反馈到CAD快速修改几何实体模型，得到满足各项分析要求的优化模型，也是保证协同设计过程正确、顺利进行的关键。

2）协同工作过程控制机制——工作流技术。

协同控制的功能在于监控、协调设计过程中的各种冲突，管理各个功能小组（或单个设计人员）的活动等。一方面在设计过程中，由于不同专业设计人员之间任务分配不同，设计规则和知识经验等差异，必然引起局部设计内容的冲突；另一方面设计人员在设计过程中可能产生违反规定的操作。这些均可触发冲突检测机制，然后向相关人员发送冲突信息。协同设计的过程就是一个冲突产生识别和消解的过程。

工作流管理系统的出发点是产品开发全过程的管理和控制，通过建立过程模型对项目的开展过程进行控制，实现“在正确的时间，以正确的方式，将正确的信息传递给正确的人员，使其做出正确的决策”。

工作流技术提供协同工作、公文管理、公关信息、日程/会议管理、常用工具、系统管理等应用模块。在工作流中定义了任务的触发顺序和触发条件等，使文档、信息或任务按照预定的一系列过程规则在不同的设计人员之间传递、执行，从而实现对协同设计过程的有效控制。水利水电项目一旦立项，设计总工程师就根据设计院的专业分工将项目分成若干个子项目，然后子项目负责人将其继续分解成具体任务分配给设计人员，确定各任务间的关系和顺序后，项目在工作流引擎的驱动下依次进行。

3）网络通信技术及安全性。

网络通信技术就是利用 Web 技术完成设计数据和信息的网络传输，网络通信模块与数据管理模块之间有通信接口，方便设计数据在不同专业设计人员间的传输。需要实现的功能有：①支持多点视频会议，支持多人同时参加会议；②根据用户权限，支持数据的多用户传输和用户间传输，如采取在线聊天、文件传输、信息广播等方式；③提供接口来集成现有的 Internet/Intranet 协作工具，共享网上资源，如 NetMeeting、Skype。

协同设计过程中数据资料的安全性是协同设计顺利开展的基础，协同设计管理系统是一个多用户、多任务的分布式工作环境，且存在大量的信息流通，安全性是首要考虑的问题。造成系统不安全的主要因素有很多，主要体现在三个方面：网络数据传输的安全性、信息资源访问权限设置和抵抗人为故意攻击破坏的安全性。

在网络协同化设计过程中，设计人员之间需要实时地进行信息的交流，因此有大量的设计数据需要在网络中传输，故面临可能出现设计信息的泄露、篡改、伪造等问题。为了解决网络数据传输过程中的安全性问题，可以采用如 SSL（安全套接层，secure socket layer）安全协议来解决。SSL 安全协议是由 Netscape Communication 公司设计开发的，主要用于提高数据在传输过程中的安全性。主要功能有：提供对服务器和用户的认证；对传送的数据进行加密和隐藏；确保数据在传输过程中的完整性。

协同设计管理系统必须建立相应的访问控制机制，保障数据库资料的安全性。设计系统中不同设计人员或设计小组承担的设计任务不同，对信息的需求内容和程度不同，根据需要设计用户的角色提供相应的用户管理和权限管理，从而使产品数据的操作得到一定的安全控制。根据水利水电行业项目运行特点，可选择基于角色的访问控制技术。在并行协同设计系统中，参与项目设计的人员首先需要注册为系统的用户，一个用户只能隶属于一个静态组织（设计院不同职能或专业组织）但可以隶属于多个动态组织（不同项目或任务组织）。在每个组织中，用户被分配给不同的角色，这样用户通过其担任的角色获得相应的访问权限，且每个用户可以有多个角色。角色可以分为管理员、组长、普通设计人员等，根据不同的等级赋予不同的权限。

4）多媒体交流技术。

协同设计过程中设计人员需要及时有效地进行信息的交流，这就需要多媒体交流技术的支持，主要包括音频和视频两类多媒体服务。

多媒体交流技术的主要功能是对音视频信号进行实时的编码、压缩和传输。多媒体交流技术主要涉及音视频捕获技术和音视频压缩技术。

音视频捕获技术的实现可以通过软件或硬件的方法。硬件的实现主要是使用专门的音视频捕获卡，软件的实现可以通过 VFW（video for windows）和 DirectShow 实现音视频的捕获。

多媒体的信息一般都较大，要实现多媒体信息在网络中的顺利流通必须对这些信息进行大规模的压缩。同时，音视频中本身存在大量的冗余数据，压缩技术更加有效地促进了多媒体交流技术的实现。目前较流行的视频播放压缩技术有 MPEG4、DivX 等。

5）协同数据管理技术。

在协同设计过程中，不同专业设计人员在同一个平台上完成设计任务，并实时地进行信息交换，这个过程将产生大量的电子图档、文档等数据，使得信息量增大、信息的管理难度迅速增加，运用产品数据管理技术对这些数据进行管理显得尤为重要。

协同过程中产品数据管理技术可以完成协同设计过程信息的自动收集、识别和转换，且数据管理模块与不同专业设计工具软件和网络通信模块均有接口，实现设计过程数据共享和信息交换。产品数据管理（PDM）以软件技术为基础，以产品结构为中心，主要在设计过程中组织存取、控制所有的产品数据；管理与产品整个生命周期相关的产品结构、开发过程和开发人员的信息；不仅包含静态的数据信息，也包括动态的过程信息；有效地将产品从设计方案确定、理论设计、详细结构设计等整个设计生命周期内各阶段数据进行定义和管理，保证数据的一致性、完整性和安全性，使设计人员能方便地使用有关数据。

PDM 虽然起步较晚，但是发展迅速，目前已发展到 PDM 的第三个阶段。分布式的产品开发环境要求 PDM 模块能跨越地域、时间、领域的限制，对全生命周期的信息进行统一管理，这需要充分利用计算机网络技术，运用分布式数据库技术、分布对象技术和面向对象的方法进行系统设计。PDM 系统提供给各设计小组一个柔性的产品数据管理工具，是实现协同产品设计的基础。

第 3 章　协同平台系统框架及协作管理体系

3.1　水利水电工程项目

水利水电工程项目是一个开放复杂的系统，而水利水电工程项目的建设管理则是一个复杂的系统工程。水利水电工程施工环境较为复杂，工程规模较为庞大，涉及专业多、牵涉范围广，具有极强的实践性、风险性和不连续性等特点。首先，水利水电工程施工受水文、气象、地形、地质等众多因素影响。其次，水利水电工程由于工程量巨大，施工周期长，需要花费大量的人力、物力和财力；而且大多数水利水电工程都处在深山峡谷中，交通条件较差，给施工带来了一定的影响。最后，水利水电工程结构由于涉及水资源，施工具有很强的季节性，并且水也给建筑安全带来了一定的影响。因此，水利水电工程项目的协同工作与管理就显得尤为重要。

从系统科学的角度来说，水利水电工程项目的主要特点是具有多层次性，如图 3.1 所示。首先，顶层决策系统需要进行多目标决策，如一般的防洪、发电、航运、灌溉等，这就要求工程在经济、社会、生态和环境等方面达到统一。水利水电工程功能影响范围广。其次，下层执行系统主要负责项目的建设与管理，往往具有环境不确定性、组织管理复杂性、信息综合性、管理多目标性的特点。作为一个复杂的系统工程，水利水电建设项目包含了众多参与方，涉及多个阶段、多个目标决策、多个系统层次以及多重不确定环境，因此需要其建立特殊的理论、体系与方法。

3.2　水利水电工程协同工作与管理

3.2.1　协同组织模式分析

就建设工程项目而言，参与方数量和参与方间的关系层次越多，项目系统管理越复杂，协同管理的难度越大。目前大多数水利水电工程采用的依然是传统的 DBB（Design-Bid-Build）模式，这种模式能够在业主方、设计方、施工方之间形成较好的制约关系，使工程顺利执行。但是由于设计、施工分开招标，设计与施工单位进入时间、需求不同，设计、施工阶段之间的接口不能很好地搭接。一方面设计方案存在可施工性

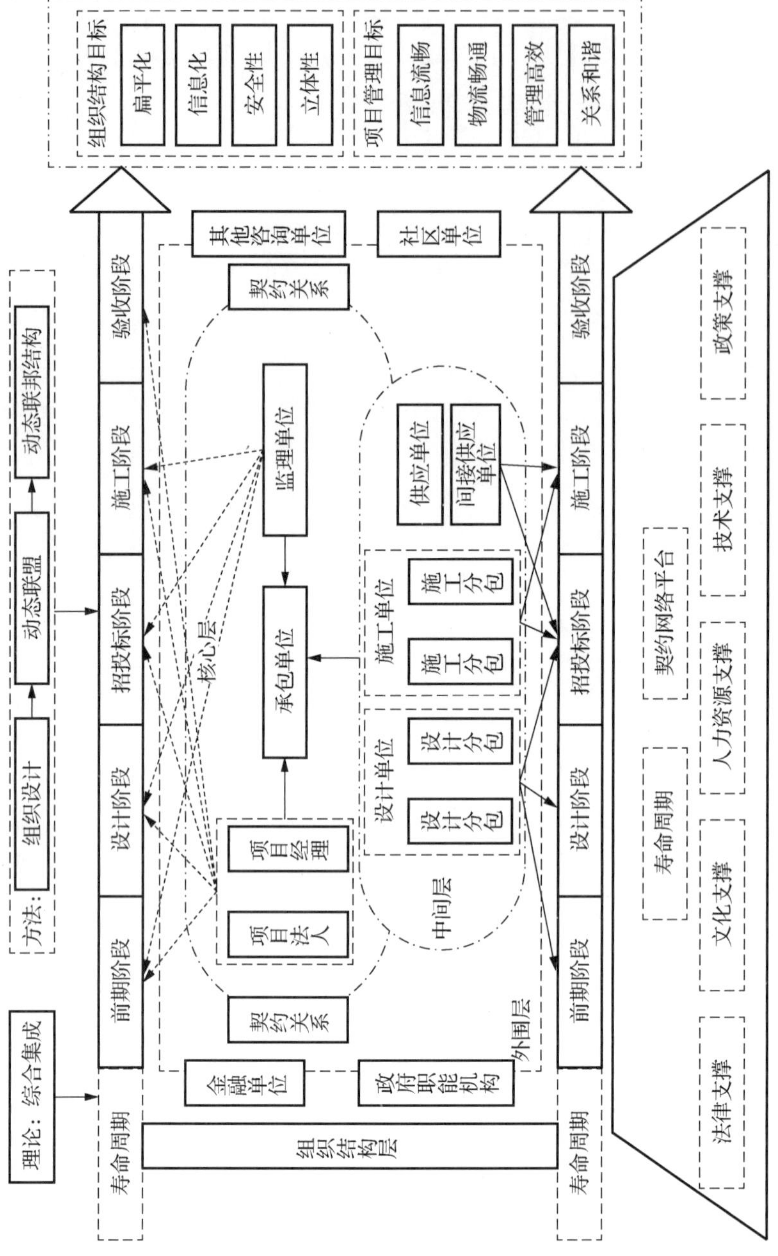

图 3.1 水利水电工程建设项目多层系统结构

差等问题，为设计变更埋下更多隐患；另一方面设计缺陷和施工失误的责任划分不清，造成互相推诿的局面。另外，信息分散于主体维、空间维、时间维，传统以文档、图纸等为媒介传递信息的方式，点对点、效率低，信息数据重用率低，各参与方之间形成“信息孤岛”，难以组成共同体；信息丢失、不连续现象严重，导致难以集成与协同。

为了更好地实现水利水电工程各参与方之间的协同，出现了一些新的工程承发包组织模式，主要有以下几种。

（1）DB 模式

DB（design and build）模式是指设计建造模式，指在项目原则确定后，业主选定的一方负责项目的设计和施工。设计和施工阶段的工作既可由设计-建造承包商内部协调完成，也可选择分包商或者其他专业机构来完成。在设计-建造合同中，业主提出的拟建项目的基本要求是选定承包商的基础。

DB 模式的主要特点是单一责任制、固定总价合同及设计施工协调。业主只与总承包商签订合同，使建设过程中的责任明确，避免不必要的相互扯皮现象，减轻管理压力；同时采用了固定总价合同，有助于业主对工程中造价的管控，实现项目总成本的降低；最后由于设计施工时考虑了相互之间的协调，大大减少了不必要的工程变更，有利于缩短工程建设周期。

DB 模式的优势在于通过整合设计与施工的关系，提前考虑设计的可施工性，及早地做出响应。各参与者在协同过程中能够发挥集体的经验和智慧，有利于提高设计的可建造性、可运营性、可更新改造性，并且创造出更加优化的设计方案。DB 通过每一步接口之间的相互协同，将信息进行集成和共享，减少信息孤岛，发挥整合的优势，带来组织管理效率和项目效益的提升。

DB 模式的合同构成如图 3.2 所示。总承包商一般为独立企业或者联合体，业主与之签订合同，总承包商与分包商签订分包合同。另外，项目实施过程中，业主代表则和总承包商之间形成监督管理的关系，业主代表一般为第三方的监理机构，此时与业主也通过合同关系进行约束。

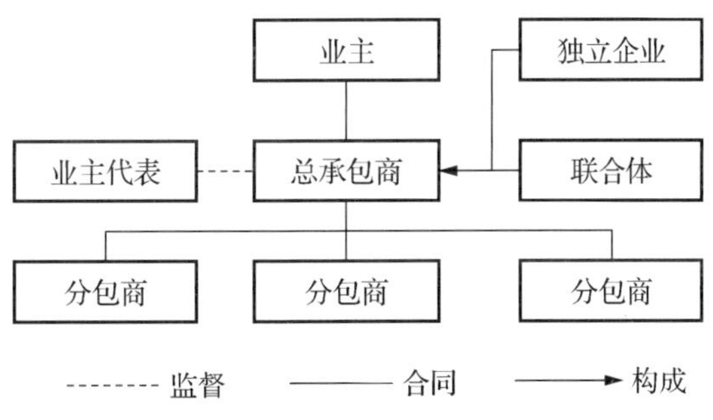

图 3.2　DB 模式的合同构成

（2）CM 模式

CM（construction management）模式由美国的查尔斯·托马森（Charles B. Thomsen）创立，在国际建筑市场指的是一种特定的承发包模式，其核心思想就是业主委托一个实体来负责与设计协调，并管理施工。从项目开始阶段业主就聘用有施工经验的咨询人员参与到项目的实施中来，以便为设计人员提供施工方面的指导建议，并负责后面的施工过程管理。通过设计与施工的充分衔接，使得水电项目在决策时能够同时考虑设计和施工的因素，从生产组织上实现“边设计、边施工”，从而达到既满足项目建设质量又缩短项目建设周期的目的。

CM 管理方式主要用于以下项目类型：①对变更的灵活性要求较高的项目；②由于工程范围和规模不确定而无法准确定价的项目。CM 模式的核心在于 CM 项目经理的选用。CM 模式有很多种不同的实现形式，传统的代表型 CM 模式如图 3.3 所示。在这种模式下，CM 项目经理是业主的咨询顾问和代理，提供水电工程建设管理服务，既可服务某一阶段，也可服务全过程。

（3）EPC 总承包模式

EPC 是设计（engineering）、采购（procurement）和施工（construction）的英文缩写，EPC 总承包模式由总承包商按照合同约定，完成工程设计、材料设备的采购、施工、试运行服务等工作，实现设计、采购、施工各阶段工作合理交叉与紧密融合，并对工程的进度、质量、造价和安全全部负责的项目管理模式。水电工程 EPC 总承包模式是指从事水电工程总承包的企业受业主委托，按照合同约定对水电工程项目的勘察、设计、采购、施工和试运行等实行全过程的承包。总承包商按照合同的约定对工程项目的质量、安全、进度等向业主负责。总承包商也可依法将所承包工程中的部分工程发包给相应资质的分包企业，分包商按照合同约定对总承包商负责。水电工程 EPC 总承包商的主要工作内容如图 3.4 所示。

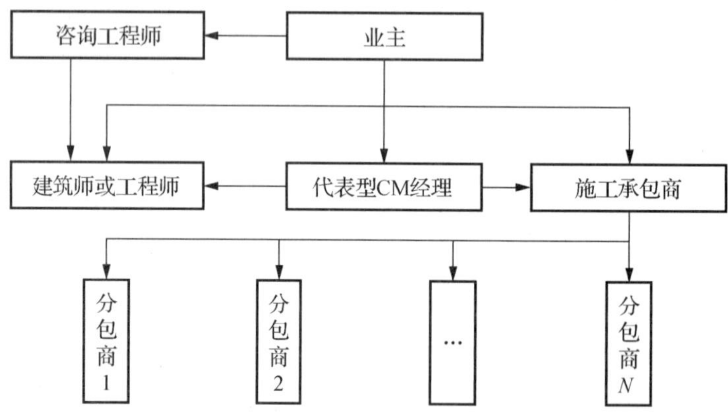

图 3.3 传统的代表型 CM 模式

设计	采购	施工
• 方案优化设计 • 技术/施工图设计 • 施工组织与规划 • 设计变更	• 物料采购 • 设备采购 • 施工合同采购 • 设计合同采购	• 土建工程 • 机电设备采购安装工程 • 水保环保等 • 试运行

图 3.4 水电工程 EPC 总承包商的主要工作内容

水电工程 EPC 项目建设过程中，业主主要承担机会研究、预可行性研究、项目评估立项、项目实施准备、选择 EPC 总承包商并签订合同及竣工验收等。总承包商主要承担方案优化设计、技术/施工详图设计、土建工程施工、机电设备采购安装、工程、试运行等工作，并与业主共同承担项目申报核准与开工。

水电工程 EPC 工程中，根据总承包商的不同，主要分为以下三种。

1）总承包商为设计单位。总承包商一般由具有独立设计能力且具备相应工程设计资质的水利水电设计院或工程咨询公司承担，总包商一般均独立完成工程的设计任务而不是对外分包。总包商除直接承担工程设计及重要机电设备的采购之外，还把项目的施工任务分包给各施工分包商。工程材料及设备中除重要建筑材料和设备由总包商指定（供应）外，其他非核心材料及设备由分包商独立采购使用。

2）总承包商为施工单位。总承包商为施工能力强、有相应资质的水电施工企业或公司。在工程中标后，设计任务采用对外分包的形式分包给有相应资质的水电设计单位完成，而施工任务则由总承包商的内部子公司完成。

3）设计施工联合体模式。设计机构与施工单位联合承包工程并以合同关系约束各自行为，通常情况下，进行项目时又以设计单位为主体进行项目策划和管理。

（4）PMC 模式

PMC 模式即项目管理承包（project management contracting）模式，由业主委托具有相应资质等级、专业人员和管理经验的项目管理承包商作为业主代表，协助业主完成项目策划、可行性研究、项目定义、计划、融资方案，选择设计、采购、施工承包商，并在工程全生命周期过程中对工程质量、进度和费用等进行全面管理。项目管理承包模式不仅能够帮助业主节约项目投资，有利于业主获得融资，而且能够精简业主建设期的管理机构，有利于获得项目整个生命周期的良好经济效益，从而提高整个项目的管理水平，确保项目成功建成。

一般具有如下特点的工程项目适宜选用 PMC 进行项目管理。

1）项目工艺技术复杂、投资大。

2）业主为公司联合体，并且政府时常参与。

3）业主自身的资产负债能力有限，不足以为项目提供融资担保。

4）项目投资需要取得国际贷款，而 PMC 承包商可以取得国际贷款机构的信用，获取国际贷款。

5）业主需要寻找有管理经验的 PMC 承包商来代业主完成项目管理，以弥补自身的资源和能力的不足。

（5）BOT 模式

BOT 模式即项目建设的建造-运营-移交（build-operate-transfer）模式。它是 20 世纪 80 年代兴起的一种主要利用国外私人资本融资、建设基础设施的项目管理方式。首先项目所在国的政府必须开放本国的基础设施建设和运营市场，吸收国外资金，授予项目公司特许权负责融资和组织建设，建成后负责运营及偿还贷款，在特许经营期满后再将工程移交给项目所在国政府。

BOT 模式的最大特点就是获得政府许可和支持，利用民间投资，减轻了政府的财政负担，并且也避免了大量的项目风险。该模式主要适用于机场、隧道、电站、港口等投资大、建设周期长、可运营获利的基础设施。如海外 BOT 一体化的典范——老挝南欧江流域梯级水电开发项目（简称南欧江项目），是中国电力建设集团在海外推进全产业链一体化战略实施的投资项目，也是唯一由中资公司在老挝获得以全流域整体规划和 BOT 投资进行开发的水电项目，受到中老两国政府和社会各界的高度重视。

（6）Partnering 模式

Partnering 模式是 20 世纪 80 年代出现在美国的一种项目管理模式。它是指在两个或多个组织之间为了获取特定的商业利益，最大化地利用各组织的资源而作出的一种长期承诺。这种关系建立在信任、追求共同目标和理解各组织的期望和价值观的基础之上。由于这种模式具有提高工作效率、降低施工成本、加强产品品质、避免或减少索赔等优点，逐渐成为发达国家或地区工程项目的重要模式，日益受到建设工程管理界的重视。Partnering 模式的核心理念可以从八个方面概括，分别为信任、承诺、协同、宽容、理解、关心、相互依存和发展壮大。这八个要素构建起了一个坚固的伙伴关系，将项目参与各方的目标作为一个整体来考虑，在项目实施时充分考虑项目参与各方的利益，最后在项目实践中容易产生共赢的结果。

Partnering 模式的特征包括合作各方的自愿性、高层管理者的参与、合作伙伴协议（但不是法律意义上的合同）、信息的开放性等。一般适用于具有以下特征的工程项目。

1）业主经常有投资活动的工程项目。

2）国际金融组织贷款的工程项目。

3）复杂的不确定因素较多的工程项目。

4）不适宜采用分开招标或邀请招标的工程项目。

3.2.2　协同方法体系建立

随着水利水电工程项目规模越来越大，项目内容和细节更加复杂，对进度、成本和质量要求也越来越高，这就要求采用科学的方法论来指导工程建设。如今协同方法在水利水电工程建设中扮演着越来越重要的角色，对协同方法的研究也越来越科学化、理论化、体系化。协同方法体系就是指由这些相互独立而又相互联系的协同方法所组成的统一有机整体。

这里协同方法体系主要包括以下几个方面的内容：协同规划方法、协同实施方法、协同管理方法和协同保障方法。

（1）协同规划方法

协同规划方法是指根据不同的项目交付模式，对项目所有的控制与管理活动进行合理的组织与协调安排时采取的方法。协同规划方法主要包括计划制定法、方案组织设计法等。例如，我国水利水电工程建设中，项目计划的制定已经比较全面，多种不同的计划如编制项目总进度计划、分项进度计划、资源成本预算计划等，分别侧重各自的主题，使工作时间、资源、成本之间的协同能在不同的层次进行。此外，基于方案组织设计法的施工组织设计等综合性指导文件也使工程建设的各环节、各阶段能够协调有序开展。

（2）协同实施方法

协同实施方法是指协同主体在项目中具体运用在协同上的手段和方式，主要解决协同过程中的实施难点，以保障各项工作的顺利进行。协同实施方法通常包括一般协同方法和技术协同方法。一般协同方法是指传统的面对面会议或现场检查方式，如工地例会、监理例会、专题会议、图纸审查会议、现场质量检查、设备现场验收。技术协同方法是指结合计算机技术、网络技术、通信技术、数据库技术等的协同方法。在过去的三十年中，这类技术方法不断涌现，典型的有电子邮件、远程会议、网络电话、即时通信、OA 工作流、建筑信息模型等。

（3）协同管理方法

协同管理方法是指在各项专业的管理过程中运用的协同方法，目的在于纠正和消除管理中的各种偏离计划和基准的情况。例如，水利水电工程中常见的质量、安全等的闭环管理方法，通过一套循环的反馈调节机制，将系统的各参与方调动起来，使系统的活动维持在一个平衡状态，直到管理结束。其他的协同管理方法还有赢得值管理方法等。

（4）协同保障方法

协同保障方法是指在项目建设的过程中对可能影响协同的一些重要因素（序参量）建立起的引导或保障机制。一般大型项目中影响协同的重要因素有组织效率、信息共享、文化融合、标准规范等，依据对这些因素的分析，形成了一系列保障机制，如激励机制、约束机制、合作机制、协同规范等。

3.2.3　协同特征分析

随着信息与通信技术的不断发展，水利水电工程行业越来越重视信息化技术的研究和推广。协同特征分析以计算机支持的协同工作占据主导地位，同时结合心理学、管理学、社会学、系统工程学等多个学科领域的先进知识和理念。当前水利水电工程协同工作的技术和理论体系中的协同创新分析，特别注重信息技术和工程建设管理的有机结合，利用现有技术，特别是网络通信技术、分布式处理技术、云技术、“互联网+”等建立一个协同工作的环境，从而保证水利水电工程规划设计、工程建设、运行管理全生命周期的安全与效益。

（1）集成化

水利水电工程是一个复杂的群体性工程，多个参与方自身的“软”环境、“硬”环境和工作环境都存在差异，因此单一的协同方式远远不能满足水利水电这个大群体的需求。在水利水电工程实际的建设过程中，涉及多种多样的协同方式，这些协同方式集成在一起，共同完成建设任务。这种集成化的协同加强了信息的交流和沟通，从而加速了各种协调问题的解决。

（2）网络化

随着移动互联网、云计算、物联网等的快速发展，网络化已全面渗透到水利水电行业勘测设计、物资集采、工程建设、装备制造等各项业务环节，也催生了协同应用的网络化发展。一些典型的服务和应用包括网络化协同设计、网络化协同制造、网络化协同办公等。互联网的移动化和广泛化为水利水电协同提供了无所不在的服务，从而实实在在地推动了水利水电企业横向、纵向协同。

（3）标准化

标准化是处理协同问题的关键之一。水利水电工程行业涉及的区域范围广、涵盖的企业多，所采用的技术标准、评价体系、管理流程等都存在一些差别。为了做好全行业的协同，标准之间的并轨、统一是目前协同发展的趋势和必要条件。以信息标准来说，水利水电行业积极开展了相关的数字化、标准化的讨论与研究，为企业协同、应用协同等提供了较好的保障和支持。

（4）创新化

协同的高级发展就是创新化。它是以知识的增值为核心，通过知识（思想、专业技能、技术）等各种创新资源在系统内的无障碍流动，以及各种创新要素（人才、资金等）在协同整体中的整合，实现更多知识的挖掘与创造，从而形成企业、行业的新型竞争力，为企业带来更多的效益。一批批“产学研用”协同创新平台的建设，为国家和企业创新体系建设提供了持续的支撑和引领，全面推动了水利水电行业的发展。当前水利水电行业正值国家实施“一带一路”和“走出去”的黄金时期，协同的创新化无疑会在全球市场的开发中发挥重要的作用。

3.3 基于 BIM 的水利水电协同工作与管理体系

3.3.1 项目协同及创新发展需求

水利水电工程项目管理是为了实现一次性的目标，通过一定的组织形式，综合运用多种学科的理论和方法，对工程全生命周期内的所有工作（规划、设计、施工、运行等）、资源（人、财、机等）进行计划、组织、指挥、协调和控制，达到实现工程安全和效益的目的。水利水电项目的管理具有以下的基本特征。首先，管理的对象是水利水电项目的全过程，包括项目的可行性研究、设计、招投标及采购、施工等阶段的内容。其次，管理的主体是多方面的。通常来说，在水利水电工程的建设过程中，业主方、设计方、监理单位、施工单位及各种材料设备供应商都会参与到项目的管理中来，一些相关的政府职能部门也都会参与到其中，给予必要的监督与管理。另外，水利水电工程项目的管理是一个多目标优化的过程，涉及质量、进度、风险、投资等，一般以安全和效益为中心。最后，水利水电项目管理是一项独特的一次性多变的活动，其规律性是以其内在规律为基础，不会再有与此完全相同的另外一项工程，因此需有针对性地进行科学、有效的管理。

从以上特征可以看出，要实现水利水电工程项目的成功交付，工程建设中离不开项目各利益相关方之间的协同工作、项目生命周期内各阶段的交叉协同、企业总部与项目现场的协同、项目各目标之间的协同等各个层次的协同工作。作为大型复杂开放的系统，这是水利水电项目对其协同的内在需求。

对于传统的水利水电工程建设来说，由于信息技术水平的限制，常常遇到各种各样的技术困境；同时也由于教育水平等的限制，建设过程中不得不面对粗放的管理模式。例如，在设计阶段，不同专业的设计整合仅依靠 CAD 二维图纸，尽管专业间会有设计协调，但是二维模式下的模型冲突不易察觉，一方面造成了日后设计变更数量的增加，另一方面也给工程结构的安全带来了隐患。在招标采购阶段，工程量的计算是一个十分重要的步骤，关系到工程的预算估价。对于水利水电这种规模巨大的工程来说，不仅工作量巨大，而且传统的二维图计算方式由于受计算公式、图纸详细程度、人员水平、细心程度等因素的影响，很难得到一个与实际工程量相对接近的数，从而造成在工程招标时的被动。在施工阶段，二维的图纸对施工人员来说，可施工性较差，施工人员常常需要在脑海中转换成三维的形象才能进行施工建设。遇到设计变更，往往各专业间的图纸不能同步更新，从而造成新的设计冲突。此外，施工建设阶段是信息采集和协调工作最多的环节，传统的点对点协同及纸质媒介的交换不利于信息的共享，工作效率低下。在试运行交付阶段，传统的文档资料整编移交不仅工作量巨大，而且在日后的运营维护中会造成查阅困难等诸多问题。

BIM 技术的出现为上述技术和管理困境提供了新的解决方案。作为完善的信息模型，BIM 具有单一工程数据源性质，可解决分布式、异构工程数据之间的一致性和全局共享性问题，支持建设项目全生命周期阶段工程信息的创建、管理和共享。以设计阶段的技术困境来说，BIM 自身的技术优势明显。三维参数化设计使得构件的几何造型尺寸及其他各种真实属性通过参数的形式进行识别。一方面通过几何参数的改变即可快速生成新构件，可大大提高模型及构件的重用性，减少了重复建模带来的时间成本问题。另一方面，由于参数的可修改性，三维模型生成的平面、立面、剖面、二维图纸能够随参数联动更新，大大提高了工作效率。在三维可视化的基础上，协同设计和碰撞检测也变得更加容易。随着 BIM 的深入应用，其他问题也迎刃而解。

“十三五”期间，信息化发展呈现出多个方面的新常态。首先是新技术。以移动应用、云计算、大数据和物联网等新技术要素为代表的智慧技术将被广泛应用，服务化、智能化、自适应、随需而变是其主要特征。新的技术将会和应用创新进一步交错互动、螺旋式演化，解决信息化现存的难题，推动业务创新和信息化应用持续走向深入。其次是新管理。信息化建设中由来已久的“孤岛”“烟囱”等问题，看似是技术问题，实际还是管理问题。要解决这一问题，必须转变信息化的管理和建设方式，建立一套全新的、科学的理论指导体系，完成从局部规划设计向全局顶层规划设计的转变。这一全新的企业架构理论是对组织多角度的描述，反映了组织结构、流程和技术的总体设计和安排。基于企业架构理论的管理是实现技术融合、信息集成与共享、支撑业务发展的重要手段，是企业管理的新模式。数据应用将成为信息化建设的核心。随着大数据等技术的成熟，信息化建设的重心将逐步从信息技术向数据技术转化，从以流程为中心向以数据为中心转化，未来企业信息化建设的重心将是如何对组织内外部的数据进行深入、多维、实时的挖掘和分析，以满足决策层的需求，推动信息化向更高层面进化。

同快速发展的信息技术一样，我国水利水电建设事业也应适应新常态，走出过去效率低下的技术困境，告别过去传统粗放的管理模式，坚持创新、协调、共享、开放、绿色的理念，加强新一代信息技术与生产管理、数字化、智能化运营等的深度融合，建立新型的协同工作与管理体系，形成行业创新驱动力，从而为行业带来新的价值和经济增长点。

3.3.2　基于 BIM 的协作管理体系框架建立

基于 BIM 的水利水电工程协作管理包括五部分，分别为组织人力子体系建设、方法技术子体系构建、项目知识子体系集成、项目交付子体系定义和项目外部环境协同。协作管理框架体系如图 3.5 所示。

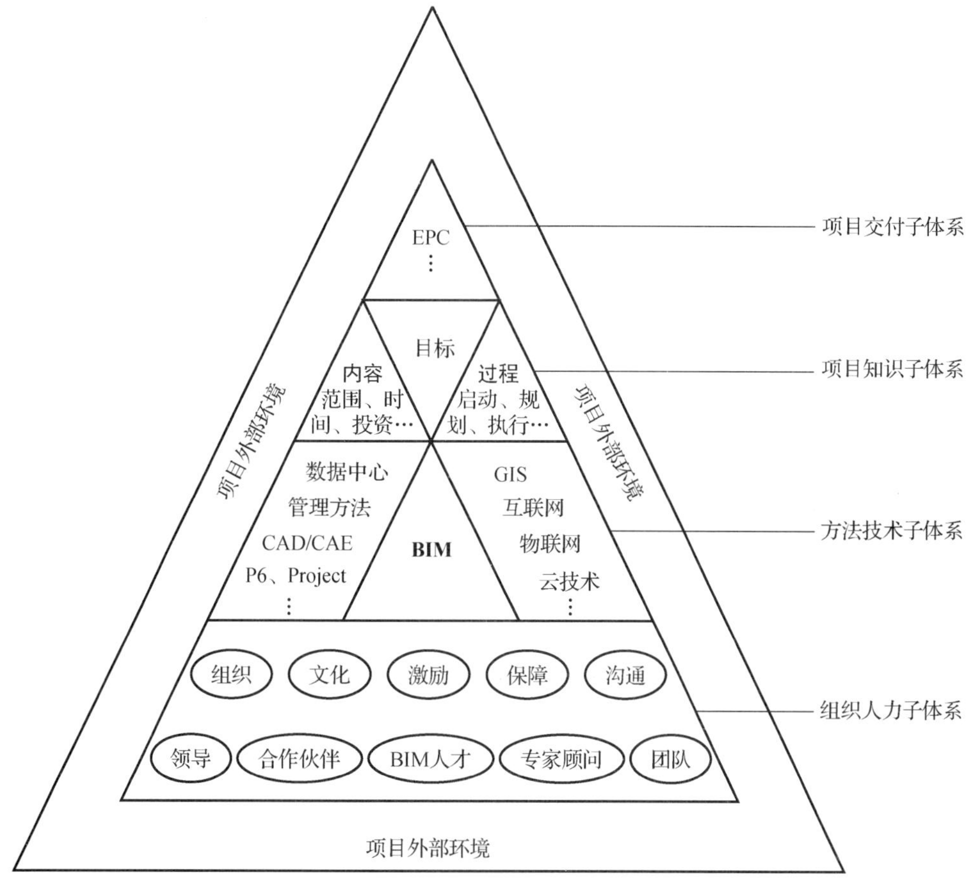

图 3.5　水利水电工程 BIM 协作管理框架

组织人力子体系建设是整个协作管理的基础，处于金字塔的底部。它包含组织、领导、团队、合作伙伴、BIM 人才、专家顾问、激励、保障、文化、沟通等。虽然“协同”的概念很广很深，不仅包括人与人之间的协作，也包括不同应用系统之间、不同数据资源之间、不同终端设备之间、不同应用情景之间、人与机器之间、科技与传统之间等全方位的协同。但是归根结底，人才是推动工程项目协同的动力。组织人力子体系的建设就是要着力打造人才团队，尤其是 BIM 团队，通过组织架构、团队合作，建立与合作方的协调关系，在各种保障激励措施下发挥整体的最大作用，进而完成项目的建设。当前，水利水电行业正处于接触 BIM 的转型期，不论是立足现实，还是长远利益，开展 BIM 人才队伍建设都是企业领导层首要考虑的任务，只有打好了基础，才有可能在激烈的市场竞争中求得生存和发展。

方法技术子体系构建是整个协作管理的通道。作为协同的工具和手段，它位于金字塔的倒数第二层，距离组织人力子体系最近，即被人所使用。本层的方法技术体系主要以 BIM 为中心建立。一是以 BIM 为理念的数据中心的建设，涵盖多源项目数据，覆盖全生命周期，从而为信息协同提供数据支持。二是以 BIM 为中心的多种信息技术的集成，包括 GIS、物联网、移动互联网、云技术、大数据等，为协同提供技术支持。三是传统项目管理方法与 BIM 的融合，如基于 BIM 的冲突协调、基于 BIM 的施工过程管理、基于 BIM 的运行维护等。四是关于 BIM 的保障措施，包括 BIM 协同标准、交付标准、实施流程、国家地方政策等。

项目知识子体系集成是整个协作管理的重心。作为方法技术子体系的上一层，意味着协同管理中项目知识需要同方法技术进行结合。项目知识子体系包含内容知识、过程知识、目标定义等。有了协同工作的内容和目标，各参与方才能借助各种方法协同一致，解决工作内容中的信息孤岛、应用孤岛、资源孤岛等问题，打破“人、机、料、环”等之间的壁垒和边界，使它们为共同的目标协调运行，进而形成增值效益。

项目交付子体系定义是整个协作管理的助力。项目交付子体系定义了项目的管理模式，位于协同体系的最顶层。就目前水利水电工程行业来说，该体系是一种传统与现代管理方式并存的局面。尽管从项目组织方式进行分析，现代的 DB、EPC、Partnering 等模式有助于项目管理协同的实现，但是传统的管理方式作为一种内部环境依然可以进行协同管理。因此，项目交付子体系更多的是扮演助推器的角色，为了水利水电项目能够更好地实现协同管理，应该大力推广更优越、更现代化的管理模式。

项目外部环境是整个协作管理的不确定性因素，通常包括政治环境、社会环境、技术环境、经济环境等。项目的外部环境有三个显著的特征：波动性、不可控性和差异性，即外部环境经常发生变化，而且不受企业、行业的控制，同时对不同类型的项目、不同的利益相关方的影响各不相同。因此，给项目协同管理带来了一定的难度，目前只能通过对这些环境因素的分析与评估，以辩证、系统的观点，审时度势，趋利避害，适时采取对策，做出适应环境的动态抉择，以降低项目外部环境的不利影响。

3.3.3 基于 BIM 的全生命周期协作技术路线制定

在水利水电工程项目协作与管理方面，两大协作特征是全生命周期重点考虑的：一是产品供应链协作，二是管理数据链协作。对于产品供应链协作，无论是设计方案、设计成果还是采购产品，可以将方案比选、产品设计、供应链计划、制造、运输、交付验收、仓储等一系列操作视为产品供应链协作。对于管理数据链协作，描述了在 PDCA（Plan-Do-Check-Action）协作周期模型中涉及的各种控制和管理活动内的数据流协同。参考美国 FIATECH 协会基建项目技术路线蓝图绘制了基于 BIM 的水利水电工程全生命周期协作管理技术路线，如图 3.6 所示。该路线主要由以下几大关键要素构成。

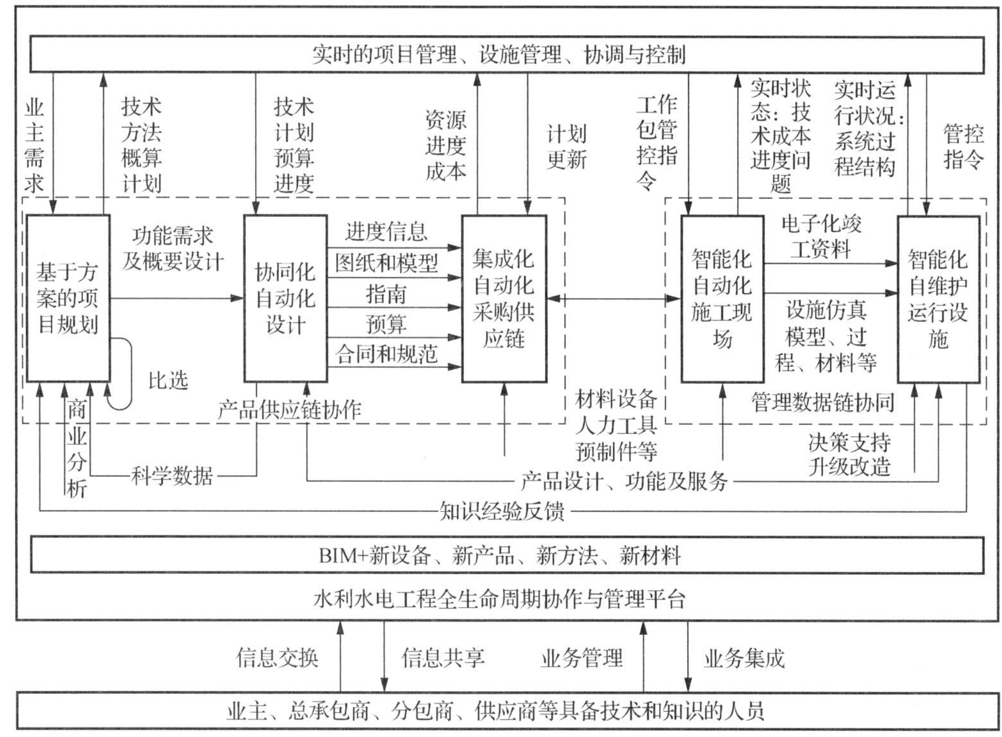

图 3.6　水利水电工程全生命周期协作管理技术路线

（1）基于方案的项目规划

水利水电工程方案规划主要发生在可研阶段，具体工作包括收集资料、明确要求、提出方案、筛选方案，最后选定方案。基于方案的项目规划系统将提供项目备选方案的互动评估，从而创建最能满足所有利益相关者需求的概念设计和项目计划。它主要利用现有案例、商业数据、参与人员的知识经验、成本概算、进度安排等进行智能分析，利用 BIM 等技术不断进行模拟仿真与优化，项目其他参与方与业主不断沟通需求，从而生成最优的设计方案。

（2）协同化自动化设计

当前阶段 BIM 等建模软件、分析软件、分布式协同平台为水利水电工程提供了一个集成化、协同化的设计环境。通过一致的数据标准将环境中的各种工具联系在一起，能够全面地实现设计、模拟、优化的协同工作。未来的设计将更加智能化、自动化，包括智能化的上下游经验知识推送、自动化的设计工具等。所有的工具将作为一个有机整体一起工作，按照设计标准及所有的功能需求来完成项目各个部分的详细设计。

（3）集成化自动化采购供应链

集成化自动化采购与设计、施工紧密相连，通过水利水电工程前期的设计将 BIM 产品按分标计划输出为一个个采购工作包，内容包含材料清单、性能要求、进度计划、目标费用、交付标准等，同时采购人员直接面向供应商进行发布、招标、评标，并且追踪后续的交付验收过程。同时下游施工管理系统不断反馈项目的实际建造进度，确保物资流能够按时地到达项目现场，而不必考虑仓储问题。另外，供应链网络还包含丰富的供应商资源库，包含营业资质、历史业绩、技术认证、质量评级等数据，用于智能化的分析与评估。

（4）智能化自动化施工现场

智能化和自动化是指利用 BIM、物联网、激光扫描等技术将水利水电施工过程中的材料、设备、人员、工具、构件和其他资源集中在一个完全可感知和可监控的环境中，通过持续地监测施工现场信息（人财物的定位信息、实时的施工指令），合理调度资源，协调现场工作，从而达到降低成本，缩短工期的目的。另外，施工与运维的一体化集成使设施的历史过程信息、文档信息、状态信息都能够传递到运维阶段，方便下游的设施管理。

（5）智能化自维护运行设施

运用 BIM/GIS 等技术将水利水电基础设施集成在虚拟的环境中，同时利用埋设的监测设备和产生的数据流进行智能化的状态识别、故障识别，对普通设备可采取自我维护修理措施，对于涉及安全的大型设备，可实时与专家系统或决策支持系统进行信息交换，根据外部专业人员的建议进行设施的维修处理，从而保证设施在正常的环境下安全高效地运行。

（6）实时项目管理、设施管理、协调与控制

对水利水电项目设计、施工、运行中所有的计划和任务进行协调与控制，并且提供所有活动的准确实时的状况和连续进展，以无差错的方式合理地协调资源和计划，从而大大减少从规划设计到施工到运维所需的时间和成本。

（7）BIM+新设备、新产品、新方法、新材料

以 BIM 为中心的新技术、新产品、新方法等被投入到水利水电协同平台的建设中，通过整合 BIM 与先进的数据获取技术，如无人机、3D 激光扫描、智能全站仪等，来研究建设项目实时信息管理；通过 BIM 数据仓库的数据挖掘，通过大数据分析来实现项目的知识管理；通过 BIM 和 GIS 集成，研究宏微观条件下工程信息的集成问题；通过整合云技术，引入云计算、云存储，解决 BIM 高成本问题，引领 BIM 向 SaaS（software as a service）转型。这些都为以 BIM 为核心的项目协同管理的发展提供了更好的支持。

（8）业主、总承包商、分包商、供应商等具备技术和知识的人员

随着计算机技术、信息技术等科学技术的日益发展，水利水电作为基础设施行业也应该不断地与时俱进，加强新技术在本行业的应用，包括业主、总承包商、分包商、供应商等在内的各方人员是项目实施的主体，应掌握新技术，了解新知识，从而在新型的

协同环境中更有效地开展工作。

3.3.4　基于 BIM 的协同工作模型建立

3.3.4.1　协同要素及其内涵

协同工作模型是构建协同工作平台的前提和基础。协同工作模型不仅反映了工程实施过程中的各个参与方，即协同主体，而且反映了各参与方之间的协同工作内容、协同工作环境和协同工作模式。另外，项目信息流作为项目实施中协同管理的核心要素，也是协同工作模型的核心内容之一。

（1）协同工作环境

协同工作环境是指合作主体和客体存在的客观环境。在这里，将它定义为基于特定项目交付模式的一种模式，在这种大环境下，各参与方共同完成项目内工作流程及合同条件约束的任务。不同的模式或环境在一定程度上决定了开展项目协同的核心主体。例如，以设计为龙头的水电 EPC 工程，设计企业在整个生命周期的协同中就是核心主体。

（2）协同主体

多方参与是水利水电工程项目的一个特点，通常包括业主、设计方、监理方、总承包商、分包商、供应商等。这些工程参与方共同构成了协同工作模型的协同主体。协同主体根据各自角色的定位，在协同工作中完成各自的工作内容。

（3）协同工作内容

根据全生命周期项目管理模式和项目知识管理体系，在水利水电工程建设管理过程中，各参与者之间的主要协作管理内容可归纳为“四控四管一综合”。“四控”是指进度控制、成本控制、质量控制及风险控制；“四管”是指设计管理、合同管理、采购与物资管理、职业健康安全环境管理；“一综合”是指项目综合协调工作，如公文处理、协调联络等，协调管理的重点是保证过程信息的可追溯性。在运行管理过程中协作管理的内容还涉及设施设备管理、枢纽库区管理等。

（4）协同工作模式

协同工作模式，也称为协同方法或协作媒介，是信息传播和有效沟通的桥梁和基础，也是项目各方之间信息交流和共享的渠道。工作模式主要包含两个维度：空间维度，同一位置或地理上分散的位置；时间维度，同步协作或异步协作。在水利水电项目实施过程中，协作模式通常是各种协作方法的组合，而不是单一的协作方法。除了面对面的协调，以下常见的技术或软件常被使用：①CAD/BIM 协同设计软件；②基于 Web 的远程会议；③Web Service 和 BIM 数据仓库；④文档管理服务；⑤基于 Web 的项目管理；⑥工作流服务等。

（5）信息来源及分类

信息资源是协同工作模型的基础。协作管理内容中的控制和管理活动主要是指涉及信息收集、分类、处理、存储、传输和应用等的一系列任务。其实质是根据信息的特点，实现正确决策的目标。因此，参与者必须充分了解信息的两个方面，即信息来源和信息分类，以确保及时准确地获取所需信息。水利水电项目实施过程中的信息来自多个参与者，信息的类型和形式也各不相同。根据信息的使用情况，水利水电项目信息可分为六种类型，如表 3.1 所示。

表 3.1 水利水电项目的信息类型

信息类型	描述	信息元素
项目信息	描述项目的背景信息	项目名称，建设方，坐标和地址，合同类型等
人员组织信息	描述有关人力资源和组织的信息	个人信息、组织信息、组织结构等
设计信息	描述设计活动相关的信息	水文地质测绘资料、模型、图纸、设备、各种分析文件（如安全分析，成本分析）等
管理信息	描述由控制和管理活动生成的信息	质量、进度、成本、安全、合同、采购信息、沟通和协作信息等
公共信息	描述与项目相关的公共信息	国家和地方政策、法律、法规、标准，环境信息等
系统信息	描述系统管理相关信息	应用程序日志、安全日志、权限信息、数据库信息等

表 3.1 中的信息有多种形式，可以从形式和格式两个维度进行分类，即非结构化形式、结构化的形式和私有格式与标准格式。我们将信息分为三类进行存储。

1）结构化 BIM 数据。这些数据需要特殊模型服务器来进行解释管理，采用 BIMserver。

2）结构化非 BIM 数据。除了结构化的 BIM 数据外，关系数据库 Microsoft SQL Server 将用于存储项目中结构化数据的另一个子集。

3）非结构化数据。在项目的实施过程中生成大量文件、图纸、视频等形式的其他非结构化信息，与地理信息相关的信息也归属此类，可基于文档数据库 MongoDB 进行管理。

3.3.4.2 协同工作模型创建

根据 3.3.4.1 的五大协同要素，建立基于 BIM 的水利水电协同工作模型，如图 3.7 所示。其中协同工作环境为 EPC 交付模式，且总承包商为设计企业。协同工作环境确定了协同主体的组成，也确定了协同实施过程中的核心主体（如总承包商或业主），而协同主体和协作管理内容决定了项目的协同工作模式，图中是基于 BIM 的协同技术的集成，即“BIM+”。协作管理内容包括各种控制和管理活动及协同设计活动，协同主体通过各种协同工作模式来负责实施这些控制和管理活动，而这些控制和管理活动的实质就是在项目实施过程中处理各种信息。

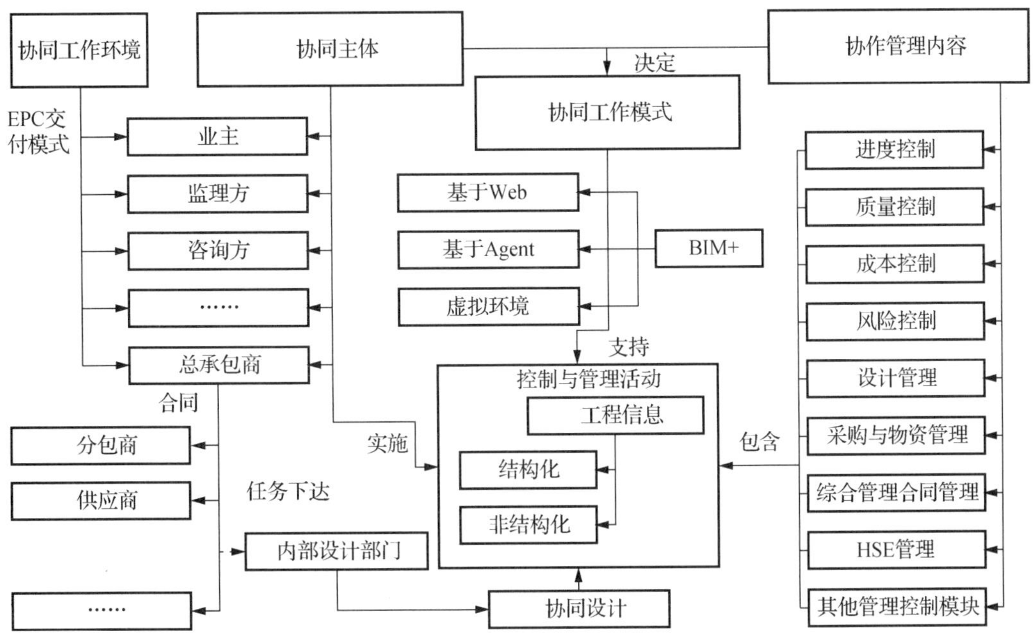

图 3.7　基于 BIM 的水利水电协同工作模型

第三篇　技　术　篇

第 4 章　水利水电工程信息模型的共享管理技术

4.1　水利水电工程信息模型共享管理关键技术

4.1.1　分布式文件系统存储及云存储

水利水电工程项目实施过程中需要众多单位的参与，各单位内部以及单位之间都有海量的信息模型文件和相关文档需要共享、传递和存储。为了实现单位内部各部门、专业和单位之间信息的有效管理，可以采用分布式文件系统存储和云存储相结合的方法。

分布式文件系统（distributed file system）是指文件系统管理的物理存储资源不只是连接在本地计算机上，同时可以存储在其他计算机上，本地计算机通过网络与其他计算机相连以进行文件访问。分布式文件系统的设计基于客户机/服务器模式，一个典型的分布式文件存储网络可能包括多个供多用户访问的服务器。同时，分布式文件系统的对等特性允许网络中的计算机扮演客户机和服务器的双重角色。例如，项目参与者可以设置一个允许其他客户机访问的共享工作目录。因此，该目录对其他客户机来说就像使用本地驱动器一样。

分布式文件系统存储方式比较适合水利水电行业中各单位内部的文件存储，单位内部各参与者的计算机和单位内部的多台中心服务器共同构成了分布式文件系统的网络节点。对于需要向单位内部所有项目组成员共享的文件（如设计单位各专业设计的专业信息模型、工程信息模型及其相关文档），则存储在单位内部的中心服务器上；对于项目组成员个人工作目录以及共享工作目录中的文件则存储在本地计算机上，允许有权限的其他项目组成员访问。

水利水电工程项目需要多单位信息共享、协同合作共同完成任务，单位之间也存在海量需要共享、传递的文件，同时单位间的合作也大大增加了数据并发访问的频次和信息存储的数量。这些都将严重影响信息的存储、访问与检索效率，故引入云存储技术实现水利水电行业单位之间的信息共享是一个必然趋势。

云存储是指通过集群应用、网格技术或分布式文件系统等功能，将网络中大量类型各异的存储设备整合起来，共同对外提供数据存储和业务访问功能的存储系统，是一种可扩展的分布式文件系统。存储虚拟化技术是云存储的核心技术。通过存储虚拟化技术，把不同厂商、不同型号、不同通信技术、不同类型的存储设备互联起来，将系统中各种异构的存储设备映射为一个统一的存储资源池，既可以对存储资源进行统一分配管理，又可以消除存储实体间的物理位置以及异构特性对资源池的影响，实现资源对用户的透明性，降低构建、管理和维护资源的成本，从而提升云存储系统的资源利用率。此外，云存储提供了更好的可扩展性，当需增加存储能力时，只需添加服务器即可实现，而不需要对存储系统的结构进行重新设计。同时，随着存储能力的增加，云存储系统的性能不会随之下降。

根据水利水电行业的特点，云存储系统可以搭建在业主单位，以实现在业主方主管的项目中各个参与方的信息共享管理。

4.1.2 云平台搭建

云平台采用混合云部署模式，即公有云和私有云共同部署，通过统一的云管理平台对分布在公有云计算区域和其他自建云计算区域的计算、存储、网络等资源进行统一监控和管理。混合云模式示意图如图 4.1 所示。

图 4.1 混合云模式

混合云主要满足以下需求。

1）本身已经有私有云或者较多 IT 基础设施，且自身核心数据安全性要求高，不能或不想把数据上传至公有云，但还想利用公有云的扩展性优势。因此，核心数据可以选择存储在私有云内，公众服务的业务部署在公有云，通过专线连接的方式实现业务互通。

2）为实现业务或数据的高可控，满足容灾备份需求。一般多地容灾常见的方式有同城容灾、“异地双活”“两地三中心”等。按照传统建设模式，若想实现容灾备份，用户只能重新选址并租赁数据中心，这就涉及发起服务器、网络设备采购、部署网络环境等一系列问题，中间涉及众多的商务沟通、基础设施建设等问题，周期从 6 个月到 1 年不等。用户可以采用考虑“两地三中心”的部署模式，采用私有云+公有云的方式实现，从而大幅度降低自身搭建容灾备份数据中心的建设时间和商务成本。

在云平台搭建的过程中，私有云平台可通过改造现有机房实现，用于存储安全性要求较高的数据，同时提供一定的计算资源和网络资源。

公有云平台提供承载可迁移的业务系统的资源，包括计算、网络和存储资源。用户可根据自身信息化建设需要，将有需要的现有信息化系统迁移至水利云平台，或将系统搭建在水利云平台。在水利云服务的基础上，用户通过资源整合、统筹共建及必要补充，优化水利信息化资源配置，建成业主部署、多参与方共同使用的水利信息化部署体系，实现信息共享、应用协同、基础支撑和安全保障，并逐步过渡到集中部署、多级应用。水利云平台部署模式如图 4.2 所示。

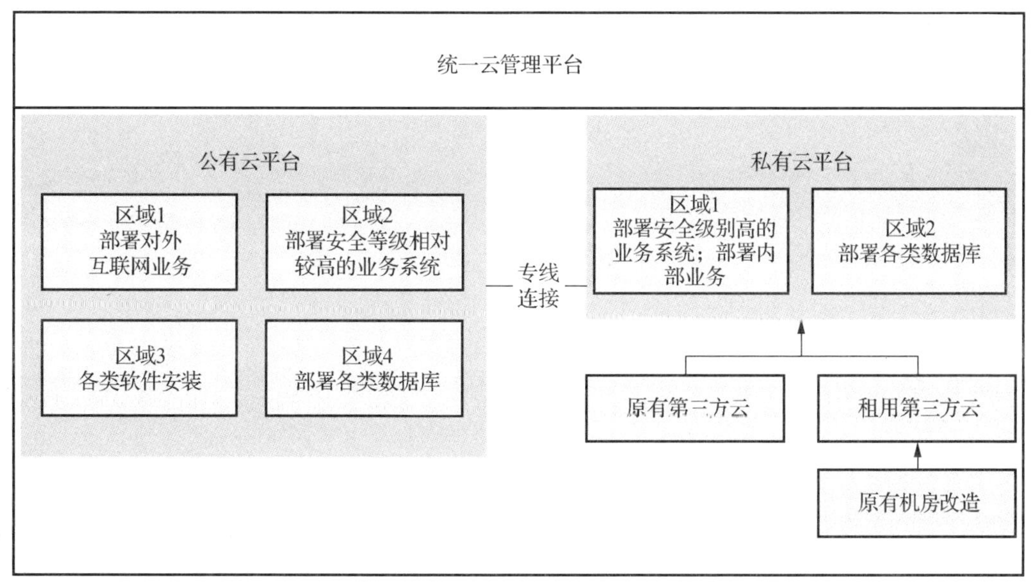

图 4.2 水利云平台部署模式

4.1.3 信息权限访问

水利水电工程项目在具有海量信息的同时，还拥有众多的参与方。不同职能、不同专业的群体由于工作性质和工作内容的差异应该赋予不同的角色，不同角色的用户对信息访问的权限也应该进行划分，使得高权限的用户拥有更多信息的查询、编辑权限，而低权限用户则相对较少。

信息权限访问既实现了多用户使用环境下对文档内容的安全保护，又为协同工作的任务分配提供了便利条件，明确了协同工作过程中的任务分工，同时能够有效避免一些误操作的发生。

信息权限访问即按照水利水电工程项目参与单位各参与人员的职能角色对其分配不同的信息访问权限，见表 4.1。

表 4.1　水利水电工程项目参与者角色的权限分配

用户角色	权限等级	权限具体内容
全生命周期管理经理	完全控制	拥有各单位共享信息完整的信息操控权限和信息发布权限
单位项目管理经理	单位完全控制	拥有单位内部完整的信息操控权限和信息发布权限，以及其他单位共享信息的读取权限
部门工作组管理经理	部门完全控制	拥有部门内部完整的信息操控权限，以及其他单位和本单位其他部门共享信息的读取权限
部门工作组成员	设计生产	拥有成员个人信息的查看、添加、更新、删除权限，以及其他单位及本单位共享信息的读取权限
游客	读取	拥有对各单位共享信息的读取权限

注：完整的信息访问权限包括：查看、添加、更新、删除和审批。

用户名是每个使用者在进行信息访问时的唯一身份标识，每个用户名都对应其所属职能角色和其所拥有的信息访问权限。当用户对某一文件触发信息访问操作请求时，信息管理系统根据其用户名获取其权限等级及信息访问权限，并结合文件所有者的资源共享方式，判断是否应该响应该用户的信息访问请求，如果其信息访问操作超出了用户拥有权限的内容范围，则系统拒绝其访问请求，并发出提示。

4.1.4　文档版本控制

同一文档在水利水电工程全生命周期过程中会涉及多用户、多次的修改操作，导致文档出现多个版本。若文档版本得不到有效管理，导致文档版本混乱，这种情况下的文档共享反而会带来麻烦。例如，在协作过程中某个用户错误采用了不是最新的版本文档，可能导致接下来一系列错误工作的发生，这样不仅影响了个人乃至团队的工作效率，还将很大程度地影响团队协同工作的积极性。

通过有效的版本控制可以实现项目全过程信息版本的合理保存，保证团队协作过程中使用文档版本的正确性，同时在需要的情况下还可以迅速查找到以前的版本，并将其升级为最新版本进行接下来的工作。

版本管理是文档管理系统的核心组成部分，作用是跟踪对文件所做修改的历史。在水利水电工程项目各单位的协同工作中，可以设置主要版本和次要版本来对文档进行版本管理。

主要版本在文件通过审批人员审批后产生，采用整数号码编号，2.0 即表示文件通过审批后的第 2 个主要版本；次要版本用于通常修改的记录，如用户编写内容后签入的版本，采用小数号码编号，如 0.1 是文件的第一个次要版本，1.2 是已经通过 1 次审批后的文件的第 2 个次要版本。文件默认存储为次要版本，用户必须将其提交审批并发布后才能创建主要版本，也可以在存储时指明其为主要版本，这样便不需要进行文件的审批工作。

当一个新文件创建后，其版本号为 0.1，当用户将该文件提交审批并发布后，其版本号变为 1.0，在文件再次编辑并提交审批的过程中，单位内部审批团队可以看到 1.1 版，但参与项目的其他人员只能看到 1.0 版。最后，文件发布后创建的是 2.0 版，这时便可以让参与项目的其他人员看到。

在文件版本管理过程中，当新的文档版本被建立后，旧的文档版本将被转换为只读版本。只有最新的版本才能被签出、修改和签入，若想要对旧版本文档进行修改，则必须将其升级到最新版本。当项目库中的某个文件被打开修改时，则文件自动进入检出状态。对于检出的文件，其他的项目参与者只能以只读的方式将其打开，且检出时对文件进行的改变其他人都看不见，只有当文件的检出者完成了对文件的修改并签入该文件后，此文件才能恢复到正常的读写状态。

4.1.5 信息检索

水利水电工程项目信息检索应该包括结构化的模型属性信息的检索和非结构化的文档信息的检索。

文档信息检索应包括全文检索和属性检索两大方面的功能。全文检索指的是能够检索出含有输入关键词和语句的文档。属性检索则是根据文档的基本属性查找出特定的文档，属性信息包括文件名称、创建时间、最近修改时间、最近访问时间、所有者、文件类型、版本号等，也可以自定义一些属性，并根据这些自定义属性进行查询。用户可根据查询需求，通过填写属性限定条件来任意组合查询条件。属性信息的填写可通过通配符的使用来增强其模糊查询的能力，条件与条件之间可通过“与/或”关系的组合来进一步增强组合条件的严格性与复合程度。文档属性检索可根据事先在文档创建时在数据库中建立的文档元数据信息，运用数据库提供的结构化查询语句（SQL）实现。

对于结构化的模型属性信息，由于已经将构件信息模型作为载体，以构件信息模型的编号作为连接其属性信息存储表和构件信息模型的桥梁，运用结构化查询语句可以方便地进行构件信息模型各种属性信息的查询。

此外，由于构件信息模型中存储了相关文档的元数据，可以建立基于信息模型的文档管理系统，用户可以利用信息模型对其相关的文档进行统一管理，也可以方便地搜索出在信息模型不断完善的过程中所依据的原始资料、设计过程文件、设计成果文件等。

4.1.6 工作流与审批

水利水电工程项目文件在通过审批发给更多项目参与者访问之前，需要经历一系列“创建—审批—修改—审批”的操作流程。对于协同工作环境，文件进行审批的意义更为重大，因为文件中的信息会被更多的参与人员使用，这也就意味着在水利水电工程项目全生命周期过程中将有海量的文件需要经历反复的审批工作。为保证审批过程不出现错误，同时保证较高的审批效率，工作流的引入成为一个有效的解决手段。

工作流从理论上讲是定义规则和文件相关行为的框架。当文件满足预先定义的规则时便可引发活动，如文件的传递。工作流的优势在于其所提供的一致性和结构。工作流制定之后，就不再需要人为进行干预，文件会自动按照规则进行随后的操作。

创建工作流之前需要对文档审批、发布的整个流程有一个明确的了解。如果在创建工作流时没有明确的规则和步骤可供参考，则最终创建的流程中，文件可能会提交给错误的人或漏掉重要的人或审批的顺序发生错误。

在创建工作流时，需要将工作流中每一步规则及其文件传递的对象对应起来，并将其存储到数据库中，可供以后执行工作流时使用，文件传递的对象可以针对职务（如具有审批职能的人员）来设置，也可以按照用户名来设置。前者的好处是即使组织中人员发生变动，工作流可以不进行任何修改；对于后者来说，变动涉及的所有人员的相关流程都要修改。

4.1.7 信息历史记录

水利水电工程项目开发过程中的成果文件众多，各个文件在其成为最终成果文件的过程中需要经历众多参与者的创建、编辑和审批等操作，会产生大量的操作记录。对文档重要的历史操作记录进行归档整理既可以有效地对文档状态进行追踪，进而跟踪工作的进展，又可以获得成果文件从始至终的形成轨迹，是信息全生命周期管理的一个重要方面。

因此，仅进行文件的存储是不够的，管理对这些文档所进行的操作记录同样重要。此外，对文件操作的记录还有助于协同工作过程中出现错误时及时分析出错误最早出现的位置，以及应该由谁负责。文件历史记录的特点决定了其不允许任何人编辑或删除。

对文件操作的记录主要包括两种形式：时间戳和文本记录。

时间戳由系统自动生成，其中包含用户、访问日期和生成历史记录项的触发事件三项信息。其中触发事件可能为以下三者之一：①状态改变（未审核、审核中、审批通过）；②签入、签出；③版本改变。

文本记录则是用户在对文件进行编辑、审批之后，对文件修改内容、审批意见等的日志性记录文本。

4.2　多种设计软件平台模型信息交互技术

4.2.1　参数化模型信息交互技术

水利水电行业不同设计单位在创建信息模型时选用的设计软件不尽相同，设计单位内部由于专业业务不同导致专业间选用的设计软件也有所差异，各专业创建的信息模型在专业之间及设计单位之间均无法有效地流通和利用，导致信息无法完全共享。

水利水电工程中的信息模型包括基于特征的参数化模型和非参数化模型。对于参数化模型而言，此类模型的信息交互技术主要有两种，一种是特征映射技术，一种是基于特征识别的重构技术。

（1）特征映射技术

特征映射技术的实现要求不同设计单位在进行基于特征的参数化建模过程中，要遵循以下统一、标准化的建模准则。

1）创建特征相同，包括相同的草图特征、形状特征和装配特征。

2）特征参数定义相同，包括相同的尺寸参数约束部位、统一的尺寸参数和装配参数的命名。

3）模型中构件命名相同。

如果按照上述两个条件在不同的设计软件中建立起信息模型的模板库，则只需要从数据库中获取源信息模型的一套尺寸参数和装配参数，然后将其用于更新目标信息模型的尺寸参数和装配参数。同时，由于同样的构件命名，使得源信息模型中的属性信息直接可以作为目标信息模型的属性信息，这样便可获得由源信息模型进行信息转换后的目标信息模型。当源信息模型和目标信息模型互换时也可采用同样的方法实现。

（2）基于特征识别的重构技术

基于特征识别的重构技术的总体思想是：从源信息模型所在 CAD 软件中提取源信息模型完整的特征信息，并存入中间模型文件中记录下来，然后读取中间模型文件并控制目标信息模型所在 CAD 软件，并根据中间模型文件中记录的特征建模过程进行目标信息模型的创建。

1）源信息模型特征信息的提取。基于特征造型的模型都采用特征构造历史树记录特征造型的完整过程，能够很好地描述设计者的设计意图。目前基于特征的参数化模型的尺寸驱动也都是基于特征构造历史树，控制模型形状的改变。因此，在源信息模型 CAD 软件中基于模型中提供的特征构造历史树即可编程实现特征信息和特征建模顺序的读取。

2）中间模型文件的创建。创建的中间模型文件需要满足一些基本条件，包括中间模型文件需要含有完整的源信息模型的特征信息，中间模型文件的文档结构应该有与三维模型构造过程相对应的树状结构。该结构除了描述特征的相互关系外，还记录了特征建模的顺序等。XML 中性文档即是一种满足上述要求的开放文档。它的特点是语法规则简单，易于读写，且采用树状结构去描述数据，与特征造型过程中的构造树结构相对应，能够较好地描述模型的设计意图。

3）目标信息模型的重构。在目标信息模型所在 CAD 软件中，通过编程依次读取中间模型文件中的特征图元信息及其尺寸信息，并基于该信息通过程序控制 CAD 软件进行每个特征的创建，最终完成目标信息模型的重构。

获得的源信息模型与目标信息模型具有一一对应关系，源信息模型各个构件信息模型的属性信息表也可以为目标信息模型所用。

4.2.2 非参数化模型信息交互技术

水利水电工程信息模型中存在一些非参数化模型（如地形、地质模型）。这些模型的建模软件与参数化模型往往不同，为实现信息模型在水利水电工程各专业的集成，必须解决非参数化模型与参数化模型之间的信息交互问题。

信息模型之间的交互包括两个方面：一是模型的几何数据，二是模型的属性信息。因此，在实现两个信息模型几何数据交互的同时，还应该保证其属性信息的正确传递。

由于水利水电工程中非参数化模型文件的存储格式一般都不是开放的文件格式，因而无法直接对其进行读取解析以生成中间模型文件，可行的方法是利用创建该模型使用的 CAD 软件将其转换成中间模型文件。同时，中间模型文件需要具备以下几点。

1）中间模型文件要求具有通用的格式，既能够由源信息模型 CAD 软件创建，又能够被目标信息模型 CAD 软件读取，并在自己的 CAD 环境中完成重建。如在 Autodesk Civil 3D 和 Autodesk Inventor 之间可以采用 SAT 作为中间模型文件格式。

2）中间模型文件要求能够记录源信息模型中各个构件信息模型的名称，便于实现目标信息模型在重建以后其包含的各个构件信息模型还能够与源信息模型中的各构件信息模型相对应，这样才能实现构件信息模型中属性信息的传递。

由源信息模型 CAD 软件自动创建的中间模型文件，受到其特定存储格式的限制，一般不会存储各个构件的名称信息，需要编程控制中间模型文件的转换过程，以实现非参数化模型的信息交互，具体步骤如下。

1）编程开发源信息模型的 CAD 软件，将各个构件模型文件按照中间模型文件格式批量导出，导出时同时识别各个构件模型的名称（名称信息可以通过识别构件模型的编号在数据库中查找，也可以通过识别构件模型所在图层的名称进行确定，对于模型能够命名的 CAD 软件还可以直接识别构件模型的名称），为每个保存的中间模型文件命名。这样各个构件信息模型的名称便以中间模型文件的文件名的形式保存。

2）编程开发目标信息模型的 CAD 软件，批量读入各个中间模型文件以重建出各个目标构件信息模型，并将各个构件信息模型按照中间模型文件的文件名进行命名。

经过上述步骤，源信息模型的几何数据顺利传递给目标信息模型，同时源信息模型的属性信息也可以被目标信息模型利用。

4.3 水利水电工程信息模型 CAD/CAE 转换技术

计算机辅助工程（CAE）可利用计算机辅助实现复杂工程结构强度、稳定性、动力响应等力学性能的分析、校核和优化。水利水电工程信息模型结构复杂，CAE 分析是进行结构设计校核、优化，保证设计能够合理应用于实际工程建设的必要环节。然而，CAE 建模的时效性和复杂性制约了 CAE 分析在设计人员中的广泛应用，而计算机辅助设计/计算机辅助工程（CAD/CAE）集成分析则是一种有效解决方法。同时，CAD/CAE 数据转换接口是决定集成分析效率和质量的关键。

基于模型信息存储技术和 CAD 实体剖切技术，在 CAD 环境中将工程整体三维实体信息模型分割成若干实体单元，提取实体单元的几何拓扑信息和附加属性信息，构建 CAD 环境中实体单元信息模型与 CAE 环境中网格单元信息模型的一一映射关系，开发以信息模型剖切/网格单元重构技术为核心的快速 CAD/CAE 数据转换接口。此类接口不仅能够实现复杂结构的六面体自动剖分，保证 CAE 建模和分析质量，而且实体单元信息模型与网格单元信息模型映射关系的存在，保证了设计信息在 CAD/CAE 集成分析过程中的一致性。同时，此类接口也使设计人员在 CAD 环境中能够以“所见即所得”的方式赋予 CAD 模型附属信息（包括材料属性、荷载和边界条件）。并控制 CAE 模型。

以国内某水电站项目的地下洞室工程为例，介绍 CAD/CAE 数据转换接口的实现。该地下洞室工程 CAD 模型包括地下洞室开挖体及其外部地质体，其中开挖体包括引水隧洞、厂房、母线洞、主变压器室、尾水管、尾水闸门室、尾水支洞、尾水调压井、尾水隧洞等；其外部地质体包括弱风化层和微新风化层两层地质体。如图 4.3 所示，图中隐藏了地质体中的微新风化层，模型坐标系沿厂房高程增加方向为 z 轴正向，垂直于厂房轴线且沿水流方向为 x 轴正向，平行于厂房轴线且指向纸面内部的方向为 y 轴正向。

图 4.3　某地下洞室工程 CAD 模型

4.3.1　数据转换接口实现步骤

规范化的 CAD/CAE 数据转换接口的实现主要包括以下几个步骤。

1）CAD 模型的简化处理：CAO/CAE 数据转换接口的最终目的是将 CAD 模型用于有限元仿真分析，因此在较为复杂的工程结构中，某些细部或附属结构如果对主体结构受力状态影响较小可以忽略和简化处理。例如，轴线为弧形的隧洞简化为直线，同时忽略了调压井间连通廊道等附属结构。此外，由于有限元计算的网格单元不含有曲面，需要对含有曲面的模型进行一定的处理。例如，本工程实例中对调压井的穹顶和四周曲面进行了如图 4.4 所示的处理。

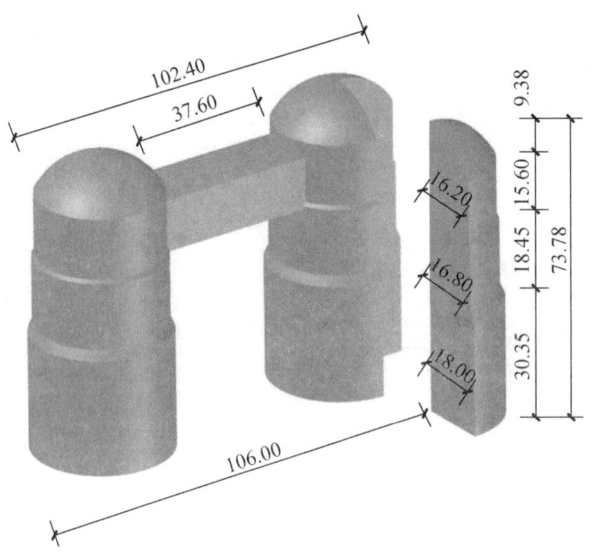

图 4.4　调压井 CAD 模型

2）整体三维模型剖切：对于经过简化处理后的绝大多数三维模型，依靠其 x、y、z 三个方向中某两个方向的投影草图可以唯一确定该三维模型本身，同时依据上述两个方向投影草图生成的剖切面便可将该三维模型分割成想要的实体单元。

3）有限元网格单元重构：通过提取剖切获得的实体单元的几何信息（包括单元的顶点个数和各个顶点坐标）和附属信息（包括单元类别、单元名称），对有限元前处理软件 Hypermesh 进行二次开发，将各个实体单元转换成对应类型和材料属性的网格单元。

4.3.2　整体三维模型剖切

4.3.2.1　整体三维模型几何信息提取

（1）几何信息提取模型与剖切模型准备

整体三维模型几何信息提取的目的是生成整体三维模型在两个方向上的投影草图，进而依据投影草图生成剖切面。

需要说明的是：在研究的地下洞室工程实例中，实际用于剖切的三维模型是两部分地质体（与开挖体取并集），如图 4.5 所示。需要进行几何信息提取用于生成剖切面的三维模型是各部分地下洞室的开挖体，以及为了对地质体进行区域划分而特意设置的用于生成地质体区域划分平面的包围盒体，如图 4.6 所示。图 4.6 中显示的包围盒体 A 包围着所有的地下洞室开挖体，用于将地质体划分为包含开挖体与不包含开挖体两部分。这是因为前者由于受到开挖体的影响，剖切较密，而后者受开挖体影响较小，可以单独考虑剖切次数，剖切较疏。包围盒体 B 包围着尾水支洞、尾水调压井和尾水隧洞三部分开挖体，用于将包含开挖体的地质体再次划分为两部分。这是因为尾水支洞、尾水调压井和尾水隧洞等三部分开挖体（与包围盒体 B 合称为几何体集合 2）两个方向的投影草图需要包含竖直向（z 向）的投影草图，而其他开挖体（与包围盒体 A 合称为几何体集合 1）的投影草图只需要包含两个水平向（x 向和 y 向），这导致在这两部分地质体剖切时，只能在一个方向上采用相同的剖切面，故需要将两者划分开。

（2）几何信息提取与投影草图生成

在确定了用于生成剖切面的几何体集合后，即开始着手对几何体集合的几何信息进行提取，并生成两个方向的投影草图。

通过.Net API 对 Autodesk Inventor 辅助设计平台进行二次开发，在零件图环境下对两个几何体集合中各个三维实体顶点的三维坐标（x，y，z）进行提取，并将顶点投影到两个方向的草图上，生成草图点（如若想将顶点沿 y 向投影到草图上，则将其 x 坐标不变，z 坐标作为草图上的 y 坐标）。同时对草图点进行连线以生成草图线，进而生成最终的投影草图，如图 4.7 和图 4.8 所示。

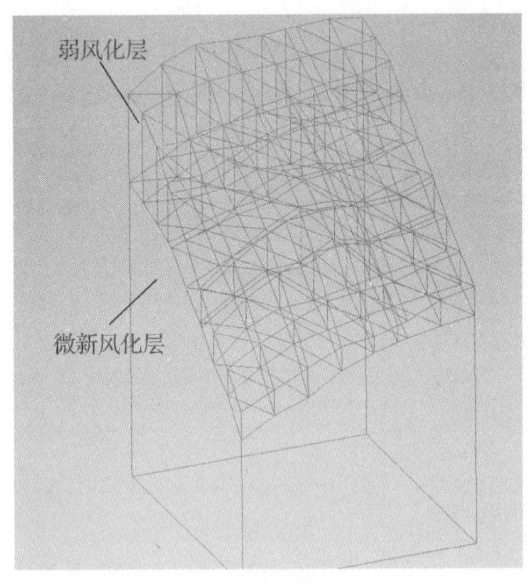

图 4.5　用于剖切的地质体模型

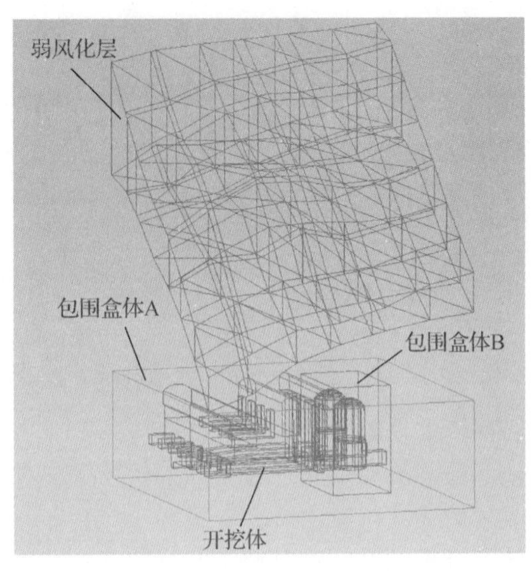

图 4.6　用于几何信息提取的开挖体及包围盒体

图 4.7　几何体集合 1 投影草图

图 4.8　几何体集合 1+几何体集合 2 投影草图

在 Autodesk Inventor 零件图环境中对三维实体顶点的提取遵循自顶而下的搜索顺序：第一步，通过几何体集合中各个三维实体的名称获取对应的 Surfacebody 集合并存储到数组列表 List 中。此操作可通过 Linq 语句提供的条件查询功能实现。第二步，开始依次遍历 List 中的 Surfacebody 对象，通过遍历其每一个边界面 Face，并判断各个 Face

的法线方向，进而确定该边界面是否需要用于生成投影草图（如若只需进行 x 向和 y 向投影，则法线方向为 z 向的平面就不需要投影）。第三步，对需要投影的 Face，遍历其各个边 Edge。第四步，通过各边的起点 StartVertex 和终点 StopVertex 获得三维实体的顶点坐标，同时判断各边的类型（线段或是曲线）进而确定起点和终点之间草图线的类型。

4.3.2.2　模型重构

（1）几何信息提取模型重构

为使剖切模型最终能够生成六面体类型（含具有五个面的楔形体）的实体单元，此处需要重构的三维模型可能既包括几何信息提取模型又包括剖切模型，在研究的实例中也正是如此。

几何信息提取模型重构的目的是将之前 CAD 模型简化处理中未涉及的包含曲面的几何信息提取模型，通过重构其包含圆弧的投影草图，进而依据两个方向新生成的投影草图重构出新的模型。此外，在重构圆弧后，需要依据重构后的圆弧生成相应必要的剖切面，为后面剖切此区域的地质体时使用。图 4.9 显示的即为厂房、主变压器室、尾水闸门室等开挖体顶拱圆弧投影草图重构后的效果及重构后的开挖体模型，图 4.10 是依据重构后的圆弧生成的剖切面。

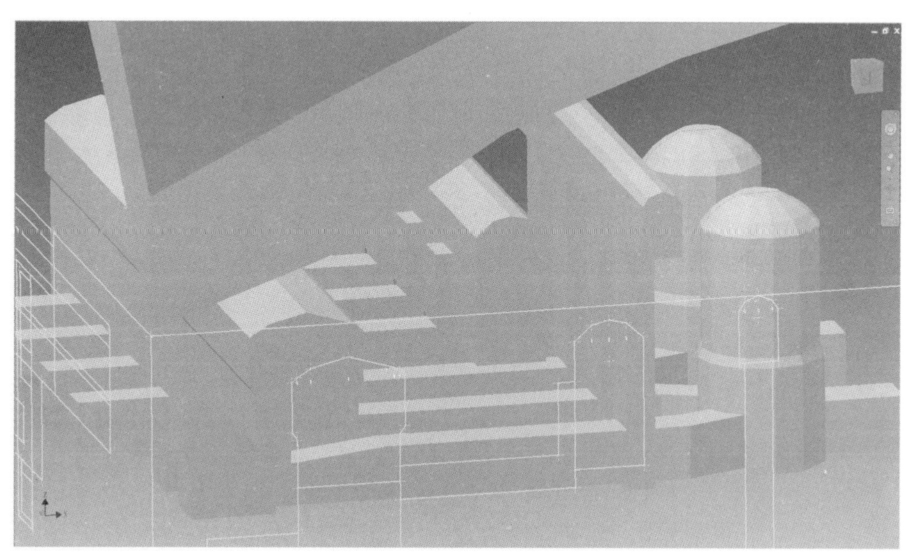

图 4.9　几何信息提取模型重构

几何信息提取模型重构的难点在于如何识别该模型在两个方向上投影草图的外轮

廓线，一旦提取出这两组外轮廓线之后即可分别将两者沿各自的法线方向拉伸成重构体，进而通过两个重物体的布尔运算，重构出新的三维模型。

Autodesk Inventor 为其建立的任一模型图元提供了一个 AttributeSets 属性集合，该属性集合可以为模型图元存储除几何信息以外的其他附属信息，进而使得 Inventor 中信息模型的存储信息更加丰富。由于之前在生成各个开挖体的投影草图时，已经在各条草图线的 AttributeSets 属性中添加了所属开挖体的名称信息，故通过厂房、主变压器室和尾水闸门室的开挖体的名称即可提取出三者分别在两个方向上的投影草图线；然后依次循环三个开挖体在两个方向的投影草图线，进行草图外轮廓线的识别。简要识别方法如下：循环任一开挖体某一方向上的投影草图线，若当前草图线的中垂线与其余草图线的交点均位于当前草图线的同侧，则当前草图线即为外轮廓线，否则当前草图线为内部线。

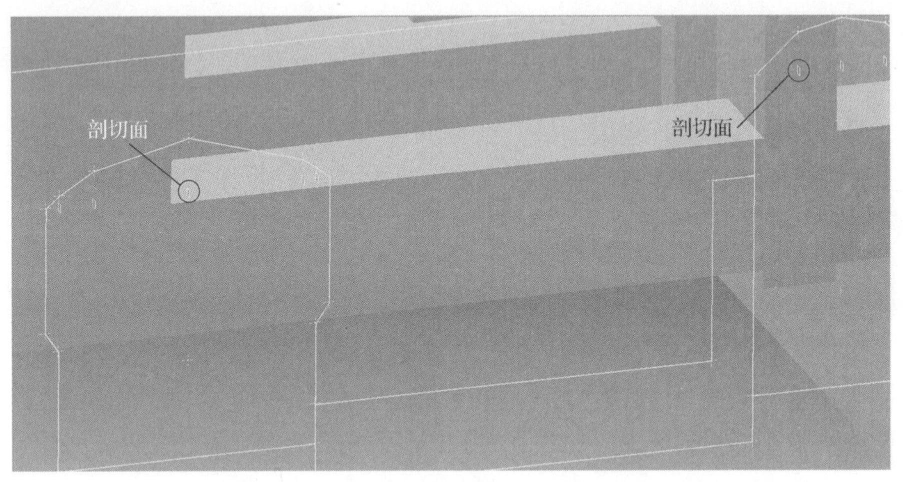

图 4.10　依据重构后的圆弧生成的剖切面

（2）剖切模型重构

剖切模型重构的目的是降低用于剖切的模型的复杂度，为剖切生成六面体实体单元做准备。

该工程实例中，弱风化层和微新风化层两部分地质体由栅格网格构成，如图 4.11 所示。由于这两部分地质体剖切后的实体单元沿竖直方向需要保持顶点和边投影的一致性，故考虑生成的六面体需要将两部分地质体进行几何重构，重构后的地质体如图 4.12 所示。

两层地质体重构的具体方法是如下。

1）首先对上层（弱风化层）地质体进行分块，如图 4.12 所示。图中将划分的相邻地质体用不同的颜色进行区分显示，同时保证分块边界线与下部开挖体在竖直方向上的投影线重合，这样不仅可以确保剖切出的实体单元在竖直方向上投影的一致性，同时能够有效减少剖切面个数。

图 4.11　用于剖切的地质体重构图

图 4.12　地质体分块

2）循环每块上层地质体进行重构。以图 4.12 中右上角的一块地质体为例，如图 4.13 所示，通过提取该块地质体 A 面（法线方向为 x 轴正向）上的竖直边 1 和边 2，通过两边端点构建边 3 和边 4，上述 4 条边共同围成 A' 面；然后提取该块地质体 B 面（法线方向为 x 轴负向）上的竖直边 5 和边 6，通过边 5 的上端点和下端点分别做边 3 和边 4 的平行线，并分别与边 6 所在直线相交，求出两个交点，则这两个交点与边 5 的两个端点一起构成了 B' 面的 4 个顶点；最后通过 A' 面向 B' 面放样，生成的三维实体即为该块地质体的重构体。

3）下层地质体重构。依次提取每块已经重构的上层地质体下表面上的边 1 和边 2，如图 4.14 所示，将这两条投影到原下层地质体下表面所在的高程平面，获得边 3 和边 4。边 2、边 4 及两者之间的两条竖直边围成了下层地质体重构所需的 A 面，同时边 1、边 3 及两者之间的两条竖直边围成了下层地质体重构所需的 B 面；最后通过 A 面向 B 面放样生成的三维实体即为该块地质体的重构体。重构完所有下层地质体分块模型之后，通过布尔运算即可得到下层地质体整体模型。

4.3.2.3　剖切面生成

用于分割整体三维模型的剖切面主要分为两种类型，一种是工作平面（在

Inventor .Net API 中对应为 WorkPlane 类），即一种无限延伸的平面；另一种是拉伸曲面（对应 ExtrudeDefinition 类），即具有有限几何范围的曲面。两者都是依据投影草图上的草图线生成。

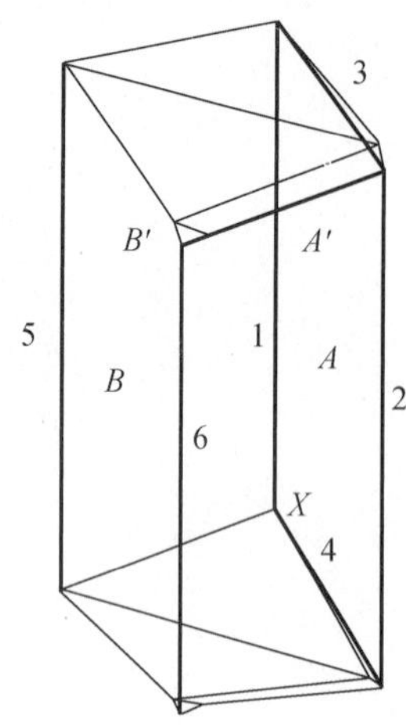

图 4.13 重构地质体几何信息提取示意图

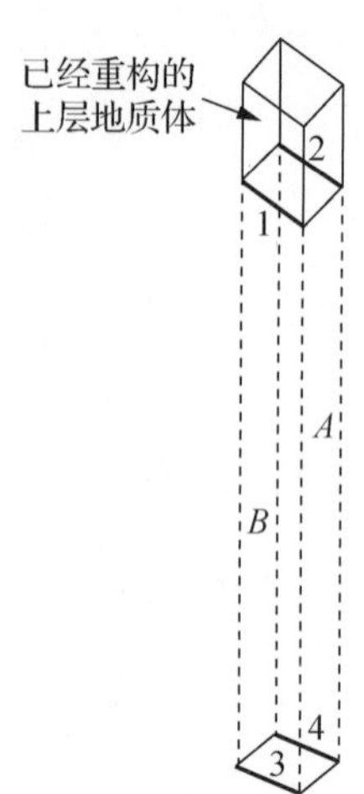

图 4.14 下层地质体重构方法示意图

（1）工作平面生成方法

工作平面的生成方法：首先将之前几何体集合 1 和几何体集合 2 在两个方向上投影草图中的草图线段分别存储到 4 个集合中，然后分别遍历各个集合中的草图线段。循环任一集合的草图线段时，对于方向为 X 向、Y 向或是 Z 向的线段，创建垂直于该线段所在草图平面且包含该线段的工作平面，然后在集合中剔除该条线段所在工作平面的所有线段。如此循环直到集合中的线段为空时停止。

需要说明的是：在用几何体集合 1 生成的投影草图创建工作平面时，需要依据其两个方向的投影草图创建法线方向为 X、Y、Z 三个方向的工作平面，如图 4.15 所示；而在用几何体集合 2 生成的投影草图创建工作平面时，对于其 Y 向投影草图，只需创建法线方向为 Z 向的工作平面；对于其 Z 向投影草图，只需创建法线方向为 X 和 Y 向的工作平面，如图 4.16 所示。

在创建上述必须的工作平面之后，还可根据需要对工作平面进行加密，控制剖切后实体单元的尺寸。

（2）拉伸曲面生成方法

拉伸曲面的生成方法：在生成工作平面的过程中，若判断出集合中某一草图线段的方向不是 X 向、Y 向或 Z 向中的任一个，则将该线段拉伸成曲面。

由几何体集合 1 生成的投影草图创建出的拉伸曲面主要是厂房、主变压器室和尾水

闸门室顶拱 y 向投影线段拉伸生成的曲面，如图 4.17 所示。由几何体集合 2 生成的投影草图创建出的拉伸曲面主要是由尾水支洞、尾水调压井和尾水隧洞 z 向投影线段拉伸生成的曲面，如图 4.18～图 4.20 所示。

图 4.15　由几何体集合 1 生成的投影草图所创建的工作平面

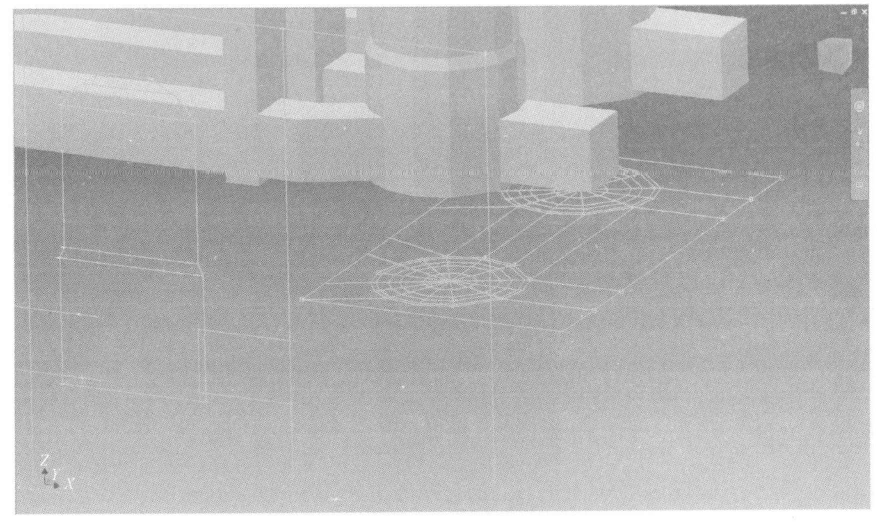

图 4.16　由几何体集合 2 生成的投影草图所创建的工作平面

图 4.17　几何体集合 1 投影创建拉伸曲面

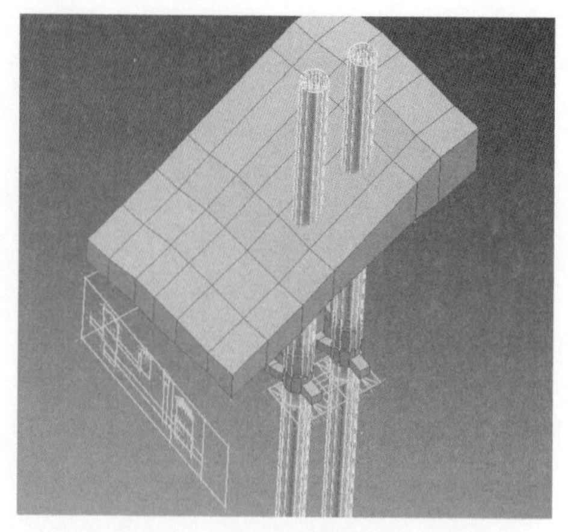

图 4.18　调压井投影创建环向拉伸曲面

图 4.19　调压井投影创建径向拉伸曲面

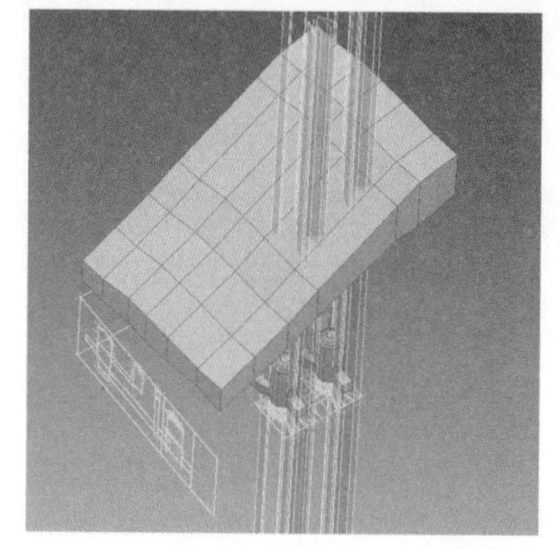

图 4.20　尾水支洞、尾水隧洞投影创建拉伸曲面

4.3.2.4　模型剖切

剖切面生成后即可对用于剖切的整体三维模型进行分割。

地质体剖切的具体步骤如下。

1）将地质体按照竖直投影位于几何体集合 2 区域内部或外部将其划分为剖切体区域 A 和剖切体区域 B。图 4.21 中黄色区域为剖切体区域 B，黄色区域以外的区域为剖切体区域 A，其中剖切体区域 B 中的绿色区域是根据调压井竖直投影划分出的剖切体区域 C。划分后的三维实体模型需在 AttributeSets 属性集合中添加其所属剖切体区域名称，用于后续模型的识别。

2）采用由几何体集合 1 投影草图所创建出的法线方向为 X 向和 Y 向的工作平面和拉伸曲面对剖切体区域 A 进行剖切，剖切后的效果如图 4.22 所示。

3）采用由几何体集合 2 投影草图所创建出的法线方向为 X 向和 Y 向的工作平面和拉伸曲面对剖切体区域 B 和剖切体区域 C 进行剖切，剖切后的效果如图 4.23 所示。

4）采用两部分投影草图所创建出的法线方向为 Z 向的工作平面对全部剖切体区域进行水平剖切，剖切后的效果如图 4.24 所示。

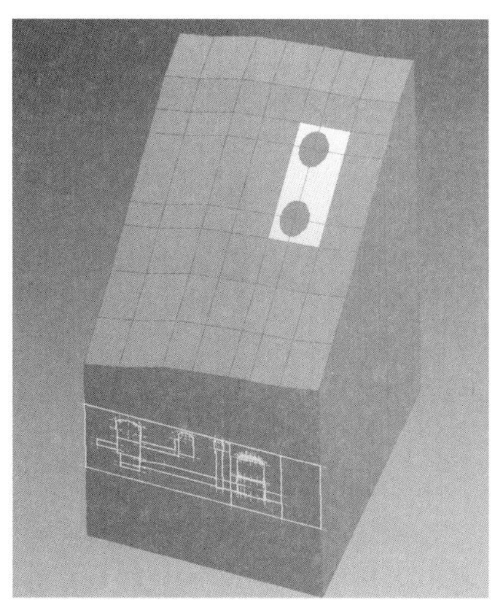

图 4.21　剖切体区域划分

图 4.22　剖切体区域 A 剖切后的效果图

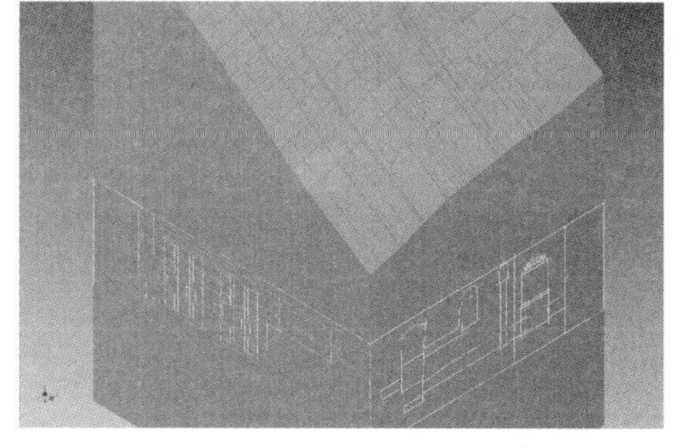

图 4.23　剖切体区域 B、C 剖切后的效果图

图 4.24　全部剖切体经过水平剖切后的效果图

4.3.2.5　实体单元分类识别

实体单元分类识别是为了识别出剖切生成的实体单元中哪些属于地下洞室开挖体，哪些属于开挖体外部的地质体。

其实现方法如下。

1）将模型文件中原用于几何信息提取的地下洞室开挖体进行布尔并运算，生成一个地下洞室开挖体的整体模型。

2）遍历各个剖切生成的实体单元，判断其包围盒的中心点是否位于地下洞室开挖体整体模型内部，若是则该实体单元属于开挖体，否则不属于开挖体。各个实体单元的包围盒可以通过 SurfaceBody 对象的 RangeBox 属性获取，而进行点是否在开挖体内部的判断可通过 SurfaceBody 对象的 get_IsPointInside 方法实现。

4.3.3 网格单元重构

4.3.3.1 实体单元几何信息提取

在完成实体单元剖切之后，需要提取出实体单元 CAD 模型的几何信息并将其转化成与之一一对应的网格单元 CAE 模型才可用于工程结构的数值仿真分析。

各个实体单元在 Inventor .Net API 中都是一个 SurfaceBody 对象，通过循环每一个 SurfaceBody 对象并遍历其顶点集合（Vertices）属性可以获得所有实体单元的各个顶点坐标信息。然而，由于相邻实体单元共用顶点的缘故，如此遍历会存储重复的顶点数据，本次研究在编写程序时采用 Microsoft SQL Server 数据库的存储和查询技术，创建网格节点表和网格单元表。前者用于存储不重复的节点编号和节点坐标，后者用于存储单元编号和单元所有的节点编号。通过结构化查询语句（SQL）在每次获得顶点坐标数据后判断网格节点表中是否已经存在该节点，如果不存在则将该节点存入网格节点表中并为该节点创建相应的节点编号，同时将该节点编号添加至此实体单元的节点编号列表中；如果已经存在该节点，则直接将该节点编号添加至此实体单元的节点编号列表中。待此实体单元所有顶点遍历完毕后，将其节点编号列表中的节点编号录入至网格单元表中，同时为该单元创建相应的单元编号。

4.3.3.2 Hypermesh 二次开发

Hypermesh 是一款强大的有限元前处理软件，为 CAD 模型向 CAE 模型的转换提供了技术支撑，能够实现复杂 CAD 模型四面体快速自动剖分，同时也提高了六面体手动剖分的效率。

Hypermesh 中创建 CAE 模型主要有两种方式：一种是通过导入 CAD 模型进行网格单元剖分，另一种是通过创建节点-单元的顺序直接生成有限元计算模型。本次研究中的网格单元重构工作正是基于第二种方法。通过对 Hypermesh 进行二次开发批量创建出与实体单元一一对应的网格单元。

进行 Hypermesh 二次开发采用的是 Tcl 语言，它是一种轻量化跨平台脚本语言。通过 Tcl 语句规则编写文本文件，即可创建出用于控制 Hypermesh 操作的命令流文件。其创建节点和单元的关键语句形式如下。

（1）创建节点

创建节点实现语句如下：

```
*createnode x y z 0 0 0
```

句中：x、y、z 分别表示该节点的三个坐标分量。每一个节点创建后系统会自动按照节点创建的次序为节点编号，编号数值从 1 开始。

（2）创建单元

创建单元是在创建完该单元所含所有节点的基础上进行，接着创建单元所含节点编号集合，实现语句如下：

```
*createlist nodes listid node1 node2 node3 node4 node5 node6 node7 node8
```

句中：listid 为此单元节点编号集合的 id；node1～node8 分别为该六面体单元的节点编号，若为四面体单元则节点编号个数会相应减少。

然后依据相应的节点编号集合，创建所需的类型单元，实现语句如下：

```
*createelement elemtypeparam1 elemtypeparam2 listid autoorder
```

句中：elemtypeparam1 和 elemtypeparam2 是用于确定所创建单元类型的两个参数，如对于六面体单元两者分别为 208，5；三棱柱单元两者分别为 206，10；四面体单元二者分别为 204，1；listid 用于确定创建该单元所引用的节点编号列表；autoorder 用于确定创建单元时是否自动对节点编号列表中的节点编号按照创建单元所需的节点顺序进行排序，是则设置为 1，否则设置为 0。

4.3.3.3 网格单元重构

网格单元重构的方法可以按照如下的步骤进行，具体流程如图 4.25 所示。

1）循环遍历每个实体单元，在进行几何信息提取的同时，将创建单元所在分组、创建节点和单元的 Tcl 语句字符串写入文件类型为 Tcl 的文本文件。

2）将 Tcl 文本文件输入 Hypermesh 中生成网格单元。

完成图 4.25 中的程序流程即完成了创建网格单元的 Tcl 文本文件的编写，下面给出了本例中 Tcl 文件中创建前 3 个单元的部分语句内容。

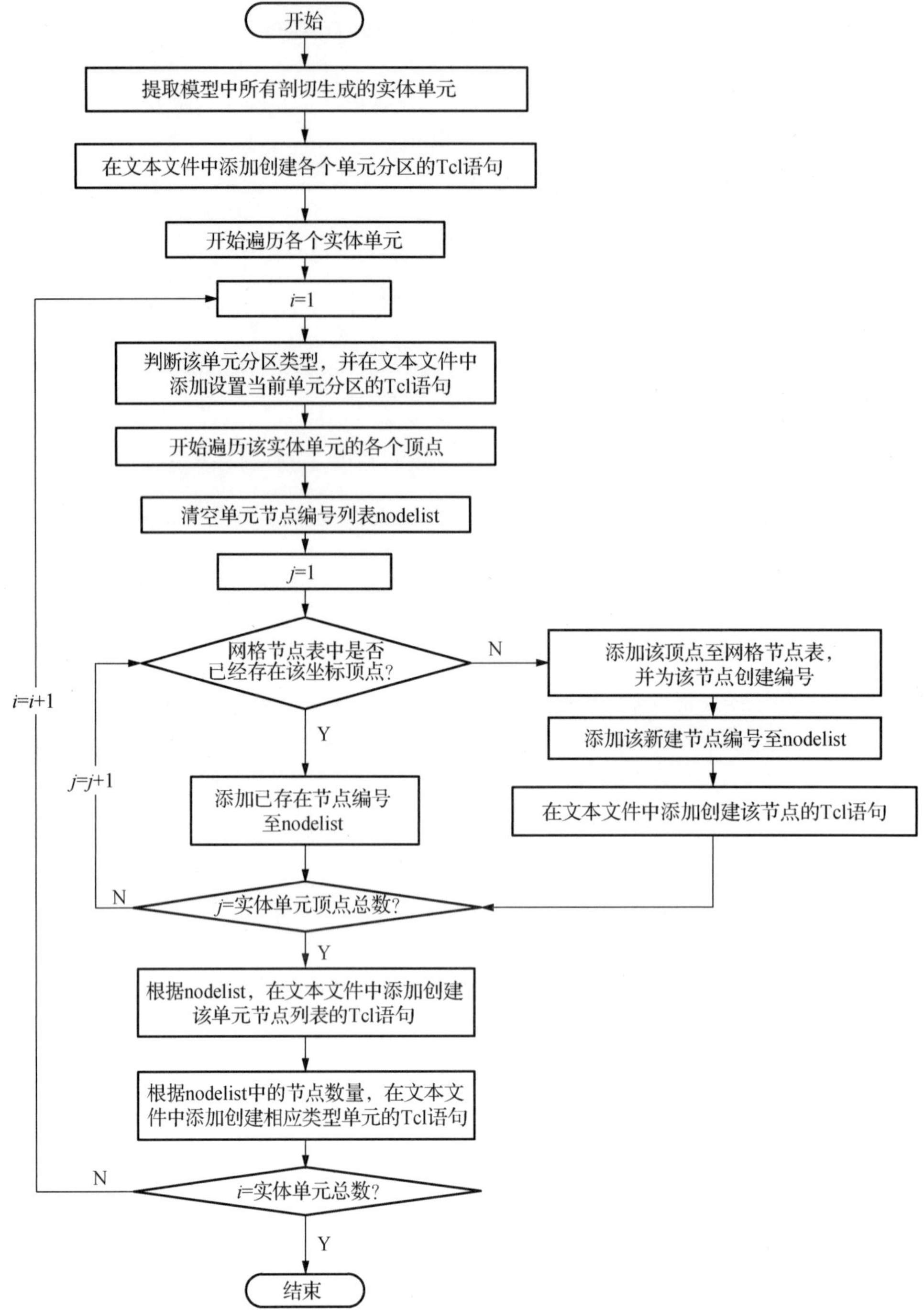

图 4.25 依据实体单元的网格单元重构程序流程

```
*createnode 502480.957933105 2937087.97853414 1852.05407866461 0 0 0
……
*createnode 502530.957933142 2937143.95227545 1802.48476590541 0 0 0
*createlist nodes 1  1 2 3 4 5 6 7 8
*createelement 208 5 1 1
*createnode 502480.957933105 2936793.95227543 1649.56276149474 0 0 0
……
*createnode 502530.957933142 2936843.95227553 1643.89182825564 0 0 0
*createlist nodes 1  9 10 11 12 13 14 15 16
*createelement 208  5 1 1
*createnode 502530.957933142 2937078.47853398 1775.40463597661 0 0 0
*createnode 502530.957933142  2937078.478534  1856.56712402556  0 0 0
*createnode 502480.957933105  2937078.478534  1845.13470639293  0 0 0
*createnode 502480.957933105  2937078.47853398  1770.491112944  0 0 0
*createlist nodes 1  17 18 19 20 7 6 1 4
*createelement 208 5 1 1
```

将生成的 Tcl 文本文件输入 Hypermesh 后，即可自动生成有限元网格模型，如图 4.26 所示。

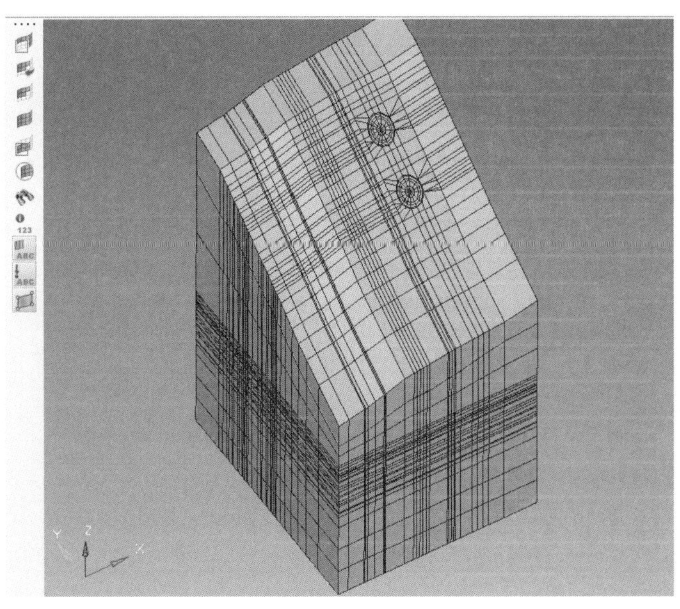

图 4.26　Hypermesh 中有限元网格单元重构

4.3.4 有限元数值仿真计算模型生成

在有限元网格单元模型的基础上，再为网格单元赋予相应的材料类型、边界条件和荷载才可生成有限元数值仿真计算模型。

有限元数值仿真计算模型中单元材料类型的赋值可以利用生成有限元网格单元模型时建立的单元分区实现，设计者通过为不同名称的单元分区类型设置对应的材料属性信息，并事先将信息存储在数据库中，便可在有限元网格单元模型导入至有限元计算软件后通过编制软件二次开发程序读取数据库并自动为不同分区单元赋予相应的材料类型。

有限元数值仿真计算模型中对边界条件和荷载的赋值可以依据设计者在进行模型设计时事先存储在数据库中的模型边界条件信息（坐标范围、边界条件类型）和荷载信息（坐标范围、荷载类型和数值）。在有限元网格单元模型导入至有限元计算软件后，通过编制软件二次开发程序读取数据库，最终通过节点坐标搜索为选出的节点赋予相应的边界条件和荷载。

二次开发程序的编制需要根据进行数值仿真分析所采用的有限元计算软件进行定制。下面以 Abaqus 有限元计算软件为例，介绍对其进行二次开发的一些关键性的 Python 语句。

（1）材料类型创建及单元材料赋值

```
#打开 CAE 模型：
openMdb(pathstr+"/underground cavern.cae")
ModelName='underground cavern'
model=mdb.models[ModelName]
part=mdb.models[ModelName].parts['PART-1']
elements = part.elements
nodes = part.nodes
#创建材料类型 1（material1）：
model.Material(name='material1')
ma=m.materials[''material1'']
ma.Density(table=((2600), ), ))
ma.Elastic(table=((10000000000.0), 0.28), ))
ma.MohrCoulombPlasticity(table=((47.726), 18), ))
ma.mohrCoulombPlasticity.MohrCoulombHardening(table=((1000000),0.0),))
ma.HomogeneousSolidSection(name='Section1',material='material1',
thickness=None)
#事先通过编程查找出属于不同材料类型的单元，并将其单元编号根据材料类型分行进行存
```

储（各单元编号以逗号隔开），然后通过 python 语句，读取每一行的单元编号创建单元组，然后给每一个单元组赋予相应的材料：

```
file=open(pathstr+'/material.txt')
elementsIDs=file.readlines()
file.close()
elementset1= elements.sequenceFromLabels(eval(elementsIDs[0]. strip('\n')))
part.Set(elements= elementset1, name='material1')
region = part.sets['material1']
part.SectionAssignment(region=region,sectionName='Section1',offset=0.0, offsetType=MIDDLE_SURFACE, offsetField='', thicknessAssignment=FROM_SECTION)
```

（2）模型边界条件及荷载设置

```
#事先通过编程根据节点坐标查找出属于不同边界条件的节点，并将其节点编号根据边界条件类型分行进行存储（各节点编号以逗号隔开），然后通过 python 语句，读取每一行的节点编号创建节点组，然后给每一个节点组赋予相应的位移条件：
file=open(pathstr+'/bianjie.txt')  #边界节点组
nodeIDs=file.readlines()
file.close()
bottom= nodeIDs [0].strip('\n')
nodeset1 = nodes.sequenceFromLabels(eval(bottom))
part.Set(nodes=nodeset1, name='bottom')
region = part.sets[' bottom ']
model.DisplacementBC(name='BC1',createStepName='Step-1', region=region, u1=0.0, u2=0.0, u3=0.0, ur1=UNSET, ur2=UNSET, ur3=UNSET, amplitude=UNSET, fixed=OFF, distributionType=UNIFORM, fieldName='', localCsys=None)
#模型荷载设置（即节点应力边界条件）的编程实现过程与边界条件设置类似，其中给节点组设置荷载的代码如下：
model.Pressure(name='load1',createStepName=stepsname,region=region, distributionType=UNIFORM,field='',magnitude=value,amplitude=UNSET)
#施加重力
MODEL.GRAVITY(NAME='LG',CREATESTEPNAME='STEP-1',COMP3=-9.81,
    distributionType=UNIFORM, field='')
```

通过上述代码给图 4.26 中的有限元网格模型施加材料、边界条件和重力后，计算获得的模型第三主应力和综合位移如图 4.27 和图 4.28 所示。

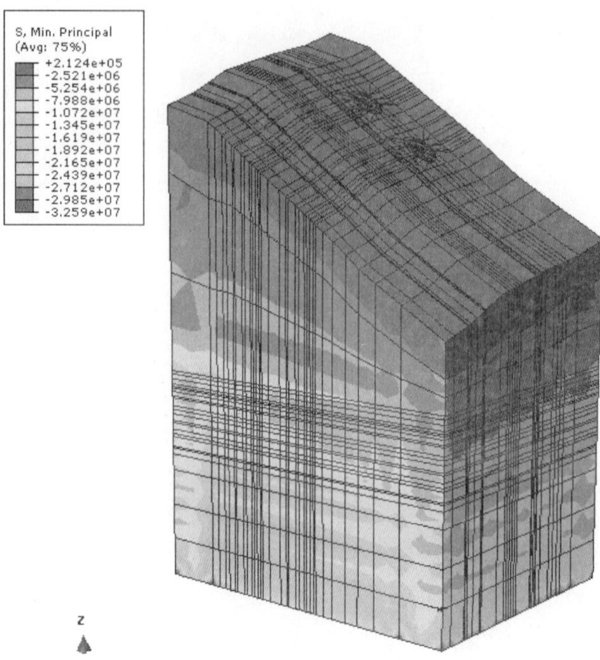

图 4.27　第三主应力云图

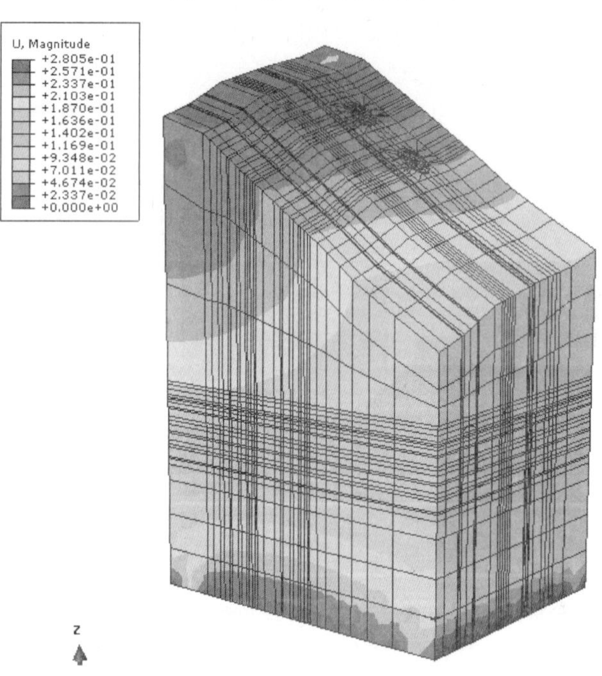

图 4.28　综合位移云图

需要补充说明的是，本书实例为了避免考虑断层后地质体剖切的复杂性，在进行地质体的剖切过程中并没有考虑断层的影响，而是在生成网格单元后，通过坐标搜索的方法将与断层相交的网格单元提取出来，并对其材料参数进行了一定的弱化。

第 5 章　BIM Server 协同设计技术

5.1　水利水电工程协同设计

5.1.1　水利水电工程设计与管理概况

水利水电工程设计主要指项目完成可行性研究（初步设计），并通过项目核准后开展的招标设计和施工详图设计阶段的设计工作。作为水利水电工程建设全生命周期过程最重要的环节和主要依据，设计方案的优劣、效益评价的高低及设计进度之快慢，均直接影响工程建设的质量、进度和投资。总体来说，水利水电工程设计与管理主要受能力和经验的影响，这也是投资方选择优秀设计承包商重点审查的地方。

方案设计中最重要的因素就是能力，包含人员能力和技术能力。对于整个设计单位而言，人员能力指的是设计负责人的资质能力、各专业设计人员的专业覆盖面、人员数量、各类专业职称所占比例等。对于个人而言，能力是一项综合素质，不仅仅是个人专业知识面，还涉及沟通协调技能、整体大局意识等。技术能力主要是指技术设备和使用技术的能力。目前我国水利水电工程设计行业的技术水平、技术装备及信息化的水平都有了很大的提高，但仍存在一些问题。

首先是传统设计模式和二维设计仍占有很高比例。尽管协同设计模式和三维设计开始在设计单位普及，但是在设计单位众多专业中渗透率并不高。一方面设计单位新老员工在新技术接受能力上的差距及使用习惯上的差异使新模式和设计在内部无法全面普及；另一方面，目前大部分设计院都以新建团队的方式进行新技术的推广和使用，团队成员大多是各专业的新兴技术骨干，对普通员工起到的促进作用有限。因此，目前水利水电设计行业面临的设计变更问题仍然较多。

其次当前协同设计模式和三维设计的层次还比较低。当前由于特殊的甲乙方合同关系，大部分协同设计模式和三维设计还停留在设计单位的模型可视化、冲突检查、二维和三维联动出图、设计评审等层面，全过程、跨单位的协同基本无法推动。随着建筑信息模型及全生命周期概念的逐渐深入，人们逐渐认识到各参与方之间、各阶段之间的协同对工程质量等目标同样十分重要。如何让设计方、施工方、设备供货方、造价咨询方、业主方等同时参与到协同设计中来，如何在协同设计阶段做好与采购、施工、运营的衔接，如何减少设计变更的可能，这些都是目前亟待解决的问题。

水利水电工程设计管理与工程项目管理类似，也都注重质量、进度、费用等管理目标，但是水利水电工程设计的知识生产属性，使经验（知识）管理尤为重要。经验作为另一个重要因素，和设计关系密切。对投资方而言，他们更倾向于选择具有类似工程经验的设计单位作为承包方；对设计单位而言，类似的工程能够为本单位积累丰富的经验，这些背景知识、过程知识、实例知识对提升设计品质和可施工性有着极其重要的作用。目前，水利水电工程设计工作市场竞争激烈，投资方和政府主管部门对质量和成本控制要求越来越高，但是设计周期却越来越短，设计过程中管理和监管的作用逐渐淡化。如何在传统设计管理的基础上做好知识管理，特别是对积累的经验数据进行挖掘分析和再利用，对于工程建设至关重要。

5.1.2 水利水电协同设计工作的分类

根据水利水电工程协同设计的现状及需求，可以从主体维度将其进行分类。从主体维度来说，水利水电协同设计主要分为设计方内部协同设计和设计方外部协同设计。

（1）设计方内部协同设计

水利水电行业涉及专业众多，设计方内部的协同设计又划分为专业内部协同和专业间协同。专业内部的协同设计主要以生产专业模型为目标，然后划分不同的任务或者任务集，专业内部的设计人员根据各自的任务进行专业模型的协同设计。专业间的协同设计以专业模型文件为基础，实时性较弱，一般进行的主要是模型间的协调工作，如碰撞检测、模型整合等。

（2）设计方外部协同设计

设计方外部协同是指在设计方设计工作过程中，业主方、供应商或者分包外委设计单位之间的协同。设计方外部协同是在设计过程中其他参与方能随时了解、掌握设计进展，并互相交流修改意见，从而指导设计按照正确的方向进行，而不是在设计工作完成后再互相交流、收集修改反馈意见，然后再重新修改设计。

单纯从时间的角度来说，协同设计又分为同步协同设计和异步协同设计。同步协同设计要求高实时性，一般能高速、实时传输三维模型，有效地解决并发冲突，在线实现模型的动态集成。异步协同设计要求各参与人员有自己独立的设计空间，可以在不同的时间进行工作。由于水利水电工程的复杂性，单一的同步或异步协同都无法解决所有问题。通常情况下，异步协同和同步协同会交替出现，一般情况下设计方外部的协同采用异步协同的方式进行，设计方内部专业内的协同以同步协同的方式进行。特殊情况下当遇到两个特别相近专业时，可采用同步协同的方式进行工作。

5.1.3 水利水电协同设计工作的特点

多主体性、分布性、交互性、协同性、冲突性、共同性是协同设计的普遍特点，除了上述特点，水利水电工程设计工作还包含以下特点。

（1）协同设计规模巨大

水利水电工程设计常常涉及数十个大的设计专业，几十个小的子专业。一个工程项目的大、小子系统可能达到数十上百个，这对其他行业来说是很难想象的。如此规模的协同必然带来一些不可预见的问题，相比常规的协同需要更多、更深入的研究。

（2）设计流程十分复杂

水利水电工程传统的流水线式设计较为简洁明了，但是一旦多个专业协同工作，设计的流程就相当复杂。流程的发起、流转、结束涉及的人员众多，其间耗时很长，如果仅仅依靠 RBAC（role-based access control）的角色权限控制来管理协同设计过程，无法掌控设计的进度、质量和协同中的各种问题，必须在流程的管理中加入任务的分配、计划的跟踪、消息的通知等功能，形成设计工作和管理的协同平台。

（3）协同基础支撑薄弱

水利水电行业不同于制造业、建筑业，市场需求总有一天会趋于饱和，尤其是发达国家已经过了水电开发的高峰期，大部分国家已经过了对水利水电 BIM 软件的需求高峰，无法对其进行深入的研究，发展中国家的学术界和产业界也很难再向这一领域投入更多的基础研究。另外，水利水电 BIM 市场应用面相对狭窄，并且规模和复杂程度又比其他行业大得多，巨大的投入和较少的产出也使开发商对水利水电 BIM 市场望而却步。

（4）标准及数据格式差异

水利水电工程协同设计过程中涉及的软件种类较多，除了核心的建模软件，还包括造价分析软件、CAE 分析软件等，再加上这些软件基本都有几种不同的开发商可供选择，因此协同设计过程中的软件组合就非常多。尽管大部分软件已经加入了国际通用数据标准的接口，但还是存在部分专有格式的数据需要处理。

5.1.4 水利水电协同设计模式分析

5.1.4.1 协同设计工作模式

传统水利水电工程设计的工作模式是串行流水线式，专业间信息传递的方式是点对点的网状结构，这种方式导致专业间的协调变得困难，信息的传递效率和质量也很低，最直接的影响就是设计周期长，存在信息孤岛。现代协同技术的应用引起了设计专业之间信息交流方式的变化，专业内部、专业之间及外部组织之间更多地通过并行、对等的方式来进行信息传递，各参与方之间的协调关系也变得非常清晰，如图 5.1 所示。

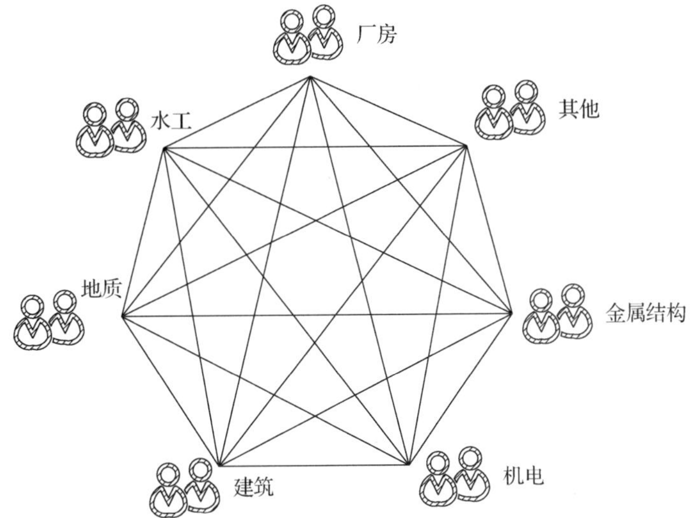

（a）传统点对点交流方式

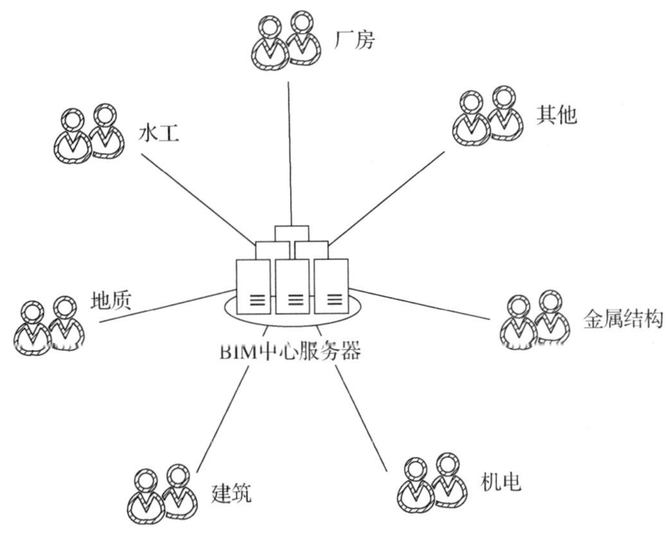

（b）BIM中心服务器交流方式

图 5.1　传统点对点交流方式对比 BIM 中心服务器交流方式

图 5.1（a）表示的是传统的协同工作方式，由点对点的沟通形成一个网状网络，各方之间信息交叉较多，工作较为复杂，不易控制。图 5.1（b）是协同机制下的工作模式，各方并行开展工作，同时与协同中心联络，形成一个辐射状星形网络，使信息交流更加

便捷、通畅。

另外，协同设计过程中信息技术的应用，使水利水电工程项目中地理分散的各参与方之间通过计算机网络联系起来，从而组成了相互协作的虚拟工作环境。这种虚拟工作的模式打破了传统组织地理分散的有形界限，按照共同的目标建立灵活、异步、统一的工作环境，使协同设计具有更强的目标一致性，资源配置更加合理，信息分享更加容易。

5.1.4.2 协同设计管理模式

目前国内水利水电行业设计管理的模式主要有业主自主管理型模式、设计监理型管理模式和设计总体总包管理模式。

（1）业主自主管理型模式

1）合同类型。多方设计主体合同是传统设计管理模式的合同类型，是指业主选择两个及以上单位承担同一工程的勘察设计，但在合同中明确主体勘察设计单位。主体勘察设计单位和其他勘察设计单位均受业主委托，它们之间不存在合同关系。

2）责任界定。主体勘察设计单位和其他勘察设计单位分别对业主单位负责。主体勘察设计单位负责总体策划、组织协调和设计集成，其他勘察设计单位负责向主体勘察设计单位提供资料和成果，并对其成果质量负责。业主对各设计单位进行设计管理及技术协调工作，对项目的整体设计技术质量、设计进度和设计概算等进行控制。

（2）设计监理型管理模式

1）合同类型。业主选择一家综合实力强的设计管理或咨询单位与之签订勘察设计总体总包管理合同，然后选择一个或多个专业设计单位承担分项勘察设计任务，与之签订设计合同及勘察合同。设计管理或咨询单位与设计单位均受业主委托，两者之间没有合同关系。

2）责任界定。首先，设计监理要保证总体设计质量，即保证阶段设计文件在内容和深度上符合规程要求，各项主要设计方案的论证和选择合理，设计所采用的原则和方法正确。其次，设计监理要保证设计进度合理，即保证设计阶段的里程碑成果输出，各专业的配合协调有序进行。最后，设计监理要协助业主签好设计合同和估算合同费用，协助业主和设计单位做好限额设计和优化设计，把设计阶段的投资有效地控制在限额之内。需注意的是，设计监理的责任不能代替设计承包者的设计责任。

（3）设计总体总包管理模式

1）合同类型。设计总承包合同是设计总体总包管理模式的合同类型，是指业主选择一家综合实力强的设计单位与之签订勘察设计总承包合同，由设计总承包单位内部生产部门独立完成合同内容，或者在业主许可的情况下设计总承包单位再选择部分分包单位与之签订设计分包合同，分包单位对总承包单位负责，两者之间是合同关系。但是，勘察设计单位不得将所承揽的勘察设计业务转包或违法分包。

2）责任界定。设计总承包单位对合同中约定的勘察设计工作范围、内容、深度、进度、质量及服务向业主单位负责，并负责对勘察设计工作进行全面策划、协调、组织和管理，保证合理的勘察设计周期，对最终的交付成果负责。分包单位对分包合同中约定的设计工作内容负责，并对设计总承包单位负责。

设计单位是开展协同设计的主体，本章后面的章节中所述的有关协同设计平台的内容主要针对设计总体总包管理这种模式。

5.2 BIM 服务器选型分析

根据查尔斯•伊士曼的研究，基于文件的 BIM 信息交换存在如下数据管理的问题。

1）无法实现对象级别的数据管理。

2）无法进行子模型的提取及合并。

3）不支持对模型的协同工作与更新。

4）不支持多个文件的数据一致性维护。

5）用户数据访问控制管理困难。

6）信息交换和共享的速度和效率较低。

针对以上问题，最好的解决方案是建立一组服务器应用程序或数据库系统承载模型数据，允许多个用户使用一个公共平台对模型数据进行协作共享操作。这种服务器称为 BIM 服务器（BIM 仓库）。它汇集所有与项目相关的数据以实现对它们的管理和协调。BIM 服务器有望促进多模式环境中的信息交换，从而支持构建项目生命周期中涉及的各种应用程序，包括设计工具、分析工具、文档管理系统、设施管理工具等。

目前一些研究性组织以及商业性的公司已经发布了许多 BIM 服务器的产品。其中的一些服务器产品还很“年轻”，其系统架构和功能仍在发展中。本节主要从商业和开源角度列出了该行业常见产品的概述，并进行性能综合比较，为 BIM 服务器的选型或自主开发提供指导和建议。

5.2.1 商业 BIM 服务器简介

（1）Asite cBIM

Asite cBIM（www.asite.com）是 Asite 公司新一代的协作产品，它能够使建筑业提高工作效率并且使行业的整个供应链更加智能。cBIM 是建立在国际协作联盟（IAI）的工业基础类（IFC）之上，可以在 CAD 软件、成本估算软件、模拟软件、进度软件、分析软件等更多软件之间互操作。cBIM 另外一个重要的特点就是充分地将商业信息与模型的设计细节联系起来，并在协作平台中增强 BIM 的协调过程。它的主要功能如下：

①可选择性地与合作伙伴分享项目模型或个人 BIM 工作集模型；②通过模型的版本跟踪控制来保持任意模型的可追溯；③合并来自不同合作伙伴和不同的设计工具的模型文件或工作集到一个中心模型；④查看模型文件不同版本之间的差异；⑤在集成的 3D 查看器中协作检查和标记模型文件；⑥将视图、进度计划和标记通过工作流与团队中的成员进行协作；⑦将文档控制和施工管理与 BIM 协调过程集成；⑧根据计划从模型中自动生成报告（如工程量清单）。

（2）EDM Model Server

EDM Model Server 是挪威 Jotne EPM 科技公司基于 Express 数据管理技术开发的 BIM 服务器。它的主要组成部件包括 EDMdatabase、EDMServer 和 EDMinterface。EDM Model Server 支持任何 Express 语言模式，如 IFC 和 CIS/2。它集成 IFD 并提供多语言支持，支持 ISO 模型映射语言——Express-X，允许在 Express 架构之间进行映射，Express-X 还支持规则检查和服务器上应用程序的接口。它使用 MVD 作为一种多查询/访问模式，支持 TCP 和 HTTP，用于客户端程序与服务器的连接（本地或网络）。其他常规的功能主要有：模型查看功能、基于流程的数据模型交换、版本管理功能、模型检查等。但是 EDM Model Server 的版本控制功能有限，允许对象级的构件访问和更新，如果更新会覆盖之前存储的版本。

（3）Constructivity Server

Constructivity Server 是 Constructivity 公司的一款 BIM 数据服务器，它不依赖任何外部数据库或 Web 服务器，所有的数据存储在一个文件夹结构中，其中主要包含作为原生的 IFC 文件和索引文件。启动和运行服务器只需要两个设置：文件夹位置和 Web 服务器端口。

Constructivity Server 能够跟踪来自团队内外的每一个项目变化，记录和管理项目的每一个事件。它能提供一系列功能，如版本控制、实时协同、文档同步、权限管理、审批机制、冲突检查、冲突解决、模型自动集成等。另外，Constructivity Server 包含一套标准的 API 接口函数，支持与其他自定义应用的集成。

（4）BIM Cloud/BIM Server

BIM Cloud/BIM Server 的产生主要是为了满足行业日益增长的需求，即允许远程团队一起协同工作并处理大型文件，这样团队成员就可以随时登录并在任何地方工作。任何可以导入 ArchiCAD 的项目数据都能够通过 BIM Cloud/BIM Server 沟通交流。

BIM Cloud 和 BIM Server 主要由以下三部分组成，①功能管理组件；②模型处理组件；③模型缓存组件，其中 BIM Server 只包含前两个组件。相比而言，BIM Cloud 的功能更加强大。BIM Cloud 的开发是为了满足国际大公司运行多个复杂项目的需求。BIM Cloud 以其强大的功能和先进的管理工具，提供了比标准的 BIM Server 版本更多的功能。除了支持 ArchiCAD 的协同工作、基于浏览器的管理、文件夹层次结构管理和支持 HTTP/HTTPS 以外，它还支持集群服务器证书验证、LDAP（lightweight directory access protocol）连接、用户组定义、详细的权限管理、多语言支持、数据缓存和团队协作通信技术等。

（5）Trimble Connect

Trimble Connect 是一个基于云的协作平台，可以使团队参与到建筑设计、建设和运营的每一个阶段。它是 Trimble 公司在收购了 Gehry 技术公司的 GTeam 软件基础上设计的新产品。Trimble Connect 主要简化了工作流程并转变了协同过程，允许团队在任何时间和任何地点访问、分析、管理和共享项目数据。

作为组合设计、建造和运营（DBO）技术的枢纽，Trimble Connect 能够使设计师、建筑商和业主/住户无缝地协同，同时也为参与现场准备和管理的团队带来了便利。Trimble Connect 为 DBO 联合体每一个成员提供协调一致的信息，通过网络组合建筑信息模型（BIM）、2D 和 3D 模型的过程，提高分散办公团队的可协调性，以减少软件和培训的成本。此外，该平台允许团队负责人远程跟踪员工的进度。Trimble Connect 同时也汇集了项目所有的数字资产，从而可以使项目经理和业主对所有过去和现在的项目数据和活动进行追溯和提取报告。

（6）Eurostep Share-A-Space

Share-A-Space（www.eurostep.com）是 Eurostep 集团最初为航空航天领域开发的模型服务器，现在也逐渐被 AEC 行业接受，它使用 Oracle、Windows SQL Server 作为其主机数据库。它是一个以 IFC 为内部表示的对象模型服务器，但也支持文件级别的其他模型。它适用于 ISO 10303-239 STEP 和 OGC 产品生命周期支持（PLCS）架构，支持变更管理、版本控制、合并、检出、状态查询等。它使用 MS Biztalk 进行基于 XML 的通信，结合 Web 门户进行协作。内置电子邮件服务功能，支持强大的业务流程功能，能够满足部件和产品实体的测试和要求，跟踪人员及任务状态。它包括一个 Mapper 函数，通过 XML 和 C#语言，能够将一个对象视图转换为另一个；通过关联规则，Share-A-Space 可以具有适用于模型的自动更新、部分更新或手动更新的功能。另外，它还集成了 Solibri Model Checker，用于模型检查，使用 VRML 进行可视化。

（7）GliderBIM

GliderBIM（www.gliderbim.com）是 Glider 技术公司开发的一款软件。它是一个在线软件解决方案，可帮助项目团队从全生命周期管理 BIM 项目。它主要管理资产信息模型（AIM）的生产、审查和交付以及所有运行和维护阶段所需的相关资产数据和运维信息。

作为一个以行业基础类（IFC）为标准的模型服务器，它允许用户导入模型、验证模型、合并模型、扩展模型，以及导出更新的 IFC 模型和可交付资产数据集（如 COBie、Construction Operations Building Information Exchange 或任何其他数据模式）。项目团队可以计划和跟踪所有模型生产任务，并通过在线报告向项目组成员通报模型生产进度和资产信息的完整性。GliderBIM 为项目团队提供了一个高效、端到端、可审计和透明的管理系统，用于交付资产信息模型和其他相关信息。GliderBIM 具有以下模块化功能特征：①工作计划；②数据导入和验证；③3D 模型查看（嵌入资产数据），链接运维文件和第三方系统；④资产登记数据库；⑤COBie 工作簿；⑥运维文档库；⑦状态报告；⑧数据导出。

（8）Bentley ProjectWise

ProjectWise（www.bentley.com）是 Bentley 公司为 AEC 行业设计的一套工程项目协作软件。它帮助项目团队在单一平台上管理、分享、分发和审查工程项目内容。ProjectWise 可以管理任何类型的 CAD、BIM、地理空间和项目数据，它可以与 Bentley 应用程序以及其他产品（包括 Autodesk 软件和 Microsoft Office）集成在一起使用。它的主要功能特色包括工作流管理、强大的检索功能、内容管理、变更管理、分布式架构以及出色的安全保密机制等。作为一款专门针对基础设施项目的设计、施工和运营进行开发的项目协同工作和管理软件，目前占据了大约 75%的 AEC 企业市场。

（9）Autodesk BIM 360

BIM 360（bim360.autodesk.com）是 Autodesk 公司推出的一套云端 BIM 产品，可以使用户在整个建筑生命周期内不论何时、不论何地都能访问项目数据。BIM 360 不仅能使现场的工作人员更好地参与各种工程活动，并且在后方的工作人员，也能够通过它优化和管理工程建设的各个方面。BIM 360 集成了成熟的技术和强大的功能，为跨项目、跨团队、跨企业提供协作和数据管理，其最核心的技术来源于 Autodesk Vault 数据管理解决方案。

BIM 360 家族目前的产品主要包括 BIM 360 Team、BIM 360 Docs、BIM 360 Glue、BIM 360 Layout、BIM 360 Plan、BIM 360 Field、BIM 360 Ops，覆盖项目概念设计、详细设计、施工文档、预建造、建造、试运行与移交整个生命周期，功能非常全面。其最关键的三个优势分别是：①优化决策，从而提高项目质量和成果质量；②项目可洞见和可预测，从而缩短交付时间，提高企业利润；③提供真实和实时的信息，从而提高项目建设运行的可靠性和效率。

5.2.2 开源 BIM 服务器简介

（1）IFC WebServer

IFC WebServer（ifcwebserver.org）是一套基于 IFC 标准的数据模型服务器和在线

查看器。它旨在通过使用开放和标准格式（IFC、HTML、XML、CSV 和 JSON）简化 BIM 的信息共享和交换，并检查模型的质量（详细程度和开发级别）。BIM 经理和设计人员可以轻松查询、检索 IFC 模型中的任何信息并生成报告。该项目主要分为两个部分。

1）数据模型服务器：IFC WebServer。

IFC WebServer 支持任何原生的 IFC 官方发布版本，从 2001 年发布的 IFC2X_Final 开始，到 2016 年 7 月发布的 IFC4 Add2 版本。此外，它支持任何有效的 IFC 子模式或扩展模式，因此可为 IFC 研究人员和开发人员所使用。

IFC WebServer 具有开放的结构，可以通过添加新的扩展（使用 Ruby 编写的类方法或模块）来添加额外的功能。这些扩展可以简单到只有一行，如计算圆形轮廓的面积，也可以做成复杂的插件，如将 IFC 模型中的数据导出为其他格式（COBie 电子表格），或者从 3D 模型自动提取 2D 平面图。

2）模型在线查看器：IFC WebViewer。

IFC WebViewer 是在线 3D 可视化平台，提供了一种便捷的方法来查看和共享模型，并可在线查看数据查询的结果，使用户能够轻松访问（通过查询、检索、报告）模型中的信息。IFC WebViewer 还可用于模型信息更新（如添加、编辑、删除元素属性）及 4D 模型的动画模拟。

（2）BIM Server

BIM Server 软件由 TNO 组织开发，是用 Java 语言编写的开放源代码程序（第三方 IFC Engine DLL 除外），用于 BIM 数据共享，与 Windows、Apple、UNIX、Linux 等操作系统兼容，可在 IE、Safari、Firefox、Chrome、KMeleon 等网络浏览器使用，目前仍在不断开发中。安装程序只有一个文件（JAR 或 WAR），安装甚为简单。BIM Server 使用 BerkeleyDB 作为数据库引擎，可上传 IFC 与输出 IFC、ifcXML、WebGL、KMZ、CityGML、Collada 等格式。基于公开的 IFC 标准，其系统核心能解译和处理 IFC，并存储于 BerkeleyDB 数据库中。BIM Server 软件有筛选及查询、自动碰撞检测、自动判断模型更新变化、整并不同版本等功能，且坐标系统可与 GIS 结合。

BIM Server 提供一系列的服务接口，所有接口都遵循 BIMSie（BIM Service interface exchange）标准。所有的这些接口可以通过 3 种不同的方式进行访问：Protocol Buffers、SOAP 和 JSON。BIM Server 的所有组件都是开源的，遵从 GNU 协议（GNU Affero General Public License），是 AEC 领域理想的 BIM 服务器。

5.2.3　BIM 服务器性能比选分析

为了上节 BIM 服务器的性能，根据前人的研究成果、水利水电行业的需求和实际的使用经验，作者建立了如下的评估准则，共 5 个大类 17 个小类，如表 5.1 所示。

表 5.1 BIM 服务器的评估准则

目标领域	功能特征
模型操作与管理	模型查看与 3D 漫游
	数据查询与发布
	模型检入、检出、合并、比较、版本控制、子模型提取等
	支持多种模型数据类型
Web 与移动计算	Web 浏览器支持
	移动终端支持
	Web Service 接口支持
流程自动化	自定义流程
	模型驱动
	报告与数据统计
用户界面友好	自定义界面
	界面简洁直观
	帮助文档或帮助提示
	支持用户二次开发
集成项目管理	集成项目管理知识
	PDCA 协同循环
	协作通信

采用三个不同的层次来描述特征的可用性和适用性，对 17 个特征进行了逐一的分析。为了表示合适程度，分别用符号“+”、“*”和“-”表示。如果没有该功能，则表明产品不合适（“-”，适宜度= 0）；如果存在该功能特征，那么用更高的分数（“+”、适宜度= 2）表示性能更好的应用程序，较低的分数（“*”、适宜度= 1）表示基本满足的应用程序；总体性能分析见表 5.2。按照列进行计算的分数反映了特定产品的协同功能的可用性；按照行进行计算的分数和百分比显示了市场上所有类似产品在该项功能上的普及性和可用性。

表 5.2 各 BIM 服务器性能评估结果

功能特征	CBIM	EDM	CS	BCBS	TC	SAS	GB	PW	360	IFCWS
模型查看与 3D 漫游	*	*	-	*	*	*	-	*	-	-
数据查询与发布	*	*	-	*	*	*	*	*	*	-
模型检入、检出、合并等	+	*	-	*	*	+	+	*	*	*
支持多种模型数据类型	*	-	-	-	-	*	-	-	+	*
Web 浏览器支持	+	*	+	+	+	*	+	+	+	*
移动终端支持	+	+	+	+	+	+	+	+	+	+
Web Service 接口支持	+	*	+	-	+	+	+	+	+	+
自定义流程	*	-	-	-	-	*	*	-	-	-

续表

功能特征	CBIM	EDM	CS	BCBS	TC	SAS	GB	PW	360	IFCWS
模型驱动	*	-	-	-	*	*	*	-	-	-
报告与数据统计	+	+	+	+	+	+	+	+	+	+
自定义界面	*	*	-	*	*	*	-	*	-	-
界面简洁直观	*	*	-	*	*	*	*	*	*	-
帮助文档或帮助提示	+	*	-	*	*	+	+	*	*	*
支持用户二次开发	*	-	-	-	-	*	-	-	+	*
集成项目管理知识	+	*	+	+	+	*	+	+	+	*
PDCA 协同循环	+	+	+	+	+	+	+	+	+	+
协作通信	+	*	+	-	+	+	+	+	+	+
合计	27	17	20	20	26	26	26	24	25	16

由表中分析可以看出，在模型操作和管理方面大部分的商业和开源产品都能够胜任；在 Web 和移动计算方面，也有超过一半的产品能够提供智能移动端的访问和浏览器的访问，大大加强了平台的普适性；在流程自动化方面，产品普遍地反映出可用性不足的特点，少数产品已经开始支持，可能用户需求在这一方面的差异性比较大，难以开发统一的通用功能，这方面有待进一步发展；在用户界面友好方面，除自定义界面普及较低外，其他的都能满足用户的基本需求，主要原因是商业产品更多地需要从定制中获取收益；在集成项目管理方面，所有产品对各参与人员之间的协作通信都百分之百地支持，但对于比较全面的项目管理知识领域的集成及 PDCA 闭环协同支持程度较弱。目前已有的产品主要是对任务进行简单的追踪，主要是因为项目管理系统的市场比较成熟，两者之间可以进行集成，但要使管理与 BIM 结合更紧密，这方面仍需发展。

从总体得分来看，商业产品的性能要比开源产品更好些，其中 Asite cBIM 最为全面，功能基本覆盖了所有的领域。EDM Model Server、Constructivity Server 和 Graphisoft BIM Cloud/BIM Server 在商业产品里面得分较低，主要是因为它们在某一功能领域具有相对较大的劣势。EDM Model Server 在 Web 和移动计算的缺陷使其灵活性受到影响；Constructivity Server 在流程方面也显得不足；三者都对集成项目知识的管理鲜有涉及。其他五款商业产品得分都比较接近，Trimble Connect、Eurostep Share-A-Space、GliderBIM 在 5 个领域中得分良好，除相关领域定制功能弱外，其他基本能满足要求。Bentley ProjectWise 和 Autodesk BIM 360 都共同地在项目知识管理协同方面存在一定缺陷，其余功能也都能满足协作的要求。

开源产品 IFC WebServer 和 BIM Server 的总体得分相对低一些，主要原因可能是从事这方面工作的都是兴趣相投的研究者，从投入来说并没有商业产品大。但是开源在目前正变得流行。一方面是因为源代码的全部开放，任何人都可以免费使用，并且自己可以去阅读并拓展它的功能；另一方面没有专有数据格式的束缚，完全以 BIM 开放标准来进行信息的交换与共享。从研究的角度选择开源产品 BIM Server 作为协同服务器，为后期自主开发相应的功能组件提供支持。

5.3　基于 BIM Server 的水利水电工程协同设计系统架构

5.3.1　体系架构

基于 BIM Server 的水利水电工程协同设计系统旨在将设计阶段的利益相关方、各种资源进行整合，协调沟通设计过程中的问题并及早进行改进，解决传统设计过程协同困难、分析能力不足、设计隐患多等问题，同时也为设计进度、质量乃至后续施工、运维的管理提供更好的支持。系统架构共分为 4 部分，分别为参与方、客户端、服务端和数据层。整个体系架构如图 5.2 所示。

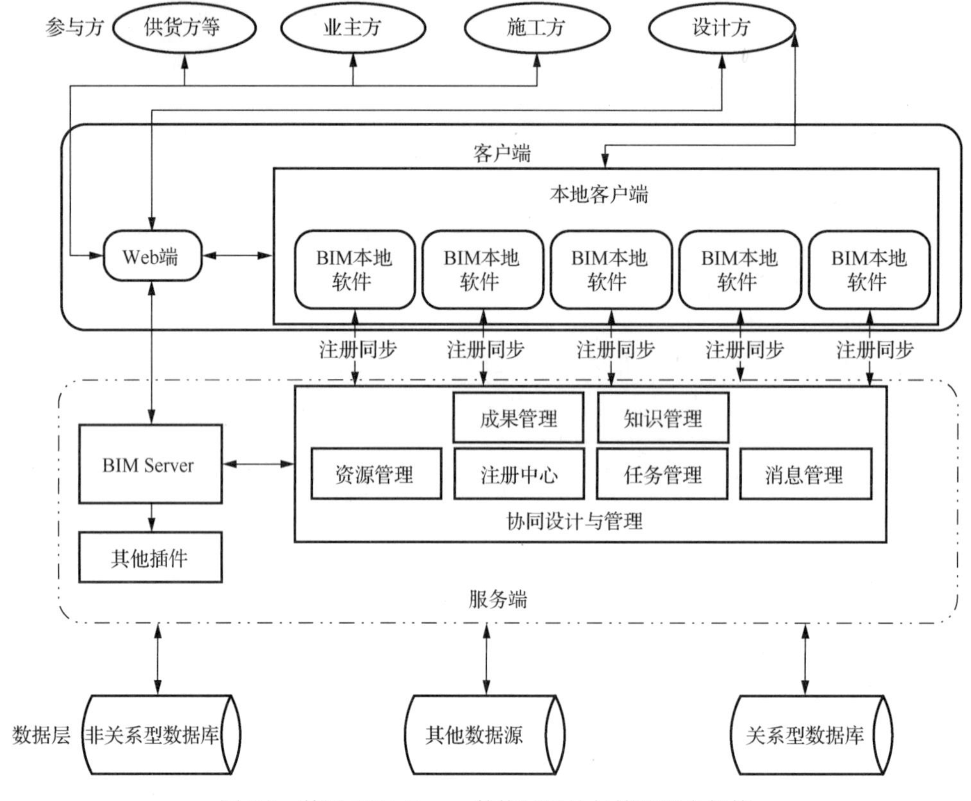

图 5.2　基于 BIM Server 的协同设计与管理平台架构

平台的参与方和客户端大体分为两部分展示端和客户端。展示端对设计院内部来说主要是指 BIM 软件。设计人员主要通过 BIM 软件完成核心建模任务。对于外部的协同而言，展示端主要是通过 Web 系统来联系设计方、业主方、施工方、供应商等。另外，客户端各系统通过 BIM Server 维持相互之间的相互通信和联系，保证数据的一致性和可靠性。

协同设计与管理平台服务端主要应用模块包括：注册中心、资源管理、任务管理、消息管理、成果管理和知识管理。其中资源管理属于设计资源范畴，为协同设计的实施奠定了基础；任务管理定义了设计的行为，包括建模任务的分配、模型分析任务的分配及模型整合校审等具体设计行为的责任者选择；成果管理定义了设计审查、验收和交付的有关要求，如验收要求、交付深度、交付格式等；知识管理和消息管理属于协同管理范畴，旨在促进协同设计中的信息和知识的共享与传递。另外，这些应用全部依托 BIM Server，并以插件形式与服务器进行集成。

平台的数据层主要依托于非关系型数据库、关系型数据库及其他数据源。非关系型数据库主要为 BIM 提供支持，关系型数据库为应用层中的各管理模块数据提供支持，其他数据源指地理信息数据等相关数据。

5.3.2 资源配置

5.3.2.1 软件配置

（1）设计套件选择

在设计阶段，合理选择 BIM 设计套件十分重要。根据应用内容的不同，一般将 BIM 设计套件分为模型创建软件、模型应用软件和协同平台软件。

模型创建软件主要分为 BIM 概念设计软件和 BIM 核心建模软件。模型应用软件包括模型集成软件、模型协调软件、模型算量软件等。协同平台软件包括各参与方协同平台软件和各阶段协同平台软件。目前市面上存在不同软件开发商的软件，选型是各设计企业的首要问题。企业在进行软件考察时，应根据自身项目的特点、企业的条件等合理选择。

这里以 Autodesk 公司的 BIM 设计套件为基础，进行协同设计管理。具体所用的软件如表 5.3 所示。

表 5.3 BIM 软件选型

专业	软件工具	版本
水工、厂房、建筑等	Autodesk Revit Architecture	2014
水工、厂房、建筑等	Autodesk Revit Structure	2014
机电、暖通	Autodesk Revit MEP	2014

续表

专业	软件工具	版本
施工等	Autodesk Navisworks	2014
规划、施工、环保、交通等	Autodesk InfraWorks	2014
金属结构、施工等	Autodesk Inventor	2014
地质、测绘、施工、交通、水库等	AutoCAD Civil3D	2014

（2）软件版本要求

软件版本的选定应根据交付标准中规定的条款进行，而不是设计企业自行决定。如设计交付标准中规定，模型的交付格式为 RVT，版本为 2014，那么设计企业应对不符合要求的软件进行升级或降级，避免软件之间的数据兼容问题，保证数据在项目各参与方、各阶段之间正确地传递与共享。

（3）软件定制开发

由于水利水电工程自身独有的特点，相比于建筑工程来说各阶段应用内容更复杂，需求更广泛，市面上已有的 BIM 软件多针对建筑产品，并不能完全满足水利水电项目的需求。因此，水利水电企业有必要针对自身的需求进行软件的定制开发。企业可通过内部数字信息中心进行自主开发，或者通过科研课题方式联合外部软件开发公司或高校等进行委托开发、联合开发等。例如，设计企业根据项目特点开发定制企业级的构件库、插件库等，来满足设计阶段的需求。

5.3.2.2 硬件配置

本节从模型信息创建、数据存储管理和信息共享与管理三个角度来说明协同设计系统对硬件资源的配置要求。

（1）模型信息创建

模型信息创建是 BIM 技术应用的基础，主要是指 BIM 工程师根据设计要求在 BIM 核心建模软件中创建模型的过程。在这一阶段涉及大量的三维模型操作，模型体量呈增长趋势，因此对建模所采用的计算机配置要求较高，一般推荐的配置要求可参考表 5.4。

表 5.4 建模配套计算机推荐配置

计算机硬件	参考要求
CPU	多核 CPU，具有较高的二级、三级高速缓冲存储
显卡	独立显卡，一般显存大小不低于 1GB
内存	一般推荐的内存是项目大小的 20 倍，目前 BIM 项目的大小在 1GB 左右，一般推荐的内存在 16GB 及 16GB 以上
硬盘	优先考虑固态硬盘，然后再考虑普通硬盘
显示器	一般推荐双屏配置方案

对于不同的核心建模软件，一般软件厂商会给出相应的推荐配置，但是从项目整体的角度来说，不仅需要考虑对单个建模软件的配置要求，还需综合考虑项目的复杂程度、建模的任务分工、协同建模的方式等。

（2）数据存储管理

模型创建完成后，模型信息及创建过程中的过程信息都将存储在数据库中进行管理。数据库服务器包括数据库服务器管理和备份服务器管理，具体的配置可参考如下：本地存储采用数据库服务器、NAS 存储、磁盘阵列等，备份服务器选择存放于云端，可建立企业私有云或从云服务提供商购买。

（3）信息共享与管理

信息共享与管理中不仅涉及模型信息的共享，还涉及协同设计过程中任务信息、资源信息、进度信息等其他管理信息。这些信息可能在设计院内部流动，可能在项目部与公司总部之间传递，也可能在设计院与外部单位之间传递，因此需要建立相应的网络系统，从而实现信息的共享与管理。一般配置可参考如下：BIM Server 服务器用于多个团队成员访问和修改模型；Web 应用服务器用于发布协同设计与管理平台；网络交换机、光纤交换机等用于网络通信。

5.3.3　关键技术

目前已有许多关于协同设计平台关键技术的研究，总结起来有如下几种：①协同工作管理技术；②分布式数据管理技术；③网络数据库技术；④面向对象技术；⑤安全技术；⑥异地协同工作技术；⑦协同工作中的冲突消解等。在这些关键技术中，大部分的研究理论已比较完善，商业化/开源的 BIM 协作软件中也都或多或少的运用了部分技术。为了更好地适应水利水电行业协同设计的需求，以对现有的软件和产品的功能进行更深层次的延伸与定制，在本架构中还融入了如下关键技术。

（1）Addin/Plugin 插件技术

水利水电工程的协同设计离不开个性化的定制。目前市面上成熟的 BIM 软件基本都有较完善的开发接口，允许用户进行自主开发定制。如 BIM Server 支持 Plugin 开发，用户可以定制自己的功能或服务，如 BIM/CAE 接口服务、模型版本比较服务等。Autodesk 公司的 BIM 系列软件也都支持 Addin 插件技术，用户可以通过.Net 等语言进行模块定制。如图 5.3 所示为平台部分二次开发插件。

（2）模型自动检查技术

作为协同设计的主要成果，模型的质量至关重要。它不仅关系到设计者们设计意图的表达，更是后续施工运维的基础，模型的质量决定了其在项目整个生命周期的应用广度、深度和价值实现程度。水利水电工程专业众多，每个阶段的设计成果多且复杂，模型自动检查技术能够快速发现如属性的质量问题、构件的编码问题等。这种方式不仅能够很好地保证模型的正确性、准确性，而且减少了手工检查的工作量，提高了检查的效率（图 5.4）。

图 5.3 平台相关的二次开发插件

BIM协同设计管理平台 项目管理 资源管理 任务管理 消息通信 成果管理 知识管理 首选项 服务器配置

服务器设置
数据迁移
已安装插件
可用插件
Web模块
扩展数据模式
模型检查
OAuth服务器

添加模型检查规则

规则名称

IFC Validator

描述

IFC Validator

代码

```
import org.bimserver.validationreport.IssueException;

public abstract class AbstractIfcValidatorPlugin extends AbstractAddExtendedDataService implements BimBots

    private final ModelCheckerRegistry modelCheckerRegistry;
    private boolean generateExtendedDataPerCheck = false;

    public AbstractIfcValidatorPlugin(String namespace, boolean generateExtendedDataPerCheck, ModelChe
        super(namespace);
        this.generateExtendedDataPerCheck = generateExtendedDataPerCheck;
        this.modelCheckerRegistry = modelCheckerRegistry;
    }
```

图 5.4 配置模型检查规则

（3）协同工作流技术

协同工作流技术能够定义任务的先后顺序、信息交换要求等，实现协同设计过程中的任务流转和信息传递。水利水电工程协同设计一旦完成任务策划，实施阶段的各项任务将在协同工作流的指引下完成。BIM Server 本身的协同工作流管理技术并不完善，无法支持协同工作中任务、信息、文档等的流转。因此，在本架构中需加入协同工作流技术。

（4）云计算技术

水利水电工程协同设计涉及企业最基础的信息资源配置，目前水利水电企业正处在信息化快速变革的环境之中，底层信息基础设施的架构一定程度上关系到企业的信息化战略定位和竞争优势。云计算技术涉及云存储、云服务、云安全、虚拟化等多方面，目前以云计算技术为核心的柔性 IT 基础架构正成为主流的建设方向。

对水利水电企业来说，云计算技术首先能够减少在硬件资源上的投入，其次能够实现资源的快速部署，按需扩展。另外，云计算的稳定安全能够减少大量的维护工作。对水利水电协同设计来说，云计算能提供高性能的计算服务，协助 BIM/CAE 的仿真模拟与优化；虚拟桌面能够为分布在不同地点、不同时间的设计用户提供软件平台服务；云端的存储能够使设计人员随时随地获取设计相关的资料等。图 5.5 为部署在阿里云的虚拟主机服务。

图 5.5　基于阿里云的虚拟主机服务

（5）大数据技术

大数据技术是近年来伴随数据获取技术、存储技术、人工智能技术等的快速发展和普及而提出的概念。大数据技术主要表现出 5 大特征：规模性（volume）、多样性（variety）、高速性（velocity）、价值性（value）和真实性（veracity）。

对于水利水电设计企业来说，长期的工程实践积累了大量的数据。知识的积累、沉淀、共享、学习、应用和创新是企业竞争力的重要方面。基于 BIM 的协同设计尤其需要借鉴以往的 BIM 工程模板资料、BIM 仿真模拟参数数据、模型检查规则、工程造价等历史数据，而运用大数据技术能够将海量数据转变为协同设计过程中的可用资源，更高效地执行样本库中的仿真参数进行模拟计算，得到更优的设计成果。

5.3.4 功能模块

5.3.4.1 资源管理

资源管理模块是协同设计的基础模块，主要负责协同设计过程中的软硬件资源的管理，具体分为三大类：一是软件资源的管理，包括负责企业的设计相关的建模软件、分析软件、校审软件等的采购管理、证书管理、维护升级等内容；二是硬件资源管理，包括负责企业相关硬件的采购、验收、使用、维修、报废等管理，如网络设备、计算工作站、航摄无人机、激光扫描仪等；三是 BIM 族库管理，包括族库的构建、完善、分发以及授权管理等内容。图 5.6 为 BIM 在线族库资源的共享界面。

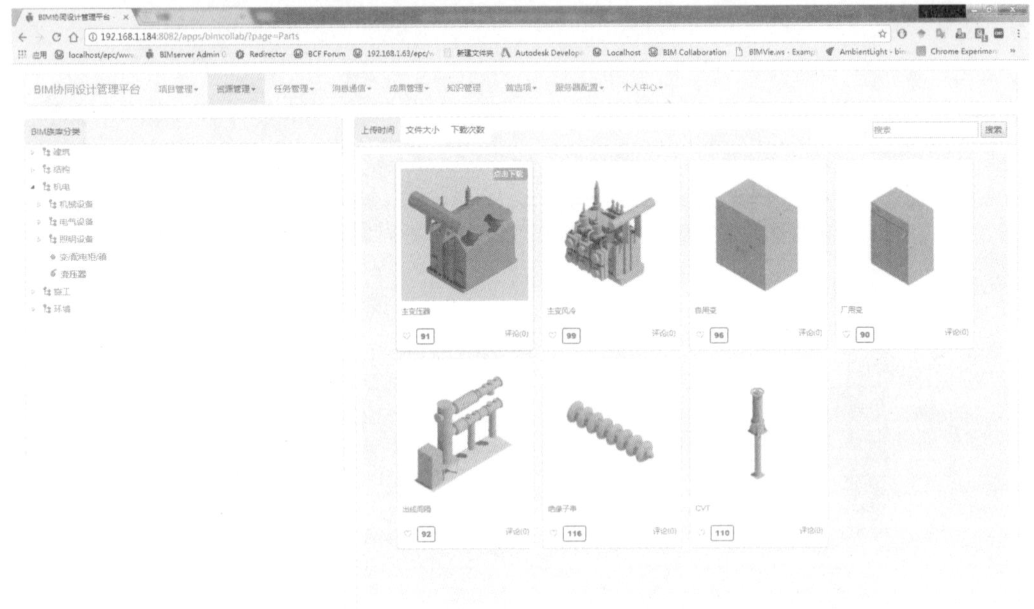

图 5.6　BIM 在线族库资源的共享界面

5.3.4.2 任务管理

任务管理模块是协同设计平台的核心，主要负责将水利水电工程设计的任务进行分解分配和时间规划，并进行后续的流程跟踪管理，确保设计的进度和质量。任务管理与消息通信结合得比较紧密，设计中大量的沟通信息、流程任务信息需要各专业设计人员处理，同时流程任务的执行情况、设计进度的监控情况都需要随时掌握。另外，由于水利水电项目设计工作涉及多专业，各个协同设计专业之间存在大量的依赖与制约关系，各专业之间的并行工作会带来设计阶段任务的交叉、重叠，甚至冲突等，合理的任务规划是规避这些问题的有效途径。水利水电工程设计任务按专业可以划分为多种，如水工、电一、电二、暖通、金属结构、水机、建筑等。从大类上将工程设计任务分为生态工程BIM、枢纽工程 BIM、机电工程 BIM 及水库工程 BIM，每一大类的 BIM 任务下再划分细小专业的任务，每一类专业下任务又细分为建模任务、分析任务、模型检查任务等。

任务管理的实现主要依赖数据表的设计，一般设计任务管理涉及的表主要有三个：任务分类表（数据字典表）TaskCategory、任务信息表 Task 和任务资源表 TaskResource。其中任务信息表 Task 核心的字段包括 task_id、project_id、task_category、parent_task_id、task_name、task_description、duration_type、duration、start_date、end_date、due_date、status、percent_complete、priority、is_milestone 等，详细的数据结构设计如图 5.7 所示。

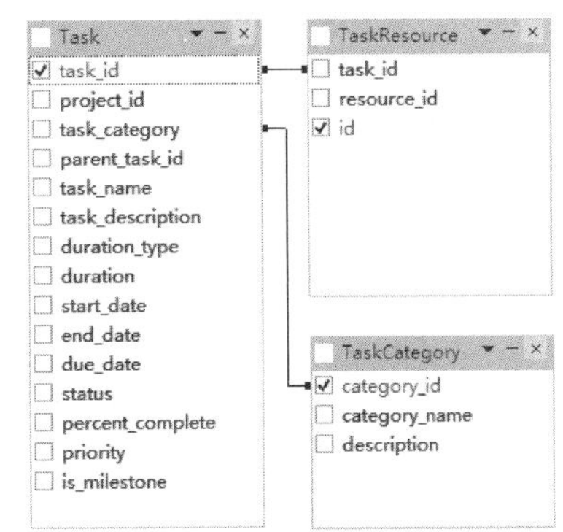

图 5.7 任务管理核心数据表结构及其关系

5.3.4.3 消息管理

协同设计离不开内部设计人员和外部各参与方之间的沟通交流，消息管理模块就是为了解决这一需求，保证消息能够及时、准确地传递，从而提升设计人员的设计效率和沟通效率。这里涉及的消息主要分为两类，一类是涉及流程任务的消息，包括待办任务提示相关的消息、预警提示相关的消息等。如某一待办任务为“厂房模型整合”，即表示厂房设计任务中的各细部专业（如水力机械、电气一次、电气二次等）需要和其他专业整合；预警提示消息主要与进度相关，如“距离提交某成果还有 7 天，请各专业设计人员注意”等。另一类主要是内部人员与外部人员之间的交流消息，分为即时消息和非即时消息，如在线实时交流和留言评论系统，图 5.8 所示的基于 BCF（BIM collaboration format）的在线协作交流平台就是非即时消息沟通平台。

上述几种类型的消息通信分别有如下几种实施方案。

（1）个人主页

个人主页适用于流程任务类的信息交流，系统为用户提供定制的个人主页，用于显示待办任务、通知公告等相关的信息，一般用户需每日登录该系统查看和处理最新的消息，主页中信息的更新周期常常为天或周不等。

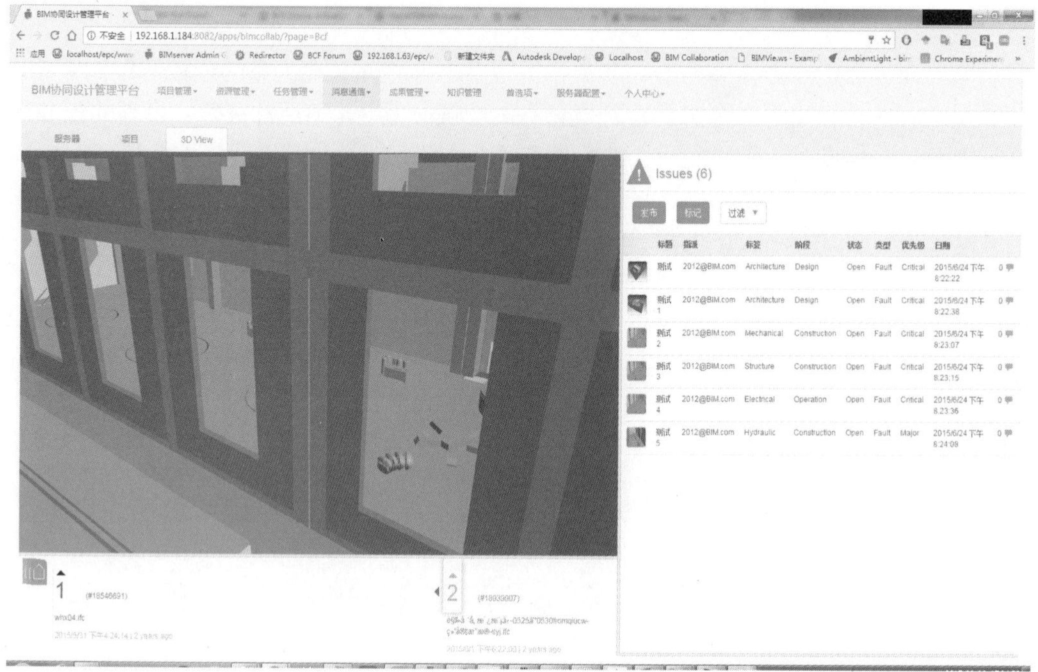

图 5.8 基于 BCF 的在线协同交流平台

（2）短信网关

短信网关是采用通信运营商的解决方案，稳定性较高，适用于预警提示相关类的信息，如项目到期预警等。一般系统后台自动对任务进行计算，用户可设置预警提示的时间间隔，系统自行判断后消息可立即送达用户。

（3）消息推送

消息推送需要搭建推送服务器 Push Server，是一种实时性的解决方案，较适用于即时通信。它对网络的依赖较大，尤其是对移动终端来说，需要移动数据网络的支持。

（4）在线留言+E-mail

在线留言+E-mail 对消息的实时性不做要求，一般用于各参与方之间的非即时信息交流，一般以 E-mail 作为用户名进行平台登录，在相关信息发送成功后，系统自动调用 E-mail 接口生成电子邮件，将相关链接发送给有关人员，通知其上线进行消息的处理。若涉及模型变更，用户可同步在 BIM 设计软件中查看相关信息，如图 5.8 和图 5.9 所示。

5.3.4.4 成果管理

成果管理主要实现设计交付成果的管理，包括审查、验收和归档，成果主要包含模型成果、图纸成果、分析成果等其他重要的过程文件。模型成果、图纸成果的主要不同在于成果的格式、所属阶段和成果的内容。成果内容涉及相关的详细专业分类，即建筑专业模型、结构专业模型、机电专业模型、地质专业模型、水工专业模型、施工专业模型、其他专业模型、全专业整体模型等；所属阶段为初步设计阶段、详细设计阶段和施工图设计阶段。分析成果内容有进度模拟分析、结构分析、碰撞检测分析、人员疏散分析、通风分析和其他分析等。上述成果还涉及版本的管理，只有符合要求的版本才会被归档。

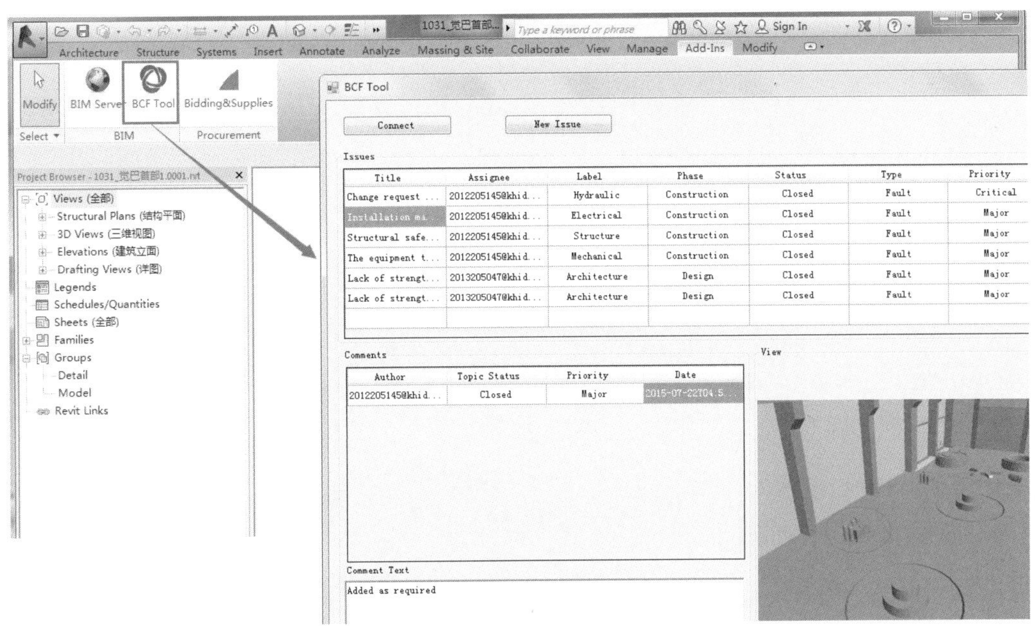

图 5.9　Revit 建模软件中实时同步查看 BCF 信息

5.3.4.5　知识管理

水利水电工程协同设计过程中的知识管理是指勘察设计企业对企业积累的原始资料、标准、规程规范、勘测设计工艺（方法）和勘测设计成果等显性知识，以及勘测设计经验等隐性知识进行整合和归纳，把这些知识以共享的形式进行管理和传播，供设计人员获取、共享、吸收、运用和创新。其根本目的是提高设计产品的质量和效率，从而提升企业的竞争力。目前知识内容的分类方式比较多，对知识管理的内容按照企业知识体系的方法进行分类，主要包括工程知识（技术和案例）、标准规范、员工知识、培训课程、外部知识（如中国知网、万方等）等。知识管理界面如图 5.10 所示。

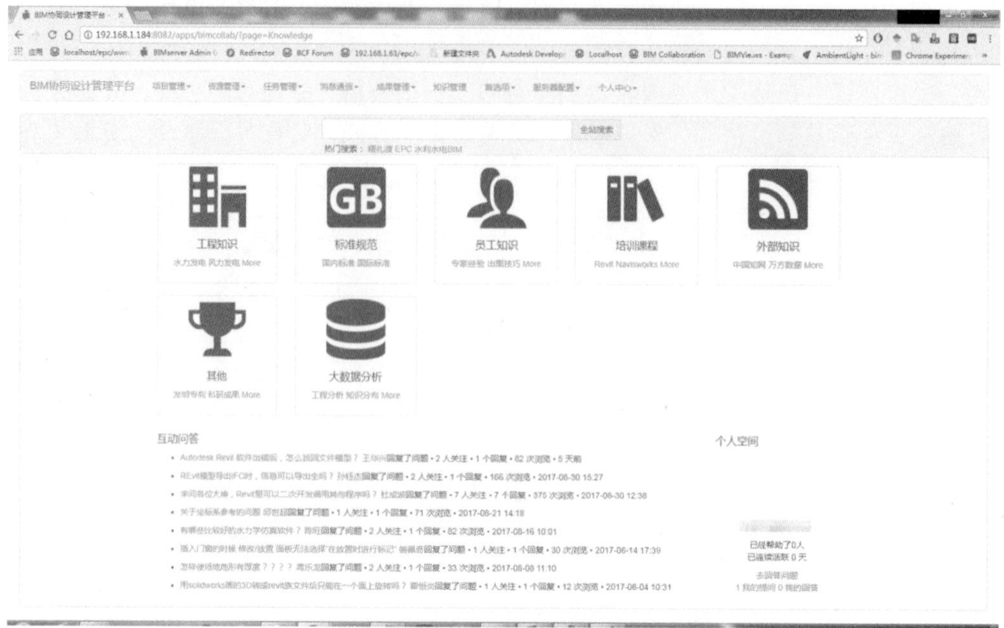

图 5.10　知识管理界面

5.3.4.6　本地客户端

水利水电工程三维协同设计平台本地客户端的研发是基于 Autodesk 公司工程全生命周期信息模型的解决方案：Autodesk Inventor（用于坝工、水道、机电、金属结构等专业设计）、Autodesk Civil 3d（用于地形、地质建模，土石方开挖、填筑设计）、Autodesk Revit（用于厂房专业设计）、Autodesk Infrastructure（用于施工、环保水保等专业设计）、Autodesk Navisworks（用于仿真分析，几何数据集成、转换）、Autodesk 3ds Max（用于可视化，几何数据集成、转换）及 ArcGIS（用于水库专业设计、几何数据集成）二次开发实现。

（1）系统管理模块

系统管理模块的主要功能是进行系统信息和平台用户信息的管理，如添加新用户、系统用户管理（含权限管理）、日志管理等，如图 5.11～图 5.13 所示。

为了保证工程管理的安全性和信息的保密性，系统设计了用户权限。用户的权限管理是通过系统定义的角色来实现的，根据需要系统定义了五种角色，划分了五级权限，详见表 5.5。

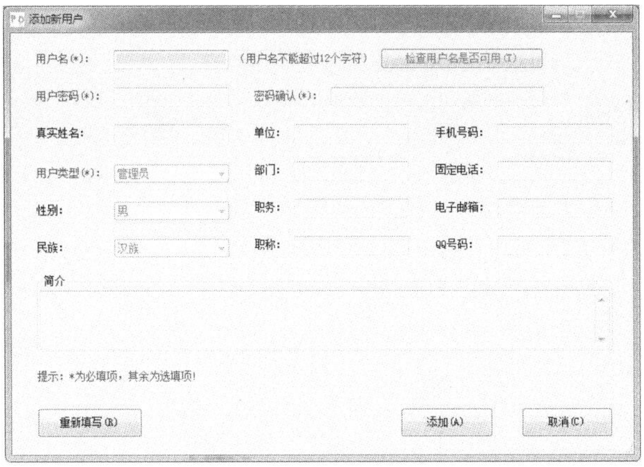

图 5.11　添加新用户

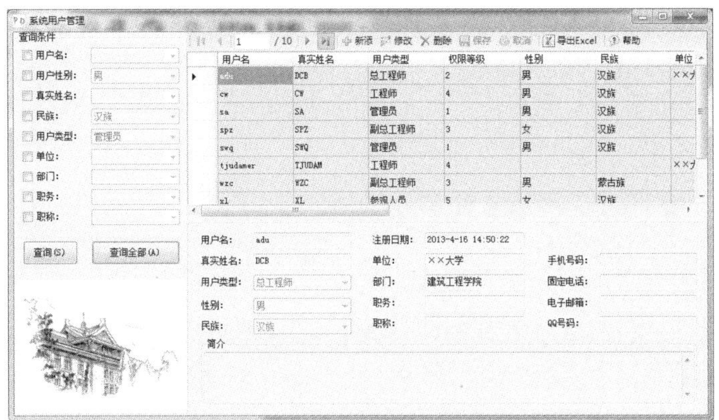

图 5.12　系统用户管理（含权限管理）

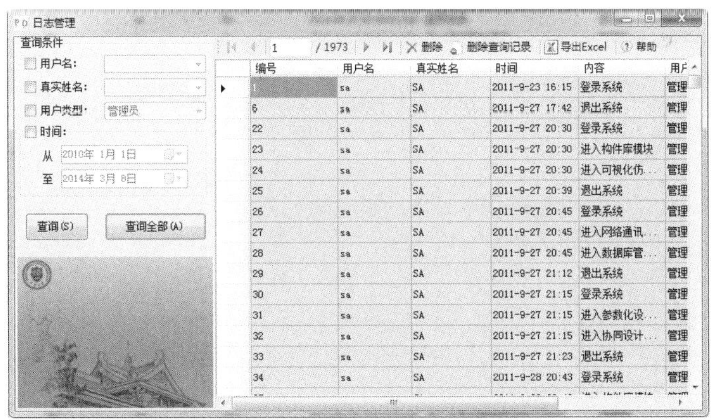

图 5.13　日志管理

表 5.5 系统权限设计

用户角色	权限等级	权限设置
参观人员	5	能够查看他人共享工作目录中的文件
工程师	4	能够查看、编辑他人共享工作目录中的文件
副总工程师	3	能添加、编辑和删除权限低于自己的用户 能够查看、编辑权限低于自己的用户的个人工作目录和共享工作目录中的文件
总工程师	2	能添加、编辑和删除权限低于自己的用户 能够查看、编辑他人个人工作目录和共享工作目录中的文件
管理员	1	权限等级最高，享有系统所有权限

（2）三维参数化设计模块

三维参数化设计模块的功能一方面能够进行构件信息模型的三维参数化设计，创建基于特征的参数化构件模型，进而经过基于存储知识的自动装配和交互式装配创建子模型（部件模型），实现自底而上的设计过程，同时可将建立的参数化构件模型用于构件库的扩充；另一方面是可根据事先创建的子模型模板库，通过设计子模型中各构件装配关系参数和构件尺寸参数，自动生成新的子模型，并用于更新中心模型文件，实现自顶而下的设计过程。

图 5.14～图 5.16 显示了一个渡槽子模型由修改装配参数到修改尺寸参数过程中子模型的变化情况。

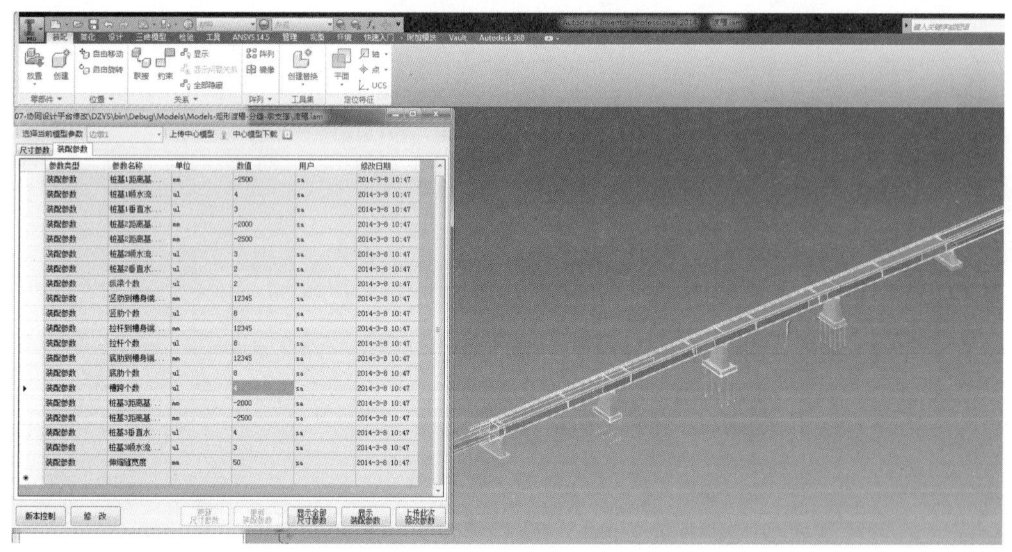

图 5.14 参数化设计模块功能展示（1）

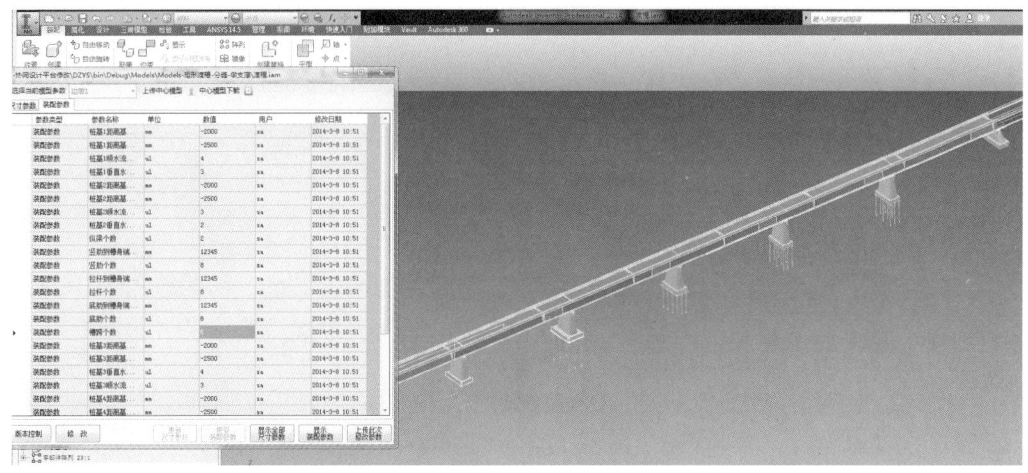

图 5.15　参数化设计模块功能展示（2）

图 5.16　参数化设计模块功能展示（3）

（3）构件库管理模块

构件库管理模块的功能是帮助协同设计平台共享管理构件而专门设计的，可以为用户提供构件添加、构件搜索、构件信息查询、构件调用等功能，如图 5.17～图 5.19 所示。

（4）协同设计模块

协同设计模块的功能是为设计人员及其他来自业主方、施工方、科研单位的配合人员提供一个协同设计环境，能够实现专业间和专业内部多个设计人员的协同工作。

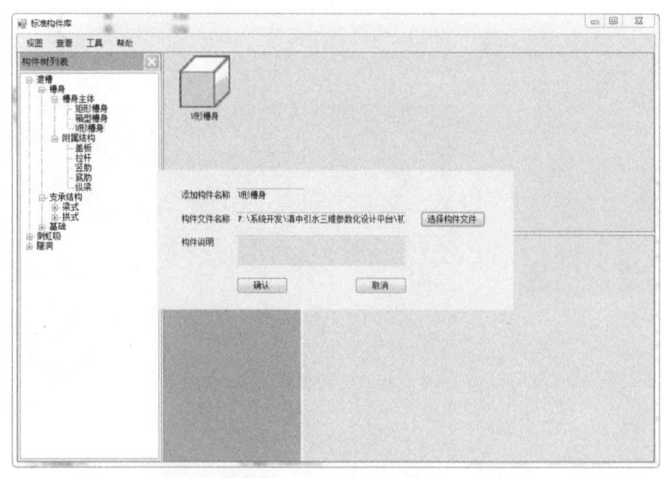

图 5.17　构件添加

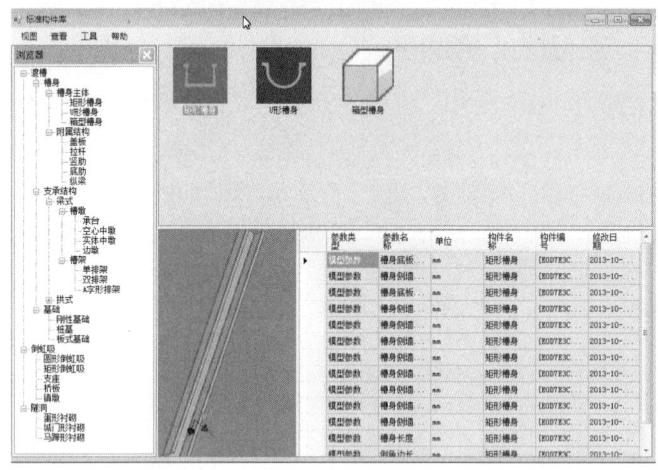

图 5.18　标准构件库管理

链接模型、工作共享及工作集相结合的协同设计方式是实现专业间和专业内部协同设计的有效工作方式。

链接模型是由相互关联、能够进行数据传递更新的各专业模型中心文件组成。各专业通过不断进行模型中心文件的共享、更新实现专业之间的协同；工作共享是指对于各专业内部，针对其模型中心文件按照模型的组成结构分成若干本地文件，通过工作共享实现各个本地文件工作过程的协同。

以水利水电工程专业（以下简称水工专业）和金属结构与机电埋件制安工程专业（以下简称金结专业）专业为例，两者在实际的协同设计中可按图 5.20 所示方式进行。

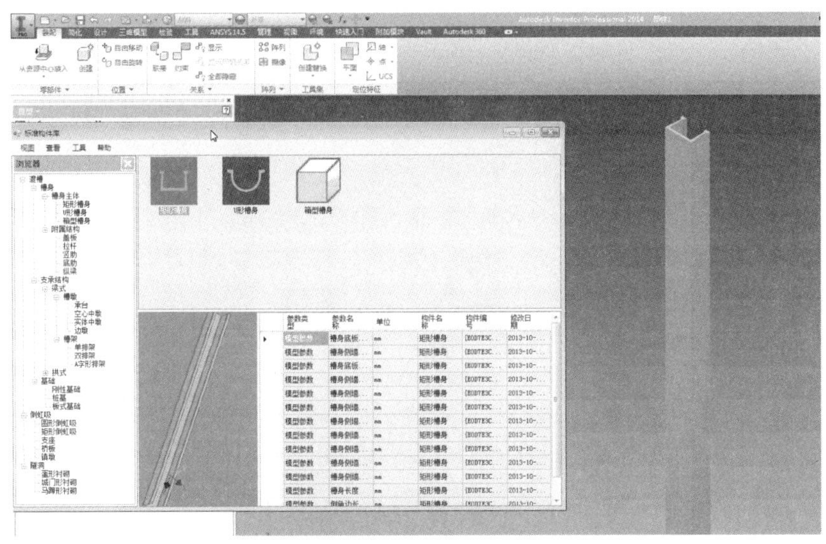

图 5.19　标准构件库调用

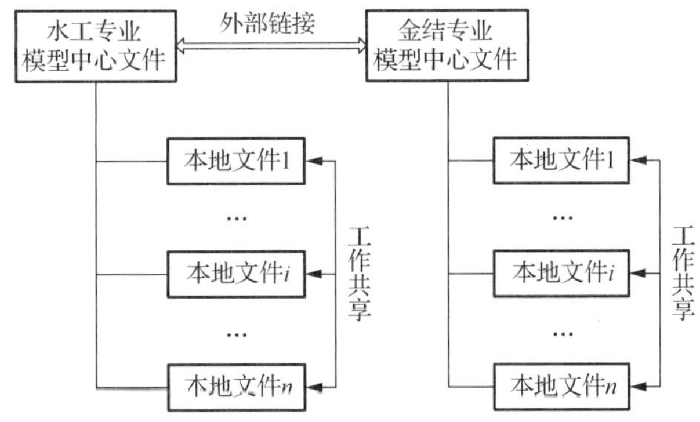

图 5.20　链接模型和工作共享相结合的协同设计方式

各专业本地文件的分类可按照专业模型的组成结构划分，如水工专业可将本地文件分为渡槽、倒虹吸、隧洞、渠道、箱涵、过渡连接段、控制工程等；金属结构专业可将本地文件按照输水沿线不同区域的金属结构模型文件进行划分。

在实际操作中，本地文件的分类主要用于明确本专业的设计任务，但若想明确专业内部各设计人员的任务分配，同时为各设计人员提供一个相对独立的工作环境，可以为各设计人员划分工作集。

图 5.21 以水工专业和金属结构专业为例给出了链接模型、工作共享及工作集相结合的协同设计方式的实现过程。

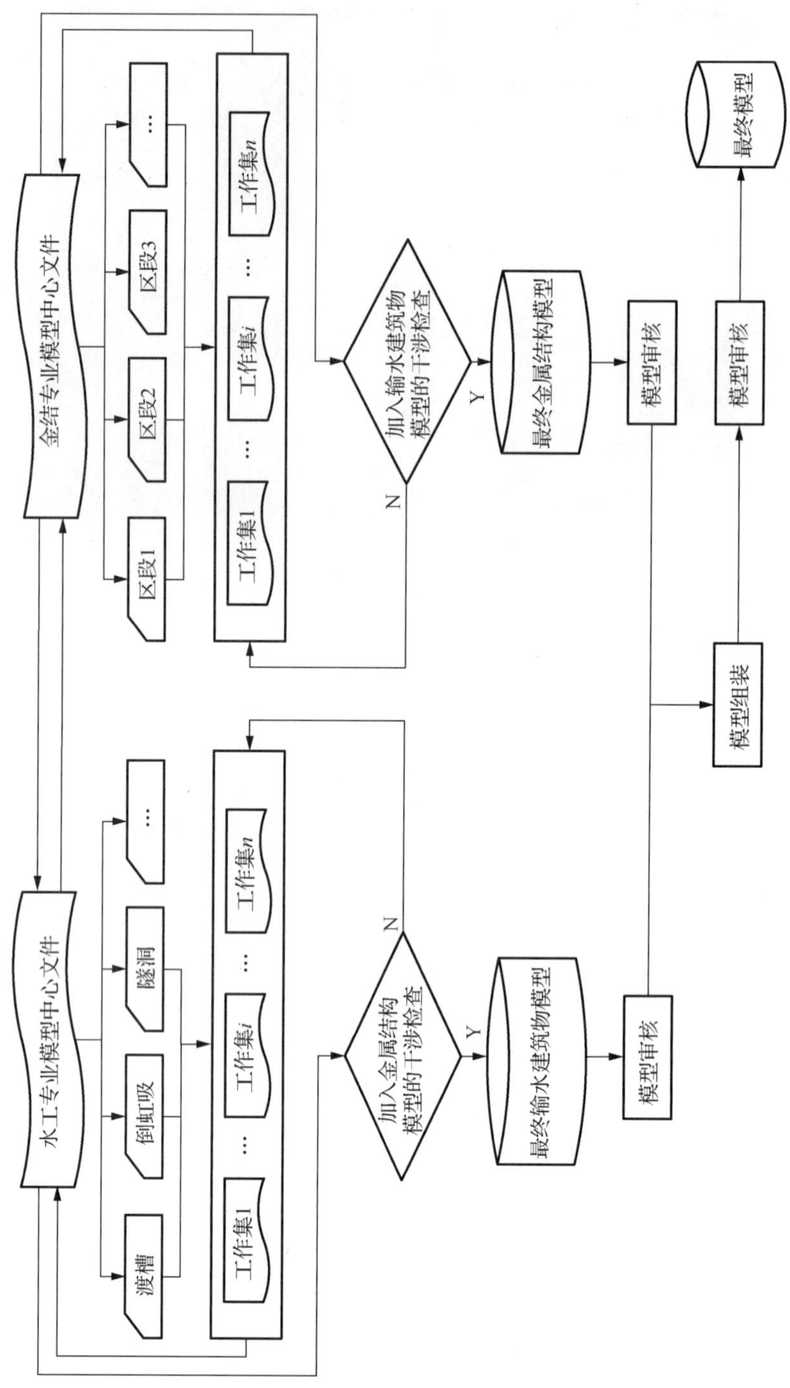

图 5.21 链接模型、工作共享及工作集相结合的协同设计方式

协同设计模块基于 Autodesk Inventor 提供的半隔离项目解决方案的设计思想实现：在中心服务器上存储专业间需要共同协同创建的中心模型文件，中心模型文件按照各个专业模型中心文件（中心模型的部件）进行划分，专业模型中心文件又按照专业内部设计人员的工作集子模型文件进行划分，这样设计人员能够将自己工作集下的子模型文件通过签出、签入的方式对模型进行修改和更新，同时实现各个设计人员协同对专业模型中心文件和中心模型文件的更新。

（5）可视化仿真分析模块

可视化仿真分析模块是信息模型可视化展示的工具，以验证模型结构的合理性以及计划施工进度安排的合理性。该模块通过对 Autodesk Navisworks 进行二次开发，以插件的形式实现了计划施工进度分析、施工过程仿真分析等功能。

1）计划施工进度分析。

计划施工进度分析过程如图 5.22～图 5.26 所示。

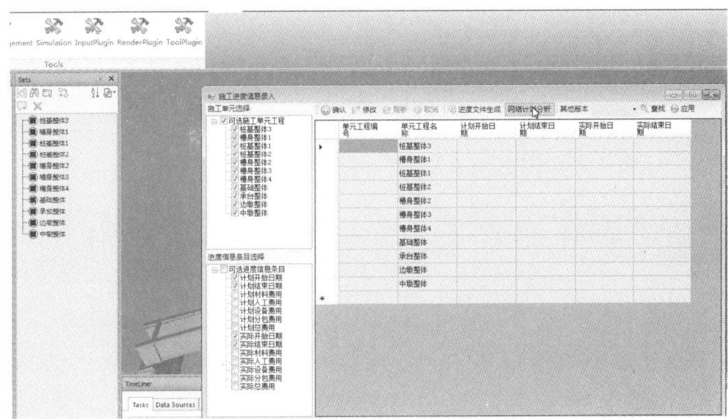

图 5.22　施工单元工程选择

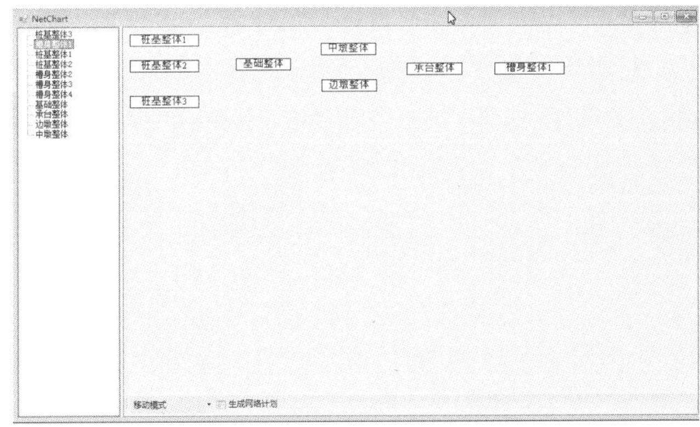

图 5.23　施工进度网络建立

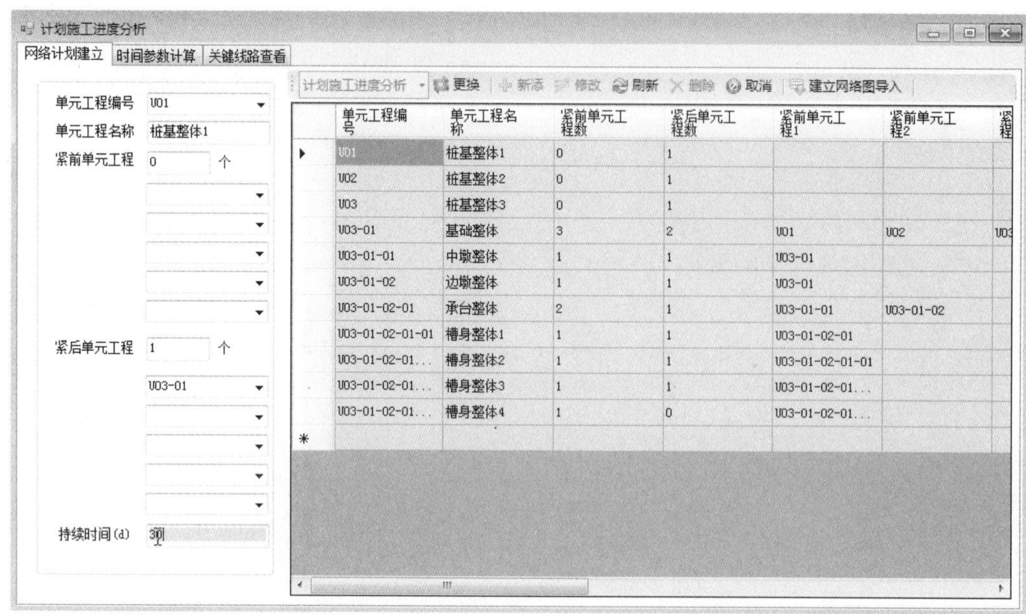

图 5.24　单元工程持续时间录入

图 5.25　计算时间参数

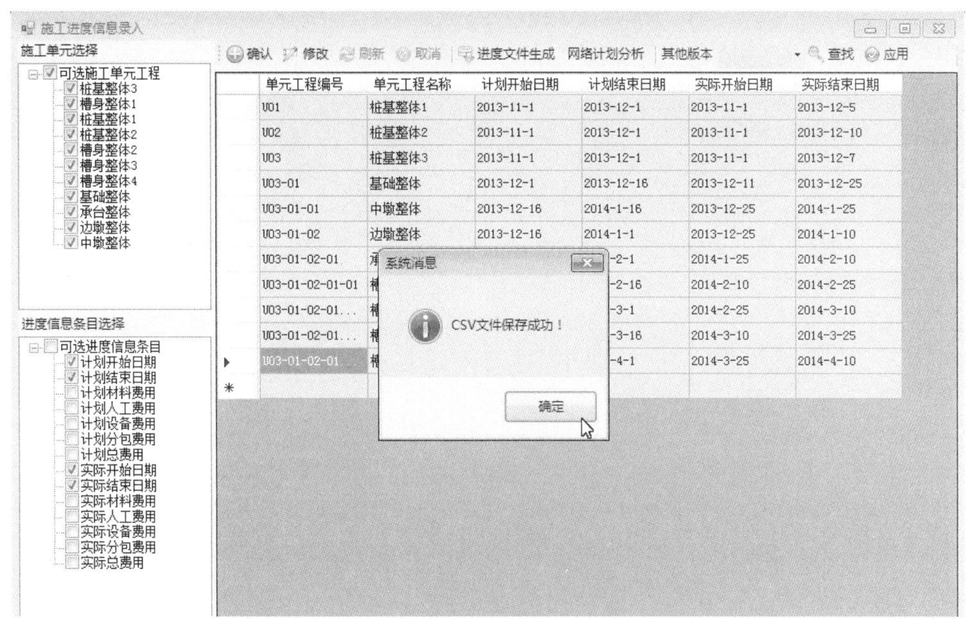

图 5.26　施工进度文件生成

2）施工过程仿真分析。

施工过程的仿真分析如图 5.27～图 5.30 所示。

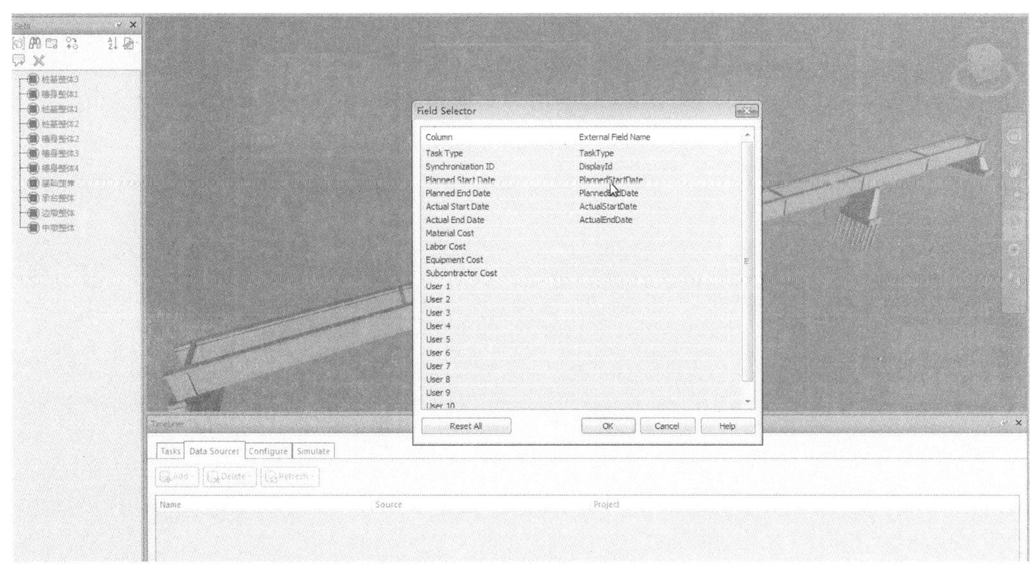

图 5.27　施工进度文件读入

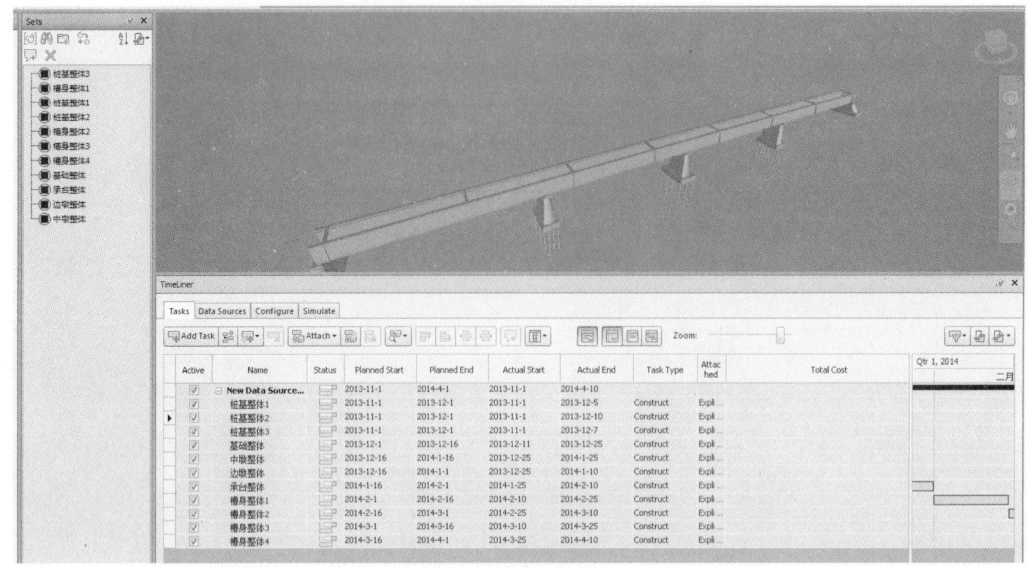

图 5.28　施工进度信息与模型中单元工程关联

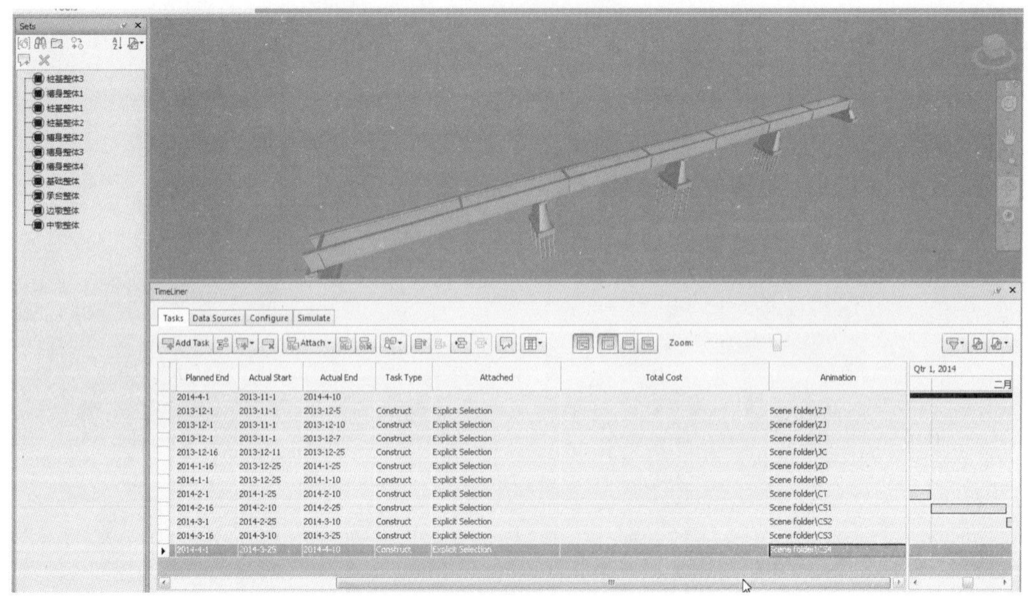

图 5.29　场景动画与单元工程施工进度关联

（6）工程图输出模块

工程图输出模块：能够根据三维参数化模型自动输出模型的二维和三维工程图，而且输出后的工程图能够随着模型的改变而动态更新。

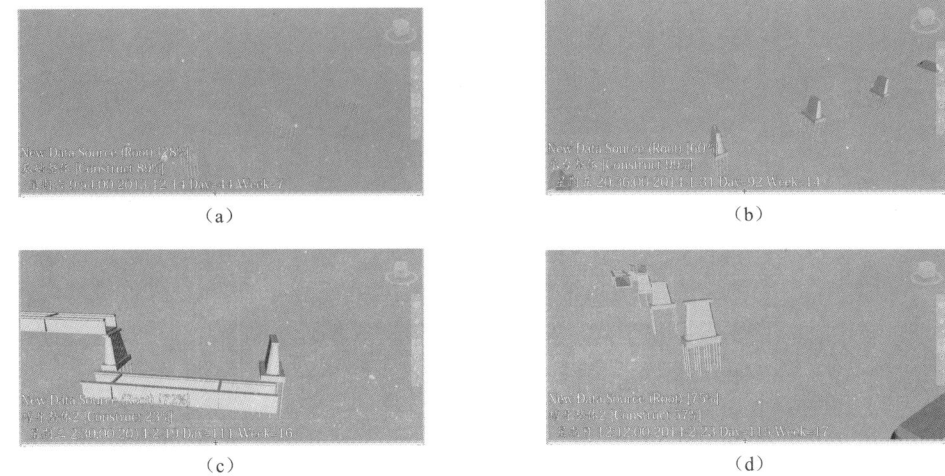

图 5.30　施工过程仿真分析

首先参照行业和企业标准，建立统一的图框和标题栏并保存为共享的工程图模板。待三维模型设计完成后，一方面利用三维模型能够创建多种三维视图、三维模型分解图（图 5.31），并在此基础上创建三维标注图（图 5.32）；另一方面通过投影消隐三维模型可以生成需要的各个视图（基础视图、投影视图、斜视图、局部视图、打断视图等），并通过剖切生成剖面图，依次为基础创建二维剖面标注图（图 5.33）。

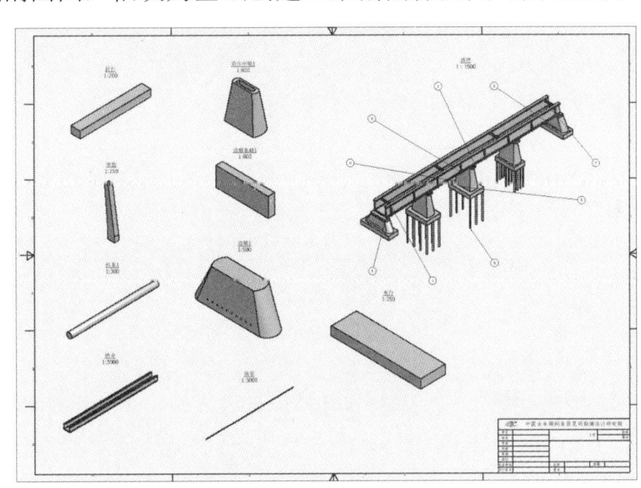

图 5.31　三维模型分解图

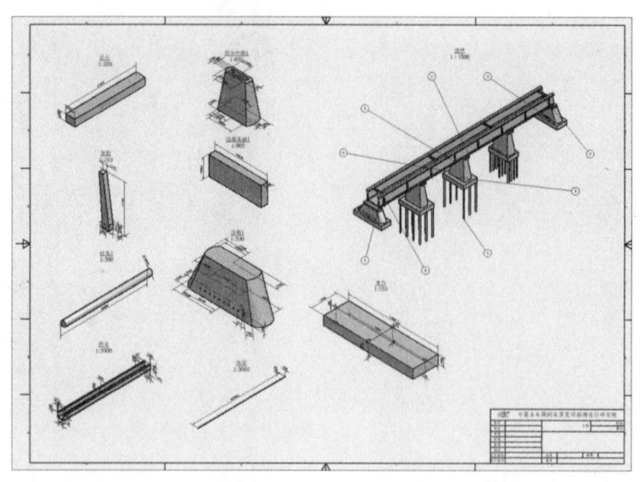

图 5.32　三维标注图

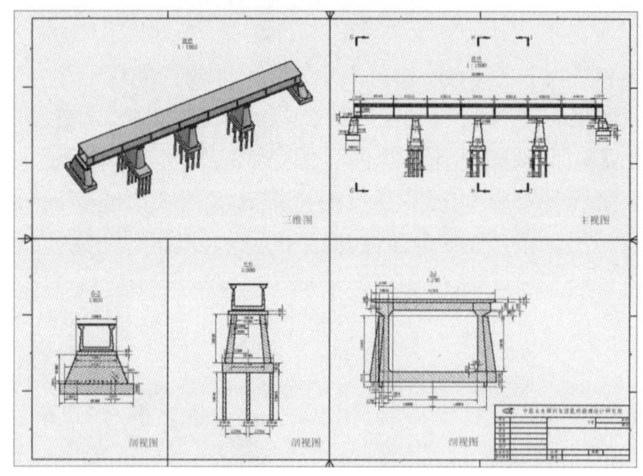

图 5.33　二维剖面标注图

（7）数据库管理模块

数据库管理功能主要通过可视化的编程语言和结构化查询语言（SQL）相结合的方式实现。通过对各个数据库的操纵，实现模型和信息的检索、添加、修改、删除等功能。

以信息模型库为例，信息模型库存储着设计过程中使用的构件模型文件、子模型文件和中心模型文件。设计过程中使用的构件模型作为水利水电工程的“信息存储单元”，其包含的信息需要在工程全生命周期中不断补充、细化。数据库管理模块为设计用户提供了一个集中管理模型信息的可视化的人机交互界面（图 5.34），可以检索、添加、修改、删除模型的各类属性信息和相关文档，实现信息的集中式、数字化管理。

图 5.34　基于人机交互模式的构件模型信息管理

5.4　基于 BIM Server 的水利水电工程协同设计实施流程

5.4.1　协同设计一般流程

总的来说，水利水电工程的协同设计可以分为两个层次：一是专业面上的协同设计流程，主要说明在项目里多专业之间的生产流程，包括相互之间的信息流动，以及使用的主要核心 BIM 软件；二是详细的阶段性协同设计流程，主要说明各阶段 BIM 应用重点，阶段间的信息输入输出关系等。

（1）多专业协同设计流程

建立多专业协同设计流程的工作包括以下几方面：首先，将相关的专业纳入流程中，不同的设计单位内部的专业划分可能不太一样，主要把重点的专业考虑进来；其次，根据专业模型设计的先后次序进行整体协同流程的设计，其中专业模型的设计可以是几个专业一起协作完成；最后，为每个专业定义协同设计所需要的软件解决方案。水利水电工程多专业协同设计流程，如图 5.35 所示。

第一步，根据水利水电工程勘察、测绘、地质、规划专业提供的勘察数据、地形数据、地质数据、水文气象数据等建立勘察信息模型。在勘察信息模型的基础上，结合施工条件、建筑布置、环境影响等因素，并以工程任务和建设规模为依据，拟订多个设计方案进行比选，选定最优的方案进行下一步的深度设计。以 Autodesk BIM 解决方案为例，在这一过程中主要运用的软件有 InfraWorks 和 Civil3D。

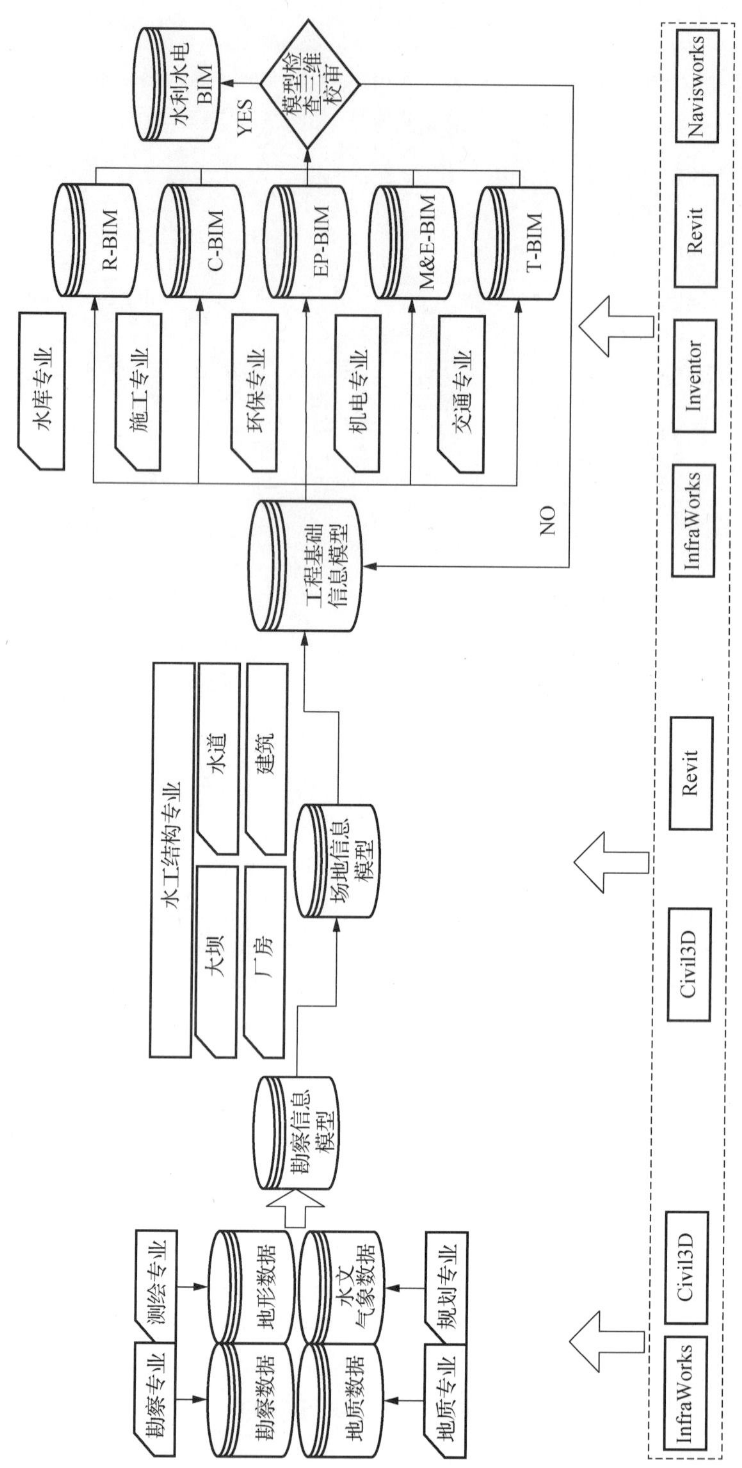

图 5.35 多专业协同设计流程

第二步，根据选定的方案，以勘察信息模型为中心模型。首先，水工结构专业进行初步的开挖设计，建立场地信息模型。然后坝工专业、水道专业、厂房专业、建筑专业等完成各自专业模型的构建及在场地信息模型中的布置。此时初步完成从勘察信息模型到场地信息模型，再到工程基础信息模型的过渡。在这一过程中主要使用的软件有Civil3D和Revit。

第三步，以水库、施工、机电、环保、交通、机电等专业为主，以工程基础信息模型为中心，建立本专业的信息模型。然后将各专业模型与工程基础信息模型进行模型检查和三维校审，将通过评审的模型整合成最终的水利水电 BIM。在这一过程中主要使用的软件有 InfraWorks、Inventor、Revit、Navisworks。

图 5.36 为进行发电厂房协同设计时的某一界面，该设计人员的任务集为电一，其他设计人员的模型为可见状态，但显示为不可编辑的灰色状态。

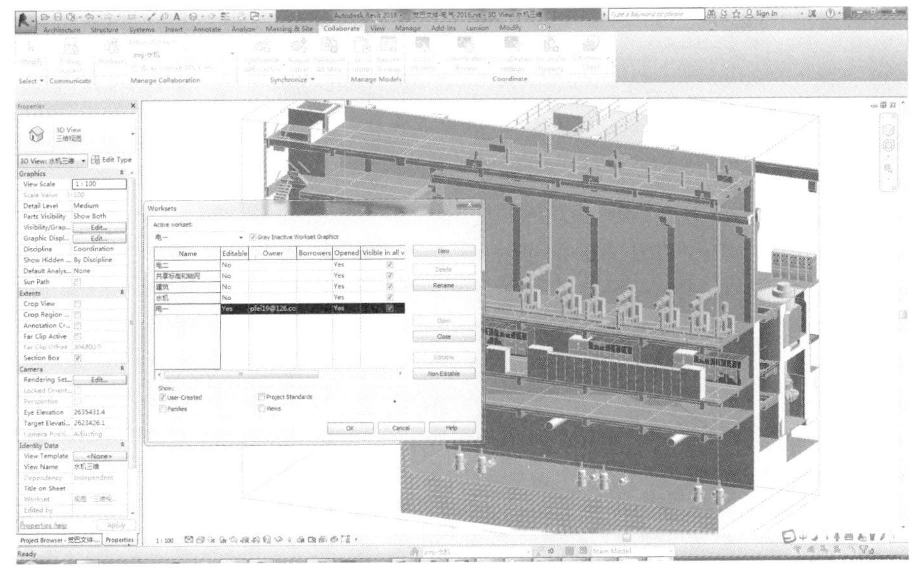

图 5.36 工作集协同设计模式

（2）阶段详细协同设计流程

阶段详细协同设计流程主要是分阶段梳理出协同作业的流程，其中阶段间的信息交换既要能够表明资源输入和成果输出，也要能够表明设计的逻辑顺序，如设计反馈优化过程。建立阶段详细流程的工作主要包括：首先，把设计阶段分解为几个小的阶段；然后，定义每一个子阶段的 BIM 协同应用，包括采集应用、建模应用、分析应用、校审应用、交付应用等；最后理清楚每一个应用之间的协同信息流，生成具有以下信息的阶段详细协同设计流程，如图 5.37 所示。

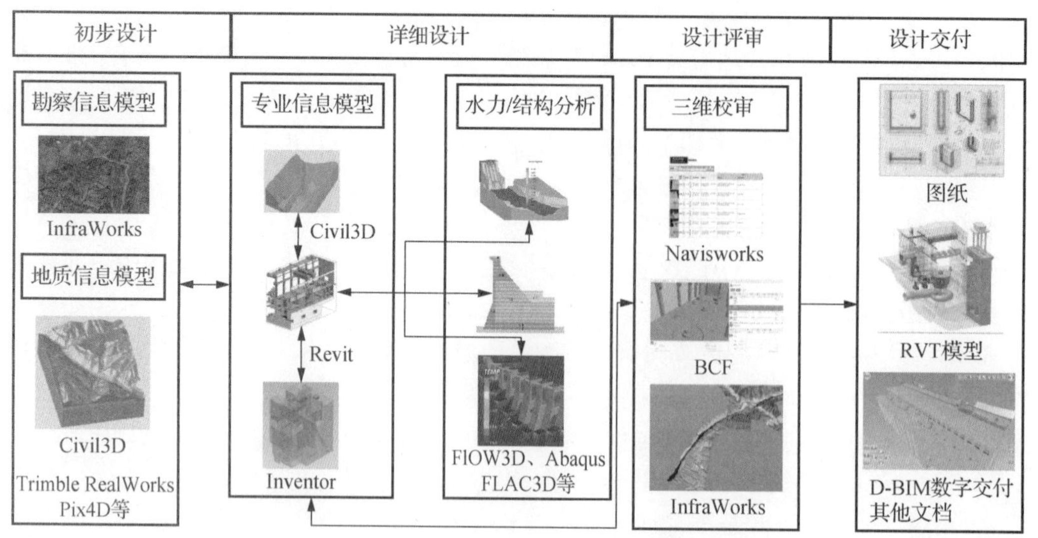

图 5.37 阶段详细协同设计流程

阶段详细协同设计流程中第一步就是根据勘察数据、航摄数据、扫描数据等建立初步的勘察信息模型。除了多专业设计中提到的 BIM 软件外，还包括其他的如无人机、3D 扫描仪等设备和 Trimble Real Works、Pix4D 等软件，协助完成外业数据采集处理的工作。详细设计基于初步的勘察信息模型，用于进一步专业模型的设计，专业模型以 Revit 为中心，进行 BIM 信息交换操作，同时进行各种水力结构方面的分析工作，分析结果再指导设计进行优化。其中涉及的分析软件有 FLOW3D、Abaqus、FLAC3D 等。下一步的设计评审通过整合软件来进行，同时 BCF 工具等在线评审工具可以更好地实现多方的协同，设计人员根据评审的结果反馈再进行设计调整。最后，所有的产品按照交付要求进行交付，包括图纸、模型、数据交付系统、其他文档等，这些成果又为后续项目阶段的协同提供了更好的支撑。

5.4.2 协同设计任务策划

协同设计任务的策划主要分为两大类，一类是建模任务，另一类是分析任务。建模任务的划分目的是为了在 BIM 环境中实现专业内和专业间的协同设计作业，因此需要按照一定的原则和方法进行建模任务分解，也就是对模型进行拆分。水利水电工程模型的拆分一般参考以下原则。

1）模型划分应由项目设总、BIM 项目经理与各专业负责人共同商定，充分考虑设计合同中关于设计任务、设计进度等方面的要求，以及水利水电工程自身的结构特点和设计人员的设计习惯。

2）在模型划分时考虑任务的粒度适中性原则，既要考虑水利水电工程项目的操作效率，也要考虑不同专业间的协作及专业内人员的任务划分，避免产生太复杂和太简单的任务。

3）在模型划分时考虑任务的独立性原则，尽量减少设计过程中的相互影响和制约，将任务之间的多次信息交换转化为单次的信息交互，减少设计人员在不同模型间的切换时间和同步时间。

4）水利水电工程项目比较庞大和复杂，在建模划分时还需要考虑单一模型文件的大小，保证模型设计时计算机操作的流畅性，避免卡顿等带来的负面影响。例如，采用 Revit 建模时，模型文件一般不超过 200MB。

另外还有统一性原则，是在模型拆分后进行各专业协同需考虑的规则。最基本的有：统一的坐标原点和方位、统一的轴网、标高模板、统一的度量单位、统一的文件格式等。

常见的划分方法有：①按部门专业划分，根据产品特点和部门专业的职责能力进行分配；②按功能划分，按照产品的功能进行划分，如导流工程系统、大坝工程系统、引水发电系统、泄洪工程系统、临时设施系统等；③按照结构进行划分，如厂房可分为主厂房、副厂房、安装间、中控楼、尾水渠 5 个部分；④组合划分，即参考前面的两种或多种进行组合划分。

分析任务的策划离不开上述信息模型的构建，包括格式的兼容和构件属性数据的完整。其他还需纳入策划中的包括分析所用的工具、承担部门或单位、开始完成时间、交付成果和其他一些说明。

5.4.3　协同设计进度跟踪

基于 BIM Server 的协同设计进度跟踪主要集中在以下两个方面：一是模型完成率跟踪，二是信息完成率跟踪。不论是设计院内部项目还是外委项目都在同一界面进行跟踪管理。模型的进度以专业为单位进行，由各专业 BIM 负责人整合后进行服务器上传，外部单位直接由项目联络人进行模型的提交，项目设总可以设定进度更新的时间，如以周为单位更新。图 5.38 显示的是项目总概览。外委任务与内部任务可以用颜色进行区别。

信息的完成度主要指 BIM 构件的发展程度，即 Level of Development，简称 LOD。每一阶段的模型信息都有一定的要求，一般分为 6 个等级，即 LOD100、LOD200、LOD300、LOD350、LOD400 和 LOD500。系统中将不同等级的信息建模要求定义为规则并进行存储，在模型提交后进行信息验证。由于目前水利水电行业尚未对 BIM 的数据交换标准 IFC 进行扩展，因此文中的规则以命名进行校验，待以后标准完善后可对实体类型进行规则设置。图 5.39 为模型信息完成率报告界面。

项目名称	子项数	版本数
Dam project	0	1
JueBa	4	1
机电工程BIM　内部	4	0
暖通	0	0
水机	0	0
电一	0	0
电二	0	0
水库工程BIM　外委	2	0
测绘	0	0
移民安置	0	0
生态工程BIM　外委	2	0
水保工程	0	0
环保工程	0	0

图 5.38　项目总概览

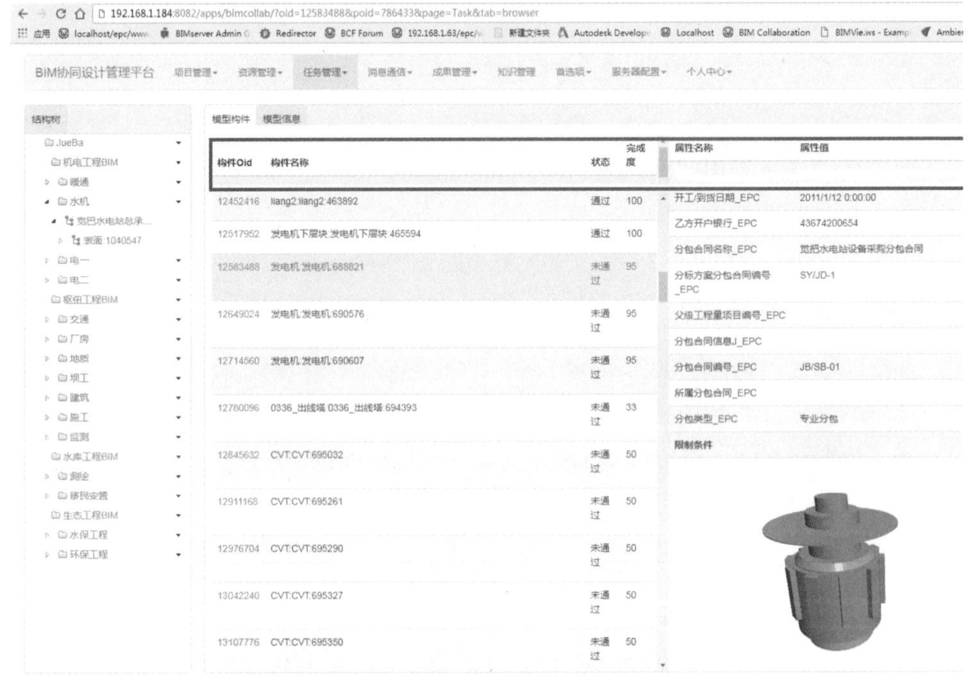

图 5.39　构件信息完整率验证报告界面

5.4.4　协同设计成果管理

在各专业完成专业设计后，通过成果管理界面进行成果的审查验收工作。最常见的就是模型的冲突审查。其中在线审查可通过 BCF 平台进行，线下的审查可通过 Navisworks 等专业的软件进行，平台提供数据的标准下载格式 IFC，审查的结果作为设计考核的指标计入系统中。另外，其他类型的成果可通过扩展数据的形式添加到模型中，并支持文件版本的管理。图 5.40 显示的是成果文件的归档操作。

图 5.40　成果文件归档

第6章 BIM与P6的进度成本联合管控技术

进度和成本的管控是施工管理领域最重要的目标之一，常与质量管理构成项目管理的三个要素。目前在施工项目管理活动中，常常出现一个控制目标较优，而其他目标不佳的情况，为了避免目标控制中顾此失彼的现象出现，有必要对进度-成本目标进行联合控制。水利水电工程施工是一项综合和复杂的生产性活动，具有投资大、工程建设周期长等特点，因此保证项目的施工进度，将成本控制在合理的范围，在各利益方和各信息系统之间共享信息，达到综合控制效果最优，这些都显得尤为重要。

IFC 标准已经成为建筑行业的信息共享标准，并且逐步向其他工程领域扩展。基于 BIM 的进度成本的研究也经历了 4D 到 5D 的发展过程，由初始的分别研究到联合控制研究，但是其中依然存在一定的问题。尽管基于 BIM 的进度计划编制已有研究，但是相对而言不够成熟，对各类工程的工程量及 WBS 结构的提取并不尽如人意。在应用层也能够体现出来，就是至今没有形成一套完善的应用软件体系。因此，当前阶段有必要依托传统的进度计划编制软件。在水利水电进度成本的管控和预测中，P6 软件和赢得值法的应用最为广泛。P6 美国 Primavera System Inc.公司研发的项目管理软件 Primavera 6.0 的缩写，P6 采用最新的 IT 技术，在大型关系数据库 Oracle 和 MS SQL Server 上构架起企业级的、包涵现代项目管理知识体系的、具有高度灵活性和开放性的、以计划—协同—跟踪—控制—积累为主线的企业级工程项目管理软件。在现有的 5D 管控软件中，进度成本的管控都存在“不联动”的问题。主要表现在进度计划与 BIM 构件是一次性关联，5D 模拟的偏差处理并不能实时地在平台中进行，而且现行阶段处理后的结果也不能立即同步到模型中。因此，有必要从新的视角开展 BIM 在施工进度—成本联合控制中的研究及应用。

本章主要研究 IFC 标准在施工进度与成本管理中的信息表达及应用，结合 P6 进度计划软件，实现进度资源信息与模型的关联及进度调整数据与 BIM 模型的联动，从而实现进度与成本的联合分析控制与调整；同时以 IFC 标准建立的进度成本信息模型也为不同参与方之间、不同管理信息系统之间的信息共享与交换提供了支持。

6.1　基于 IFC 的进度成本集成研究

6.1.1　施工进度与成本管理

在承诺的时间和预算的支出范围内完成项目的所有建设目标是水利水电工程面临的最根本性问题，因此项目的进度管理和成本管理对工程的交付至关重要。水利水电工程的施工是一项复杂的综合性活动，涉及众多活动的安排和资源的调配。不仅如此，施工过程的高度动态变化，使得进度、资源和成本需要不断做出调整和修订。因此，做好进度和成本的联合管控是项目取得成功的关键所在。

进度管理就是确保项目及时完成所需的各项活动和流程。PMBOK 项目管理知识体系将进度管理按顺序分为 5 个部分：①活动定义；②活动排序；③活动时间估算；④进度制定；⑤进度控制。活动定义与项目范围管理关系密切，即将交付成果分成较小的便于管理的部分，再定义出完成这些部分所需从事的具体活动，如水利水电工程可先划分为较大的单位工程，单位工程划分分部工程，分部工程再细化成各单元工程。活动排序、活动时间估算和进度制定内容较为密切，可归纳为单一的进度计划编制过程。进度计划的管理包括不同的计划类型，如总进度计划、分阶段进度计划和各专业详细进度计划等。进度控制主要是在进度计划执行过程中，检查实际进度是否按计划要求进行，同时对偏差之处进行必要的调整与修正，直至项目完成。

成本管理就是通过合理的资源规划和费用分摊调节保证项目在已批准的预算范围内完成。成本管理的主要过程包括：①资源规划；②成本估算；③成本预算；④成本控制。资源规划、成本估算和成本预算的关系密切，有时可归纳为一个过程。成本控制就是监控项目的成本绩效，找出当前与计划的偏差和原因，并采取措施将实际成本控制在预期成本的范围之内。

从项目管理过程来说，以上进度和成本管理都可归纳为四大过程：计划制订（P）、计划执行（D）、计划检查（C）和计划控制（A），即俗称的 PDCA 过程，如图 6.1 所示。计划的制订通常在规划阶段完成，是项目的基准，对项目的完成至关重要。如果没有进度和费用的执行计划，那么项目管理人员就无法评估项目的实际执行过程，也就无从得知项目目前的状况是否可控。计划执行和检查就是实施规划中所列的各种活动，并辅以监控，反馈进度和费用的偏差。计划控制是对重大偏差的调整，需要在后续过程中重复规划过程，形成新的执行计划，通常这是一项综合控制。

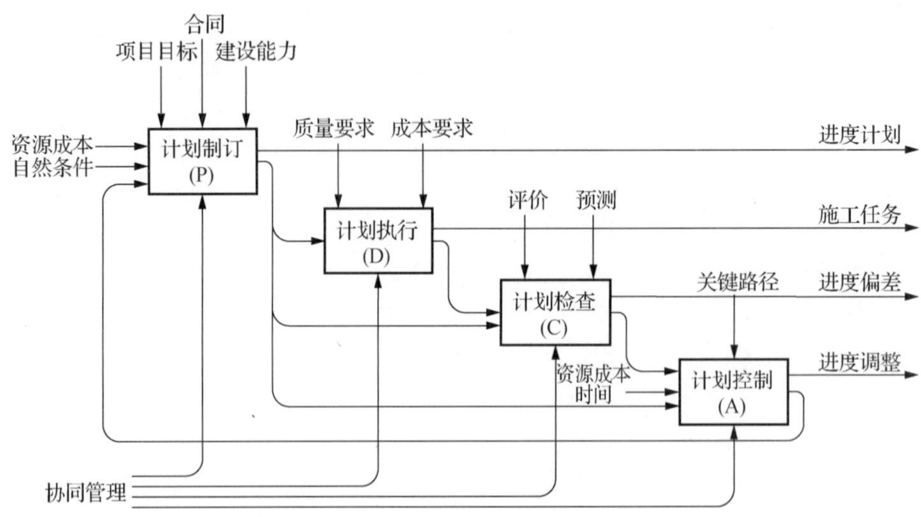

图 6.1 进度成本管理流程的 IDEF0 表达

6.1.2 基于 IFC 标准的进度成本信息表达

施工进度和成本信息属于施工管理领域的范畴，在 IFC 标准中主要通过 IfcConstructionMgmtDomain、IfcProcessExtension 和 IfcSharedMgmtElement 模式进行表达。IfcConstructionMgmtDomain 模式主要定义了施工管理领域的资源概念和资源类型。IfcProcessExtension 模式扩展了核心层架构中 IfcProcess 的主要思想，目的是捕获项目执行过程中活动过程映射以及任务资源调度的信息；IfcSharedMgmtElements 模式定义了项目生命周期的各个阶段管理中通用的基本概念。这三组模式综合在一起，能够为施工管理提供一组通用的信息模型（进度信息模型、成本信息模型、质量信息模型等），为各利益相关方及不同的施工管理软件之间的信息交换与共享提供便利。

6.1.2.1 进度信息的表达

在 IFC 标准中，涉及一件产品完整或部分的设计、施工、维护等活动项目都用 IfcProject 实体表示。这些活动的管理通常需要多种不同的进度计划，进度计划可以通过 IfcWorkPlan 来表达，类型可包括实际进度计划、基准进度计划、用户自定义进度计划等。进度计划与项目之间的联系通过关系实体 IfcRelDeclares 来描述。IfcWorkPlan 通常有两种定义方式，一是包含一系列工程日程表 IfcWorkSchedule，通过 IfcRelAggregates 来关联；二是如果不分配 IfcWorkSchedule，那么直接通过 IfcRelAssignsToControl 实体关联任务实体 IfcTask 和进度计划。图 6.2 显示了项目与工作计划项目和工作日程之间的关系。另外，IfcWorkSchedule 也可以直接通过 IfcRelDeclares 与单个的 IfcProject 进行关联，然后 IfcWorkSchedule 再和任务实体（主要是一些摘要任务）关联。如图 6.3 所示为进度信息模型。

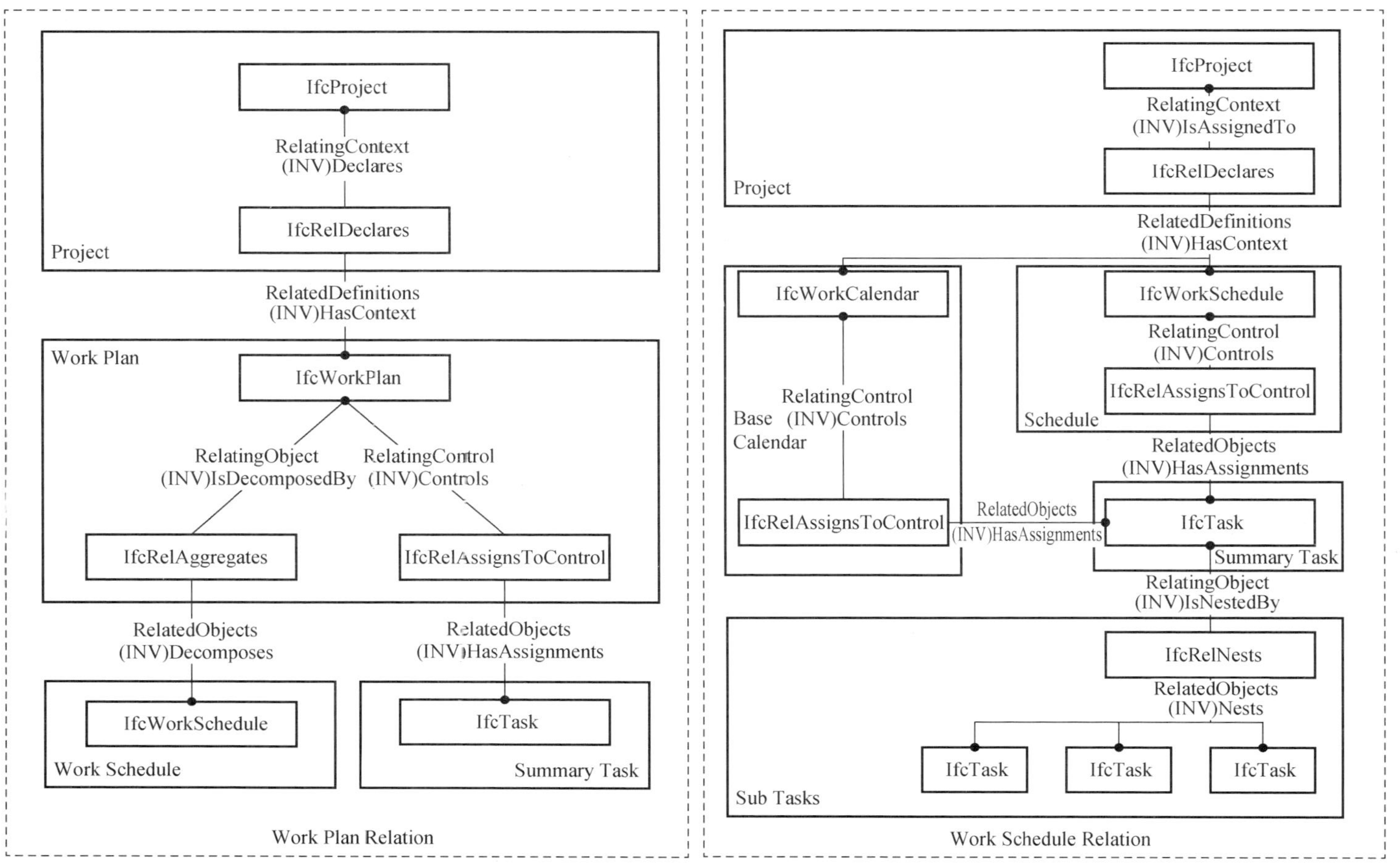

图 6.2　项目与工作计划和工作日程的关系

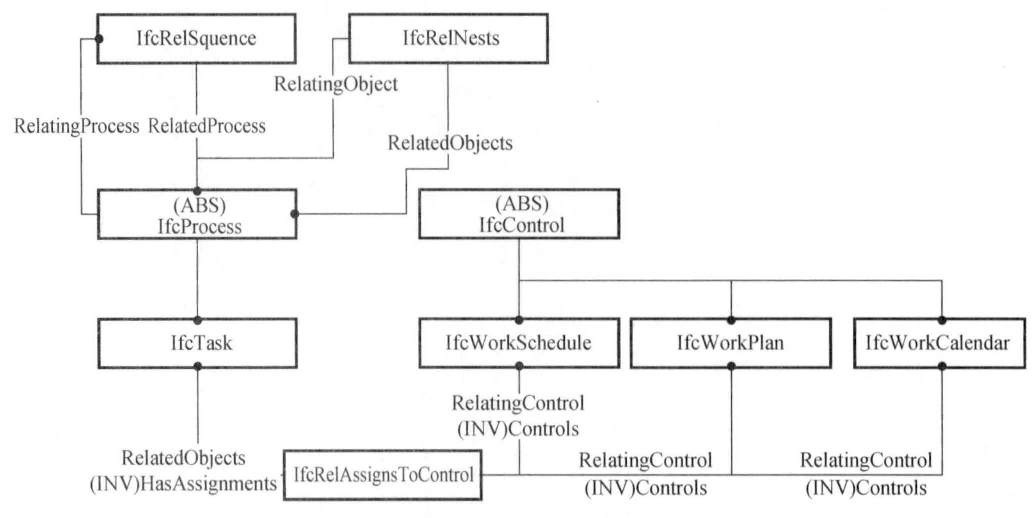

图 6.3　进度信息模型

IfcTask 任务实体是工程项目中可识别的工作单元。基本属性包括 Name、Identification、Status、IsMilestone、TaskTime 等，用于描述任务名称、任务标识、任务状态、是否里程碑、任务时间等。不同的任务之间，如根节点任务、概要任务及子任务之间，可以通过 IfcRelNests 实体进行嵌套，即显示为一种类似于树视图的结构。此外，对于顺序连接的任务，可通过 IfcRelSequence 实体进行连接。

6.1.2.2　成本信息的表达

在 IFC4 标准中，用 IfcCostItem 实体来表示商品和服务的成本、流程任务执行的费用成本或者全生命周期的成本等。其主要属性包括 Name、Description、CostValues、CostQuantities 等，分别用于对该成本项的名称、描述、成本值和成本项的工程量等进行描述。成本值 CostValues 可以关联一个或多个 IfcCostValues 实体，可表示单位成本、总成本、不同工程量对应的单位成本等。IfcCostValues 之间还可以通过 IfcAppliedValuedRelationship 实体进行加减乘除等算法的运算。CostQuantities 既可以表示单个构件的工程量，也可以表示多个构件工程量的总和。对于成本项的嵌套，同样通过关系实体 IfcRelNests 来实现。此外成本项还可以通过 Control Assignment 实体 IfcRelAssignsToControl 实现基于量的或基于费率的计算。

IfcControl 的子类中另一个与成本有关的实体是成本计划实体 IfcCostSchedule，通过关系实体 IfcRelAssignsToControl 可将多个 IfcCostItem 串联在一起，用于项目成本的估算或者以进度计划的顺序展示项目所需投入的费用等。不同的成本计划，如预算成本计划、估算成本计划、投标成本计划等还可以通过关系实体 IfcRelAssignsToActor 分配给不同的角色，用于提交、审查或使用等。图 6.4 所示为成本信息模型。

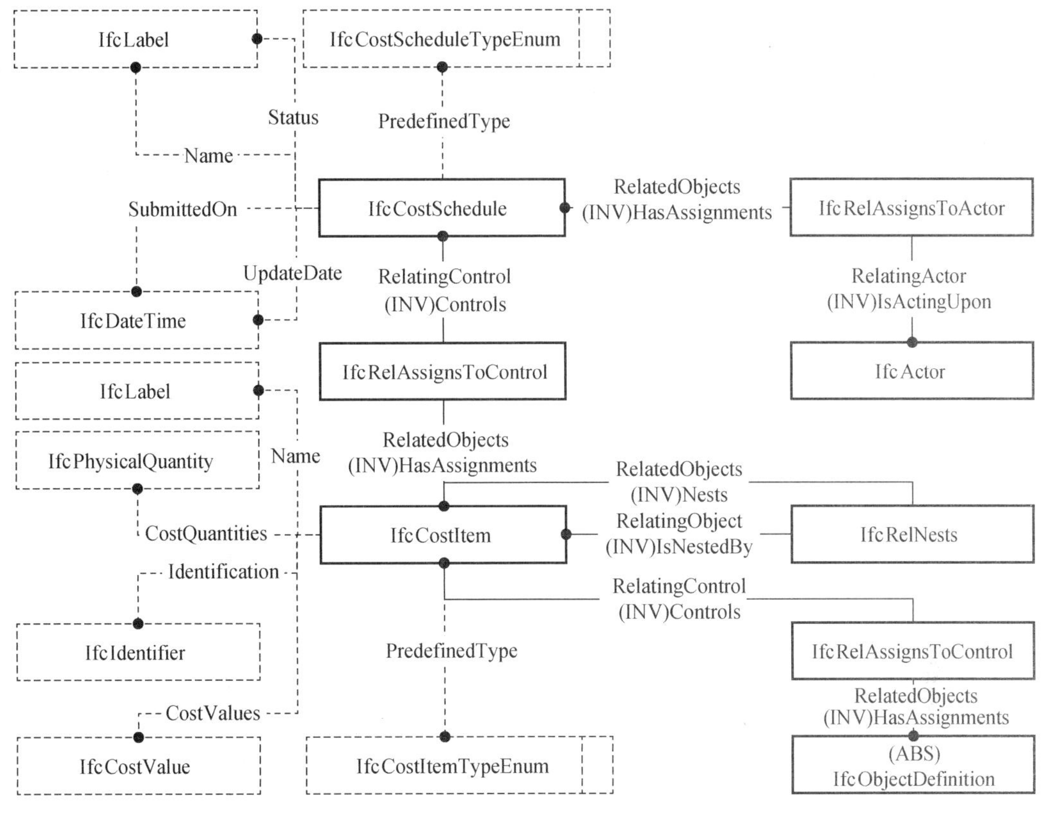

图 6.4 成本信息模型

6.1.2.3 资源信息的表达

IFC 标准中资源信息通过 IfcResource 来表达，IfcConstructionResource 是 IfcResource 的子类，下面又可以分为 6 个子类，分别为 IfcConstructionEquipmentResource、IfcConstructionMaterialResource、IfcConstructionProductResource、IfcCrewResource、IfcLaborResource 和 IfcSubContractResource。资源的分配主要通过两种方式表达：一种是针对根级资源（IfcCrewResource 和 IfcSubContractResource），通过 IfcRelDeclares 关系实体和 RelatingContext 进行关联；另一种是通过 IfcRelAssigns 关系实体与 IfcObject 的第一层子类关联，包含 IfcRelAssignsToActor、IfcRelAssignsToControl、IfcRelAssignsToGroup、IfcRelAssignsToProcess、IfcRelAssignsToProduct 和 IfcRelAssignsToResource 共 6 种类型。图 6.5 显示了资源信息模型。

需要说明的是，资源实体并不是用来模拟这些资源本身的一般属性。使用某种资源而不需要其实际形态的物体，也就是该物体并不在模型中存在时，这种情况并不需要建立资源和物体之间的关联。如项目需要使用的自卸汽车没有建模（即没有实例化），那么只需要使用 IfcConstructionEquipmentResource 表示该资源即可。另外一种情况是，不仅使用了该项资源，还需要知道其详细的属性信息，这时就需要指定资源 IfcResource 与产品 IfcProduct 关联，具体来说就是通过 IfcRelAssignsToResource 实体实现从 IfcResource 的子类到 IfcProduct 的关联。

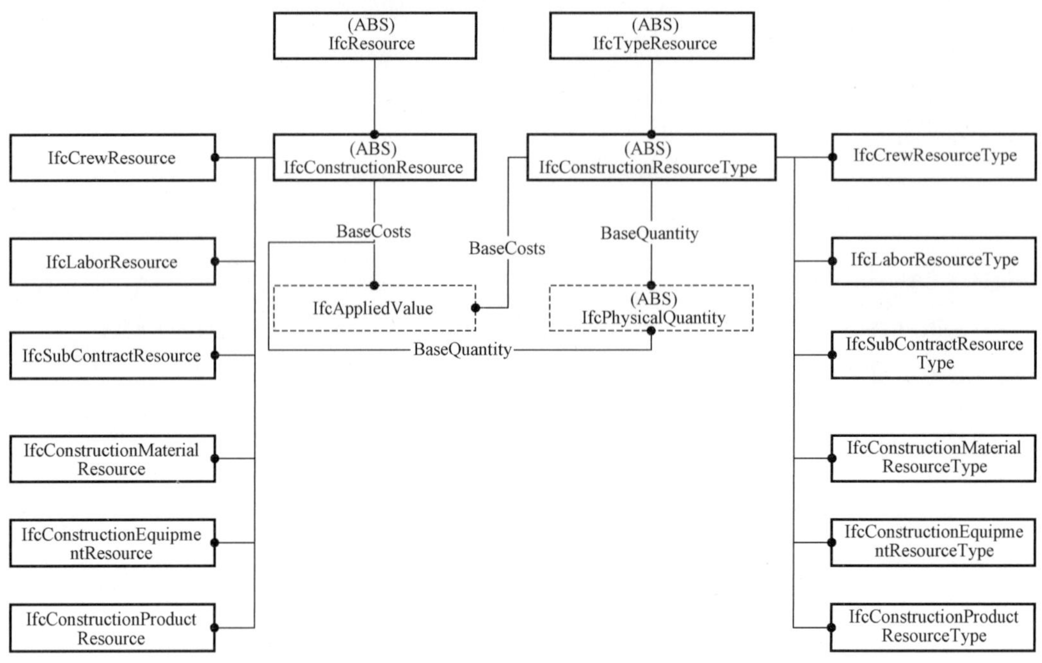

图 6.5　资源信息模型

6.1.2.4　进度成本信息模型

基于以上 IFC 标准对各类型信息的表达，建立了进度成本信息模型，如图 6.6 所示。模型中成本资源等信息与施工过程联系起来。通过关系实体 IfcRelAssignsToProcess，将 IfcProcess 和 IfcProduct 联系起来，建立了构件到进度任务的关联。同时 IfcRelAssignsToProcess 实体还建立了 IfcProcess 和 IfcCostItem 以及 IfcResource 之间的联系，实现了施工任务与成本资源的整体描述。另外通过 IfcRelAssignsToControl 实体建立了 IfcTask 与 IfcWorkSchedule、IfcWorkPlan 以及 IfcWorkCalendar 之间的联系，实现了完整进度计划的串联描述。此外，由于施工动态性，施工过程可以通过 IfcRelDefinesByProperties 进行属性扩展以满足信息要求。根据以上进度成本管理的信息模型，可以进行下一步开发与集成应用。

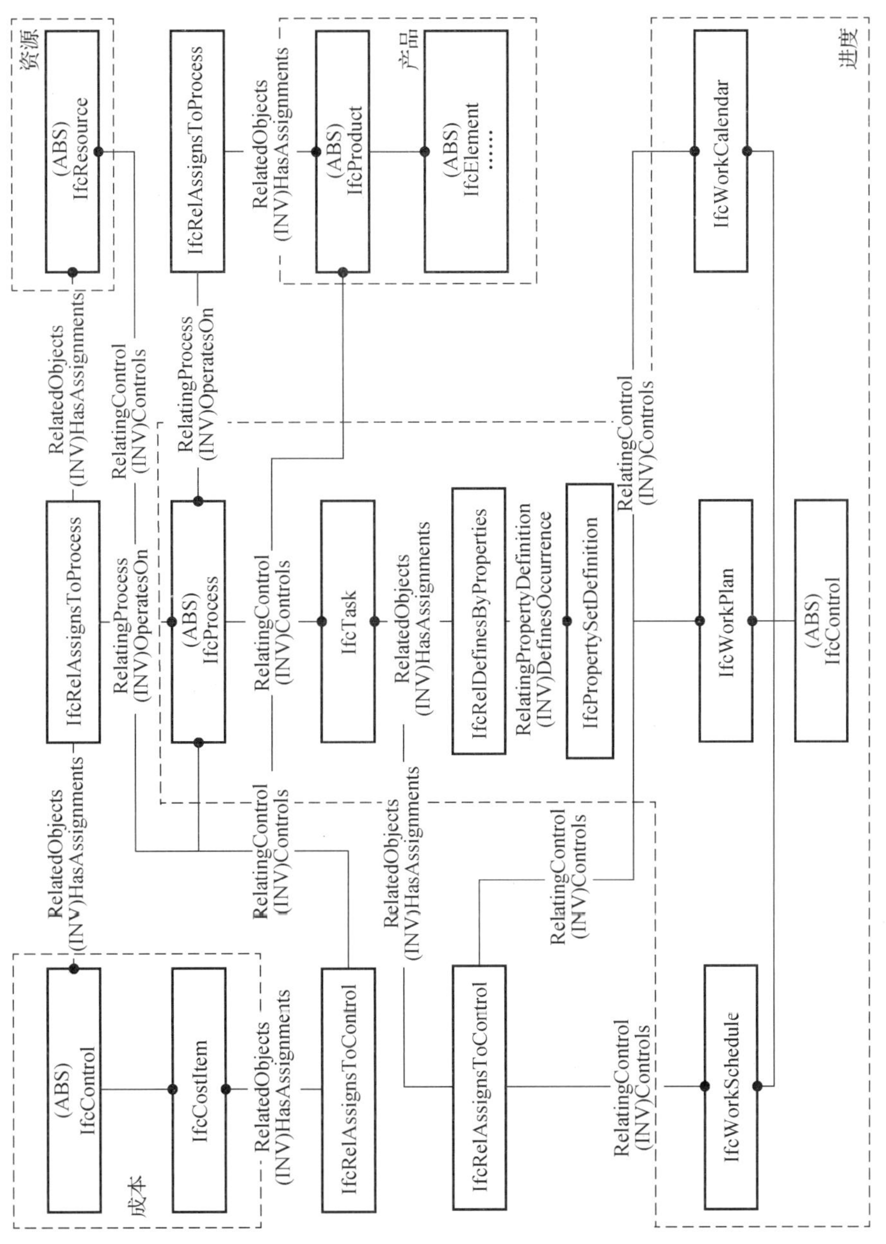

图 6.6　进度成本信息模型

6.2　基于赢得值/工期的进度成本控制方法

6.2.1　赢得值原理简介

赢得值管理（earned value management，EVM），又叫实现价值管理，或挣值管理，是进行进度和成本绩效评价的主要方法。它通过比较计划工作量、实现价值和实际花费成本来评价项目执行的进度和成本绩效。

赢得值法的基本前提是一项工作的价值等于预算完成的资金数额。它的原理如图 6.7 所示，主要使用以下信息来评估整个项目中的进度和成本。

1）计划价值（planned value，PV），指按预定计划在指定日期完成的工作的预算价值，也称为计划工作预算成本（budgeted cost for work schedule，BCWS）。

2）实现价值（earned value，EV），指在指定日期实际完成工作的预算成本，也称为完成工作预算成本（budgeted cost for work performed，BCWP）。

3）实际成本（actual cost，AC），指在指定日期完成工作的实际发生费用，也被称为完成工作实际成本（actual cost for work performed，ACWP）。

4）项目完工预算（budget at completion，BAC），工程完工时预算的总金额，即项目结束时的 PV 值。

5）基准完工工期（base date at completion，BDAC），即首次基线的预算完工工期。

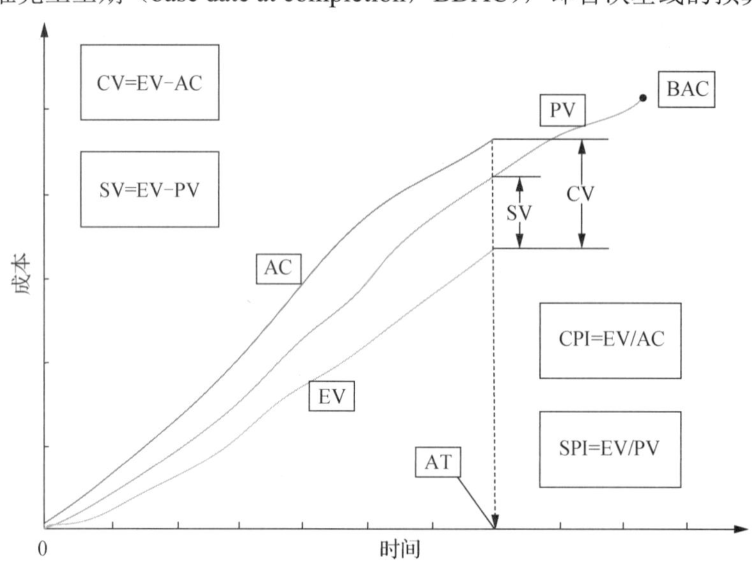

CV 成本偏差；EV 实现价值；AC 实际成本；AT 实际时间；SV 进度偏差；PV 计划价值；BAC 项目完成预算；CPI 成本绩效指数；SPI 进度绩效指数。

图 6.7　赢得值法概念图解

6.2.2 进度评价与预测

传统赢得值法在进行进度的评价方面存在诸多不足，并且不能够预测未来进度额绩效。为了预测未来的项目进度绩效，需要使用其他技术，如赢得时间法（赢得工期法）。赢得时间法的中心思想比较简单，即确定达到当前的实现价值（EV）本应该发生的时间。通过确定此时间，可以形成基于时间的指标，以供进度偏差分析和绩效评价。

图 6.8 说明了如何获得赢得进度 ES（earned schedule）的值。将累积 EV 投影到计划价格曲线上，得到计划价值（PV）等于实现价价值（EV）的点。该交点确定了根据计划价值曲线本应该达到实现价值（EV）时的时间。从该点作垂线到时间轴得到的即进度计划部分的赢得比例，项目原点到时间轴交点的时间周期即“赢得时间”。计算价值（ES）总体来说分为价值（EV）等于或超过的完全计划价值（PV）时间增量和不完全计划价值（PV）增量的比，计算公式为 ES=C+I，C 其中等于价值（EV）或超出计划价值（PV）时完全时间增量的量，I =（EV−PV_C）/（PV_{C+1}−PV_C）。实际时间（actual time，AT）表示从项目开始到现在的持续时间。

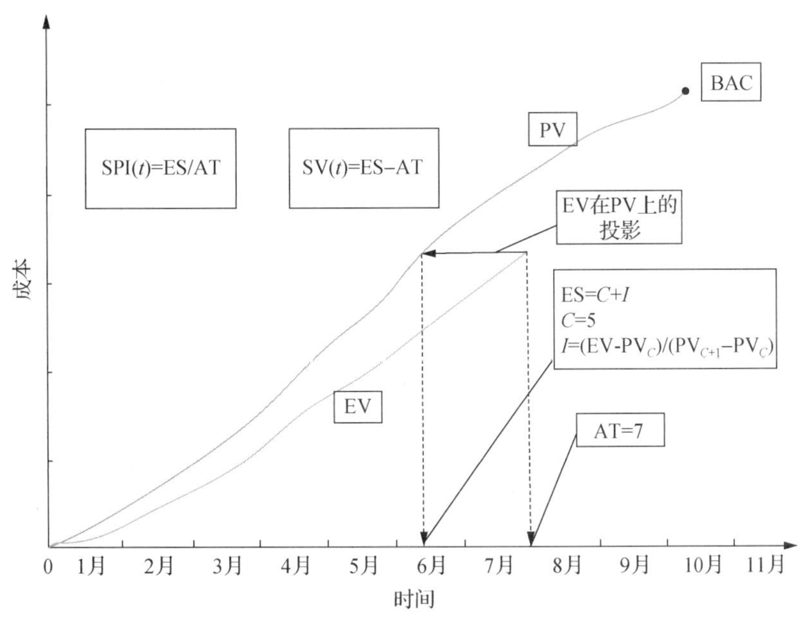

图 6.8 赢得工期法概念图解

此外，在用赢得时间法进行进度评价和预测时，还需要用到以下信息。

（1）进度评价

传统赢得值法通过下面的指标具体来表示项目的进度表现。

① 进度偏差（schedule variance，SV），表示实际工作与计划工作预算金额之间的差额，可以用来显示工作是否超前/落后计划进度。计算公式为

$$SV=EV-PV$$

② 进度绩效指数（schedule performance index，SPI），表示所执行工作核定预算与计划工作核定预算的比率其计算公式为

$$SPI=EV/PV$$

当项目进度出现延迟的时候，SV 趋近于 0，而 SPI 趋近于 1，尤其是在项目的后三分之一阶段，使项目进度的绩效评价出现异常。

采用赢得时间法时，进度的具体表现真正和时间进行了关联，此时的指标如下：

① 时间偏差（time variance，TV），有时也称为 schedule variance（time），SV_t，计算公式为

$$TV=ES-AT$$

② 时间绩效指数（time performance index，TPI），有时也称为 schedule performance index（time），SPI_t，计算公式为

$$TPI=ES/AT$$

（2）进度预测

对于未来进度的预测，赢得时间法主要依靠以下几个指标来进行。

1）完工尚需时间（planned duration of work remaining，PDWR），表示未完成工作所需的计划时间，有多种计算方法，计算公式为以下 3 种。

① 根据计划的进度安排进行估算，计算公式为

$$PWDR=BDAC-ES$$

② 根据当前时间绩效指数进行估算，计算公式为

$$PWDR=(BDAC-ES)/TPI$$

③ 根据当前临界比例进行估算，计算公式为

$$PWDR=(BDAC-ES)/(TPI\times CPI)$$

2）估计完工工期（estimate date at completion，EDAC），表示当前项目时间与未完成工作的计划时间之和。计算公式为 EDAC=AT+PDWR，由于 PWDR 有多种方法计算，EDAC 计算方式主要有以下 3 种：

$$EDAC=AT+(BDAC-ES)$$

$$EDAC=AT+(BDAC-ES)/TPI$$

$$EDAC=AT+(BDAC-ES)/(TPI\times CPI)$$

3）完工尚需进度绩效（to complete schedule performance index，TCSPI），计算公式主要有 2 种：

$$TCSPI=(BDAC-ES)/(EDAC-AT)$$

$$TCSPI=(BDAC-ES)/(BDAC-AT)$$

各项进程评价及预测指标计算公式汇总如表 6.1 所示。

表 6.1 进程评价及预测指标计算公式汇总

计算项	计算公式	说明
TV（SV_t）	TV=ES–AT	<0，进度滞后 =0，如期 >0，进度超前
TPI（SPI_t）	TPI=ES/AT	<1，进度滞后 =1，如期 >1，进度超前
PDWR	PWDR=BDAC–ES	当 AT>BDAC 时，公式为 EDAC=AT
	PWDR=(BDAC–ES)/TPI	
	PWDR=(BDAC–ES)/(TPI×CPI)	
EDAC	EDAC=AT+(BDAC–ES)	当 AT>BDAC 时，公式为 EDAC=AT
	EDAC=AT+(BDAC–ES)/TPI	
	EDAC=AT+(BDAC–ES)/SCI	
TCSPI	TCSPI=(BDAC–ES)/(EDAC–AT)	一般 TCSPI 的值不超过 1.1 为宜
	TCSPI=(BDAC–ES)/(BDAC–AT)	

6.2.3 成本评价与预测

（1）成本评价

根据以上信息，赢得值法通过下面的指标具体来表示项目的成本表现。

1）成本偏差（cost variance，CV），表示已完成工作预算金额与实际支出的金额之间的差额，可以直观地看出是否超出预算及超出的具体数目。其计算公式为 CV=EV–AC。

2）成本绩效指数（cost performance index，CPI），表示已完成工作预算金额与已完工作实际支出的比率。其计算公式为 CPI=EV/AC。

（2）成本预测

对于未来成本的预测，赢得值方法主要依靠以下几个指标来进行。

1）估计完工成本（estimate at completion，EAC），表示最后项目完工总费用的估算。EAC 的计算有多种不同的方法，最简单的有以下 4 种。

① 根据迄今为止的实际绩效来衡量总体成本绩效，计算公式为 EAC=BAC/CPI。

② 根据迄今为止的实际业绩量化未来的成本表现，计算公式为 EAC=AC+[(BAC–EV)/CPI]。

③ 假设未来的表现将与原始预算一致，计算公式为 EAC=AC+(BAC–EV)。

④ 假设未来的趋势是当前成本和进度表现的组合，计算公式为 EAC=AC+

[(BAC–EV)/(CPI×SPI)]。

2）完工尚需成本（estimate to complete，ETC），计算需要用于完成项目的剩余成本，计算公式为 ETC=EAC–AC。

3）完工成本偏差（variance at completion，VAC），表示工作核准预算总额和预计总成本的差异，计算公式为 VAC=BAC–EAC。

4）完工尚需绩效（to complete performance index，TCPI），以完成未完成工作所需的成本与可用预算的比例表示。TCPI 衡量实现项目目标所需的变化程度，这是衡量剩余资源达到规定的管理目标必须实现的成本绩效。计算公式主要有两种：

TCPI=(BAC–EV)/(BAC–AC)

TCPI=(BAC–EV)/(EAC–AC)

各项成本评价及预测指标汇总如表 6.2 所示。

表 6.2　成本评价及预测指标汇总

计算项	计算公式	说明
CV	CV=EV–AC	<0，成本超支 =0，平衡 >0，成本节约
CPI	CPI=EV/AC	<1，成本超支 =1，平衡 >1，成本节约
EAC	EAC=BAC/CPI	
	EAC=AC+[(BAC–EV)/CPI]	
	EAC= AC+(BAC–EV)	
	EAC = AC+[(BAC–EV)/(CPI×SPI)]	
ETC	ETC = EAC–AC	
VAC	VAC = BAC–EAC	VAC% = VAC / BAC×100%
TCPI	TCPI = (BAC–EV)/(BAC–AC)	一般 TCPI 的值不超过 1.1 为宜
	TCPI = (BAC–EV)/(EAC–AC)	

6.3　BIM 与 P6 的集成实现

6.3.1　基于 P6 的进度计划编制

6.3.1.1　P6 简介

P6 即 Oracle Primavera P6，是一个集成的项目组合管理（project portfolio

management，PPM）应用，其所包含的基于角色的功能，能够满足每个团队成员的需求和责任。它为管理人员提供了项目绩效的实时视图，其易用性、强大功能和灵活性的完美结合使项目参与者能够更加有效、高效地执行项目，并且使项目组织中位于不同层级的管理人员都能够分析、记录和传达可靠的项目信息，从而及时作出正确的决策。

P6 的适用范围可以从单一用户的小型项目到数千用户数百万活动的大型项目，既可以内部部署也可以云端部署。P6 集成最新的计算机技术，采用标准化的 Windows 界面、C/S 架构，集成网络技术、大型数据库技术，构建起一个强健完整的解决方案，确保高度的安全性、灵活性以及可用性。P6 主要包括组件：Project Management（PM）、Methodology Management（MM）、Progress Reporter、P6 Web Access、P6 Web Services、P6 Integration API、Primavera Software Development Kit（SDK）和 ProjectLink。其中项目群管理人员通过其 P6 Web Services、P6 集成应用编程接口（API）和 Primavera 软件开发工具包（SDK）可以轻松创建自定义解决方案。

P6 解决方案可帮助组织对整个企业范围的单项目、项目群和项目组合进行优选、规划、管理和评估，从而确保组织按时在预算范围内完成项目。P6 主要包含以下功能特性：①项目管理；②项目组合和项目群管理；③规划与风险管理；④资源管理；⑤进度与成本管理；⑥协作和内容管理；⑦报表和分析功能；⑧应用集成。

6.3.1.2　P6 数据框架

按照项目管理的一般流程，项目启动后的第一步是规划项目，而规划的核心就是范围、时间和成本的规划。项目范围是什么？由哪些活动构成？活动之间的逻辑顺序是什么？活动历时多少？何时开始结束？需要哪些资源？成本估算是多少？预算如何确定？任务进展谁来负责？项目绩效谁来监控？这些问题的答案构成了项目的框架，也是 P6 进行进度编制的数据框架。

P6 的数据框架是一种类似于分层或者分解的结构，核心的数据分层结构主要如下几种。

（1）组织分解结构

组织分解结构（organizational breakdown structure，OBS），即按角色或个体对公司管理结构进行层次安排。OBS 通常反映组织的管理结构，从顶层人员到下级各个层次人员，可以将责任人与其在企业项目结构（enterprise project structure，EPS）中所负责的领域（节点或独立项目）相关联。OBS 层次结构还用于授予对项目及项目中工作分解结构（work breakdown structure，WBS）层级的特定用户访问权限。OBS 层次结构还用于向特定用户授予系统中项目和 WBS 层级的访问权限。

（2）企业项目结构

企业项目结构（EPS）即按照需要对企业的项目进行结构分解。EPS 为树状结构，该结构可以根据需要分解为不同的层次和节点，以满足管理人员对项目执行情况的查看和工作协调的要求。EPS 的层次结点可以代表内部部门、项目位置、项目类别及其他合理的分组，项目位于最低层级且每个项目都必须从属于一个 EPS 节点。EPS 不仅让用户清晰地管理企业内所有的项目，而且支持由下至上的层层汇总，用户可以查看任一 EPS 节点中由其子节点汇总的进度、费用、资源使用等信息，从而为管理决策层提供详细报表与信息参考。图 6.9 为一种典型的企业 EPS 划分结构。

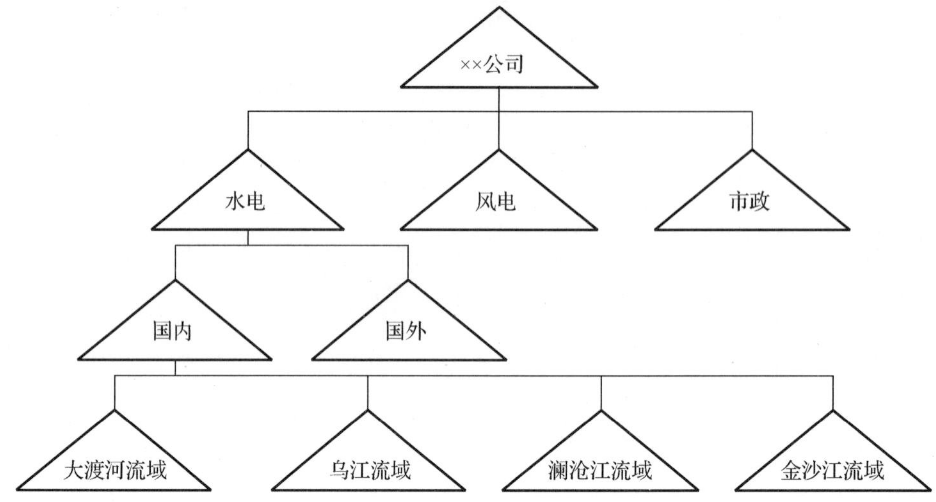

图 6.9　企业 EPS 划分结构

（3）资源分解结构

资源分解结构（resource breakdown structure，RBS），即根据资源的类型功能等进行结构化层次分解，并且这些资源将来能够加载到作业中去。资源分解结构是项目成本预算的基础，它可以在资源细节的基础上合理分配工作任务，制订进度计划，并通过汇总的方式汇总资源和费用，有效地加强项目执行时资源成本的控制。

（4）工作分解结构

工作分解结构（WBS），即对项目内部工作的结构分解层次，包括父级任务、子任务和作业，甚至更细节的作业步骤。这种以项目阶段或可交付结果为导向的项目划分方式可以将项目整体划分为较小的、易于控制和管理的活动单元，并以此为元素组织和定义项目的工作范围。它的每一级分解层次都是对上一级工作单元的更详细描述与定义。通过工作结构分解，项目管理人员可以得到完整的项目工作清单，从而为以后各项工作的工期分析、成本估算、资源分配、风险分析等提供支撑。

目前常用的工作结构分解方法有以下几种：①按项目组成结构分解（单位工程、分部工程、单元工程）；②按项目进展阶段分解（阶段、子阶段）；③按项目合同结构分解（标段、合同）；④按以上方式组合的综合分解。

一般 OBS 和 EPS 分层结构同时构建，可在构建 EPS 时将 OBS 责任人与其在 EPS 中所负责的节点或项目关联起来。同时对 EPS 节点和项目的访问控制权也通过 OBS 实现。WBS 为组织中的独立项目充当 EPS 延伸。WBS 通过 WBS 元素的分层结构组织和控制项目与作业信息。RBS 可根据实际的企业资源体系建立，也可根据与 WBS 对应的项目工程量清单进行建立，然后将 RBS 分别分派到具体 WBS 作业中去。图 6.10 表示的是 OBS、EPS、WBS、RBS 结构在 EPS 一个分支中的相互联系。

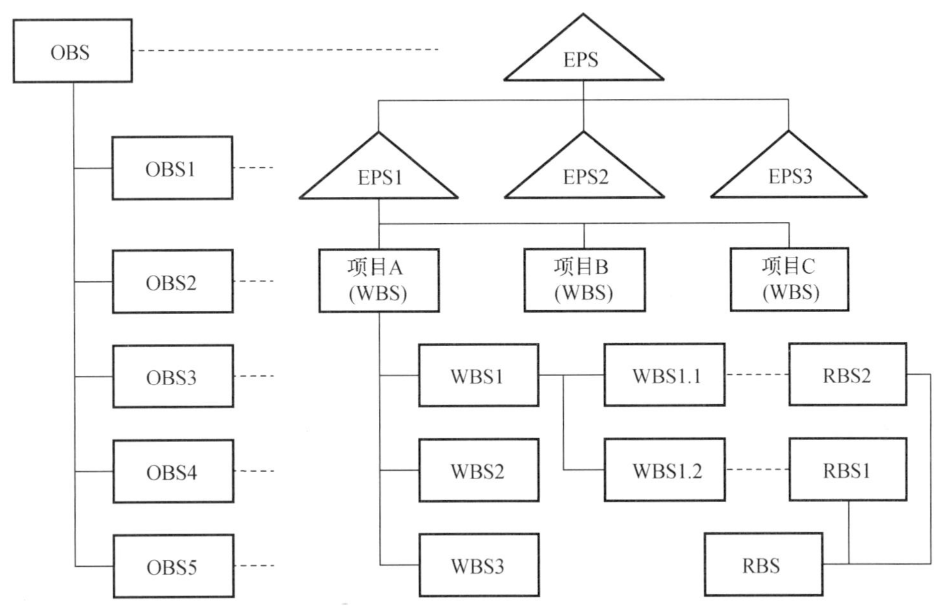

图 6.10　OBS、EPS、WBS、RBS 结构在 EPS 一个分支中的相互联系关系矩阵

最后，由于项目建设中很难一开始就全面地把握项目的每一个详细过程，在这之中表现出的就是计划编制自上而下逐步细化的特点，因此项目进度数据的框架从表现形式上来说就形成了多层级的特点。基于此 P6 中引入了多级网络计划的概念，即低层次网络计划是高层次网络计划的细化，高层次是低层次的汇总。尤其水利水电这种大型复杂工程，多层次网络计划可以在不同管理层次对项目的实施进行计划和控制，能够很好地满足不同参与方在不同项目阶段的需求。

6.3.1.3　进度计划编制工程实例

某水电站是以发电为单一任务的径流引水式电站。坝址以上控制径流面积 503.9 km^2，水电站厂址距上游取水坝 13km，控制径流面积 567.2km^2。工程水库正常蓄水位 1036.50m，死水位 1035.50m，水库总库容 70 万 m^3，调节库容 6.24 万 m^3。电站采用 3

台混流式机组，总装机容量为 21MW（3×7MW），多年平均发电量 0.9609 亿 kW•h，装机年利用小时为 4576h。

水电站枢纽建筑物主要由取水坝、引水系统和厂区建筑物组成。取水坝为混凝土重力坝，由溢流坝、泄洪冲砂闸和非溢流坝组成，坝顶总长 48.0m，最大坝高 20.5m。引水线路布置在河流左岸，由进水口、引水隧洞、调压井、压力管道等建筑物组成，总长度 4340.991m。主厂房为地面式厂房，采用钢筋混凝土框架结构，长 49.5m，宽 14.7m，层高 13.7m。副厂房长 49.5m，宽 12.0m，层高分别为 7.0m 和 11.7m，采用钢筋混凝土框架结构。工程采用 EPC 总承包形式，计划工期 29 个月。

（1）OBS 设置

为了便于 EPC 总承包项目的管理，工程所属公司下设总承包事业部作为归口管理部门，总承包事业部下设 5 个独立的部门，分别为项目管理部、设计管理部、招标采购部、费用控制部和综合管理部，同时现场的各工程建设管理部也归属总承包事业部，与以上 5 个机构平行，但同时接受它们的指导、监督、管理和考核。现场的工程建设管理部一般由项目经理、总工程师、财务部、工程设计部、工程监理部、计划合同部、技术质量部、安全环保部、机电设备部、征地事务部和综合保障部组成（图 6.11）。

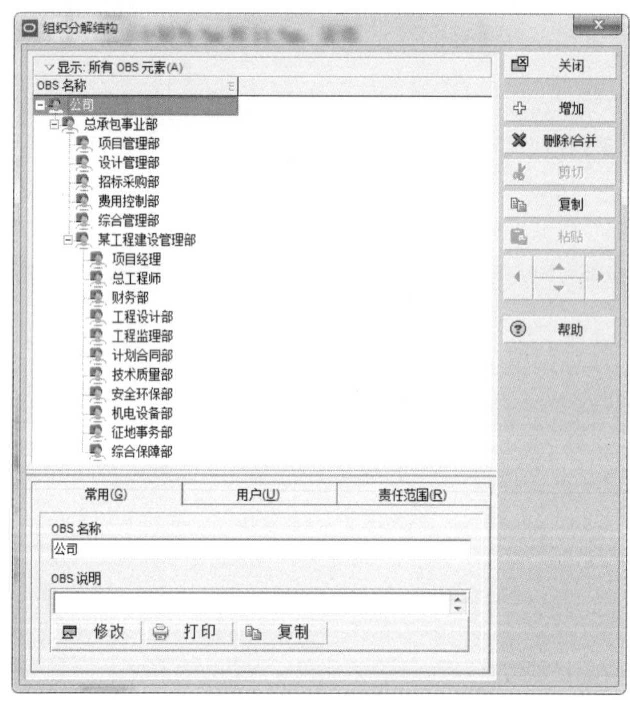

图 6.11　某水电工程 OBS 组织分解结构

（2）EPS 设置

企业项目结构的根节点是工程所属“公司”，由于公司主营业务的不同，在第二层中设置“勘察”“设计”“勘察&设计”“咨询”“监理”“科研”“总承包”7 个节点。根据该工程的性质，在“总承包”节点下按项目类型划分为“风电”“水电”“太阳能”等，“项目”作为 EPS 的最低层次节点包含在结构中。如图 6.12 所示，“项目代码”为“XXDZ”的工程为最低层次节点，位于“水电”节点下。

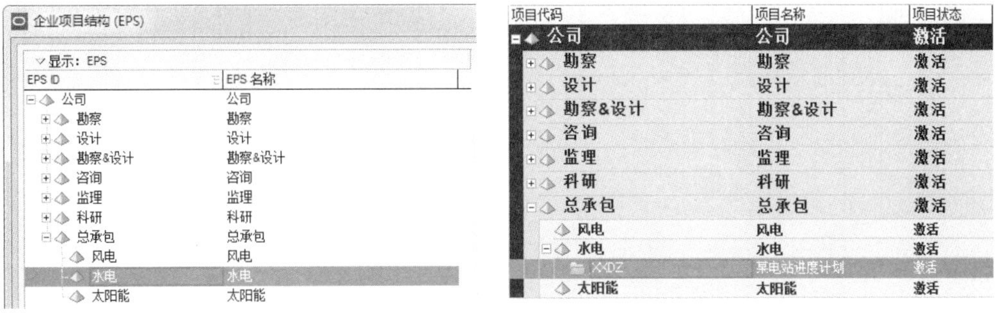

图 6.12　企业 EPS 结构与项目关系

（3）WBS 设置

常用的 WBS 分解方法有 4 种，本工程采用项目组成结构的方法进行划分。根据《水利水电工程施工质量检验与评定规程》（SL176—2007）的规定，结合工程结构特点、施工部署、施工标段情况，该工程主要划分为首部枢纽工程、引水工程、机电与金属结构安装工程、发电厂房工程、接入系统工程和水土保持工程 6 个单位工程。在此基础上，根据分部工程及单元工程的划分原则再进一步细分。图 6.13 为该工程所包含的单位及分部工程结构。

（4）RBS 设置

水利水电工程施工建设过程中需要消耗大量的人力、材料和机械设备等要素，这些要素统称为资源。在编制项目进度计划时，计划编制人员要考虑的一个重要问题就是资源的分配。如何给每项作业合理的分配人力、材料、设备等资源关系到计划的可执行性以及可实现性。编制较好的进度计划不仅能够帮助管理人员汇总得到相关的人力、材料、设备需求计划及成本目标曲线，而且在将来的实施中能够得到资源和费用的具体分布和超出情况。目前在本工程中，对于分包商的资源监控并没有实现（分包商一般不愿意公开实际的资源成本信息）。参照以往工程的经验，此处将工程量作为资源，与各项作业进行匹配。为了方便统计和汇总，土建类的资源类型统一设定为人工资源，机电安装类的资源类型统一设定为材料资源，单价类型分为合同单价、变更单价、结算单价和决算单价四种单价类型，如图 6.14 所示。

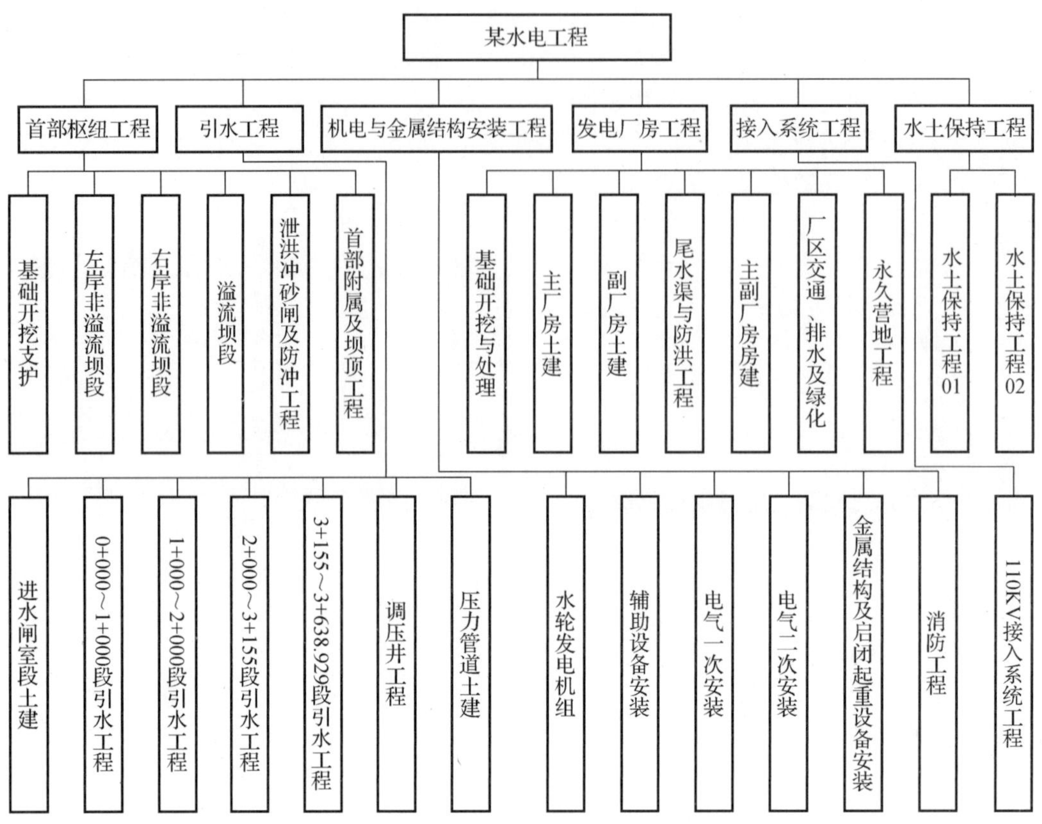

图 6.13　工程所含的单位及分部工程结构

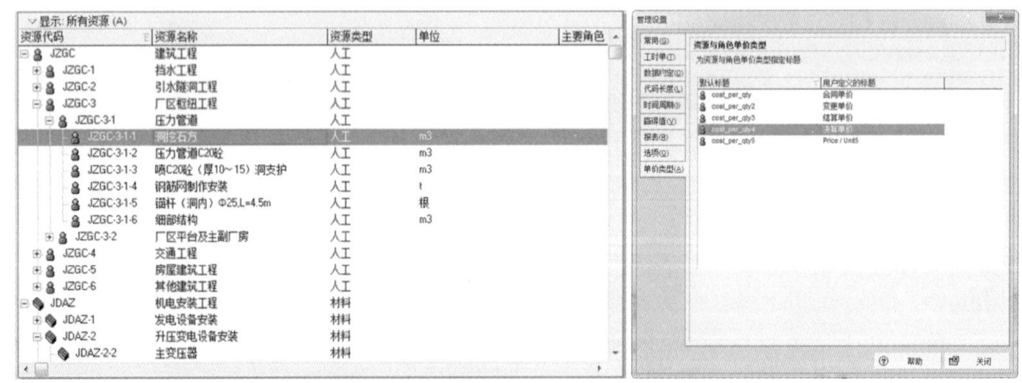

图 6.14　工程资源分解及单价类型设置

（5）关键线路工期安排

根据该水电站合同工期要求，工程项目计划开工日期为 2013 年 8 月 1 日，完工日期为 2015 年 12 月 31 日，施工总工期 29 个月。该计划主要工期节点如下。

1）2013 年 12 月 26 日，大坝截流。

2）2014 年 3 月 30 日，厂房首仓混凝土浇筑。

3）2014 年 7 月 27 日，引水隧洞全线贯通。

4）2015 年 7 月 31 日，首台机组投产发电。

5）2015 年 9 月 30 日，三台机组全部投产发电。

6）2015 年 12 月 31 日，工程全部完工。

（6）总进度计划

项目的总进度计划横道图如图 6.15 所示。

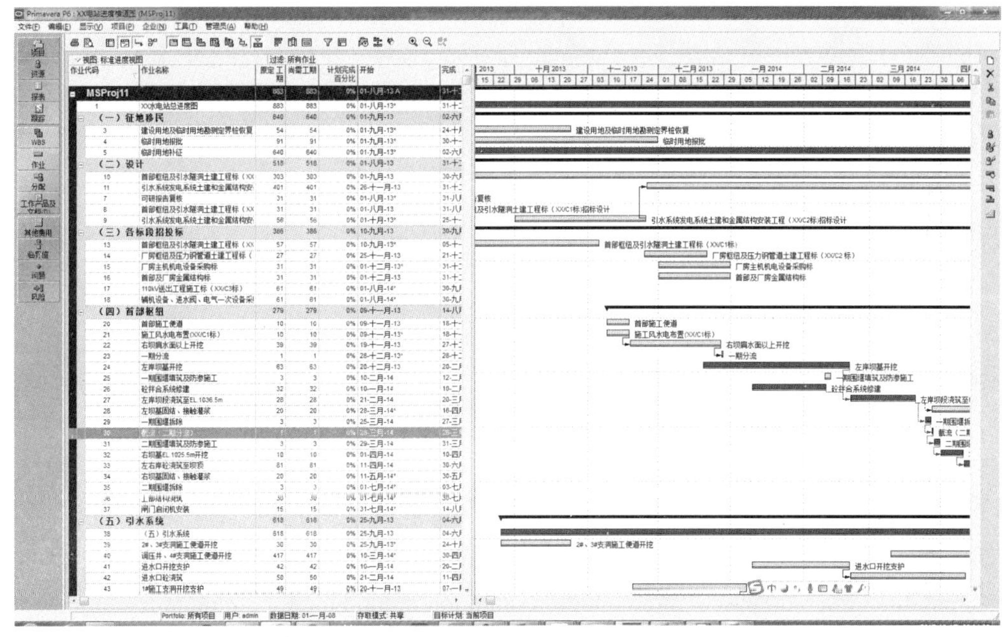

图 6.15　项目的总进度计划横道图

6.3.2　BIM 与进度成本的关联更新

BIM 与进度成本的关联实际上是实现双向的数据流入、流出，以利于计划人员、施工管理人员的进度控制。首先 BIM 能够从 P6 中获取对应项目的里程碑信息、工作分解信息、各级进度计划等信息，从而可以执行项目的进度分析、完成情况分析、费用投资情况分析等，及时的跟踪预算、完成赢得值分析，为用户提供实时的信息共享平台和决策支持信息。其次，通过模型在现场采集的实际进度、人材机费用等信息能够实时同步到 P6 管理软件中，利用 P6 强大的进度计算技术，进行纠偏调整、重新计划或者重新定义活动关系等。最后，更新后的最新进度计划信息能够反馈到模型中，最新的活动关系、开始/结束时间等在模型中同步更新。通过 BIM 与 P6 的关联，尽可能地使用可视化的手段跟踪施工的进度与成本状况，一方面为水利水电领导层、管理层提供更直观的决策信息，另一方面也尽可能地降低实施层对专业管理软件的作业门槛。

6.3.2.1 进度成本信息接口创建

据产品手册描述，P6 数据库中有 290 多张数据表结构，每张表都有多个数据字段，并且表与表之间还有一定的关联关系。对于实现 BIM 与 P6 的数据整合来说，设计人员必须要避免的是：①重复的编码工作；②大量的数据库操作。随着 Web 2.0 的发展，Web Service 接口服务得到广泛的应用。它能够实现不同应用之间的数据交换而无须借助第三方的软件或硬件，可以降低开发的复杂性，提高系统的可伸缩性，特别适用于互联网应用的开发，目前主要有 SOAP（simple object access protocol）和 REST（representational state transfer）两种方式来实现。

SOAP 发展较早，它的应用场景主要是面向多开发语言，并且接口设计对于安全性要求较高，在行业界的支持已经比较成熟。P6 Web Service 就是厂商提供的一种扩展 P6 业务对象和功能的集成技术，主要基于开放标准 SOAP、XML 和 WSDL（Web 服务描述语言，Web services description language）。P6 Web Service 能够使开发人员利用标准接口创建集成的软件解决方案，与各种各样的硬件和操作系统平台上运行的各种企业应用程序进行互操作。P6 服务总共分为 4 大类：业务对象服务、作业服务、延伸服务及导入和导出服务。

REST 风格的 Web Service 是一种以系统资源为中心的服务设计，实际上 P6 数据库中的数据也可看成一种系统资源，通过建立 Web 服务可以大大降低系统集成和数据交换的难度，从而使得数据的无缝双向传递变得更加轻量高效。目前已有可行的框架（如 sqlREST、restSQL）能够将 P6 数据库发布成 REST 风格的 Web 服务，并将数据库的 CRUD（Create、Read、Update、Delete）操作和 REST 服务的 GET、DELETE、POST、PUT 接口对应起来。但是这种方式与 P6 的标准服务接口相比，采用直接操作数据库的模式，若不完全掌握各数据表的含义及关系，一旦出错会导致严重的数据异常。水利水电工程的计划作业数据众多，想要再恢复就很困难，因此一般不建议这种方式。

这里主要基于原生的 P6 接口进行创建。在服务器端，只需要公开 Web 服务使用所需的方法；在客户端，使用 WSDL 自动生成 JavaScript 代理类，以便处理返回的消息生成对应的 JavaScript 对象。服务端的配置主要参考 P6 手册，环境需满足以下三点：Apache CXF 服务框架、JRE 运行环境及应用服务器（支持 JBoss、Oracle WebLogic 及 IBM

WebSphere)，这里不再赘述。客户端主要基于 AJAX（Asynchronous JavaScript and XML）技术，图 6.16 显示了客户端异步调用的工作流程。

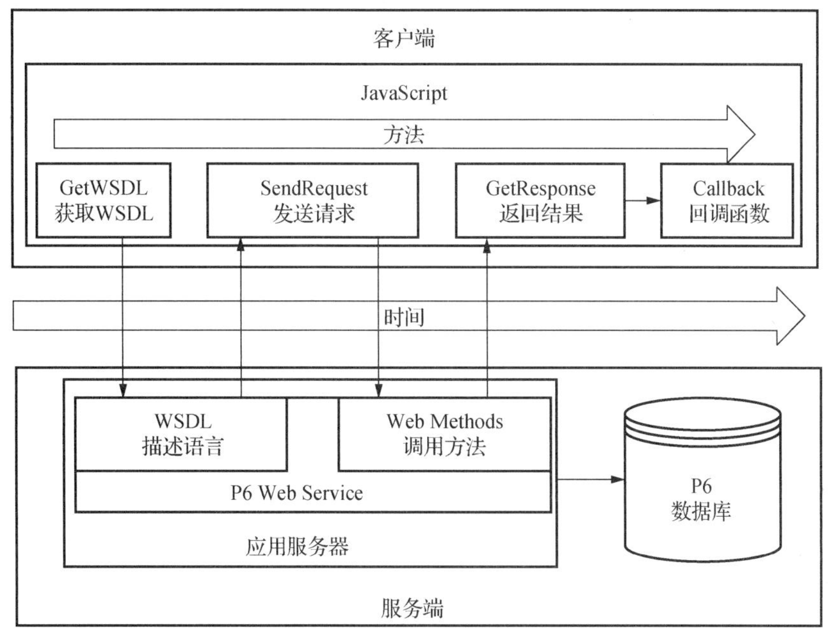

图 6.16 客户端异步调用的工作流程

首先获取 WSDL（GetWSDL）描述并缓存，然后根据 WSDL 描述中提供的方法，选择所要调用的方法，并将参数一起通过 SOAP 请求发送（SendRequest）到服务器，服务器返回响应后，根据 WSDL 的描述处理结果，返回（GetResponse）相应的 JavaScript 对象，异步模式下，最后再调用 CallBack 方法。图 6.17 显示的是系统登录界面调用 P6 认证接口 AuthenticationService 中 Login 方法返回的结果信息。

6.3.2.2 进度成本信息模型初始化

经过 BIM 软件创建的 IFC 模型一般只包含几何体信息和简单的属性信息，还达不到应用的要求。这时一般需要根据模型交付的精度要求添加相应的数据信息。对于进度成本信息模型的创建，最基本的需要包含构件编码信息和进度成本计划信息。进度成本信息可以通过实体及关系的方式添加到构件中，而构件编码信息则可通过 IfcPropertyDefinition 的方式添加到构件中。以 Microsoft Visual Studio 2015 为系统开发平台，采用 C#编程语言，对 Autodesk Revit 进行二次开发，创建模型初始化（导出）插件，其运行流程如图 6.18 所示。

图 6.17 登录认证成功

依据上述流程图，系统对模型导出的主要应用过程分为两大部分。

（1）导出构件属性（ExportElementProperties）

执行构件属性导出只需要遍历属性集即可，而这主要与属性集的初始化相关。首先初始化属性集方法（InitPropertySets）分别调用导出通用属性（ExportIFCCommon）和导出自定义属性（ExportUserDefinedPsets）两种方法。然后导出通用属性分支调用初始化通用属性集方法（InitCommonPropertySets）将固有的通用属性写入属性集合（PropertySets），这部分内容已经固化到建模软件中，不再说明；另一分支调用初始化自定义属性集方法（InitUserDefinedPropertySets），再调用加载自定义属性方法（LoadUserDefinedPset），基于此进行属性条目的创建（CreateGenericEntry）和添加（AddEntry），最后再加入属性集中（AddtoPropertySets）。这一分支主要依赖于自定义属性集文档，其格式如图 6.19 所示。

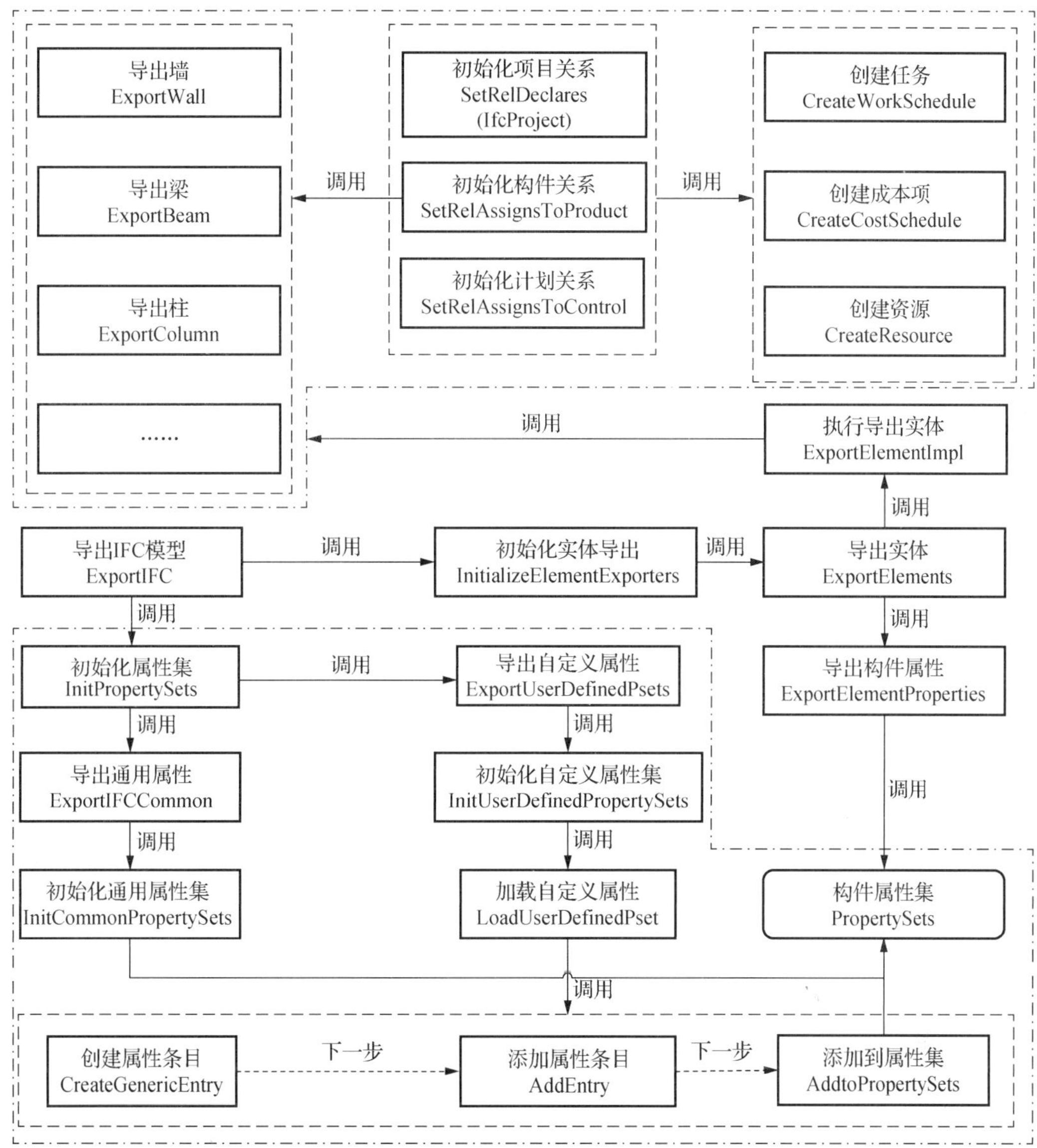

图 6.18　初始化 IFC 模型的实施流程

（2）执行导出实体（ExportElementImpl）

执行导出实体主要完成两方面工作，一是调用各种实体导出类进行实体类型的导出，如导出墙方法（ExportWall）导出 IfcWall 类型的实体等；另一方面就是初始化进度成本计划，分别为创建任务（CreateWorkSchedule）、创建成本项（CreateCostSchedule）和创建资源（CreateResource）。

```
/// <summary>
/// User Defined PropertySet Definition File
/// Note : this file is tab delimited.
///
/// Format:
///     PropertySet:   <Pset Name>  I[nstance]/T[ype]      <element list separated by ','>
///                             <Property Name 1>   <Data type>   <Revit parameter name (if different from property name)>
///                             <Property Name 2>   <Data type>   <Revit parameter name (if different from property name)>
///                             ...
/// Data type supported currently are only the primitive types: Text, Real, Integer and Boolean
///
/// <summary>
```

图 6.19　自定义属性集格式

以创建任务为例进行说明，执行导出实体的主要流程如下。

1）实例化进度计划实体（IfcWorkSchedule）：设置相关属性值（每个实体均需设置必要属性，为求简洁，后续实体创建时不再赘述）。

2）实例化关系声明实体（IfcRelDeclares）：通过设置 RelatingContext 属性及调用初始化项目关系方法（SetRelDeclares），建立进度计划与项目（IfcProject）间的关联。

3）实例化作业时间实体（IfcTaskTime）：设置计划开始时间、计划结束时间、工期等时间控制要素。

4）实例化总结性进度任务（IfcTask）：将 TaskTime 属性设置为已实例化的 IfcTaskTime 对象。

5）实例化关系实体（IfcRelAssignsToControl）：通过属性设置及方法调用（SetRelAssignsToControl），将总结性进度作业与进度计划进行关联。

6）实例化多个下级子任务：执行步骤 3）、4）。

7）实例化嵌套关系实体（IfcRelNests）：设置 IfcObjectDefinition 及 ObjectDefinitionSet 属性，将多个下级子任务实体与总结性任务实体关联形成上下层关系。

8）实例化顺序关系实体（IfcRelSequence）：设置 RelatingProcess（前道工序）、RelatedProcess（后道工序）、SequenceType（FF/FS/SS/SF）等属性，为相关联的进度任务实体建立逻辑关系。

9）重复步骤 7）、8），完成进度任务的创建。

其他成本项和资源的创建基本参考该流程执行。完成以上步骤后，即完成了目标计划的初始化。下一步进行构件进度成本信息关联，主要通过调用构件关联方法（SetRelAssignsToControl）进行绑定。图 6.20 所示为 Revit 界面进度关联的二次开发界面。

图 6.20 Revit 进度关联界面

根据模型、目标计划的分析，关联项目主要分为以下几种：实体单元项目（实体，如消力池等；实体组，如机组等）、措施项目及其他项目。主要的关联方式如下：

1）手动关联。手动关联主要面向的是措施项目和其他项目，主要通过 IFC 工程结构树和关联项目树进行手动匹配。措施项目首先需要找到其关联的实体单元，然后从构件树中选择该实体单元与之进行关联，一般此类 IFC 实体具有几何形态，也可从可视化模型中直接点选进行关联。其他项目一般面向整体项目，难以直接与构件管理，可与 IfcProject 实体关联。

2）自动关联。在模型初始化的过程中，可以赋予构件属性信息，即将工程项目编码的信息及时输入到构件中，在匹配时通过编码值的一致性来完成工程构件与目标计划项目的自动关联。一般实体单元项目具有自动关联的可操作性。

图 6.21 所示为模型初始化后 IFC 中性文件中对应的信息。

作业说明	原定工期	最早开工	最早完工	最晚开工	最晚完工	2014（2 3 4 5 6 7 8 9）
1#主轴与转轮吊装	10	140803	140812	140803	140812	1#主轴与转轮吊装
1#导叶安装	2	140813	140814	140813	140814	1#导叶安装
1#顶盖、轴套等吊装	12	140815	140826	140815	140826	1#顶盖、轴套等吊装
1#接力器和调速环吊装	20	140827	140917	140827	140917	1#接力器和调速环吊装

```
/* Products which are defined with  a specific entity type */
#928098= IFCBUILDINGELEMENTPROXY('3lQaX2mlj2EwMsQEzORfPu',#41,'JueBa\X2\6C348F6E53D17535673A6A21578B\X0\:JueBa\X2\
6C348F6E53D17535673A6A21578B\X0\:2787759',$,'JueBa\X2\6C348F6E53D17535673A6A21578B\X0\',#928096,#928091,'2787759',$);
#226641= IFCBUILDINGELEMENTPROXY('3tBRMhAaXAC9HWUWYaDJyT',#41,'\X2\5BFC53F6\X0\:\X2\871758F3\X0\:868375',$,'\X2\871758F3\X0\
',#226640,#226635,'868375',$);
#226734= IFCBUILDINGELEMENTPROXY('3tBRMhAaXAC9HWUWYaDJyJ',#41,'\X2\63A5529B5668\X0\:\X2\63A5529B5668\X0\:868377',$,'\X2\
63A5529B5668\X0\',#226733,#226728,'868377',$);

/* Tasks for products where each  task is assigned to a specific product */
#958343= IFCTASKTIME ($,.PREDICTED.,$,.WORKTIME.,'P0Y0M10DT0H0M0S',$,$,'2014-08-03T08:00:00','2014-08-12T16:00:00', '2014-08-
03T08:00:00','2014-08-12T16:00:00','P0Y0M0DT0H0M0S','P0Y0M0DT0H0M0S',.T.,$,$,$,$,$,$);
#958344= IFCTASK ('2d5y4te619Yxr92sAI1Z2k',#41,'1#\X2\4E3B8F744E0E8F6C8F6E540A88C5\X0\',$,$,$,$,$,$,.F.,$,#958343,$);
#958347= IFCRELASSIGNSTOPRODUCT ('2Gq$$vFKPD89CYwy0jkVa4',#41,$,$,(#958344),$,#928098);
#958361= IFCTASKTIME ($,.PREDICTED.,$,.WORKTIME.,'P0Y0M2DT0H0M0S',$,$,'2014-08-13T08:00:00','2014-08-14T16:00:00', '2014-08-
13T08:00:00','2014-08-14T16:00:00','P0Y0M0DT0H0M0S','P0Y0M0DT0H0M0S',.T.,$,$,$,$,$,$);
#958362= IFCTASK ('2d5y4te619Yxr92d_I1Z2k',#41,'1#\X2\5BFC53F65B8988C5\X0\',$,$,$,$,$,$,.F.,$,#958361,$);
#958364= IFCRELASSIGNSTOPRODUCT ('1KmwSH9obCxgAEOGLZylMI',#41,$,$,(#958362),$,#226641);
#958375= IFCTASKTIME ($,.PREDICTED.,$,.WORKTIME.,'P0Y0M12DT0H0M0S',$,$,'2014-08-15T08:00:00','2014-08-26T16:00:00', '2014-08-
15T08:00:00','2014-08-26T16:00:00','P0Y0M0DT0H0M0S','P0Y0M0DT0H0M0S',.T.,$,$,$,$,$,$);
#958376= IFCTASK ('2d5y4te619Yxr92ssI1Z2k',#41,'1#\X2\987676D630018F7459577B49540A88C5\X0\',$,$,$,$,$,$,.F.,$,#958375,$);
#958378= IFCRELASSIGNSTOPRODUCT ('1$KTasZa53yej5OnQ$thSF',#41,$,$,(#958376),$,#928098);
#958389= IFCTASKTIME ($,.PREDICTED.,$,.WORKTIME.,'P0Y0M20DT0H0M0S',$,$,'2014-08-27T08:00:00','2014-09-17T16:00:00', '2014-08-
27T08:00:00','2014-09-17T16:00:00','P0Y0M0DT0H0M0S','P0Y0M0DT0H0M0S',.T.,$,$,$,$,$,$);
#958390= IFCTASK ('2d5y4te619Yxr92csI1Z2k',#41,'1#\X2\63A5529B5668548C8C03901F73AF540A88C5\X0\',$,$,$,$,$,$,.F.,$,#958389,$);
#958392= IFCRELASSIGNSTOPRODUCT ('1KmwSH9obCxgAEOGPZylMI',#41,$,$,(#958390),$,#226734);

/* Sequences of tasks indicating order of product installation; otherwise could be omitted if scheduled in parallel */
#960339= IFCRELSEQUENCE ('0iSoskrY13MRWKHwswZuGd',#41,$,$,#958344,#958362,$,.FINISH_START.,$);
#960355= IFCRELSEQUENCE ('2d5y4te619Yxr92cAI1Z2p',#41,$,$,#958362,#958376,$,.FINISH_START.,$);
#960368= IFCRELSEQUENCE ('1KmwSH9obCxgAEPmLZykXT',#41,$,$,#958376,#958390,$,.FINISH_START.,$);
```

图 6.21　IFC 中性文件中对应的进度信息

6.3.2.3　进度成本信息模型更新

信息模型的更新含义有两层：一层是指每一更新周期，实际进度成本信息通过协同平台录入到模型中，再同步到 P6 数据库的过程；另一层是指进度成本计划由于偏差进行调整后，新的计划信息由 P6 数据库重新更新到模型的过程。信息由模型更新至数据库比较简单，即调用更新服务即可。而由 P6 更新至模型，主要通过项目目标计划来完成。主要实现过程为：首先若存在进度调整，管理人员通过 P6 复制最新计划副本作为新的目标计划；然后 BIM 平台在初始化登录到计划界面时首先读取目标计划列表，并与当前绑定计划对比，存在差异即提示用户进行更新。信息的更新涉及的核心是项目业务逻辑（BaselineProject）及作业业务（Activity）逻辑，如读取目标计划，增加和删除作业，读/写作业实际费用，读/写作业实际工期信息等，主要的接口服务，即信息更新所用相关服务如图 6.22 所示。

以更新实际进度作业信息为例，图 6.23 中进度录入人员输入相关信息后，单击“保存”，即通过 Web Service 方法同步更新到数据库中。

BaselineProjectPortType	ActivityPeriodActualPortType	ActivityExpensePortType
• ReadBaselineProjects • UpdateBaselineProjects • DeleteBaselineProjects • RestoreBaselineProject	• UpdateActivityPeriodActuals • ReadActivityPeriodActuals • CreateActivityPeriodActuals • DeleteActivityPeriodActuals	• CreateActivityExpenses • ReadAllActivityExpensesByWBS • DeleteActivityExpenses • ReadActivityExpenses • UpdateActivityExpenses
ActivityCodePortType	**ActivityNotePortType**	**ActivityPortType**
• ReadActivityCodePath • UpdateActivityCodes • DeleteActivityCodes • CreateActivityCodes • ReadActivityCodes	• ReadActivityNotes • CreateActivityNotes • UpdateActivityNotes • DeleteActivityNotes	• UpdateActivities • ReadActivities • CopyActivity • DeleteActivities • CreateActivities • ReadAllActivitiesByWBS

图 6.22　信息更新所用相关服务

图 6.23　更新实际进度信息

6.3.3　进度成本协同管理实现

进度成本协同管理模块主要实现对工程项目施工建设阶段的工作顺序、持续时间、资源消耗、费用预算进行规划、实施、检查、协调及信息反馈，最终保证项目按预定时间成本目标完成，达到及时发挥投资效益的目的。进度成本的协同管理主要包括：进度计划编制、进度跟踪与记录和进度分析与控制。进度成本的协同管理流程如图 6.24 所示。进度计划的编制已在 6.3.2 节中通过 P6 进行编制，不再叙述。下面主要从协同过程中的进度跟踪、记录、分析和控制展开。

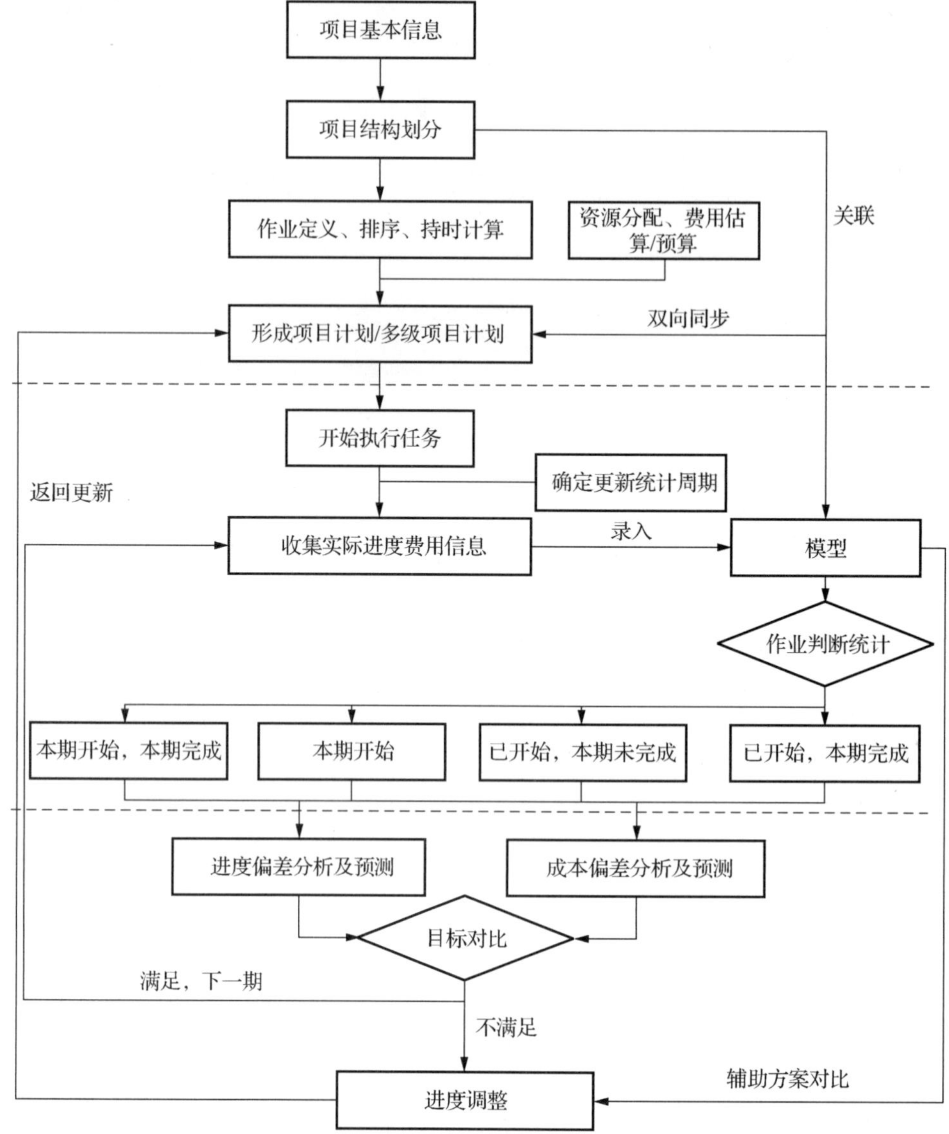

图 6.24 进度成本的协同管理流程

6.3.3.1 进度跟踪与记录

施工分包商根据施工进度计划进行各项作业的实施，每隔一定的时间（更新周期）需要向业主方或总承包方提交相应的进度完成情况。进度跟踪与记录就是在进度计划实施过程中由项目进度控制人员跟踪监督，督查进度数据的采集，通过协同界面输入到系统中。本方法中主要以模型为界面进行数据的录入，录入后的数据通过 Web Service 接口同步到 P6 数据库中，进度跟踪与记录流程如图 6.25 所示。

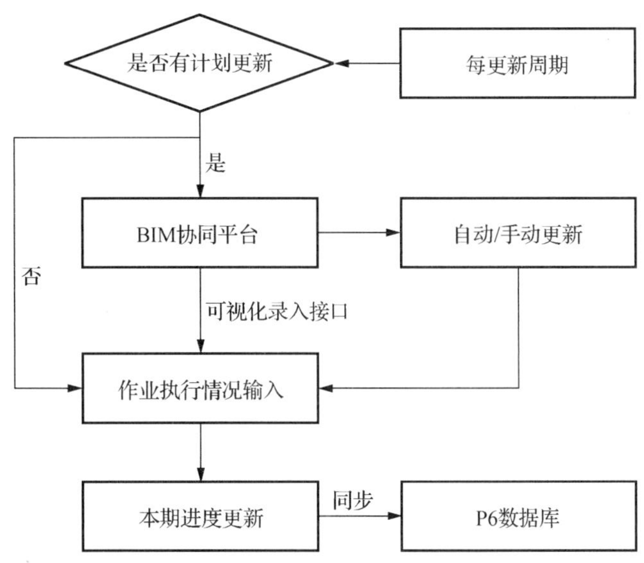

图 6.25 进度跟踪与记录流程

计划更新周期是每次进行跟踪记录的时间间隔，一定程度上影响着进度分析与控制。更新周期既不能太短，也不能太长。太短则频繁更新带来巨大工作量，太长则不能及时发现执行过程中的问题。一般以每周或每两周进行更新。

在作业执行情况输入之前，系统会基于上一周期的进度分析与控制进行判断，是否有进度计划的更新调整。若无删除或者新增作业，可进行自动的进度更新；若存在新增或删除作业，需要手动进行更新，重新调整结构分解和信息关联。

上述判断执行完成之后，进度录入人员可进行作业数据的录入，主要包括作业的实际开始时间、实际结束时间、尚需工期、完成百分比、实际资源数量、尚需资源数量、实际费用、尚需费用等。在进行完数据的录入后，进行该期数据的提交和保存操作，与此同时将数据更新到 P6 数据库中。

6.3.3.2 进度分析与控制

进度分析与控制就是以 P6 中同步得到的实时进度数据对比项目基准计划进行进度分析，也是以一定周期进行，通常称为统计分析周期。与更新周期相比，统计周期一般为更新周期的倍数。如更新周期为半个月，统计周期可以为半个月，与更新周期一致；或为一个月，为多个更新周期。统计分析的主要目的是发现和分析进度偏差，找出产生偏差的原因。进度分析可采用下列程序进行：首先用赢得值（赢得工期）管理技术，分析成本进度偏差；当进度成本发生偏差时，分析造成该现象的原因及影响，对于重大偏差需调用 P6 的网络计划分析等技术进行进度的重新调整计算，对于经过调整的进度计划需经业主或总承包商的审核；最后将审核通过后的结果再反馈到模型中，用以指导施工。进度分析与控制流程如图 6.26 所示。

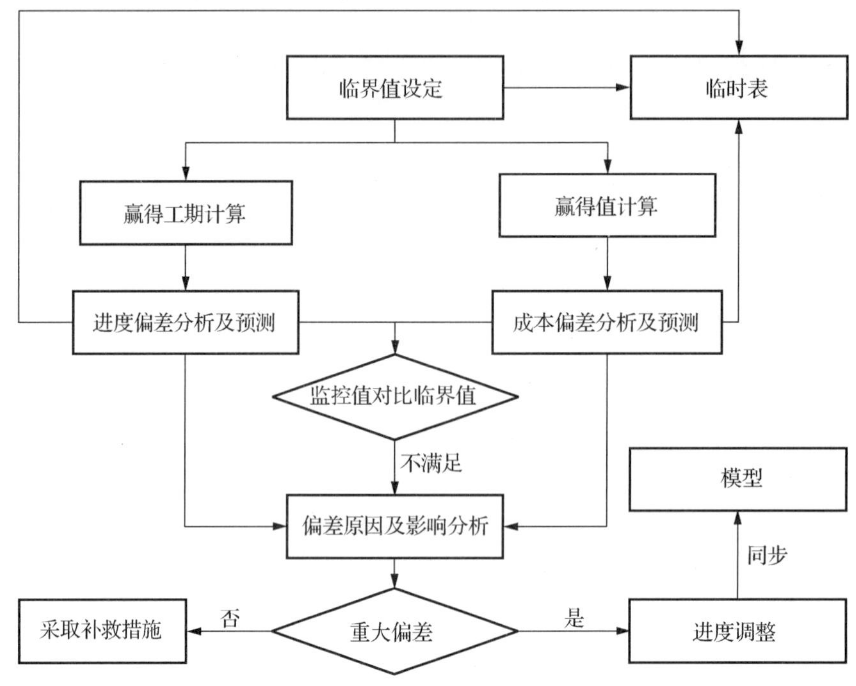

图 6.26 进度分析与控制流程

在进行赢得值和赢得工期计算之前，首先设定相关的临界值参数，如 TPI、TCSPI、TV、CV、CPI、TCPI 等。下一步对进度成本的当前状况进行分析评价。由于 P6 中赢得值算法并不存储计算数据，将上一步中的临界值数据以及进度成本计算分析的数据统一放入临时表中存储，方便历史数据的查看。根据计算分析的结果，进行项目执行情况的判断，并分析偏差的原因和影响。其中重大偏差的分析主要针对是否对后续工作及总工期产生影响，未发生重大偏差的应采取补救措施尽可能地挽回损失，如赶工措施、奖惩措施等；发生重大偏差时，应进行计划调整，如改变逻辑关系、更改持时、增加删除作业等。最后调整后的计划再由进度管理人员同步到 BIM 中。

6.3.3.3　5D 跟踪分析视图

简单来说，BIM 就是在共享的通用数据环境中创建由图形和非图形信息组成的模型和数据集的过程。进度成本模型即为“3D 模型+1D 时间+1D 成本”所形成的 5D 信息模型。传统的进度成本跟踪分析视图主要是以甘特图、资源直方图、赢得值曲线等图表的方式展示，而 5D 信息模型则将传统的表达结合 3D 模型以动态的形式进行呈现。在统一的界面中，模型可视化视图以动态的方式展现工程的进展情况；资源成本视图以直方图、曲线等形式显示项目的资源消耗强度以及成本的支出情况；进度跟踪录入视图以交互式的体验为用户提供数据的录入收集功能；数据视图以表格报表的形式详细地列出各统计时段的数据；计划更新视图以自动或手动的方式完成数据的同步；方案选择视图为不同的方案提供预演和比较。这是一种全新的协作方式，它通过视觉交流为项目利益相关方带来更好的进度与成本的管控。图 6.27 为 BIM 和 P6 之间的数据互动过程，图 6.28 为 5D 跟踪分析视图界面。

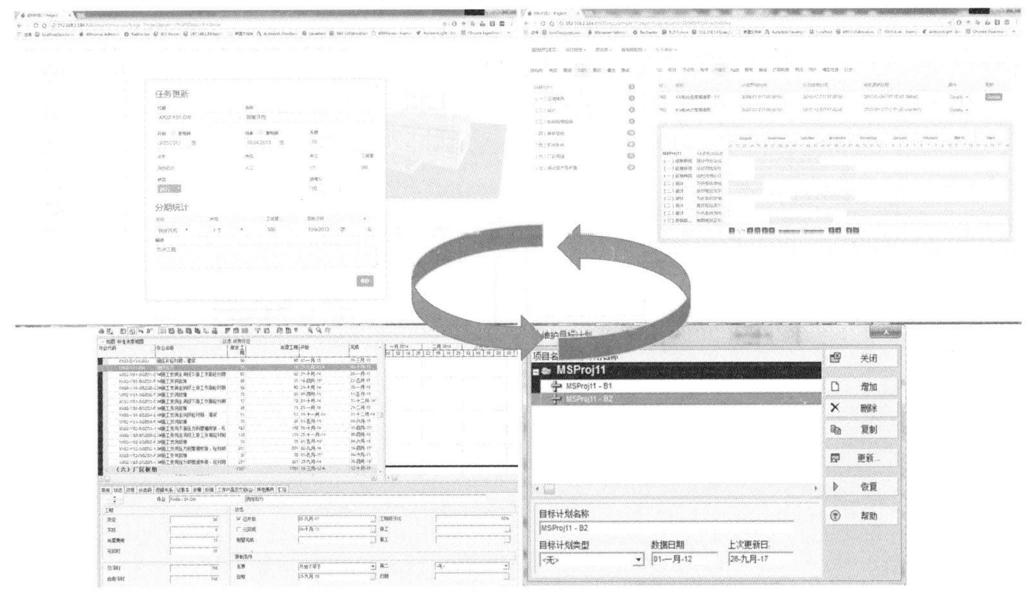

图 6.27　BIM 和 P6 数据互动过程

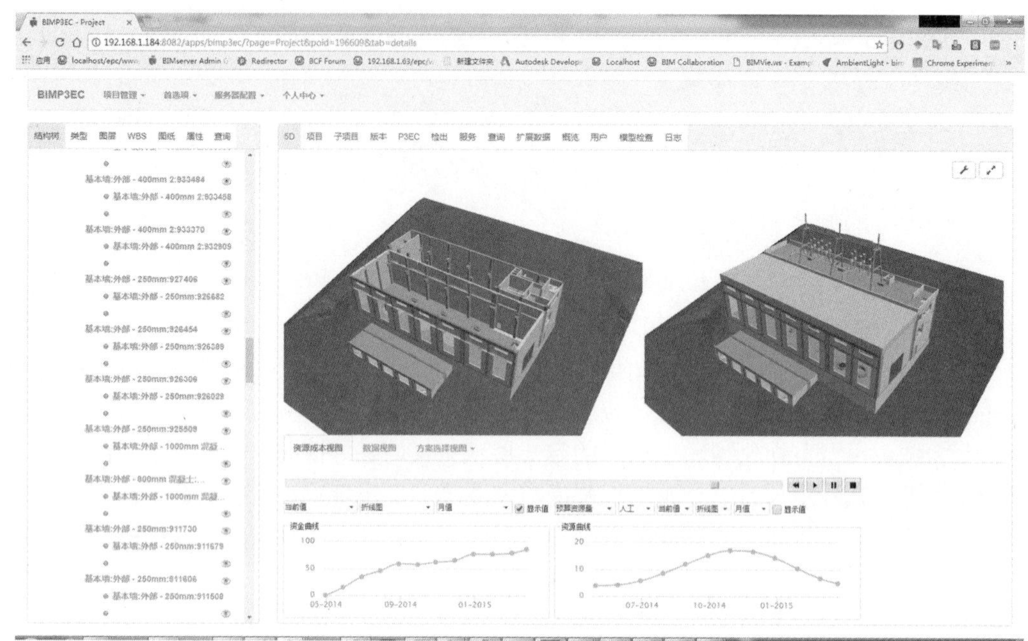

图 6.28　5D 跟踪分析视图界面

第 7 章　BIM 与 GIS 的融合技术

水利水电工程中常常涉及较大单体工程、长线工程和大规模区域性工程，工程运维管理中既对区域宏观管理有要求，也对单体精细化管理有要求。同时，对于水利水电工程整体的数据管理来说，宏微观信息的融合可以为后续数据的处理、分析、挖掘及信息共享提供统一的数据平台。因此，实现跨领域的空间信息和模型信息的集成十分重要。

目前水利水电行业实际的运用过程中，宏微观两种信息的割裂还比较明显。早期在水利工程中开展了较多的宏观信息的集成研究，最突出的就是“数字流域”的提出与建设。广义来说，数字流域是应建立全流域的融合三维模型信息与基础空间信息的可视化信息平台，为流域的综合规划、设计、建设、管理服务。但是开展的大部分研究将研究对象局限在了流域的水资源及水电能源范畴，从宏观上模拟流域的行为。后期研究者们又相继开展了数字工程、数字大坝、数字坝区等典型应用的研究，都主要集中于单体工程的数字化研究。已有部分关于数字流域综合平台的研究，如雅砻江、大渡河、金沙江、澜沧江等流域开发建设者开展数字流域相关工作。BIM 与 GIS 无缝融合作为关键难点技术之一，大大增加了平台开发的技术风险，当前国内外还未有成熟技术解决方案。

本章主要运用面向服务架构的思想，建立基于 Web 的 BIM 与 GIS 集成框架，实现 BIM 信息与 GIS 地理信息的无缝集成、可视化分析与信息共享，为大型数字流域可视化集成平台研发管理提供技术方案，同时也为水利水电工程各阶段管理，特别是运维阶段海量宏微观信息的融合与管理提供技术支撑。

7.1　水利水电运维管理的内涵

7.1.1　水利水电工程运维管理的内容

水利水电工程运维管理是指确保水电站机电设备和水工建筑物的安全、可靠和经济运行，完成发电、水务管理和水库调度任务所进行的工作。主要内容包括：水务管理和水库调度、水工建筑物检查监测和养护修理、机电设备的运行检修管理、岗位技术培训等工作。

1）水务管理和水库调度主要负责管理水情雨情信息和水库调度业务。通过水情雨情信息的分析，提高水文和降雨预报的精度，一方面可以为水电站防洪调度、经济运行提供可靠的数据依据，便于调度部门更好地做出决策；另一方面有益于正确处理防洪、发电、灌溉、供水等方面的关系，从而利于发挥水资源的最大效益。20 世纪 80 年代以来，系统分析、控制论、最优化控制等方法被运用于水库调度领域，取得了显著的生产效益。

2）水工建筑物检查监测和养护修理主要负责检查监测建筑物的状态，按时养护及时修理，保证工程的安全运行。通过日常的感官巡视检查及借助监测设备，全面掌握水工建筑物的运行状态及变化，一是可以掌握工程变化规律，为正确管理提供科学依据；二是及时发现不正常迹象，分析原因并采取措施，确保工程安全和防止生产事故。养护修理是改善水工建筑物的工作状况、保证安全运行的重要措施。

3）机电设备的运行检修管理主要负责安全操作管理、技术经济管理、设备检修管理，是发挥水电站经济效益的关键环节。技术经济管理涉及机组间统一调度，包括流域梯级电站的集中控制等；合理调度有利于提高水能利用效益。设备检修管理根据设备的运行情况和设备运行维护的各类台账分析，进行计划检修和状态检修，以及技术档案、技术资料的积累等管理工作。

4）岗位技术培训的目的是培养掌握设备、系统的基本原理，掌握操作和事故处理流程，具备发现故障、排除故障和维护设备的运行管理人员。培训的方法一般有：组织规程和技术学习与考试、技术讲座、技术报告会、技术问答、反事故演习和虚拟仿真培训等。

7.1.2 水利水电工程运维管理的现状

根据《2018 年全国水利发展统计公报》，截至 2018 年全国已建成各类水库 98822 座，水库总库容 8953 亿 m^3。其中：大型水库枢纽 736 座，总库容 7117 亿 m^3，占全部总库容的 79.5%；中型水库枢纽 3954 座，总库容 1126 亿 m^3，占全部总库容的 12.6%。大中型水库枢纽多数建于 20 世纪 50～70 年代，由于当时的经济发展条件、管理体制、水文资料及规划设计水平等原因，大中型水库在设计深度及统筹上下游、左右岸关系上存在问题；小型水库枢纽大都建于 20 世纪 60～70 年代，由于施工队伍专业化程度低、技术人员少、技术水平低、施工设备不足，存在建设质量差、工程隐患多等问题。目前水利水电工程运行管理主要面临的问题如下。

1）工程的老化问题。由于很多水库枢纽库龄都在 40 年以上，这就意味着老化是个尤其突出的问题。老化从广义的角度来说大致分为建筑结构的老化、设备的老化和劳动力老化。建筑结构的性质和功能随着时间逐渐产生有形无形的衰损造成了结构的老化。例如，材料老化导致的有形衰损和技术标准、社会经济环境造成的无形衰损等。设备的老化主要体现在效率低、能耗高、安全隐患大。此外，电厂劳动力的老化造成了双重问题。其一，在工程面临升级改造之际，许多经验丰富的运维人员开始退休；其二，老一辈员工积累的经验很难再转移给下一代运维管理工作者。

2）大中小型工程之间存在差异。相对于大中型水电站，许多小型水电站在设计施工时就存在质量执行不严格的问题，埋下了很多隐患；在监控管理制度方面，很多中小型水电站水库监测、自动化监控系统不完善，管理制度不清晰，生产事故应急能力缺乏，造成了管理上的混乱与落后。

3）检修维护方式比较落后。目前我国水电站普遍采用的检修方式是定期计划检修制度。这种传统的检修制度以定期检修和事后维修为主，在过去的一段时间里，对发现并消除设备缺陷和故障中起到一定的积极作用。但是随着电力设备高度集成化、一体化，技术含量和复杂程度越来越高，传统方法带来的检修不足、检修过剩等问题日益突出，难以适应现代水电站运行和检修的需要。

7.1.3 水利水电工程运维管理的趋势

水利水电运行和维护管理活动正在不断发生变化，以应对多种因素变化的影响，包括降低运维成本、保障工程可靠性和安全性、辅助电网服务和灵活运作、适应环境需求以及在不确定性情况下的决策等。当前水利水电工程运维管理的发展趋势主要体现在低成本化、集约化、科学化和智慧化。

1）低成本化。低成本化是以全生命周期成本管理（life cycle cost，LCC）的理念进行考虑，从设备、项目的长期经济效益出发，全面考虑设备、项目或系统的规划、设计、制造、购置、安装、运行、维修、改造、升级，直至报废的全过程，而不是以前的只顾节约设计施工成本，忽视给运维管理带来的影响。

2）集约化。集约化是指在现有条件下，通过提高生产率，使得产品的质量效益提高的方式。目前在市场经济条件下，集约化变得十分重要，各大中小型水电逐渐突破以单一水电站为独立核算的体系，向着区域性或者流域性的水电集团、基地等发展，运行方式由自主运行向委托运行发展，多人值守向少人值守、无人值守发展等。这些集约化的管理方式可以最大化地利用集团的优势，适应市场的需求，提高水利水电行业运行管理的水平。

3）科学化。科学化主要体现在管理方式理念的转变，如水利水电运维管理逐步由专业管理向全员生产管理演变，由传统的定期计划检修管理向状态检修管理及以可靠性为中心的维修策略过渡，以忽视破坏生态向补偿保护生态运维转变，从被动型粗放型运维方式向主动型精益化运维方式转变等。

4）智慧化。以智慧化代替人工化是信息发展的趋势，也是现代水利水电运行管理从自动化往更深一层发展的重要方向。随着 BIM、人工智能、物联网、大数据分析、虚拟控制等先进技术的发展，水利水电智慧运维管理变得可能。物联网和大数据的运用促进了水电机组在线状态实时动态监控的发展，BIM 与 GIS 的集成实现了宏观管理与精细管理的结合，虚拟现实的应用为水电机组检修培训提供了“真实”的环境等，这些都为水利水电的智慧化运行提供了坚实的保障。

7.2 基于 Web Service 与 WebGL 的 BIM 与 GIS 融合

7.2.1 BIM 与 GIS 集成现状

BIM 与 GIS 集成是当前学术界研究的前沿课题。自 2007 以来，研究者们利用不同的理论和方法来研究 BIM 和 GIS 的集成。目前这些方法没有通用的分类，参照 Kang、Amirebrahimi、Fosu 等人的研究成果，将它们分为四个层次：软件互操作层次、数据访问中间件层次、统一或本体模型层次和数据模式层次。

（1）软件互操作层次

在软件互操作性层面上，为了能够在各种功能模块之间进行数据通信或传输，BIM 和 GIS 程序的双方通过理解彼此支持的文件格式或使用集成软件从双方读取文件来集成异构数据。例如，Arcgis 使用数据互操作扩展模块支持 BIM/IFC 源的数据。如 Autodesk InfraWorks 之类的软件通过组合方法合并来自 CityGML、IFC 以及多种文件格式或数据库源的数据来创建基本模型。总之，在这个层次上，用户只需关注集成后的效果及其他具体应用，而不需要对这些集成模块单元的特征有过多的了解。

（2）数据访问中间件层次

数据访问中间件具有能够与多种数据源交互的能力。它由请求部分和处理部分组成，分别负责从每个异构模型请求信息并转换异构数据。

（3）统一或本体模型层次

统一或本体是指将 BIM 和 GIS 的信息与特征组合成一个中心模型。其优点在于 BIM 和 GIS 数据之间的双向转换。

（4）数据模式层次

模式级数据集成的本质是通过解决几何和语义信息之间的差异来集成异构的数据模型。常见的方法包括扩展模式结构，开发通用模式或为模式定义映射规则。在这种情况下，用户必须熟悉底层数据模式，这对于普通用户来说是非常复杂的。

7.2.2 基于 Web Service 与 WebGL 的融合框架建立

随着计算机技术及网络技术的不断发展，异构平台之间数据互联需求不断增加，Web Service 技术应运而生。它能够实现不同平台、不同语言之间数据的相互交换，为 BIM 信息与 GIS 信息的共享与集成提供了新的解决方案。与此同时，基于 Web 进行数据发布和交换也在更多主流的商业与开源 BIM 和 GIS 平台得到支持。另外，新一代 3D 图形标准 WebGL（Web Graphics Library）的发展也带动了网络三维可视化技术的发展。无论是异构数据源的交换与集成，还是其加载速度和渲染性能，都使两种不同领域信息的融合变得更加可行和便捷。

本节主要面向水利水电工程运行维护阶段信息集成与管理的需求，结合当前互联网基于服务架构及网络三维可视化的发展现状，提出BIM+GIS在线融合框架。总体思路是BIM与GIS Web Service建立、网络三维可视化环境WebGL创建及面向运行维护阶段的业务应用集成，框架主要分为数据存储、数据访问、业务逻辑和交互接口四个层次，如图7.1所示。

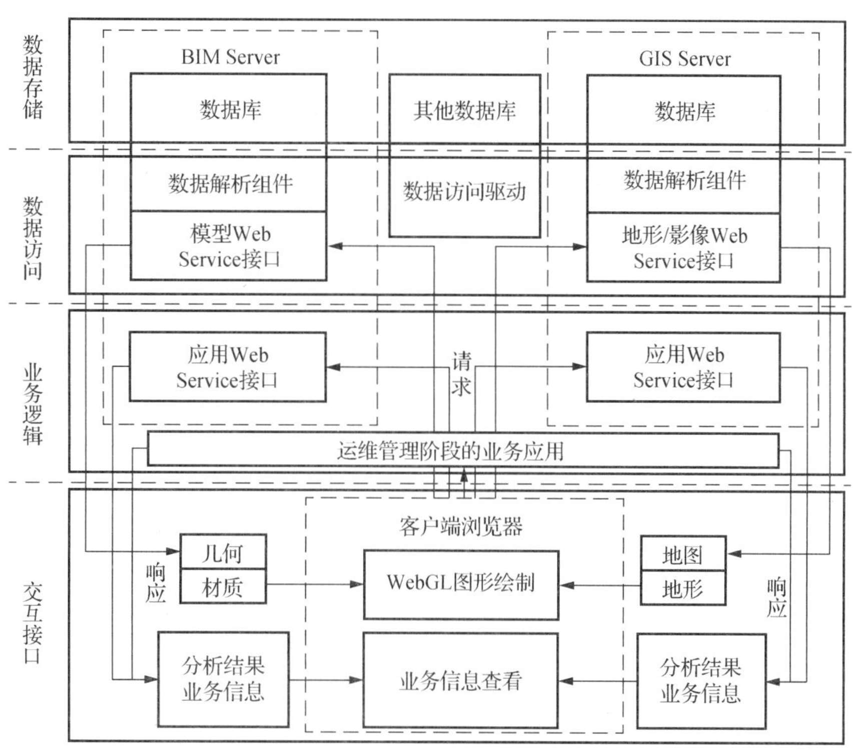

图7.1 BIM+GIS在线融合框架逻辑架构

Web Service是一种面向服务体系架构（SOA）的技术，通过标准的网络通信协议提供服务，目的是保证不同应用程序与平台之间可以互相交换数据。早期的Web Service有三种基本元素，分别是SOAP、WSDL和UDDI。SOAP是用于调用网络服务的协议，该网络服务由WSDL来描述，它规定服务的位置及此服务提供的操作或方法，所有服务都注册到目录服务中心UDDI供搜索和调用，这是一种典型的服务发布-发现-绑定松耦合模式。随着Web 2.0的发展，基于REST的Web Service逐渐替代了基于SOAP和WSDL的Web服务，相比而言更轻量化且更易于使用。目前GIS领域的基于Web服务的空间数据互操作实现规范主要有WMS（网络地图服务）、WFS（网络矢量服务）、WCS（网络栅格服务）等。BIM领域的Web Service大多数还是厂商定制的，如Autodesk、

Bentley、Tekla、Graphisoft、Nemetschek、Onuma 等，各自的接口并不统一。为了解决这一问题，BuildingSMART 联盟等组织提出了 BIM 服务接口交换（BIM Service interface exchange，BIMSie）标准，规范了标准的接口，如添加项目（addProject）、获取项目所有版本（getAllRevisionsOfProject）、根据类型获取构件信息（getDataObjectsByType）等。目前该标准已得到部分软件厂商的认可，并已经集成进产品中。

以 Web Service 为媒介，BIM 和 GIS 数据分别存储于各自的服务器中，根据调用关系，两者融合模式主要分为以下三种：①以 BIM 平台为依托。该模式下，主要通过 Web Service 接口调用 GIS 服务，从而将获取的地理信息数据（影像数据和地形数据）加载于 BIM 环境中。②以 GIS 平台为依托。该模式下，主要通过 Web Service 接口调用 BIM 服务，从而将获取的建筑信息模型数据加载于 GIS 环境中。③独立开发基础平台。该模式下，分别调用两者的接口并封装成基础平台，在此基础平台上开发相应功能。

上述方式中所述的平台即三维可视化环境，也是网络客户端人机交互的最主要接口。早期三维网络可视化技术的发展主要经历了 VRML、X3D、Java3D、3D XML 等阶段，水利水电工程中也应用较多，但是它们都以组件或插件为基础，兼容性相对较差。随着新一代 Web 标准 HTML5 的发展和 WebGL 技术的完善，越来越多的学科开始尝试并探索三维网络可视化技术。它也以其图形硬件加速渲染、跨平台、跨浏览器、无须插件等优秀特性逐渐融入各领域的发展中。因此，基于 WebGL 的三维可视化环境构建是在线融合框架的平台基础，目前支持 WebGL 的 BIM 平台有 Autodesk BIM360、BIM Surfer、IFC WebViewer 等；支持 WebGL 的 GIS 平台有 OpenWebGlobe、WebGL Earth、Cesium 等。除此之外，一些独立的 WebGL 引擎库（如 Three.js、SceneJS、PhiloGL 等）也为独立开发基础平台提供了支持。

水利水电工程运维管理阶段的管理应用是整个框架的业务逻辑。整体的应用主要分为两大类，一种是以应用 Web Service 接口方式提供，它们依托于 BIM/GIS 服务器，提供各类常规分析功能，如碰撞检测、模型校验、缓冲区分析、淹没分析等；另一种是以常规应用程序的方式存在，如以 MVC 模式开发的 Web 应用程序，可以将业务规则聚集到同一个部件中，形成一个个业务逻辑应用。此外，本框架体系亦兼容规划设计和工程建设两大阶段的应用。

7.2.3 关键技术

以 WebGL 为容器，Web Service 为纽带，可以有多种方式实现 BIM 与 GIS 的数据融合。每种实现方式所采用的架构模式、设计原则等也不尽相同。但两者数据融合主要包含以下四个关键技术，即为实现融合所必须解决的四个问题：①三维可视化，即实现模型数据、地形数据及地图数据的绘制；②坐标转换，即实现 BIM 与 GIS 之间，一方坐标系统到另一方坐标系统的转换，保证建筑模型在地理环境中定位准确；③模型渲染，即解决大规模模型在统一场景中的实时渲染问题；④信息查询与检索，即保证建筑模型信息和地理空间要素信息都能在统一后的环境中被检索、查询和展示。

7.2.3.1　三维可视化

在 WebGL 中，几何细节使用 Primitive（图元）类型绘制并存储在缓冲数组中。模型文件采用标准 IFC 格式。IFC 模型的加载和显示主要包括 5 个步骤（图 7.2）：①准备缓冲数组，包括顶点缓冲、索引缓冲、法向量缓冲和色彩缓冲；②读取 IFC 模型文件；③解析 IFC 模型文件；④将解析结果写入缓冲数组；⑤在 WebGL 环境中绘制模型。

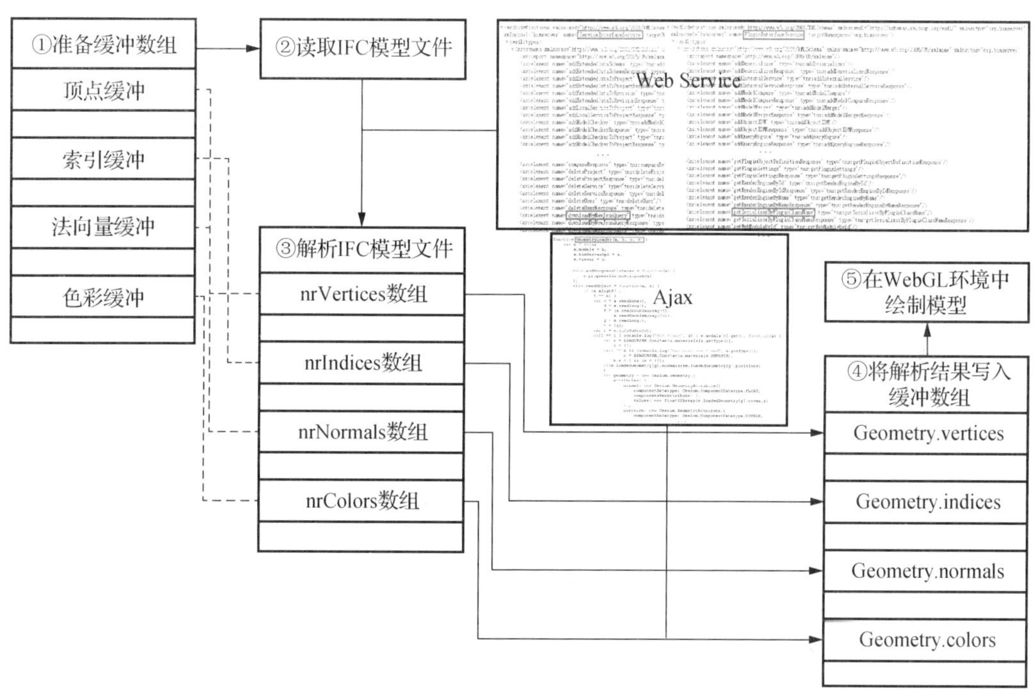

图 7.2　IFC 模型加载与显示流程

其中，步骤②到③由统一 BIMSie 接口完成。步骤③和④通过编写 JavaScript 脚本，使用 Ajax 异步数据传输技术实现数据的传输，可通过 JSON 或 Binary 格式进行数据交换。代码 1 显示了步骤④中读取 WebSocket 消息的代码，功能是将顶点、索引、法向量等数据提取出来，下面的代码是将这些数据封装到几何体中，方便步骤⑤调用绘制。

代码 1　步骤④部分代码（即读取 Web Socket 代码）。

```
//读取 WebSocket 消息
Function readObject(data, geometryType)
{
```

```
        //图元类型为三角形
        if(geometryType==PrimitiveType.TRIANGLES)
        {
            var geometryDataOid = data.readLong();
            var nrIndices = data.readInt();
            var indices = data.readShortArray(nrIndices);//索引
            data.align4();
            var nrVertices = data.readInt();
            var vertices = data.readFloatArray(nrVertices);//顶点
            var nrNormals = data.readInt();
            var normals = data.readFloatArray(nrNormals);//法向量
            var nrColors = data.readInt();
            var colors = data.readFloatArray(nrColors);//色彩
        }
    }
    //封装的几何体
    var geometry = new Geometry({
        attributes: {
            normal: new GeometryAttribute({
                componentDatatype: ComponentDatatype.FLOAT,
                componentsPerAttribute: 3,
                values: new Float32Array(normals)
            }),//法向量
            position: new GeometryAttribute({
                componentDatatype: ComponentDatatype.DOUBLE,
                componentsPerAttribute: 3,
                values: new Float64Array(vertices)
            }),//顶点
            colors: new GeometryAttribute({
                componentDatatype: ComponentDatatype.FLOAT,
                componentsPerAttribute: 4,
                values: new Float32Array(colors)
            })//色彩
        },
        indices: indices,//索引
        primitiveType: PrimitiveType.TRIANGLES,//图元类型
        boundingSphere: BoundingSphere.fromVertices(vertices)  //包围球
    })
```

7.2.3.2　坐标转换

坐标转换的问题实际是坐标系原点之间的换算。由于地理坐标系和局部坐标系都是右手坐标系，两个坐标系之间的转换关系可用旋转矩阵 $\boldsymbol{R}$ 和平移向量 $\boldsymbol{T}$ 来描述。

假设模型中某一个坐标点 $P_0(x_0, y_0, z_0)$，其局部坐标原点将放置在位置 P(Longitude, Latitude, Height)。那么，根据地理坐标转换为笛卡儿直角坐标，可以将 P 表示为 P_1（x_1, y_1, z_1）。因此，坐标原点从球心移到 P_1 需要进行旋转和平移操作。假设局部坐标的 z 轴垂直于地表，局部坐标的 y 轴指向正北，θ_x、θ_y、θ_z 分别是旋转矢量与 X 轴、Y 轴和 Z 轴的夹角，则各轴的旋转矩阵 $\boldsymbol{R}_x$、$\boldsymbol{R}_y$、$\boldsymbol{R}_z$ 可分别用 4×4 的齐次坐标矩阵表示，然后再通过平移矩阵 $\boldsymbol{T}$ 将球心原点平移到点 P_1，那么 P_0 坐标就和当前的坐标系一致，同理可求由局部坐标系转为球心坐标系的转换矩阵。代码 2 和代码 3 分别显示了旋转矩阵 $\boldsymbol{R}_x$ 和平移矩阵 $\boldsymbol{T}$ 的部分实现代码，即

$$\boldsymbol{T}_r=\boldsymbol{R}_x\boldsymbol{R}_y\boldsymbol{R}_z\boldsymbol{T}$$

式中

$$\boldsymbol{R}_x=\begin{bmatrix}1 & 0 & 0 & 0\\ 0 & \cos\theta_x & \sin\theta_x & 0\\ 0 & -\sin\theta_x & \cos\theta_x & 0\\ 0 & 0 & 0 & 1\end{bmatrix}\quad \boldsymbol{R}_y=\begin{bmatrix}\cos\theta_y & 0 & -\sin\theta_y & 0\\ 0 & 1 & 0 & 0\\ \sin\theta_y & 0 & \cos\theta_y & 0\\ 0 & 0 & 0 & 1\end{bmatrix}$$

$$\boldsymbol{R}_z=\begin{bmatrix}\cos\theta_z & \sin\theta_z & 0 & 0\\ -\sin\theta_z & \cos\theta_z & 0 & 0\\ 0 & 0 & 1 & 0\\ 0 & 0 & 0 & 1\end{bmatrix}\quad \boldsymbol{T}=\begin{bmatrix}1 & 0 & 0 & 0\\ 0 & 1 & 0 & 0\\ 0 & 0 & 1 & 0\\ x_1 & y_1 & z_1 & 1\end{bmatrix}$$

代码 2　旋转矩阵

```
//转成弧度
var rotate_x = Math.toRadians(θx);
//为围绕这个 X 轴旋转 θx 的四元数
var quat_x = Quaternion.fromAxisAngle(Cartesian3.UNIT_X, rotate_x);
//为根据四元数求得的 3×3 旋转矩阵
var rot_mat_x = Matrix3.fromQuaternion(quat_x);
//为 4×4 旋转变换矩阵，这里平移为(0,0,0)，用 Cartesian3.ZERO 表示
var Rx = Matrix4.fromRotationTranslation(rot_mat_x, Cartesian3.ZERO);
```

代码 3　平移矩阵

```
//得到局部坐标原点的全局坐标，即 P1
var P1 = ellipsoid.cartographicToCartesian(Cartographic.fromDegrees
(Longitude, Latitude, Height));
//为局部坐标的 Z 轴垂直于地表，局部坐标的 Y 轴指向正北的 4×4 平移变换矩阵
var T = Transforms.eastNorthUpToFixedFrame(P1);
```

7.2.3.3　模型渲染

由于可视化过程中涉及大量几何信息的显示，模型的渲染至关重要。与 GIS 不同，IFC

模型中并不支持 LOD（level of detail）。因此，为了实现模型渲染时流畅的效果以提高用户体验，这里定义了 IFC 模型的传输规则。IFC 2×3 标准中定义了 653 个实体，IFC 4 标准中定义 812 个实体，大多数具有几何表达的实体分布在共享层和领域层。在层级 0 和 1 中，传输的 IFC 类型主要是核心层的实体；在层级 2 和 3 中，这些 IFC 类型是代表建筑元素的主要实体，构成建筑物的建筑结构。最后第 4 层级中，IFC 类型是更详细的实体，如建筑内部具体的设施和其他特定领域的元素。表 7.1 中显示了不同层级的详细传输规则。

表 7.1 IFC 模型的详细传输规则

细节层次	IFC 实体类型	描述
LoD0	IfcProject，IfcSite	表示模型的场地范围信息
LoD1	IfcBuilding，IfcBuildingStorey	表示模型主体的包围盒信息
LoD2	IfcWall，IfcBeam，IfcColumn，IfcRoof，etc.	表示模型基本的墙、柱、梁、顶等信息
LoD3	IfcWindow，IfcDoor，IfcSlab，IfcStair，etc.	表示模型的窗、门、板、楼梯等信息
LoD4	IfcBuildingElementProxy，other building or domain specific type.	表示模型内部具体的物件信息

对于实际的模型加载和渲染，引入了用于定义传输规则的 JSON 文件，详细如下：

```
{
"level":LoD0,
"zoomlevel": [4,5,6,7,8,9,10],
"type":["IfcProject", "IfcSite"]
],
"boundingBox":false,
"url": ["model\cache\66315.glb"]
},
{
"level":LoD1,
"zoomlevel": [4,5,6,7,8,9,10],
"type":["IfcBuilding", "IfcBuildingStorey"]
],
"boundingBox":true,
"url": ["model\cache\66355.glb", "model\cache\131891.glb", "model\
cache\197427.glb",
"model\cache\262963.glb", "model\cache\328499.glb"]
}
```

level 表示加载的层级；zoomlevel 表示 GIS 环境对应的地球的缩放级别，它是模型加载的触发事件；type 表示对应的需要加载的 IFC 类型；boundingBox 表示是否显示包围盒情况；url 中保存的是缓存的构件数据，主要由服务器完成，是一种更适合网络及 WebGL 环境的二进制数据文件。图 7.3 显示了各层级 IFC 模型的渲染情况。

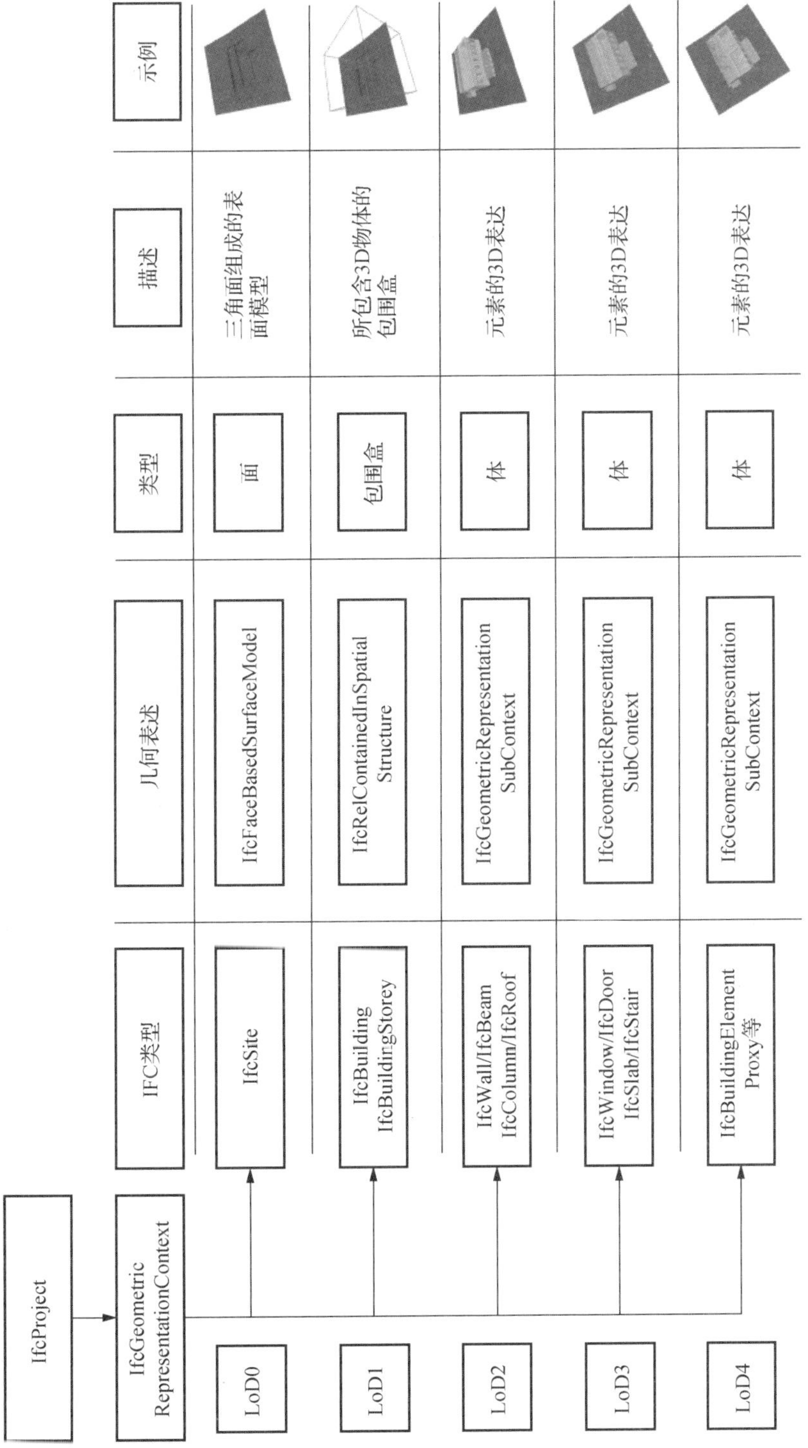

图 7.3　各层级 IFC 模型的渲染

7.2.3.4 信息查询与检索

在统一交互环境中主要有两种领域的信息：GIS 领域的地理特征要素信息和 BIM 领域的建筑模型信息（图 7.4）。根据它们各自的特性，信息的查询应分开进行考虑。

图 7.4 GIS 特征和 BIM 的不同表达类型

对于交互式查询操作，通常是获取用户鼠标动作，如单击左键、单击右键、双击右键等。首先创建屏幕空间事件句柄 SpaceEventHandler，然后绑定事件函数，对于以上两种类型的信息查询，可添加函数事件 SpaceEventHandler.Bind（pickLayerFeature，LEFT_CLICK）和 SpaceEventHandler.Bind（pickObject，LEFT_CLICK），其中 pickLayerFeature 主要针对地理空间信息要素，pickObject 主要针对 BIM 信息模型要素。pickLayerFeature 的主要原理是传递参数调用 GIS 的 Web Feature Service 接口，核心参数是 location 及 mapExtent，然后后者返回服务器 Response 消息。pickObject 的实现可通过 WebGL 的离屏 Framebuffer 或 Ray Casting 算法，在获取到构件的 ID 后，通过调用 BIMSie 接口返回详细属性信息。

信息检索分为分类检索和综合检索。分类检索指分别在两种不同领域内检索，可通过分别调用各自的检索接口实现。综合检索是综合地理空间检索与 BIM 要素检索，如检索某一位置 5km 范围内所有消防器材（IfcFireSuppressionTerminal）信息。综合检索的实现可通过分步执行进行，即先检索 BIM 信息，再通过空间拓扑关系验证；也可将 BIM 要素映射成地理要素后在 GIS 框架下进行检索。

7.3 BIM+GIS 的可视化运维系统设计

7.3.1 总体架构设计

系统采用 B/S 架构进行设计，自下而上分为 3 个层次，分别为数据层、应用层和表示层，如图 7.5 所示。

1）数据层位于底层，主要关注数据的存储和访问。数据存储部分由 BIM 数据库、地理空间数据库、关系数据库和文档数据库组成。数据访问通过诸如数据库访问驱动、Web 服务接口以及由开放地理空间联盟（OGC）提出的开放标准（如 WFS、WMS）等来实现。

2）应用层包含许多使用 PHP 语言编写的 Web 应用程序。基于各种引擎或服务接口构建的各种功能应用（如数据可视化查询、设施管理等）是框架的关键部件，构成了系统架构的真正核心。

3）表示层是指为最终用户提供数据可视化、交互式查询和操作的用户界面。表示层作为最外层，它采用 HTML5、JavaScript 和 CSS 进行开发，可以在支持 WebGL 的 Web 浏览器（如 Google Chrome、Mozilla Firefox、Safari 和 Opera）上显示 3D 内容。

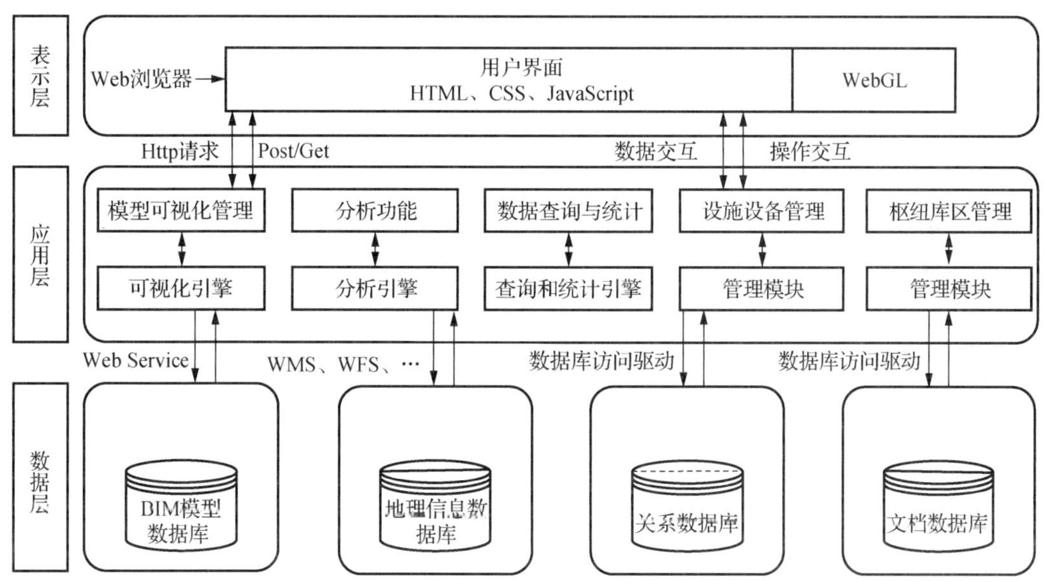

图 7.5 原型系统总体架构设计

7.3.2 业务功能设计

7.3.2.1 模型可视化管理

水利水电工程具有地形条件复杂、设计选型独特、涉及专业广等特点，存在工程枢纽布置复杂、信息多源异构等问题。模型可视化管理基于水利水电工程的特点，通过三维 BIM 整合到 GIS 三维大场景中，形成工程宏微观信息的融合，同时也为其他功能应用提供可视化的交互环境，如安全管理和岗位教育培训。实现的功能主要包括可实现地理空间的三维导航和建筑模型的动态浏览、虚拟仿真拆解、三维平台缩放、平移、旋转、定位及漫游展示等。

7.3.2.2 分析功能

根据水利水电工程项目的实际需要，在运营维护阶段系统平台应提供基本的分析功能。这里的分析功能主要面向 BIM 和 GIS 领域。常用的分析功能包括：①测量分析，一般包括点、线、面等的测量；②地形剖面分析，用于查看剖面线的形状，观察地形的起伏；③缓冲区分析，用于计算某个因子的影响范围；④网络分析，用于路径选择、网络流量分析等；⑤淹没分析，用于计算查看洪水淹没的范围等指标。

7.3.2.3 资料查询与数据统计

BIM 和 GIS 的集成为运维管理提供了理想的工作环境，能够使模型、属性、记录和地理位置信息统一在一个环境中，从而为用户提供一致、完整和可靠的信息。该功能模块的主要内容包括资料查询和数据统计。其中资料查询功能实现对枢纽区所有建筑物全生命周期内的资料检索，如设施设备资料、项目信息资料、设计图纸、施工图纸、培训资料、操作规程等。数据统计功能可实现各类数据的快速准确汇总和分析，结合可视化环境准确地揭示数据的时空演变规律，为用户提供决策支持。

7.3.2.4 设施设备管理

设施设备管理是指对大坝、厂房等水工建筑物及机组、闸门、启闭设备等设施设备进行管理。通过运用信息化的手段，增强枢纽设施设备信息资源的集中管理与信息共享，保障大坝的安全稳定运行。设施设备管理模块内容主要包括以下内容。

1）安全检查主要包括日常巡查、定期检查、年度详查和特种详查。对安全检查的计划、检查的部位、时间、发现的问题、巡检报告等信息在系统平台中进行详细记录。

2）安全监测主要完成安全监测资料的原始记录、安全监测仪器的埋设及维护检查记录等，同时对监测资料进行分析和预测，及时反映大坝及其附属设施的安全运行状况，为决策提供支持。

3）信息报送主要实现大坝日常信息、年度报告、专题报告等信息的报送审核工作。

4）维护管理主要实现建筑设施的维护计划、故障修复等。建立设施设备基本信息库与台账记录，根据生成的维护保养计划自动提醒即将到期需保养的设施设备；对出现故障的设备从维修申请，到派工、维修、完工验收的一系列流程实现过程化管理。

5）应急管理实现应急预案的编制、警情发布及应急预案的启动。针对大坝可能出现的险情，编制相应的应急预案进行备案。当出现险情征兆时，由系统平台向上级部门或现场人员发布警情预报，并启动相应的应急预案，进行险情处置。

7.3.2.5　枢纽库区管理

水利水电工程枢纽库区的管理关系到枢纽及整个库区的安全，系统主要通过以下两个模块的内容来进行库区的管理。

1）专题数据管理。专题数据管理利用 GIS 的优势管理库区范围内的专题数据，包括水雨情专题数据、气象专题数据、泥沙专题数据、森林植被专题数据、移民专题数据、人文经济专题数据等。系统为这些数据提供统一的数据存储、管理及服务平台，以满足查询、统计等综合业务的需求。

2）安全评价与预警决策管理。安全评价与预警决策管理主要对库区范围内可能发生的地质灾害（滑坡、崩塌、塌岸、危岩体等）进行监测，通过风险分析和安全评价进行危险区域的划分与预测，结合评价和预测的结果对决策提供支持。

7.3.3　开发方案及实现

以 Cesium 三维网络 GIS 平台为依托，BIM Server 作为模型服务器，使用 HTML、CSS、JavaScript、PHP 语言，实现两者数据融合环境的搭建。

7.3.3.1　开发工具

该原型系统主要使用开源软件和遵照开源规范进行开发。根据使用目的的不同，将所使用的工具软件分为三种主要类型：预处理工具、客户端工具和服务器端工具。预处理工具主要用于从地理空间数据库创建地图和地形数据，以及数据格式的转换与导出包括 Cesium Terrain Builder（CTB）、GDAL 开源栅格空间数据转换库和 Revit 导出 IFC 插件工具。服务器端包括一个 HTTP 服务器、IFC 服务器和 GIS 服务器，分别为 WampServer、BIM Server、GeoServer 和 Cesium Terrain Server（CTS）。客户端 Web 应用程序基于 Cesium 库开发，可以通过支持 WebGL 的浏览器访问。表 7.2 显示了使用的主要开源软件和服务列表。

表 7.2　开发工具的详细信息

序号	工具	版本	目的
1	Google Chrome	55.0.2883.87	用于测试 Web 程序
2	Cesium	1.15	用于在 Web 浏览器中进行 3D 地球与 2D 地图的交互式展示
3	GeoServer	2.8.1	基于 Java 的软件服务器，使用开放标准用于地图创建和数据共享
4	CTS	0.5.1	用于 Cesium 地形数据的发布
5	BIM Server	1.5.55	用于处理和共享 IFC 模型的 BIM 服务器

续表

序号	工具	版本	目的
6	WampServer	2.5	用于发布Web应用程序的Web开发环境（由Apache、MySQL和PHP组成）
7	CTB	0.4.1	用于生成Cesium的地形数据
8	GDAL	1.11.1	用于矢量和栅格数据的转换和处理
9	GeoTools	16.0	一个开源的Java代码库，用于对地理空间数据的操作
10	IFC Exporter for Revit 2014	3.13	Revit中用于导出IFC模型
11	Google Maps API	3.27	用于集成Google地图的开放接口服务

7.3.3.2 数据预处理

为了验证方法的可行性，采用的模型通过Autodesk Revit 2014软件建模生成，并导出为标准的IFC 2×3格式。地形原始数据由中国科学院计算机网络信息中心（http://www.gscloud.cn）提供。使用CTB创建了某地的地形数据，并通过CTS进行发布。地图数据通过谷歌WMS接口服务提供。图7.6为3D WebGIS中构建的影像和地形模型。

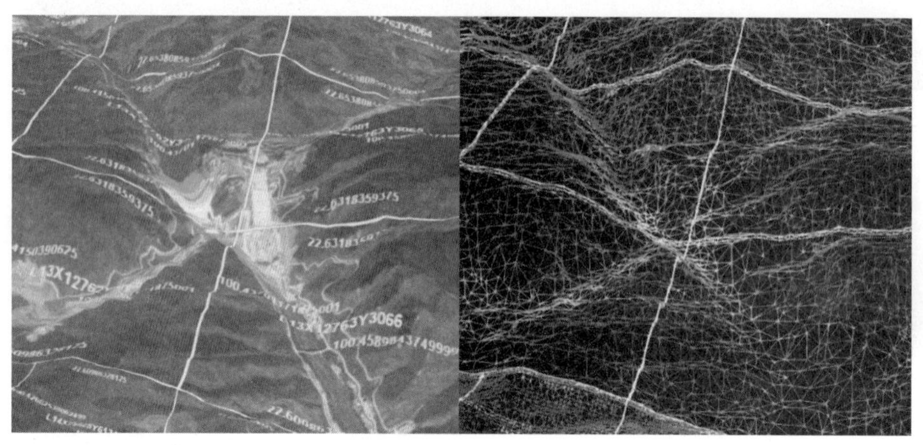

图7.6 地形影像模式和线框模式

7.3.3.3 系统功能展示

（1）服务连接

以WebGIS客户端为容器时，首先进入的是WebGIS的环境，然后根据服务器的地址连接到BIM服务器。本书中GIS端根据BIM项目接口服务，查询服务器端已存在的项目文件，用户根据自己权限范围内的项目选择某一具体项目进行查看，相关的参数提交后，系统按照服务接口索取数据，如图 7.7 所示。

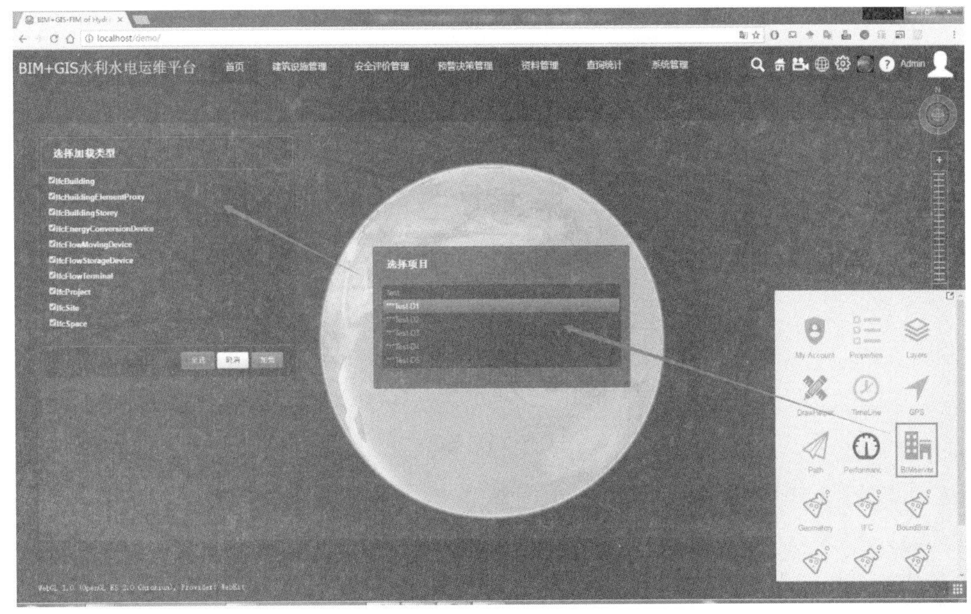

图 7.7　WebGIS 中连接 BIM Server 服务

（2）模型可视化管理

通过数据传输及坐标转换等步骤，模型的几何信息与地理信息进行集成显示。图 7.8（a）中为 Revit 中建立的地形，将其导出为通用 IFC 文件，导入到 BIM Server 中，如图 7.8（b）所示；图 7.8（c）中是该地形集成进 GIS 中的场景。

（a）Revit 中模型　　（b）BIM Server 中模型

图 7.8　模型在 GIS 场景中的融合展示

（c）Cesium 场景中模型

图 7.8（续）

（3）分析功能

分析工具主要提供了与水利水电项目的实际需求接近的分析功能，包括：①坡度分析；②缓冲区分析；③网络分析；④空间分析；⑤监测分析等。这些功能都以云服务的形式进行发布，可通过接口进行调用，图 7.9 是原型系统中可供使用的部分分析功能展示。

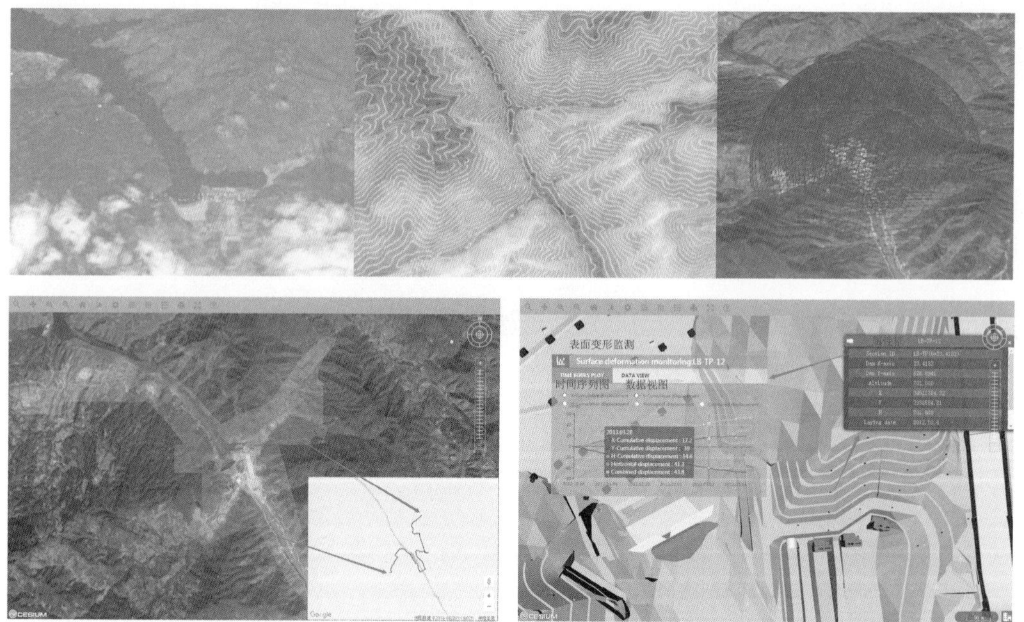

图 7.9　分析功能展示

对于地理信息特征要素和 BIM 构件信息，通过统一的“键-值”信息框进行展示。图 7.9 中右下角所示为坝体边坡工程中监测仪器的信息查询与分析，信息框弹出该监测仪器的基本信息，如仪器编号、安装日期、坐标信息等，再通过信息框顶部的历史数据查询分析按钮，即可展示该监测仪器监测数值随时间的变化及趋势预测曲线。

（4）信息查询与交互

函数查询是一种双向交互方式，它通过单击对象或特征来显示语义信息，或通过查询检索某些关键字，将查询结果或特征附加到视图中，如图 7.10 所示。图 7.10（a）中为点击构件名，弹出对应的属性信息窗口；图 7.10（b）为检索构件中的梁和柱，结果显示在 3D 视图中。除了图形外，检索也可实现对文档等资料的全文检索，结果返回文本类的查询信息。

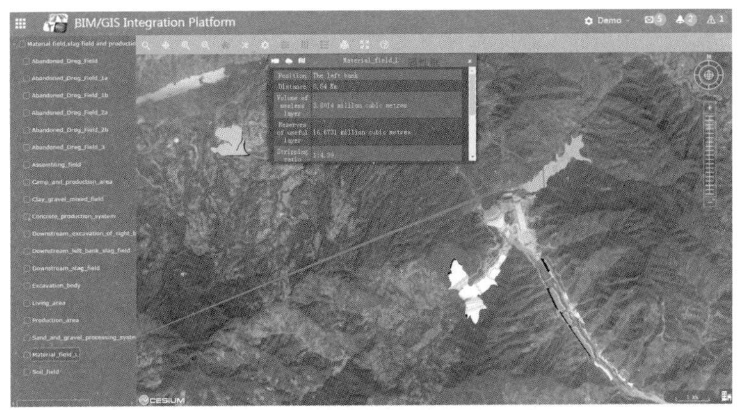

（a）构件信息的属性查询

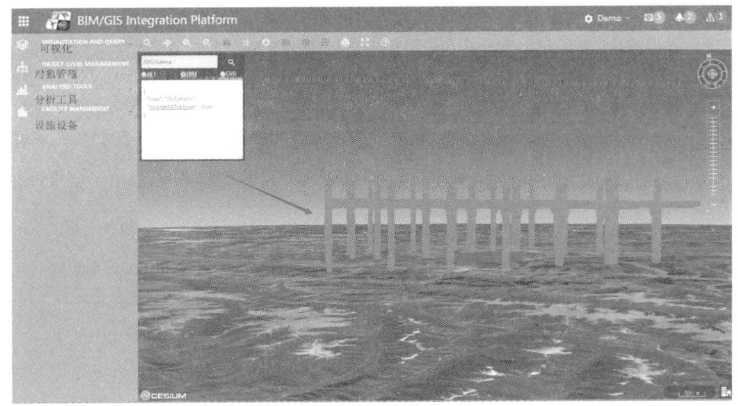

（b）检索提取所有梁和柱构件

图 7.10　资料查询界面

（5）设施设备管理

图 7.11（a）为进行设施设备维护时派工单任务分配界面。维护任务创建后，管理人员可以进行人员的选择，并通过系统工作流将派工单的详细内容推送给相关维护人员。维护人员在收到任务后进行设施设备维护，维护人员可通过平板等查看模型，了解有关设备的属性、资料、运行状态等信息［图 7.11（b）］，完工后在系统提交任务，消息返回给管理人员，形成闭环。最后系统中留下维护的记录，为日后信息查询和追溯提供依据。

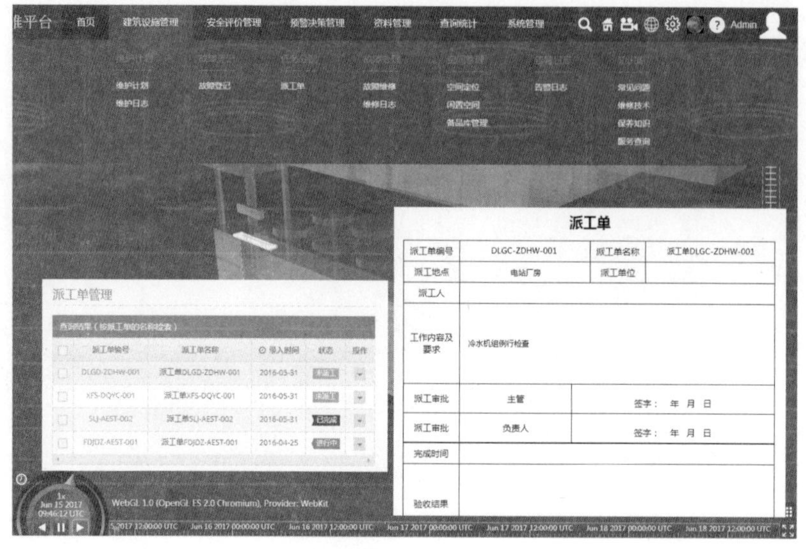

（a）派工单任务分配界面

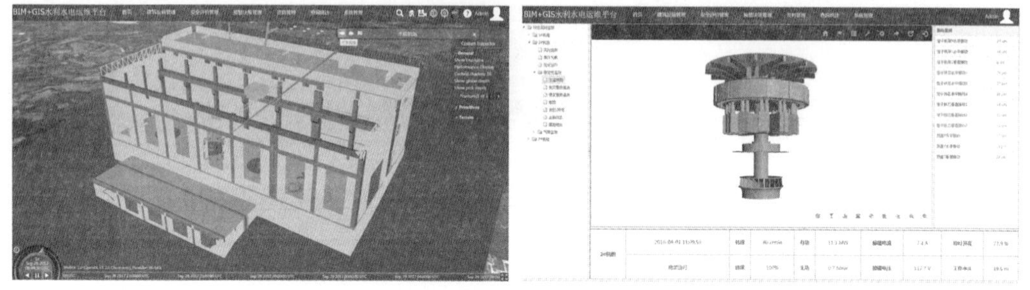

（b）设备运行状态查询界面

图 7.11　设施设备管理

（6）枢纽库区管理

系统提供专题图管理功能，可加载显示不同的专题地图数据，同时可对库区监测的成果进行风险分析和安全评价分析，并以可视化的方式显示区域的评价和预测结果，从而对决策提供支持。图 7.12 为专题图及岸坡稳定评价结果显示界面。

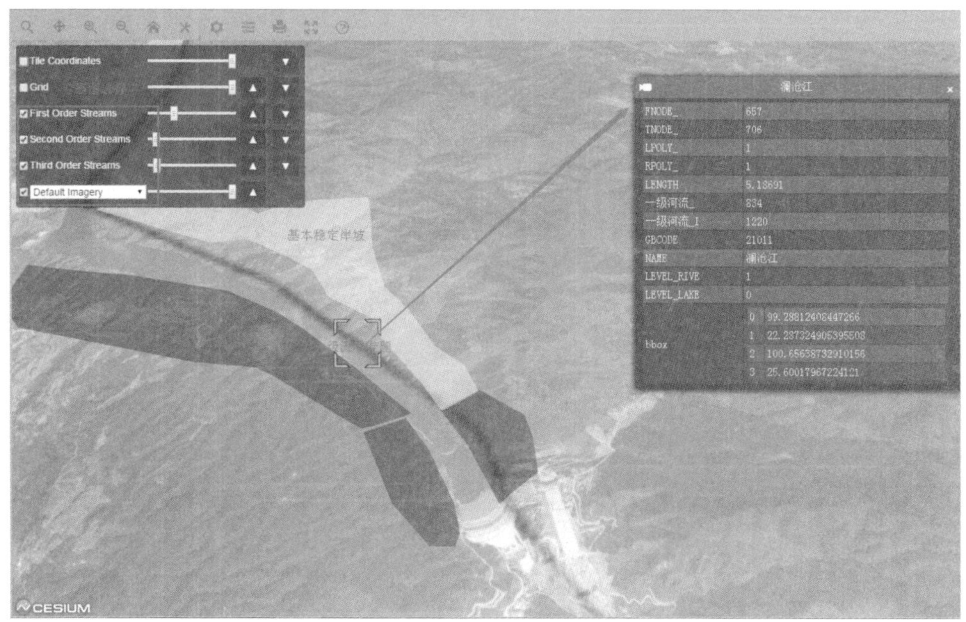

图 7.12　专题图及岸坡稳定评价结果显示界面

第 8 章　水电工程数据安全保障技术

8.1　基于 BIM 的数据中心建设

8.1.1　基于 BIM 的数据中心建设原则

在进行水利水电工程协同管理的过程中，数据中心是实现全方位、全过程、数字化、信息化、智能化协同工作与管理的基础，数据中心不仅存储工程规划设计、施工建设阶段的所有信息，还将为以后的运行管理相关的所有工程数据信息提供支撑。此外，数据中心还将承担水利水电企业的信息资源服务、业务经营管理、决策数据支持等角色，也是企业信息化的必由之路。

水利水电工程数据中心是实现全生命周期管理和数字化移交的关键。它不是各业务系统数据的简单集合，而是一套建立在相关标准、规范、技术、基础设施之上的完整的数据服务体系。其建设应遵循以下基本原则。

（1）标准化

为保证数据中心数据共享交换，数据交换需遵守一定的数据标准和规范，即以国家、行业、企业的标准和规范，同时兼顾国际标准规范。通过标准化的数据交换减少数据重复，提高接口的可用性，实现信息互用。

（2）云化

基于虚拟化技术将计算、存储、网络等资源形成统一的资源池，并形成云化的服务中心，通过统一的控制台管理与调度计算资源、存储资源、网络资源。

（3）实用性

应尽可能地满足数据抽取、转换、加工、整合及应用等的需要，同时提供完善的维护接口，配置简单、便于维护和易于管理。

（4）可伸缩性和可扩展性

中心架构应具备跨平台特性，充分考虑未来环境的变化、业务的变化、数据的变化以及技术的变化，保证平台的更新、升级、扩容等不受制约，具有较强的可伸缩性、可扩展性和技术先进性。

（5）兼容性

在数据源及数据结构上充分考虑标准 IFC 框架对各种数据的兼容性，可以是 Excel、Word、PDF 等格式的文档，可以是 JPG、PNG、MP4、MOV 等多媒体格式文件，可以是 PLY、LAS、OSGB 等现场采集数据，也可以是 JDBC、ODBC 所支持的数据库等。

（6）安全性

数据中心需至少保证系统安全、网络安全和数据安全三个层次。因此，我们需做好安全设计，保证数据中心能够安全可靠的运行。

8.1.2　基于 BIM 的数据资源池建设

根据业务功能的需要，数据中心数据资源池（图 8.1）主要负责处理存储三大类的数据，分别为信息模型数据、业务应用数据和系统管理数据。

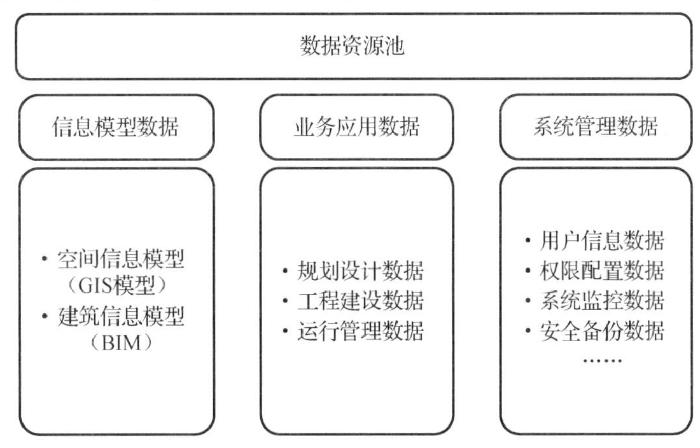

图 8.1　数据资源池分类

（1）信息模型数据

信息模型数据主要包括空间信息模型和建筑信息模型。空间信息模型主要涉及地理信息系统相关的大场景类数据，包括遥感影像数据、地图数据、DEM 数字高程数据、地理编码数据及各种专题数据等。建筑信息模型主要指水利水电工程 BIM，包括地质、水工、厂房、机电、交通等各个专业的模型及它们的集合。信息模型数据是平台的基础，能够为平台提供可视化的虚拟工作环境，特别是为项目的宏观、微观管理提供支撑。

（2）业务应用数据

业务应用数据主要涵盖水利水电工程建设的全生命周期，从阶段角度可分为规划设计数据、工程建设数据和运行管理数据。根据业务类型的不同可划分为进度数据、成本数据、质量数据、安全监测数据、数值分析数据等。业务应用数据是平台的核心，是企业业务运营管理数据的积累，能够为企业市场战略开发、商业智能决策、业务优化升级等提供支撑，是一种宝贵的无形资产。

（3）系统管理数据

系统管理数据主要包括用户信息数据、权限配置数据、系统监控数据、安全备份数据等。用户信息主要用于个人信息的识别和系统的登录访问。权限配置数据主要是系统角色的操作权限、菜单权限、数据访问范围等参数的配置信息。系统监控数据主要是系统的软硬件运行日志等，用于系统运行状态的监控与预警。安全备份数据是对数据的定时备份，以确保系统具备容灾能力。系统管理数据是平台运行的必要组成部分，为系统提供访问认证、权限分配、数据安全等方面的基础服务。

8.1.3　基于 BIM 的数据中心建立要求

大数据中心的资源调用方式是面向服务而非像以前一样面向复杂的物理底层设施进行设计的，在大数据中心的资源调用中交互服务层是基于服务调用的关键环节。交互服务层的形成是由网络智能化进一步发展而实现的，它是底层的物理网络通过其内在的智能服务功能，使得其上的业务层面看不到底层复杂的结构，不用关心资源的物理调度，从而最大化地实现资源的共享和复用，大数据中心的建立需具备以下能力。

（1）整合能力

将数据中心所需的各种资源实现基于网络的整合，这是后续上层业务能看到底层网络提供各类服务的基础。整合的概念不是简单的功能增多，虽然整合化的一个体现是很多独立设备的功能被以特殊硬件的方式整合到网络设备中，但其真正的核心思想是将资源尽可能集中化以便于跨平台的调用，而物理存在方式则可自由地根据需要而定。

数据中心网络所必须提供的资源包括以下两个方面。

1）智能业务网络所必需的智能功能，如服务质量保证、安全访问控制等。

2）三大资源网络，即高性能计算网络、存储交换网络和数据应用网络。

（2）虚拟化能力

虚拟化其实就是把已整合的资源以一种与物理位置、物理存在、物理状态等无关的方式进行调用，是从物理资源到服务形态的质变过程。虚拟化是实现物理资源复用、降低管理维护复杂度、提高设备利用率的关键，同时也是为未来自动实现资源协调和配置打下基础。

新一代数据中心网络要求能够提供多种方式的虚拟化能力，不仅仅是传统的网络虚拟化（如 VLAN、VPN 等），还必须做到以下几个方面。

1）交换虚拟化。

2）智能服务虚拟化。

3）服务器虚拟化。

（3）自动化能力

在高度整合化和虚拟化的基础上，服务的部署完全不需要物理上的动作，资源在虚拟化平台上可以与物理设施无关地进行分配和整合，这样我们只需要将一定的业务策略输入给智能网络的策略服务器，一切工作都可以按系统自身最优化的方式进行计算、评估、决策和调配实现。

这部分需要做到两个方面的自动化：①网络分配的自动化；②业务部署的自动化。

（4）绿色数据中心要求

当前的能源日趋紧张，能源的价格也飞扬直上，绿地（green field）是我们每个人都关心的议题。最大限度地利用能源、降低功耗，以最有效率的方式实现高性能、高稳定性的服务是新一代的数据中心必须考虑的问题。

8.1.4　基于 BIM 的数据中心整体架构

数据中心主要由四个部分组成：基础环境、数据资源池、数据应用及服务接口、安全运行机制和标准规范体系。数据中心总体架构如图 8.2 所示。

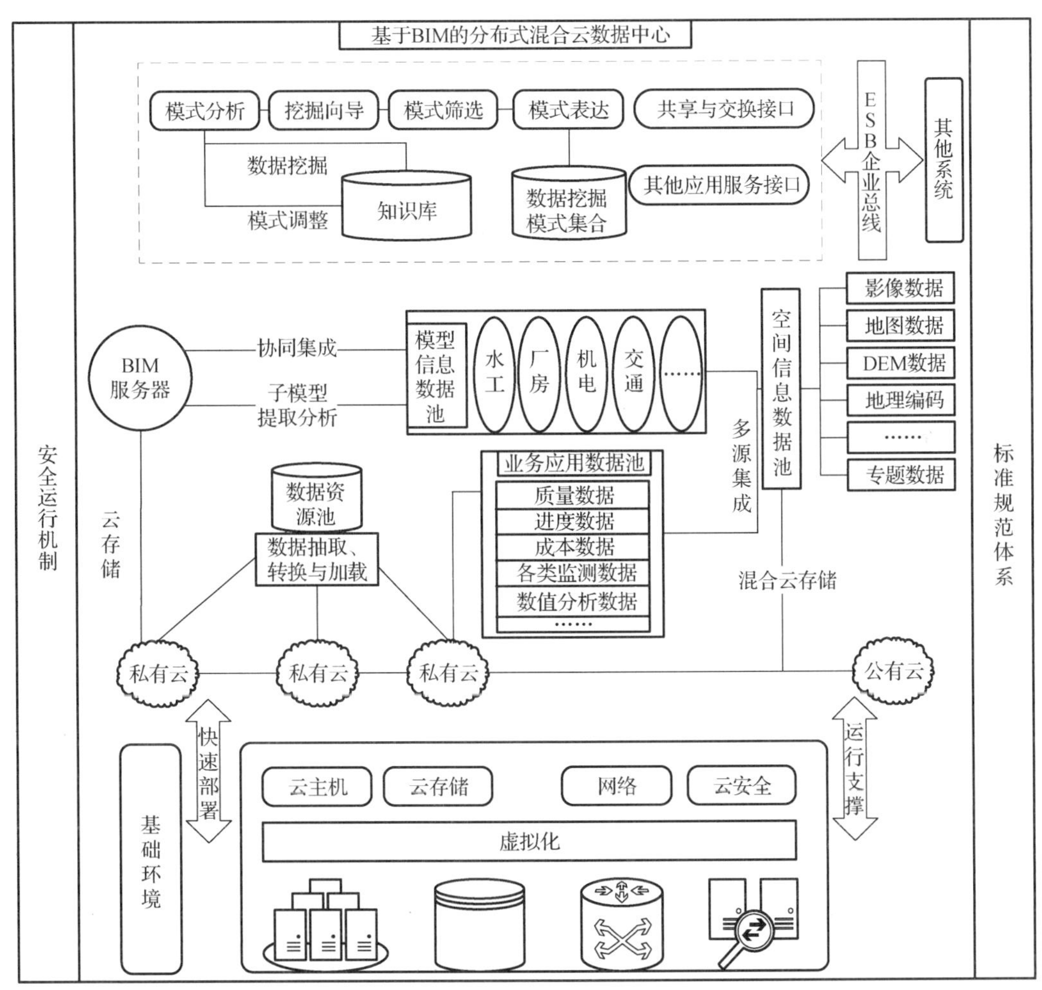

图 8.2　数据中心总体架构

基础环境：为软硬件设施，即通过虚拟化技术将底层异构的硬件和操作系统、软件等整合成高性能、高伸缩性、高可扩展、高可靠和高安全的系统运行资源，为数据存储、计算、分析等服务提供基本的环境。

数据资源池：数据中心进行数据加工的数据来源，包括信息模型数据池、业务应用数据池及系统管理数据池。

数据应用及服务接口：是对数据源进行计算分析、数据挖掘等，并提供各种应用服务接口，与其他各大应用系统之间通过 ESB 数据服务总线进行沟通。

安全运行机制和标准规范体系：为数据中心提供安全运行和实施标准的支持。安全运行方面做到明确职责、管理制度完善、技术防范到位，标准建设方面需全盘考虑，兼容国家、行业、国际等标准和规范。

8.1.5　基于 BIM 的数据中心应用价值

（1）海量数据存储

由于水利行业在信息化的过程中缺乏统一的数据格式规范，积累了涵盖全生命周期的资料信息和工程数据，存储相对独立，同时随着水利数据的种类、来源、数量的持续性增长，数据量已经达到了 PB 级别。海量的水利数据在水利工程建设、水行业管理等各个方面存在极大的潜在价值，而海量数据储存与安全远超出了传统的服务器处理的能力。因此，构建基于 BIM 的分布式混合云数据中心成为了解决水利大数据储存的有效途径之一。

（2）行业数据共享

从纵向而言，由于各级政府部门对于水利资源的需求存在差异，往往在水利数据的采集过程中存在重复采集的现象，浪费了大量的人力物力与资金；而从横向而言，如水利、水电、水文等不同的单位所使用的水利数据格式等也有所不同，许多当前的水利云平台只能在自己的领域内独立运行，阻滞了行业之间数据的互通共享，使大量的数据未能被充分利用。在企业及地方投入大量资金搞信息系统建设以后，只在自己的领域内独立运行，形成了“信息孤岛”，无法有效管理、利用及组织数据资源。建立一套涵盖多个层次、多个类别的立体化的数据中心可有效地解决当前信息互通及共享问题。

（3）高效的数据管理分析

统一化的数据中心能够实现各专业在同一个三维空间中协同设计，保证各参与方全面深入地理解对方的设计，及时发现设计中存在的问题，进行有效的沟通并解决设计中的问题。在施工过程中通过统一化的数据中心可以同步提供有关建筑质量、进度及成本的信息。施工人员可以随时进行评估和工程估价，并生成最新评估与施工规划。在运营维护阶段 BIM 可同步提供有关设备使用情况、性能及财务方面的信息，记录重要的数字更新记录和财务数据。在进行数值分析时，大型数据中心可以高效地处理各类数值分析模型，从而快速解决实际问题。

（4）运营维护高效简易

采用统一的数据中心可以进一步提高数据储存的安全性，同时由供应商统一部署服务、维护平台，能够更高效地对平台进行管理，解放了传统布置方式中所需耗费的资源，实现了数据管理的简易化。

8.2　网络及信息安全保障系统

8.2.1　整体架构

网络及信息安全保障系统的整体架构如图 8.3 所示。

信息安全保障系统以网络基础设施为依托，为整个数据中心业务提供计算环境安全、区域边界安全、通信网络安全、安全管理、安全审计、认证授权等服务。信息安全保障系统包括一个中心，三重防御，一个中心指管理中心安全，三重防御指计算环境安全、区域边界安全和通信网络安全。

1）管理中心安全：主要包括安全管理子系统、CA 子系统、认证授权子系统、统一安全审计子系统，是系统的安全基础设施，也是系统的安全管控中心。管理中心的安全为整个系统提供统一的系统安全管理、证书服务、认证授权、访问控制、统一的安全审计等服务。

2）计算环境安全：提供终端和用户的身份鉴别、访问控制、系统安全审计、恶意代码防范、接入控制、数据安全保护等安全服务。

3）区域边界安全：提供边界包过滤、边界入侵防范、边界安全审计、世界完整性保护等安全服务。

4）通信网络安全：提供传输网络安全审计、网络数据传输的保密性和完整性保护等安全服务。

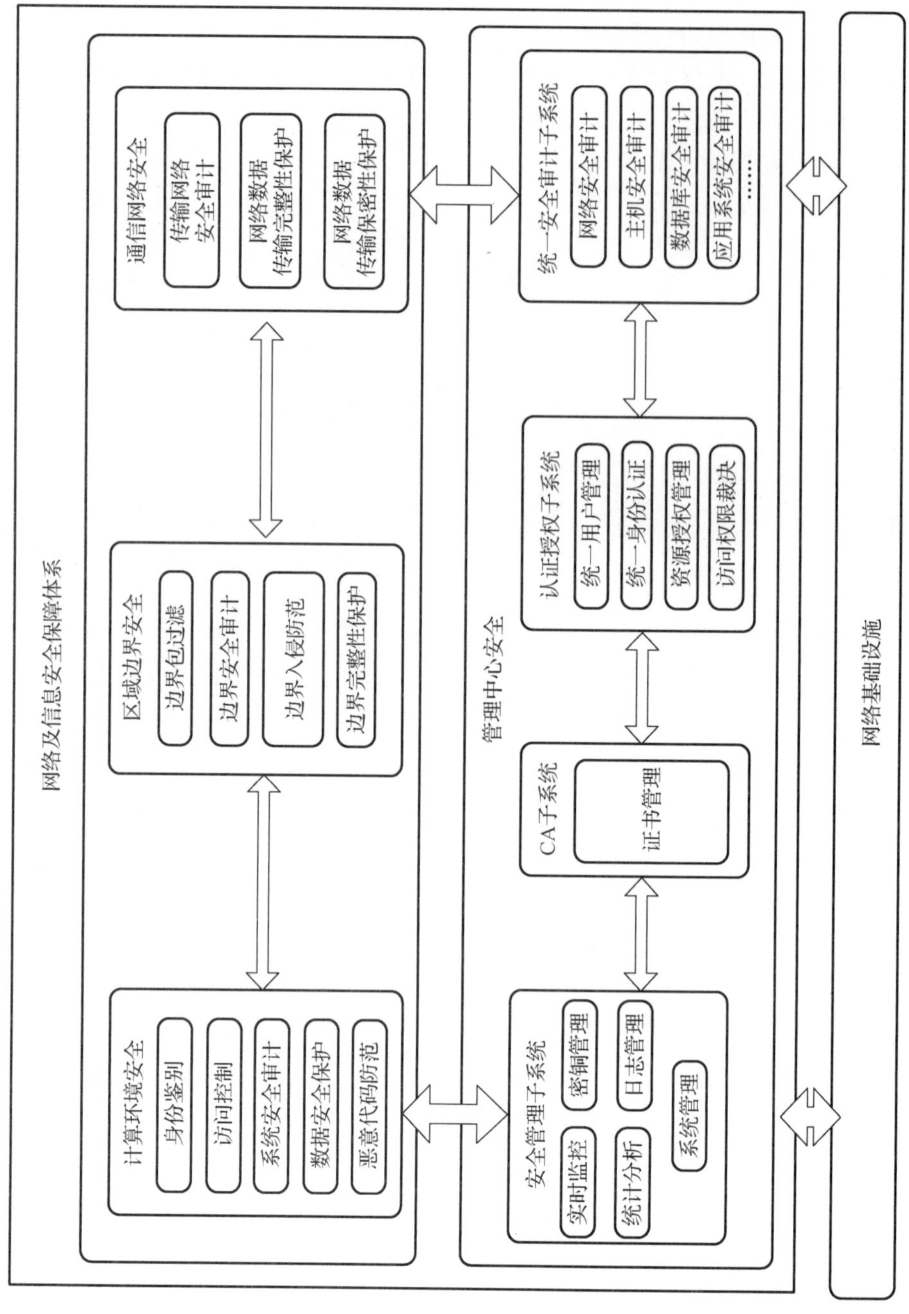

图 8.3 网络及信息安全保障系统的整体架构

8.2.2　详细设计

8.2.2.1　计算环境安全

伴随着等级保护工作的持续开展，包括防火墙、安全网关、入侵防御、防病毒等在内的安全产品成功地应用到信息系统中，从很大程度上解决了安全问题，增强了信息安全防御能力。但这些防范措施大多重在边界防御，以服务器为核心的计算平台自身防御水平较低，这给信息系统埋下了很大的安全隐患。

计算环境安全针对的是对系统的信息进行存储、处理及实施，它的重点是为了提高以服务器为核心的计算平台自身防御水平。数据中心的计算环境安全主要通过部署主机安全防护系统及使用在管理中心所部署的接入认证系统、网络防病毒系统、漏洞扫描系统等安全防护系统提供的服务，完成终端的身份鉴别、访问控制、安全审计、数据安全保护、恶意代码防护等一系列功能。

计算环境部署的安全系统均可被安全管理中心统一管理和统一监控，实现协同防护。

计算环境安全需具备以下 5 个功能。

（1）身份鉴别功能

数据中心终端应支持用户标识和用户鉴别。在对每一个用户注册到系统时，采用用户名和用户标识符标识用户身份，并确保在系统整个生存周期用户标识的唯一性；在每次用户登录系统时，采用受控的口令或具有相应安全强度的其他机制进行用户身份鉴别，并对鉴别数据进行保密性和完整性保护。

（2）访问控制功能

在安全策略控制范围内，使用户对其创建的客体具有相应的访问操作权限，并能将这些权限的部分或全部授予其他用户。采用基于角色的访问控制技术，实现不同用户、不同角色对不同资源的细粒度访问控制，分别制定不同的访问控制规则，访问控制主体的粒度为用户级，客体的粒度为文件或数据库表级。访问操作包括对客体的创建、读、写、修改和删除等。

（3）系统安全审计功能

系统安全审计功能提供安全审计机制，记录系统的相关安全事件。审计记录包括安全事件的主体、客体、时间、类型和结果等内容。该功能应提供审计记录查询、分类和存储保护，并可由安全管理与基础支撑功能层统一管理。

（4）数据安全保护功能

采用常规校验机制，检验存储的用户数据的完整性，以发现其完整性是否被破坏，可采用密码等技术支持的保密性保护机制，对在计算环境安全中存储和处理的用户数据进行保密性保护。

（5）恶意代码防范功能

安装防恶意代码软件或配置具有相应安全功能的操作系统，并定期进行升级和更新，以提供针对不同操作系统的工作站和服务器的全面恶意代码防护。恶意代码防范功能不仅能够抵御病毒、蠕虫和特洛伊木马，还能抵御新攻击，如垃圾邮件、间谍程序、拨号器、黑客工具和恶作剧，以及针对系统漏洞提供保护，阻止冒险等。

8.2.2.2 区域边界安全

随着应用系统和通信网络结构日渐复杂，异地跨边界的业务访问、移动用户远程业务访问等复杂的系统需求不断增多，对跨边界的数据进行有效的控制与监视已成为越来越关注的焦点，这对系统区域边界防护提出了新的挑战和要求。

区域边界安全针对的是对系统的计算环境安全边界及计算环境安全与通信网络安全之间实现连接并实施安全策略的相关部件。数据中心的区域边界安全主要通过在系统边界部署防火墙系统、防毒墙、入侵防御系统、安全接入平台等安全设备和系统，以及使用在管理中心所部署的安全审计系统提供的服务，完成边界包过滤、边界安全审计、边界入侵防范、边界完整性保护、边界安全隔离与可信数据交换等一系列功能。

区域边界部署的安全系统均可被安全管理中心统一管理、统一监控，实现协同防护。

区域边界安全需具备以下功能。

（1）边界包过滤功能

边界包过滤功能提供对数据包的进/出网络接口、协议（TCP、UDP、ICMP、其他非 IP 协议）、源地址、目的地址、源端口、目的端口，以及时间、用户、服务（群组）的访问过滤与控制功能，对进入或流出的区域边界的数据进行安全检查，只允许符合安全策略的数据包通过，同时对连接网络的流量、内容过滤进行管理。

（2）边界安全审计功能

边界安全审计功能在区域边界设置审计机制，提供对被授权人员和系统的网络行为进行解析、分析、记录、汇报的功能，以帮助用户事前规划预防、事中实时监控、违规行为响应、事后合规报告、事故追踪回放，保障网络及系统的正常运行。

（3）边界入侵防范功能

边界入侵防范功能在网络边界处监视以下攻击行为：端口扫描、强力攻击、木马后门攻击、拒绝服务攻击、缓冲区溢出攻击、IP 碎片攻击和网络攻击等。

（4）边界完整性保护功能

边界完整性保护功能在区域边界设置探测器，可对内部网络中出现的内部用户未通过准许私自联到外部网络，以及外部用户未经许可违规接入内部网络的行为进行检查和控制。

8.2.2.3 通信网络安全

通信网络是信息系统的基础支撑平台，如今网络 IP 化、设备 IT 化、应用 Web 化使信息系统业务日益开放，业务安全漏洞更加易于利用。通信网络的安全保障越来越成为人们关注的重点。

通信网络安全针对的是对系统计算环境安全之间进行信息传输及实施安全策略的相关部件。数据中心的通信网络安全主要是通过部署入侵防范系统和 VPN 加密系统等安全设备和系统，以及使用管理中心所部署的安全审计系统提供的服务，完成传输网络安全审计、数据传输机密性保护等一系列功能。通信网络安全采用基于加密算法的网络传输安全防护系统（SSL、VPN），实现数据安全传输与安全审计、保障通信两端的可信接入、保障数据传输的完整性和保密性。

通信网络安全需具备以下功能。

（1）传输网络安全审计功能

传输网络安全审计功能提供通信网络所传输数据包事件的日期和时间、用户、事件类型、事件是否成功及其他与审计相关的信息在内的审计功能。

（2）网络数据传输完整性与机密性保护功能

通过在不可信信道上构建安全可靠的虚拟专用网络，为数据传输提供机密性和完整性保护、数据源认证、抗重放攻击等安全保障，并且支持采用身份认证、访问控制以及终端安全控制技术，为内部网络建立安全屏障。

8.2.2.4　安全管理平台

安全管理平台是对业务系统的安全策略及计算环境安全、区域边界安全和通信网络安全上的安全机制实施统一管理的平台。它是一个集合的概念，其核心的内容是实现集中管理与基础支撑。数据中心的管理中心安全主要是通过部署安全审计系统、接入认证系统、PKI/CA 身份认证系统、网络防病毒系统、漏洞扫描系统和安全管理平台等安全设备和系统，完成证书管理、实时监控、统计分析、配置管理、密钥管理、日志管理、系统管理、统一用户管理、统一身份认证、资源授权及访问控制管理、单点登录管理、网络安全审计、主机安全审计、数据库安全审计、应用系统安全审计等一系列功能。

安全管理平台应主要涵盖数字证书的申请、审核、签发、注销、更新、查询等的综合管理，证书管理应遵循 X.509 规范和国家 PKI 标准，采用成熟的已经通过鉴定的服务器密码机做加密、解密及签名运算，为用户提供高密级的信息安全服务。

证书管理不仅能够提供用户注册、审核，密钥产生、分发，证书签发、制证及发布等基本功能，还应能为其他应用系统提供证书下载、在线证书状态查询、可信时间等服务，并进行综合管理，使其他系统能够更方便地利用电子认证基础设施实现安全应用。

（1）实时监控功能

实时监控功能从总体上对各安全构件提供简便、易用的导向式监控，从总体上和细节两个层面实时把握安全系统整体运行情况。

该功能提供逻辑视图、物理视图两种实时监控模式和多种不同的图形化及文字报警方式；提供实时监控页面即时切换，并可对实时监控项和图形化统计项进行自定义布局，完成管理员最关心的实时监控和事件统计配置和显示。

（2）统计分析功能

统计分析功能提供事件统计，并可将结果生成统计报表，并提供预定义统计和自定义统计模式。预定义统计分析主要针对系统自身信息的统计报表，主要包括事件统计、密钥统计、设备统计、用户统计和日志统计五大类。

根据实际的统计需求，对统计项进行自定义配置。配置后，统计信息可在实时监控页面中显示，也可通过统计分析进行查看。统计结果以图形化方式呈现，呈现方式多样，至少可支持柱图、饼图、趋势图等，并为关联分析提供支撑。

（3）密钥管理功能

密钥管理功能对密钥全生命周期（产生、存储、分发、更新、撤销、停用、备份和恢复）的统一管理，确保密钥全生命周期的安全。

（4）日志管理功能

日志管理功能使审计员可以通过日志管理对密钥日志、系统日志进行事后审计和追踪，作为日志审计的依据。密钥日志主要包括密钥生成日志和密钥分发日志；系统日志主要包括操作日志、监控日志和运行日志。日志管理可提供强大、完善的日志查询和检索功能，满足审计员对日志的审计和查询需求。

（5）系统管理功能

系统管理功能通过系统管理对系统自身进行各种参数配置和管理，主要包括服务器管理、组件管理、监控策略管理等。

（6）网络安全审计功能

网络安全审计功能配合网管系统，实现对网络异常行为及安全事件的审计。

（7）主机安全审计功能

主机安全审计功能实现用户对主机操作行为的审计。

（8）数据库安全审计功能

数据库安全审计功能实现对数据库操作行为的审计。

（9）应用系统安全审计功能

应用系统安全审计功能实现对应用系统操作行为的审计。

8.2.3 安全设备及系统

为保障数据中心的计算环境安全、区域边界安全、通信网络安全和管理中心安全，在数据中心建设过程中需要部署 VPN 加密系统、入侵防御系统、防火墙系统、安全审计系统、漏洞扫描系统、网络防病毒系统、安全管理平台等安全设备及系统来保障整个数据中心系统的安全运行。

8.2.3.1 入侵防御系统

入侵防御系统是一种软、硬结合的计算机系统，它能通过攻击特征库匹配、漏洞机理分析、应用还原重组、网络异常分析等主要技术实现精确抵御黑客攻击、蠕虫、木马、后门，抑制间谍软件、灰色软件、网络钓鱼的泛滥，全面防止拒绝服务攻击和服务溢出分布式攻击，数据中心入侵防御系统功能要求如下。

1）坚固的入侵防御体系：完善的攻击特征库；漏洞机理分析技术，精确抵御黑客攻击、蠕虫、木马、后门；应用还原重组技术，抑制间谍软件、灰色软件、网络钓鱼的泛滥；网络异常分析技术，全面防止拒绝服务攻击。

2）动、静态检测功能：动态检测与静态检测融合，基于原理的检测方法与基于特征的检测方法并存。

3）网络防病毒技术：病毒类型根据危害程度划分为流行库、高危库和普通库。

4）防 DoS 攻击能力：有效抵抗服务攻击，阻断绝大多数的 DoS 攻击行为。

8.2.3.2 防火墙系统

防火墙是传输与网络安全中最基本、最常用的手段之一，防火墙可以实现数据中心内部和外部网络之间的逻辑隔离，达到有效控制网络访问的作用；可以做到网络间的单向访问需求，过滤一些不安全服务；可以针对协议、端号、时间、流量等条件实现安全的访问控制；并且具有很强的日志记录功能，对不同通信网络所要求的策略来记录所有不安全的访问行为。数据中心防火墙系统功能要求如下。

1）攻击防范能力：能防御 DoS/DDoS 攻击、ARP 欺骗攻击、TCP 报文标志位不合法攻击、LargeICMP 报文攻击、地址扫描攻击和端口扫描攻击等多种恶意攻击，同时支持黑名单、MAC 绑定、内容过滤等功能。

2）状态安全过滤：支持基础、扩展和基于接口的状态检测包过滤技术；支持应用层报文过滤协议；支持对每一个连接状态信息的维护监测并动态地过滤数据包；支持对应用层协议的状态监控。

3）完善的访问控制特性：支持基于源 IP、目标 IP、源端口、目标端口、时间、服务、用户、文件、网址、关键字、邮件地址、脚本、MAC 地址等多种方式进行访问控制；支持流量管理、连接数控制、IP+MAC 绑定、用户认证等。

4）应用层内容过滤：可以有效地识别网络中各种 P2P 模式的应用，并且对这些应用采取限流的控制措施，有效保护网络带宽；支持邮件过滤，提供 SMTP 邮件地址、标题、附件和内容过滤；支持网页过滤，提供 URL 和内容过滤。

5）NAT 应用支持：提供多对一、多对多、静态网段、双向转换、IP 和 DNS 映射等 NAT 应用方式；支持多种应用协议正确穿越 NAT 功能。

6）认证服务：支持本地用户、RADIUS、TACACS 等认证方式；支持基于用户身份的管理，实现不同身份的用户拥有不同的命令执行权限，并且支持用户视图分级，对于不同级别的用户赋予不同的管理配置权限。

7）集中管理与审计：提供各种日志功能、流量统计和分析功能、各种事件监控和统计功能、邮件告警功能。

8.2.3.3 安全审计系统

安全审计系统是按照一定的安全策略，利用记录、系统活动和用户活动等信息检查、审查和检验操作事件的环境及活动，从而发现系统漏洞、入侵行为或改善系统性能的过程。它是记录与审查用户操作计算机及网络系统活动的过程，是提高系统安全性的重要举措。数据中心安全审计系统功能要求如下。

1）敏感行为记录：支持用户基于网络应用的具体情况，自定义敏感的网络访问行为数据特征，系统可以根据策略对于敏感事件实时记录、显示和阻断。

2）特定网络连接实时监视功能：支持用户通过会话监控功能对正在进行的连接会话内容进行实时监控，并支持手工阻断、自动阻断功能。

3）流量审计：支持对 IP、TCP、UDP、ICMP、P2P 等应用协议的流量监测，提供基于 IP 地址、用户组、应用协议类型、时间、端口等组合流量审计策略；可分析网络流量最大值、均值、总值、实时流量、TOPN 等。

4）网络管理行为审计：支持 TELNET、FTP 访问审计，记录 TELNET、FTP 访问的时间、地址、账号、命令等信息；对违反审计策略的操作行为实时报警、记录。

5）互联网行为审计：支持对网页访问、论坛、即时通信、在线视频、P2P 下载、网络游戏、炒股、文件上传下载等行为进行全面监控管理。

6）HTTP 协议审计：中英文 URL 数据库，超过十种分类，如不良言论、色情暴力等；可过滤非法不良网站，并支持用户添加自定义 URL；支持针对 URL、HTTP 网页页面内容、HTTP 搜索引擎的关键字过滤。

7）SMTP 协议审计：支持 SMTP、POP3、WEBMAIL 等协议，支持基于邮箱地址、邮件主题、邮件内容、附件名的关键字审计策略；针对符合审计策略的事件，提供实时告警、阻断和信息还原。

8）FTP 协议审计：支持基于 IP 地址、用户组、时间、命令关键字等组合的审计策略，可记录源 IP 地址、目标 IP 地址、账号、命令及上传下载文件名等。

9）数据库访问行为审计：支持 Oracle、SQL Server、MySQL、DB2、Sybase、Infomix 等数据库，实时审计用户对数据库的所有操作（如创建、插入、删除等），精细还原操作命令，并及时告警响应。

10）Windows 远程访问行为审计：支持对 NETBIOS 协议审计，记录具体时间、地址、具体操作等。

11）通信加密：与安全中心间的通信采用强加密传输告警日志与控制命令，避免可能存在的嗅探行为，实现数据传输的安全。

8.2.3.4　漏洞扫描系统

通过部署漏洞扫描系统，可以对数据中心主机服务器系统（Linux、数据库、Windows）、交换机、路由器、防火墙、入侵防御、安全审计、边界接入平台等设备，实现不同内容、不同级别、不同程度、不同层次的扫描。对扫描结果，以报表和图形的方式进行分析，实现隐患扫描、安全评估、脆弱性分析和解决方案制定。数据中心漏洞扫描系统功能要求如下。

（1）扫描管理

扫描管理能够对网络（安全）设备、主机系统和应用服务的漏洞进行扫描，指出有关网络的安全漏洞及被测系统的薄弱环节，给出详细的检测报告，并针对检测到的网络安全隐患给出相应的修补措施和安全建议。

（2）漏洞管理

漏洞管理的循环过程划分为漏洞预警、漏洞分析、漏洞修复、漏洞审计四个阶段。

1）漏洞预警：最新的高风险漏洞信息公布之际，在第一时间通过邮件或者电话的方式向用户进行通告，并且提供相应的预防措施。

2）漏洞分析：对网络中的资产进行自动发现，并且按照资产重要性进行分类，再采用业界权威的风险评估模型对资产的风险进行评估。

3）漏洞修复：提供可操作性很强的漏洞修复方案，同时提供二次开发接口给第三方的补丁管理产品进行联动，方便用户及时高效地对漏洞进行修复。

4）漏洞审计：通过发送邮件通知的方式督促相应的安全管理人员对漏洞进行修复，同时启动定时扫描任务对漏洞进行审计。

（3）安全管理

1）系统将所发现的隐患和漏洞依照风险等级进行分类，向用户发出不同的警告提示，提交风险评估报告，并给出详细的解决办法。

2）系统对可扫描的 IP 地址进行严格的限定，有效地防止系统被滥用和盗用。

3）扫描数据结果与升级包文件采用专用的算法加密，实现扫描漏洞信息的保密性，升级数据包的合法来源性。

4）系统具有定时扫描功能，用户可以定制扫描时间，从而实现自动化扫描，并生成报表。

（4）策略管理

1）系统可定义丰富的扫描策略，包括完全扫描、Linux、数据库、Windows、网络设备、路由器、防火墙、20 大常见漏洞等内置策略，实现不同内容、不同级别、不同程度、不同层次的扫描。

2）系统针对不同用户的需求，可定义扫描（端口）范围、扫描使用的参数集、扫描并发主机数等具体扫描选项，对扫描策略进行合理的组合，更快、更有效地帮助不同用户构建自己专用的安全策略。

8.2.3.5　网络防病毒系统

在数据中心核心交换机上部署一台网络防毒服务器，制定完善的防病毒策略，实施统一的防病毒策略，使分布在数据中心每台计算机上的防病毒系统实施相同的防病毒策略，全网达到统一的病毒防护强度。同时防毒服务器实时地记录防护体系内每台计算机上的病毒监控、检测和清除信息，根据管理员控制台的设置，实现对整个防护系统的自动控制。数据中心网络防病毒系统功能要求如下。

（1）病毒防范和查杀能力

开启实时监控后能完全预防已知病毒的危害；可防范、检测并清除隐藏于电子邮件、公共文件夹及数据库中的计算机病毒、恶性程序、病毒邮件；能有效预防、查杀映像劫持类型的病毒；可以防范网页中的恶意代码；压缩文件、打包文件查杀毒（在不加密的情况下，不限层数）；内存查杀毒、运行文件查杀毒、引导区查杀毒；支持图片、视频等多媒体文件的查杀毒；邮件接收、发送检测；邮件文件静态检测、杀毒；同时支持邮件系统、微软 Outlook 等常见客户端邮件系统的防（杀）病毒；能够有效查杀各类 Office 文档中的宏病毒，支持共享文件的病毒查杀；具有未知病毒检测、清除能力。

（2）升级管理

1）依据策略，全网统一自动升级，不需要人为干涉。

2）增量升级（包括系统中心从网站升级，客户端从系统中心升级，下级中心从上级中心升级），以减少升级时带来的网络流量；可设置升级周期和升级时间范围，实现及时升级并避免升级时占用网络带宽影响用户正常业务的通信。

3）在与 Internet 隔离的内部网络中，提供多种升级方式，包括自动在线升级、手动升级、下载离线升级包升级等。

8.2.3.6　安全管理平台

安全管理平台的目标是要确保全局的掌控，确保整个体系的完整性，而不仅限于局部系统的完整性；对于安全问题、事件的检测要能够汇总和综合到中央监控体系，确保整个体系的可追究性。

8.3　容灾备份

一切能够引起系统非正常停机的事件都可以称之为灾难，包括自然灾害、设备故障、人为操作破坏等，容灾就是在上述灾难发生时，保证系统数据尽量少丢失，并保证系统可以不间断运行。

数据中心的容灾备份要求：实现远程数据实时备份，数据零丢失，业务系统实时无缝切换，远程集群系统的实时监控和自动切换。

8.3.1　“双活”数据中心

出于容灾备份的目的，一般都会建设 2 个（或多个）数据中心。一个是主数据中心，用于承担用户的业务；其他是备份数据中心，用于备份主数据中心的数据、配置、业务等。主备数据中心之间一般有热备、冷备和双活三种备份方式。

（1）热备

只有主数据中心承担用户的业务，此时备数据中心对主数据中心进行实时的备份，当主数据中心出现宕机时，备数据中心可以自动接管主数据中心的业务，用户的业务不会中断，所以也感觉不到数据中心的切换。

（2）冷备

冷备也是只有主数据中心承担业务，但是备用数据中心不会对主数据中心进行实时备份，这时可能是周期性地进行备份或者干脆不进行备份，如果主数据中心中断了，用户的业务就会中断。

（3）双活

主备两个数据中心都同时承担用户的业务，主备两个数据中心互为备份，并且进行实时备份。一般来说，主数据中心的负载可能会多一些，如分担 60%～70%的业务，备数据中心只分担 30%～40%的业务，通过负载均衡控制。

双活数据中心的概念，既保证了业务的连续性，同时保证了两个站点的硬件资源得到充分利用。

要实现完备的双活架构，需要在信息系统的各个层面进行双活设计。我们将数据中心的信息系统技术架构分为 7 层：访问接入层、Web 层、应用层、数据库层、系统平台层、存储层、网络层。下面将对每一层的双活技术进行分析。

8.3.2　访问接入层

为满足双活中心的需求，必须使客户端的请求在多个中心之间进行智能选择，实现业务的连续性（性能最优/故障切换/按需连接）。实现站点选择通常有两种方式：一是传统站点轮询技术；二是站点负载均衡技术。具体方式如表 8.1 所示。

表 8.1　多中心之间的站点选择方式

实现方式	传统站点轮询技术	站点负载均衡技术
简要描述	采用客户端设多个 IP 地址－采用 IP 轮询方式（开发程序配合），选用适合的站点	采用站点负载均衡设备，通过策略设计，使得用户访问最适合的站点
切换时间	分钟级（手动策略有关）	实时
应用程序	需要修改	不需要修改，应用不变
增加设备	不需要	增加站点负载均衡设备和 DNS 服务器
可扩展性	低	高
站点分配方式	静态连接	可根据数据中心负载，用户距离分配
资源利用率	低，访问资源较为固定，资源利用率不高	高，可根据应用负载和距离自动分配，资源利用率高

8.3.3　Web/应用层

Web/应用层双活实现机制主要有 3 种：一是基于主机集群技术；二是基于中间件软件自身集群技术；三是基于负载均衡设备。具体分析如表 8-2 所示。

表 8.2　Web/应用层双活实现机制的方式

实现方式	主机集群技术	中间件软件自身集群技术	负载均衡设备
简要描述	采用主机操作系统本身的集群功能实现中心内部/中心之间的双活	采用基于中间件软件自身的集群功能实现中心内部/中心之间的双活	采用负载均衡设备来实现中心内部/中心之间的双活
切换时间	实时切换	实时切换	实时切换
应用程序	不需要改变	不需要改变	不需要改变
增加设备/软件	集群卡/高速交换机	集群软件	负载均衡设备
可扩展性	一般	一般	强
负载分配方式	动态	动态	动态
实现方式	复杂	较简单	简单

8.3.4　数据库层

数据库层的双活技术主要有两种：一是数据库集群技术；二是数据库复制技术。具体分析如表 8.3 所示。

表 8.3　数据库层的双活技术

实现方式	数据库集群技术	数据库复制技术
简要描述	跨中心实现数据库集群，共同承担业务系统的运行，数据库实时同步，一个中心的集群存在问题，另一个中心实时接管	数据库同城采用同步机制，在同步的基础上通过部署不同应用实现应用双活
切换时间	实时切换	分钟级
应用程序	不需要改变	不需要改变
增加设备/软件	需增加不同实例之间的数据同步软件或设备	数据库复制软件
可扩展性	一般	好
负载分配方式	动态	静态
实现方式	较为复杂	简单
数据丢失	无	分钟级/秒级/无

8.3.5　操作系统层

操作系统层的双活技术已经较为成熟，可以采用 HA 和集群技术实现。目前虚拟机的相关技术有比较大的发展，可以充分利用新的漂移、灾备切换等技术进行操作系统层的双活部署。对于云环境而言，实现操作系统层的双活比较容易。

8.3.6　存储层

存储双活实现机制主要有 4 种：基于主机卷复制技术、基于存储虚拟化技术、基于存储复制技术和基于 SAN 网络复制技术。具体分析如表 8.4 所示。

表 8.4　存储双活实现机制

实现方式	主机卷复制技术	存储虚拟化技术	存储复制技术	SAN 网络复制技术
简要描述	通过安装在主机上的卷管理工具，实现存储的复制功能	通过存储虚拟化技术，实现跨中心的数据复制技术	通过存储复制软件实现跨中心的数据复制	通过 SAN 网络实现数据复制
技术切换时间	实时	实时	小时级	小时级
应用程序	不需要改变	不需要改变	不需要改变	不需要改变
增加设备/软件	卷管理工具	存储虚拟化技术	存储复制软件	SAN 网络管理软件
可扩展性	不强	强	强	不强
存储要求	不高	不高	存储同构	SAN 交换机
同构性能	占用主机资源，要求进行数据迁移	较高，对主机和存储透明	占用存储资源	占用 SAN 网络资源
数据丢失	零丢失	零丢失	零丢失	零丢失

8.3.7 网络层

双活模式下的网络互联既需要保证 IP 网络的高可用性，又要保证能够满足既定双活要求。如果大量使用虚拟化的漂移等技术，就需要双活中心间二层互通；同城间部署光纤通道，保证数据同步；异地间要求实现 IP 网络高速互通，保证异地双活和数据复制；对于安全部署，双活两边均需部署安全设备和软件，但需要进行统一管理。

第四篇 应 用 篇

第9章 水利水电工程动态安全信息模型

虽然水利水电工程建筑物或边坡在设计期通过了施工进度设计校核和结构设计校核，但在实际施工过程中的复杂施工条件（施工方法、施工资源配置、施工人员实际操作、天气、蓄水、不良地质条件、地应力等）的影响下，其施工进度状态和结构安全状态难免会与设计状态发生偏差，出现施工进度和结构安全不满足要求的情况。建立涵盖海量工程建设条件，融合进度、安全信息的 5D BIM，动态把控水利水电工程建筑物或边坡施工过程中施工进度和结构安全状态，能够为实现水利水电工程施工安全前提下的按时完工提供重要保证。

进行施工进度表达与控制的传统方法是横道图法，该方法用连接工序开始时间节点和结束时间节点的横道作为一个个工序，并将紧前和紧后工序用箭头相连，直观地表达出各个工序的开始、结束时间，持续时间，以及各个工序的紧前紧后关系；但其缺点也较为明显，即无法形象地表达出工程建筑物或边坡各个时段的三维施工面貌。进行施工过程结构安全状态表达的传统方法：一种是通过数值仿真分析计算获得的各个施工面貌的等值线图或云图，另一种是通过安全监测数据绘制的结构安全监测量的时程曲线。前者的缺点是无法以连续、形象的方式对工程各个施工面貌下的结构安全状态进行展示，同时，由于是静态图像，也不便于进行多角度的查看；后者的缺点是每一条安全监测量的时程曲线只能通过数值表达一个监测点的安全状态，难以获悉工程建筑物或边坡整体施工面貌以及与之对应的安全状态。

水利水电工程动态信息模型（dynamic security information model of hydraulic and hydro-power engineering，Hydro-DSIM）是基于 BIM 技术、施工进度修正预测技术和结构安全动态仿真技术的数字化施工管理技术。通过动态加载并更新已完施工进度信息和预测施工进度信息，以及与之相对应的结构安全状态信息和预测结构安全状态信息，该技术实现了三维施工进度状态和结构安全状态的耦合动态模拟。

9.1 水利水电工程动态安全信息模型构成

水利水电工程动态安全信息模型由动态施工进度信息模型、动态安全监测信息模型等子模型和动态结构安全数值仿真信息模型构成。

9.1.1 动态施工进度信息模型

动态施工进度信息模型以三维可视化模型为载体，加载并更新包含施工进度、施工方法、施工工程量（混凝土浇筑、土石方填筑与开挖、支护等）、施工资源配置、施工花费等信息在内的计划施工进度信息、当前已完工部分实际施工进度信息和后期预测施工进度信息。

9.1.2 动态安全监测信息模型

动态安全监测信息模型以三维可视化模型为载体，不断加载、更新与计划、已完及预测施工进度面貌相对应的各类已经安装的监测仪器模型（如位移计、应变计、渗压计、温度计、测缝计、锚杆应力计、锚索测力计等）及其不断采集获得的安全监测信息。

9.1.3 动态结构安全数值仿真信息模型

动态结构安全数值仿真信息模型以三维可视化模型为载体，不断加载、更新与计划或者已完及预测施工进度面貌相对应的模型分区材料参数、模型边界条件、荷载分布等信息，用于动态数值仿真分析之后获得的结构安全状态信息再次加载至三维可视化模型。

9.2 水利水电工程动态施工进度信息模型建立

9.2.1 施工进度动态预测方法

水利水电工程动态施工进度信息模型包含当前已经完工部分的实际施工进度信息和后期预测施工进度信息两部分内容，前者通过施工过程中每一阶段的施工进度信息监测统计获得，后者则需要根据已完施工状态和当前施工条件，通过施工进度动态预测方法预测获得。

由于地质条件和复杂、繁重施工过程的不确定性，水利水电工程施工存在高度的不确定性。对于大型地下工程施工来说，设计期无法完全了解围岩中不良地质的分布及参数，导致施工过程中突现不良地质条件引发的开挖、支护措施调整会对后期施工进度产生影响；同时施工人员的积极性、设备的性能及可靠性、天气及材料供应上的动态变化也会导致施工过程存在较大的不确定性，进而对后期施工进度状况难以把控。因此，建立一种能够在施工过程中的任一时刻对后期施工进度和完工概率进行动态预测的概率计算方法是帮助工程项目管理人员及时采取补救措施，把控施工进度的必要手段。

在工程项目管理领域，网络分析法（如关键线路法和计划评审技术）与 S 形曲线法（如挣值法）是项目层对施工进度进行预测的两种重要方法。S 形曲线法能够有效用于控制工程项目的整体完工时间，但是无法表达工程项目中各个施工工序的关系和详细的施工进度过程。关键线路法（critical path method，CPM）本身是一种确定性方法，故无法考虑工程施工中内在的不确定性；计划评审技术（program/project evaluation and review technique，PERT）通过考虑估算施工工序（活动）持续时间时的不确定性而在关键线路法基础上进行改进，使其能够用于分析任一时刻的项目完工概率。然而，传统的关键线路法假设各个活动的持续时间均服从 beta 分布，而且其预测分析出的项目持续时间均值总是小于实际值。针对这一问题，Ahuja 等证明了其解决方法是通过仿真计算。尽管仿真系统较确定性系统有一定的优势，但是需要付出更多的工作量去搜集相关数据以确定出施工进度计划中各个施工工序（活动）的概率分布。鉴于此，一种更加柔性的方法如复杂项目进度仿真方法（statistical package social science，SPSS，属于网络分析方法）能够作为进行水利水电工程施工进度动态概率预测的更好选择，因为该方法允许各个工序有多样的概率分布，不限于 beta 分布，而且能够通过只确定关键线路上工序概率分布的途径减轻搜集工序数据以确定其概率分布的负担。

水利水电工程混凝土浇筑、土石方填筑、地下洞室开挖等施工过程繁重、复杂，且具有重复性。混凝土坝坝段每一层混凝土浇筑活动（项目层活动）都是由包括混凝土搅拌、混凝土运输、上坝、入仓浇筑、碾压、运输车空返在内的几百次重复性的过程层活动构成；地下厂房工程每一层钻爆法开挖活动（项目层活动）也都是由包括测量放线、钻孔、爆破、出渣、清理、支护在内的几百次重复性的过程层活动构成。相对于项目层施工进度预测方法，循环网络（cycle operation network，CYCLONE）仿真方法是一种面向过程层的施工进度仿真预测方法。由于该方法建立过程层活动施工仿真模型具有简明、易于理解的特点，且除了能够通过仿真计算项目层活动持续时间的概率分布，还能够用于确定施工过程资源的分配和流动情况，已经被广泛应用于多种复杂施工过程的仿真分析。循环网络仿真方法也可以应用于项目层工程整体施工进度的仿真分析，但是对于复杂繁重的施工工程来说，直接采用循环网络进行建模分析会导致模型复杂性增大，层次性降低，易发生错误。

综上所述，本节建议采用 SPSS 和 CYCLONE 相结合的分层仿真方法作为水利水电工程动态施工进度信息模型（dynamic construction progress information model，DCPIM）

中预测施工进度信息的施工进度动态仿真预测方法。

9.2.2 基于实测信息的动态施工进度修正预测方法

9.2.1 节提到的 SPSS 和 CYCLONE 相结合的分层仿真方法具有一些缺点。该分层仿真方法中使用的分层仿真模型对输入参数的更新能力有限。传统施工仿真一般在将要施工之前对后期施工进度进行预测，施工仿真模型中的输入参数主要依据假设或类似工程案例确定，而不是基于施工过程中实际动态的施工信息数据，因此如此进行的仿真结果会不准确甚至导致错误。实时施工进度仿真能够通过动态调整模型中活动的先后逻辑关系或是确定性地输入参数（如施工人员和设备的数量和类型）。即便如此，实时施工进度仿真也不具备考虑输入参数值的时变不确定性的能力。因此，原有分层仿真方法无法准确计算出工程项目的后期施工进度及完工概率。已有研究中已经存在一些处理时变不确定性的案例：Haas 和 Einstein 阐述了进行施工进度过程仿真模型更新的需要，并提出了一套在实际施工过程中用于修正施工进度预测的更新程序；Chung 等研究阐述了将贝叶斯修正技术用于改进施工进度仿真参数输入和结果输出的过程。

本节研究的目的是提出一种适用于水利水电工程复杂施工过程的基于贝叶斯理论和分层仿真模型的动态施工进度修正预测方法。该方法通过建立施工进度分层仿真模型来表达和分析项目层施工活动和过程层施工活动的逻辑关系、发生时间顺序和持续时间，并采用贝叶斯修正技术，充分利用实测施工进度数据对分层仿真模型的输入参数进行不断修正，达到改进后期施工进度仿真预测结果的目的。一些学者已经做了相关研究：Gardoni 等将贝叶斯推断理论应用于修正 S 形曲线的参数估计，并将修正后的 S 型曲线用于施工过程的预测；Kim 和 Reinschmidt 采用 beta S 形曲线替代 S 形曲线，开发并改进出一种与 Gardoni 等所提方法类似的方法。由于上述方法都是基于施工进度预测方法中的 S 形曲线法，故其不适用于水利水电工程复杂施工过程。Haas 和 Einstein 将贝叶斯修正技术应用于更新地质长度、地质参数以及隧洞决策帮助中；Chung 等在一个采用隧洞掘进机（TBM）方法开挖的隧洞施工过程中，通过采集实际施工过程数据，并假设实测数据来自方差已知正态分布，以采用贝叶斯修正技术改进仿真模型的输入参数。然而，单个隧洞的施工过程与水利水电工程复杂建筑物施工系统的施工过程明显不同，并且仿真模型中参数的总体方差通常情况下也应该是未知的。上述研究中存在的问题使得这里研究提出的基于贝叶斯理论的动态施工进度修正预测方法具有重要价值。

下面以水利水电工程中的地下洞室工程施工为例，具体阐述动态施工进度的原理和实现过程。

9.2.2.1 分层仿真模型

根据地下洞室工程的特点，其工程项目的施工任务分解情况如图 9.1 所示。图 9.1

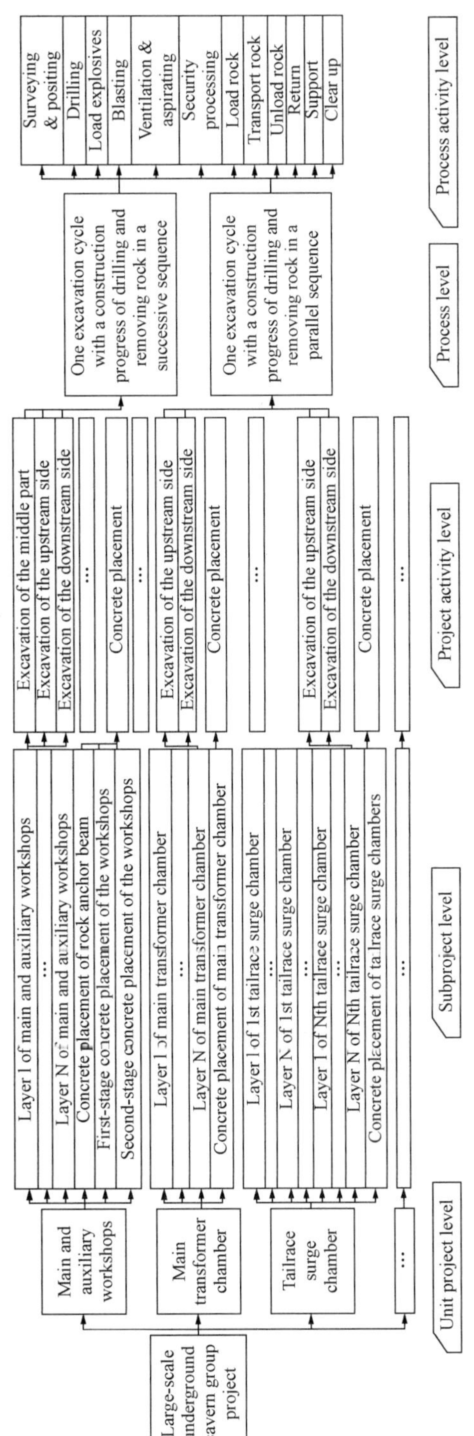

图 9.1　地下洞室工程施工任务分解图

中显示地下洞室工程施工任务被划分为 3 个层次结构，分别为项目层、过程层和过程活动层，其中项目层是由单位工程层、分部工程层和项目活动层组成。对于地下洞室工程而言，单位工程层对应的是地下洞室工程中几大类主体建筑物，即引水隧洞、主副厂房、主变室、尾水闸门室、尾水调压室、尾水隧洞和其他洞室；分部工程层对应的是几大类主体建筑物按照名称编号或是分层编号进行划分而获得的工程项目；项目活动层对应的是各个分部工程层施工项目按照开挖分区和混凝土浇筑进行划分而获得的项目活动集合（又称施工工序）。

根据施工任务的划分情况构建出地下洞室工程分层仿真模型。图 9.2 中给出的是地下洞室工程厂房部分的分层仿真模型。下面对分层仿真模型中的项目活动、施工过程、过程活动等概念进行简要介绍。

项目活动：项目活动是由施工工程项目中分部工程施工项目再次划分获得，是 SPSS 施工进度网络仿真模型中的组成部分，又称为施工工序，如厂房 2 层上游侧开挖或厂房 2 层下游侧开挖：其中一侧开挖在前，另一侧开挖滞后其一定距离。

施工过程：一个施工过程指的是某一项目活动单循环进尺的开挖过程，该过程可以由 CYCLONE 进行建模仿真。一个项目活动是由大量开挖循环构成，故其持续时间也是各个开挖循环所耗费时间的总和。需要指出的是，地下洞室工程的混凝土浇筑工作（在工程整体施工过程中所占比例较小）在进行施工进度仿真过程中，其持续时间是由主观工程经验或是相似工程参照确定，而不是通过仿真确定。

过程活动：过程活动指的是施工过程中的构成元素也是 CYCLONE 仿真模型中的活动单元，如单循环进尺开挖过程中的测量放线工作。

如图 9.2 所示，分层仿真模型中的所有项目活动共同构成了位于项目层上的 SPSS 施工进度网络仿真模型，同时过程层上除了混凝土浇筑工作以外的其他项目活动都会具有一种相应类型（如顺序施工仿真模型和平行施工仿真模型）的 CYCLONE 模型。

9.2.2.2　贝叶斯修正

（1）贝叶斯修正技术简介

贝叶斯理论认为，将先验分布与似然函数相综合而获得的后验分布，构成了较为准确、可靠的随机变量概率分布推断的基础，其描述了如何考虑影响因素的时变效应，利用采样信息不断修正和改进现有概率分布规律的过程。

在贝叶斯理论中，模型参数并不是确定性的单个数值，而是被视为具有自身概率分布的随机变量。模型参数的先验分布的确定是基于以往经验和类似工程的判断，反映了人们在获得参数实际样本数据之前对参数的已有了解，当获得该参数的样本数据之后，便能够对模型参数的先验分布进行修正。

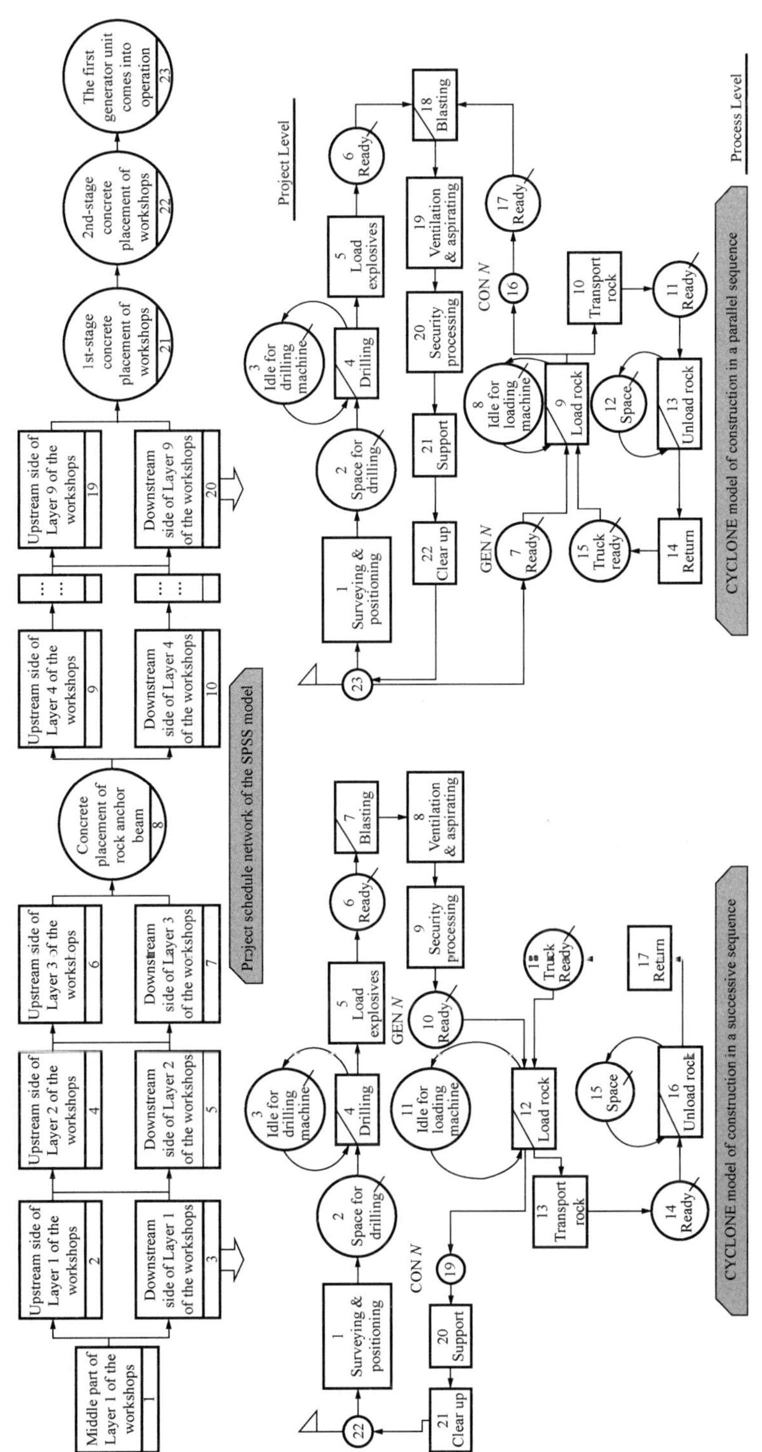

图 9.2　地下洞室工程厂房分层仿真模型

如果未知参数 $\Theta=(\theta_1,\cdots,\theta_n)$服从连续型分布，且获得来自参数总体分布的样本数据 $X=(x_1,\cdots,x_n)$，则对未知参数 Θ 的估计可以修正为

$$f(\Theta|X)=f(\Theta)L(\Theta|X)/\int f(\Theta)L(\Theta|X)\,\mathrm{d}\Theta \tag{9.1}$$

式中：$f(\Theta)$为 θ 在获得其样本数据之前的先验分布，一般由经验判断或历史记录数据确定；$L(\Theta|X)$ 为存储在样本数据中参数的客观信息的似然函数；$f(\Theta|X)$ 为后验分布，反映了考虑参数实际数据之后对参数的修正。

式(9.1)的求解过程可以看出后验分布系统地综合了先验主观信息和客观样本信息。此外，式（9.1）的计算会遇到贝叶斯公式在实际运用过程中存在的一个共性问题，即分母积分计算的困难，使得后验分布难以精确求解。但是，如果公式中先验分布和后验分布具有相同的函数形式，那么基于式（9.1）的参数更新过程将会得到显著简化。也就是说，如果先验分布是参数变量的共轭先验分布，那么后验分布可以简捷地根据先验分布的函数形式确定。例如，正态-倒伽马分布就是一个用于同时推断正态分布总体均值和方差的共轭先验分布。假设样本数据 $X=(x_1,\cdots,x_n)$ 是相互独立且共同来自一个总体均值 μ 和总体方差 σ^2 均未知的正态分布 $\Theta=(\mu,\sigma^2)$，设超参数分别为 μ_0、$\tau_0>0$、α_0、β_0，则正态分布中总体均值和方差的共轭先验分布 $f(\Theta|\mu_0,\tau_0,\alpha_0,\beta_0)$ 为

$$f(\mu,\sigma^2|\mu_0,\tau_0,\alpha_0,\beta_0)=\begin{cases}\left(\dfrac{\tau_0}{2\pi\sigma^2}\right)^{\frac{1}{2}}\exp\left(-\dfrac{\tau_0(\mu-\mu_0)^2}{2\sigma^2}\right)\times\dfrac{{\beta_0}^{\alpha_0}}{\Gamma(\alpha_0)}\left(\sigma^2\right)^{-\alpha_0-1}\exp\left(-\dfrac{\beta_0}{\sigma^2}\right) & \sigma^2>0\\ 0 & \end{cases} \tag{9.2}$$

相应地，考虑总体方差 σ^2 的总体均值 μ 的先验条件分布为正态分布，而总体方差 σ^2 的先验条件分布为倒伽马分布，即

$$f(\mu|\sigma^2)=\left(\frac{\tau_0}{2\pi\sigma^2}\right)^{\frac{1}{2}}\exp\left(-\frac{\tau_0(\mu-\mu_0)^2}{2\sigma^2}\right) \tag{9.3}$$

$$(\mu|\sigma^2,\mu_0,\tau_0)\sim N\left(\mu_0,\frac{\sigma^2}{\tau_0}\right) \tag{9.4}$$

$$f(\sigma^2|\alpha_0,\beta_0)=\frac{{\beta_0}^{\alpha_0}}{\Gamma(\alpha_0)}\left(\sigma^2\right)^{-\alpha_0-1}\exp\left(-\frac{\beta_0}{\sigma^2}\right) \tag{9.5}$$

$$(\sigma^2|\alpha_0,\beta_0)\sim IG(\alpha_0,\beta_0) \tag{9.6}$$

总体均值 μ 的先验边缘分布 $f(\mu|\mu_0,\tau_0,\alpha_0,\beta_0)$ 为自由度为 $2\alpha_0$，位置参数为 μ_0，标量参数为 $\sqrt{\beta_0/\tau_0\alpha_0}$ 的 t 分布，有

$$f(\mu \mid \mu_0,\tau_0,\alpha_0,\beta_0)=\left(\frac{\tau_0}{2\pi\beta_0}\right)^{\frac{1}{2}}\frac{\Gamma\left(\dfrac{2\alpha_0+1}{2}\right)}{\Gamma(\alpha_0)}\left(1+\frac{\tau_0}{2\beta_0}(\mu-\mu_0)^2\right)^{-\frac{2\alpha_0+1}{2}} \tag{9.7}$$

后验联合分布 $f(\Theta \mid X,\mu_1,\tau_1,\alpha_1,\beta_1)$、后验边缘分布 $f(\mu \mid X,\mu_1,\tau_1,\alpha_1,\beta_1)$ 和 $f(\sigma^2 \mid X,\alpha_1,\beta_1)$ 能够定义和更新，即

$$\mu_1=\frac{\tau_0\mu_0+n\overline{x}}{\tau_0+n} \tag{9.8}$$

$$\tau_1=\tau_0+n \tag{9.9}$$

$$\alpha_1=\alpha_0+\frac{n}{2} \tag{9.10}$$

$$\beta_1=\beta_0+\frac{\mathrm{SS}}{2}+\frac{\tau_0 n(\mu_0-\overline{x})^2}{2(\tau_0+n)} \tag{9.11}$$

式中：μ_1、τ_1、α_1、β_1 分别为共轭后验分布 $f(\Theta \mid X,\mu_1,\tau_1,\alpha_1,\beta_1)$ 的超参数；n 为样本容量；$\overline{x}$ 为样本均值；$\mathrm{SS}=\sum_{i=1}^{n}(x_i-\overline{x})^2$ 为样本平方偏差的总和。

根据上面公式的性质，正态分布的总体均值 μ 和总体方差 σ^2 能够通过后验期望估计确定，即

$$\hat{\mu}=\mu_1=\frac{\tau_0\mu_0+n\overline{x}}{\tau_0+n} \tag{9.12}$$

$$\hat{\sigma}^2=\frac{\beta_1}{\alpha_1-1} \tag{9.13}$$

式中：$\hat{\mu}$ 为总体均值 μ 的后验估计；$\hat{\sigma}^2$ 为总体方差 σ^2 的后验估计。

如果采用式（9.12）和式（9.13）首次对模型参数完成更新，能够继续获得更多的样本数据，则修正更新的操作可以接着进行。对于一个总体均值和总体方差均未知的总体分布来说，上一更新过程获得的总体均值和总体方差后验分布中的超参数 μ_1、τ_1、α_1、β_1 将成为下一阶段修正更新时先验分布中的超参数，如此进行下去，使实现了未知时变随机变量不断修正更新的目标。

施工周期长且具有繁重、重复性工作的施工项目，能够提供施工仿真模型参数充足的实测数据，使得采用贝叶斯修正技术对施工仿真预测模型进行更新成为可能。

（2）更新正在施工中的项目活动的剩余工作时间

地下洞室施工工程中的项目活动均由相当数量的开挖循环构成，每一个开挖循环又是由几十个服从一定概率分布的过程活动构成，其中装渣、运渣、卸渣、空返等活动由于单循环进尺开挖岩石体积较大的原因而需要进行上百次。根据中心极限定理可知，单循环进尺施工持续时间（即各个过程活动持续时间的总和）的概率分布可近似认为服从

正态分布，即

$$t \sim N(\mu,\sigma^2) \tag{9.14}$$

式中：t 为单循环开挖进尺的持续时间；μ 和 σ^2 分别为正态分布总体均值和总体方差，且两者均未知。

随着项目活动施工过程的进行，一系列记录每个开挖循环持续时间的数据将会在施工现场采集获得，根据这些资料，μ 和 σ^2 的后验分布及期望估计可以根据式（9.8）～式（9.13）进行更新。

然而，需要事先确定超参数 μ_0、$\tau_0>0$、α_0、β_0，通常是依据主观假设和经验或是历史数据实现。这里则是采用 CYCLONE 实时仿真结果数据进行超参数的确定。

假设数据系列 $T=(t_1,\cdots,t_m)$ 是根据正在施工的项目活动当前资源配置情况进行实时施工仿真计算获得的 m 个单循环开挖进尺持续时间的分析结果，根据正态分布性质，式（9.15），式（9.16）可以由式（9.14）确定，即

$$\bar{t} \sim N\left(\mu,\frac{\sigma^2}{m}\right) \tag{9.15}$$

$$\frac{(m-1)S^2}{\sigma^2} \sim \chi^2(m-1) \tag{9.16}$$

式中：m 为先验数据的总量；$\bar{t}$ 为先验数据的均值；S^2 为先验数据的样本方差。

将式（9.15）和式（9.4）进行对比，并根据先验矩估计，超参数 μ_0、τ_0 分别确定为

$$\mu_0=\hat{\mu}=\frac{1}{m}\sum_{i=1}^{m}t_i \tag{9.17}$$

$$\tau_0=m \tag{9.18}$$

根据卡方分布的特性，可以得出

$$E\left(\frac{(m-1)S^2}{\sigma^2}\right)=m-1 \tag{9.19}$$

$$\mathrm{VAR}\left(\frac{(m-1)S^2}{\sigma^2}\right)=2(m-1) \tag{9.20}$$

在贝叶斯理论中，$\frac{1}{\sigma^2}$ 被视为随机变量，因此式（9.19）和式（9.20）可以分别转换为

$$E\left(\frac{1}{\sigma^2}\right)=\frac{1}{\hat{S}^2} \tag{9.21}$$

$$\mathrm{VAR}\left(\frac{1}{\sigma^2}\right)=\frac{2}{(m-1)(\hat{S}^2)^2} \tag{9.22}$$

式中：$\hat{S}^2$ 是先验数据的样本方差，且 $\hat{S}^2 = \frac{\sum_{i=1}^{m}(t_i - \bar{t})^2}{m-1}$。

此外，由式（9.6）可知，$\frac{1}{\sigma^2}$ 的先验分布是伽马分布，而且由伽马分布的特性可以得出

$$\left(\frac{1}{\sigma^2} | \alpha_0, \beta_0\right) \sim G\left(\alpha_0, \frac{1}{\beta_0}\right) \tag{9.23}$$

$$E\left(\frac{1}{\sigma^2}\right) = \frac{\alpha_0}{\beta_0} \tag{9.24}$$

$$\mathrm{VAR}\left(\frac{1}{\sigma^2}\right) = \frac{\alpha_0}{\beta_0^{\ 2}} \tag{9.25}$$

联合式（9.24）、式（9.25）、式（9.21）和式（9.22），超参数 α_0、β_0 可以确定为

$$\alpha_0 = \frac{m-1}{2} \tag{9.26}$$

$$\beta_0 = \frac{\sum_{i=1}^{m}(t_i - \bar{t})^2}{2} \tag{9.27}$$

然后，总体均值 μ 和总体方差 σ^2 的后验分布和后验估计可以根据式（9.8）～式（9.13）进行更新，而单循环开挖进尺的持续时间 t 的分布函数可以更新为 $N(\hat{\mu}\hat{\sigma}^2)$。

需要指出的是，施工过程中不良地质段的单循环开挖进尺长度比良好地质段要短，且两种地质段上的单循环开挖进尺持续时间也不相同。假设 t_g 表示某个项目活动良好地质段单循环开挖进尺持续时间，t_a 则表示其位于不良地质段单循环开挖进尺持续时间且两者相互独立，那么正在施工的项目活动剩余工作时间 T_r 也是正态分布，且可以确定为

$$T_r \sim N(l_g\hat{\mu}_g + l_a\hat{\mu}_a, l_g^2\hat{\sigma}_g^2 + l_a^2\hat{\sigma}_a^2) \tag{9.28}$$

式中：l_g 和 l_a 分别为良好地质段和不良地质段的剩余开挖循环数量；$\hat{\mu}_g$ 和 $\hat{\mu}_a$ 分别为 t_g 和 t_a 均值的后验估计；$\hat{\sigma}_g^2$ 和 $\hat{\sigma}_a^2$ 是 t_g 和 t_a 方差的后验估计。

（3）更新尚未开工的项目活动的持续时间

各个项目活动之间存在一定的差异，如每个开挖循环过程中的开挖长度、开挖断面和资源配置均会有所差异，因此存在差异的项目活动采集到的每个循环进尺持续时间数据不能相互用于这些项目活动持续时间的更新。考虑到这些限制，这里通过采集某些过程活动的施工参数的实测数据来进行尚未开工的项目活动持续时间的修正。采集的数据用于更新参数需要具备一些条件要求。首先，尽管项目活动之间存在差异，但是修正后

的该参数能够用于更新其他项目的持续时间；其次，该参数的样本数据能够直接采集或者通过其他数据转换获得。如表 9.1 所示，R_{dm}、R_{lm}、V_t 和 V_r 都是通过间接转换获得的数据，是因为所需要的都是这些参数数据在单循环开挖进尺每个过程活动中的平均值，且该平均值较难直接采集获得。

表 9.1　为更新过程活动的施工参数而需要采集的数据

参数名称	单位	需要采集的数据	转换公式
钻机生产率（R_{dm}）	m/min	每次钻孔活动持续时间（T_d）	$R_{dm} = N_d L_d /（T_d N_{dm}）$
		每次钻孔活动中的钻孔数量（N_d）	
		每次钻孔活动中的钻孔长度（L_d）	
		每次钻孔活动中的钻机数量（N_{dm}）	
装载机生产率（R_{lm}）	m³/h	每次装渣活动持续时间（T_l）	$R_{lm} = V_l / T_l$
		每次装渣活动运输车的装载方量（V_l）	
运渣车辆速度（V_t）	km/h	每次运渣活动的持续时间（T_t）	$V_t = L_t / T_t$
		每次运渣距离（L_t）	
空返车辆速度（V_r）	km/h	每次空返活动的持续时间（T_r）	$V_r = L_r / T_r$
		每次空返距离（L_r）	

上述 4 个参数均可认为是由多种影响因素共同作用的，根据中心极限定理，同时考虑计算上的便利，它们的分布可以假设为正态分布。在这种假设情况下，上述 4 个参数的更新过程与正在施工中项目活动的剩余工作时间更新过程类似，其首次更新时，超参数可以通过主观经验或参考以往类似工程的历史施工记录依据式（9.17）和式（9.18）及式（9.26）和式（9.27）确定。

依据 CYCLONE 仿真模型中的 4 个更新后的输入参数，尚未开工的项目活动持续时间的概率分布可以通过重新仿真计算进行修正。

9.2.2.3　加速循环网络仿真方法（A-CYCLONE）

如前所述，由于施工过程中各种施工条件的易变性，复杂项目活动需要通过一定数量的仿真才能对其持续时间进行较为准确的先验估计。一般而言，仿真次数越多，其分析结果越准确。Schmeiser 建议采用 10～30 次的运行次数求取一个仿真模型的计算结果均值，这是因为低于 10 次的仿真运行次数得出的结果具有不稳定的置信区间，而超过 30 次的仿真运行次数只是在对置信区间稳定性需求很高的情况下才使用。

在水利水电工程单项工程复杂、繁重的施工过程中，由于施工条件的动态变化，需要不断进行后期施工进度的修正预测，动态把握工程施工进度情况。在动态的施工进度修正预测过程中，海量的项目活动需要进行循环网络仿真计算。对于大型工程各个项目活动来说，其单次运行仿真过程中存在大量的过程活动，而 CYCLONE 仿真计算速度与过程活动的数量成反比，同时又需要足够数量的运行次数以满足单个项目活动仿真结果的准确性，故采用原有 CYCLONE 仿真方法进行工程整体施工进度修正预测的效率并不高，因此考虑对 CYCLONE 仿真算法进行改进以提高方法本身乃至工程整体施工进度修正预测方法的效率。

自 1973 年 Halpin 提出 CYCLONE 以来，在过去的 40 年里一系列基于 CYCLONE 进行改进的施工仿真系统被开发出来。Mainframe CYCLONE、Insight、UM-CYCLONE 和 Micro-CYCLONE 是 4 个最早的 CYCLONE 的应用实现，它们都对原有 CYCLONE 仿真方法的功能性和人机交互性方面进行了扩展；Coops 和 Disco 继续对 CYCLONE 进行改进，使用户能够使用屏幕图标表示 CYCLONE 仿真模型中的元素并在计算机上进行仿真模型的建立；Activity-based construction（ABC）建模与仿真方法开始运用单个活动元素对一般施工过程的模型建立进行简化；Stroboscope 和 Simphony 提出了建模的柔性特征，即通过自定义的编程开发使得模型及其参数更加符合实际情况，结果更加准确；Vitascope 开发的施工仿真应用集成了三维可视化的功能；COSYE 开发了分布式的仿真系统，为不易通过传统单个仿真模型进行抽象、简化的复杂施工过程提供了一个可选方法。

可以看出，上述对 CYCLONE 仿真方法的研究重点在于其功能，如自动化、人机交互、柔性建模、可视化及分布式仿真等，并未涉及对 CYCLONE 仿真算法原理的研究，故均未从根本上提高 CYCLONE 仿真方法的计算效率。

针对上述问题，研究提出一种改进的加速 CYCLONE 仿真方法（A-CYCLONE），该方法采用多线程技术对 CYCLONE 仿真过程中触发事件的各流元循环流动进行并发跟踪，并行处理各流元流动引发的事件及系统状态的改变，以实现将原顺序仿真事件按照触发事件的流元数目进行分组并行仿真。

（1）原有 CYCLONE 仿真算法

原有 CYCLONE 仿真算法由“搜索模块”和“更新模块”两个主要部分构成，包括 5 个步骤。流程图如图 9.3 所示。

1）仿真初始化。初始化系统仿真钟，$T_{\mathrm{NOW}}=0$。

2）进入“搜索模块”：检查当前系统仿真时间下所有活动节点（一般节点和复合节点）能否满足开始条件，并将满足条件的活动节点的编号、名称和结束时间录入事件表。循环检查所有的活动节点，直到 T_{NOW} 时刻不再出现具有满足开始条件的活动节点时，转入第 3）步。

3）进入“更新模块”：找出事件表中最小结束时间（MinET）及相应活动节点信息，录入顺序表，并将当前系统仿真钟 T_{NOW} 更新为 MinET；同时每一个流元都流动到其紧后活动中。

4）根据仿真模型中最后一个活动是否录入顺序表判断仿真是否继续进行，若继续进行则回到第 2）步，否则转入第 5）步。

5）计算程序终止，输出仿真结果 $T_{SUM}=T_{NOW}$。

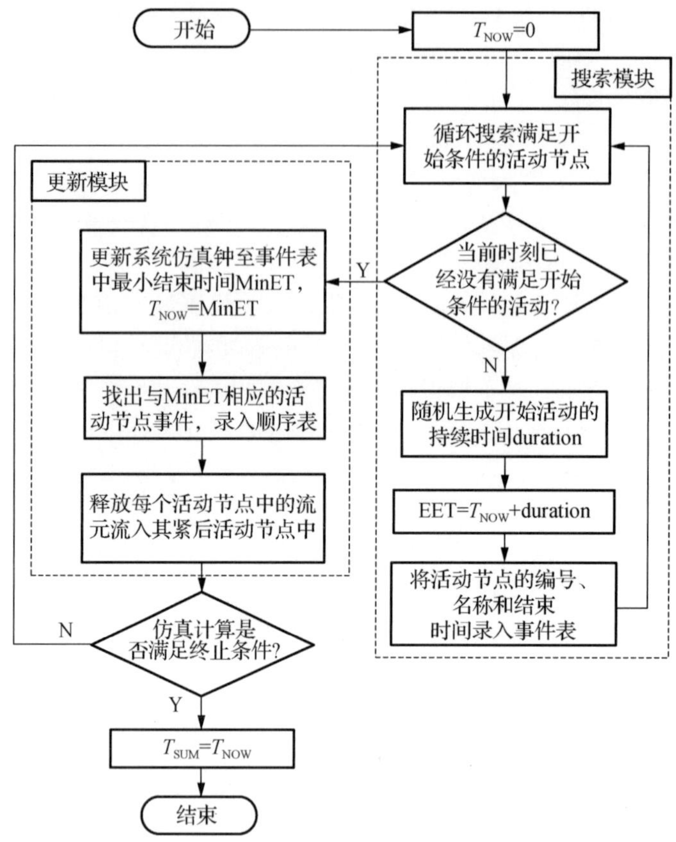

图 9.3　原有 CYCLONE 仿真算法流程

（2）运用多线程技术的改进加速 CYCLONE 设计

由图 9.3 给出的 CYCLONE 仿真计算的流程可知，每个位于事件表中的活动节点都要按照时间先后顺序录入顺序表中。也就是说，每个活动的仿真及系统仿真钟在时间轴上的推进必须严格按照时间先后顺序，如图 9.4 所示。采用原有 CYCLONE 方法进行的一次计算机上的仿真计算都是在单线程上进行处理，其仿真效率直接受到时间轴上仿真活动总数的影响。如果需要进行仿真的活动能够分成若干组，且每组仿真均在其各自的线程上进行并发处理，那么分配在各个时间轴上的仿真活动数量将会减少，同时每个线程上的仿真钟也是并发推进，如图 9.4 所示。以这种方式进行的单次仿真运行的效率势必会提高。

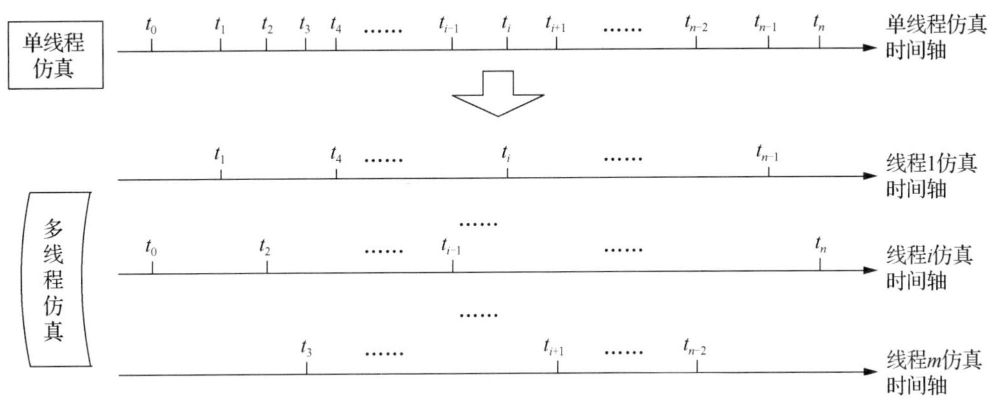

图 9.4 采用单、多线程进行仿真过程中仿真钟推进对比

图 9.5 给出了一个表达汽车出渣过程的 CYCLONE 模型，该模型具有一定代表性，是通过将地下洞室工程单个项目活动的单循环进尺仿真模型中除了循环出渣过程以外的过程活动合并后简化得到。分析图 9.5 所示的 CYCLONE 模型单次仿真过程可知，重复性的出渣过程（包括一系列装渣、运渣、卸渣、空返等过程活动）仿真占据了几乎所有的仿真时间；仿真过程中存在两种类型的流元（即运输车流元和装载机流元），其中前者会主动触发活动事件的发生。因此，研究中为每一个运输车流元分配专属的子线程并发跟踪各个出渣汽车流元的流动过程，并行处理其引发的活动节点事件及系统状态的改变，以此便实现了将原串行仿真事件按照运输车流元数量进行分组、并行仿真的目的。

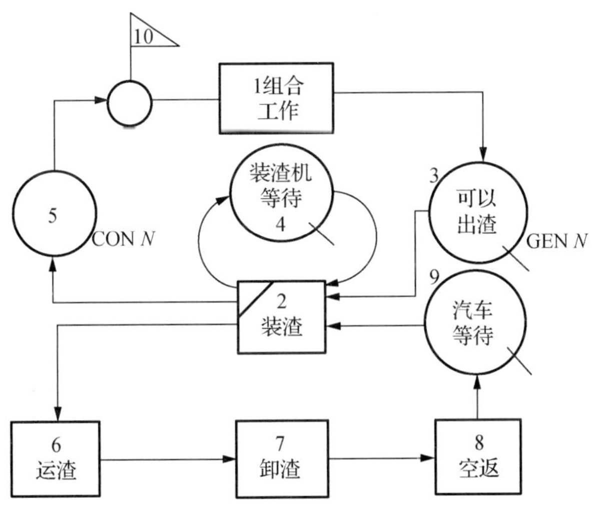

图 9.5 典型出渣过程的 CYCLONE 模型

上述采用多线程的 CYCLONE 仿真属于并行离散事件仿真（PDES）问题。在这类仿真中，各线程通过各自自主的方式推进各自的仿真钟，通过竞争共享资源与其他线程进行交互，需要一种同步算法去保证并行仿真处理过程中活动事件的顺序与顺序仿真结果保持一致。研究采用的是保守同步算法去保证顺序表上活动事件发生顺序的正确性。

在汽车出渣过程的多线程 CYCLONE 仿真中，装载机流元是各线程之间的共享资源，各线程上的运输车流元通过抢占装载机流元以使出渣活动得到启动。鉴于此，同步算法设计如下：当系统中装载机闲置流元数不为 0，同时运输车流元正好满足能够装渣的条件，此时装渣活动能够开始，仿真钟向前推进同时系统中装载机闲置流元数减 1；否则，仿真钟停滞不前，直到其他线程上的装渣活动完成。

此外，需通过加“锁”来解决多线程并发访问和修改数据表中共享资源信息的问题，以避免多个线程同时搜索到同一装载机流元处于闲置状态而均会启动装渣活动事件的情况发生，故需要加“锁”以保证搜索装载机闲置流元数以及改变装载机流元状态的操作在一个线程上进行时其他线程则禁止访问。

（3）运用多线程技术的加速 CYCLONE 算法实现

接下来给出运用多线程技术的加速 CYCLONE 算法实现过程，如图 9.6 所示，图中白色部分为主线程实现部分，灰色为子线程实现部分。

1）仿真初始化。主线程仿真钟 $T_{\mathrm{NOW}}=0$，第 i 个子线程仿真钟 $T_{\mathrm{NOW}\text{-}i}=0$。同时在事件表、顺序表中添加“运输车流元 ID”字段，用于仿真过程中记录该事件是由哪个编号的运输车流元流动引起，从而能够使相应编号线程持续跟踪该运输车流元的流动及其引发的事件。

2）主线程仿真。激活主线程上的非循环活动如“组合活动”，主线程仿真钟推进至该活动的结束时刻，同时更新子线程仿真钟 $T_{\mathrm{NOW}\text{-}i}=T_{\mathrm{NOW}}$。

3）进入子线程“搜索模块”：根据出渣运输车数目 m 由主线程启用相同数量的子线程（各线程编号与其跟踪运输车流元 ID 一致），均调用“搜索模块”，程序转入子线程并发寻找各线程上满足开始条件的活动节点事件，并将满足条件的活动编号、名称、结束时间以及相应运输车流元 ID 录入顺序表。

4）程序转入主线程，在主线程中等待步骤 3）中子线程全部终止后，总结哪些子线程存在活动事件。

5）进入子线程“更新模块”：假设存在活动事件的子线程为 n 个，则主线程重新启用 n 个相应编号的子线程，均调用“更新模块”，同时进行各自线程上仿真钟、顺序表、流元位置以及装渣活动发生次数的更新。

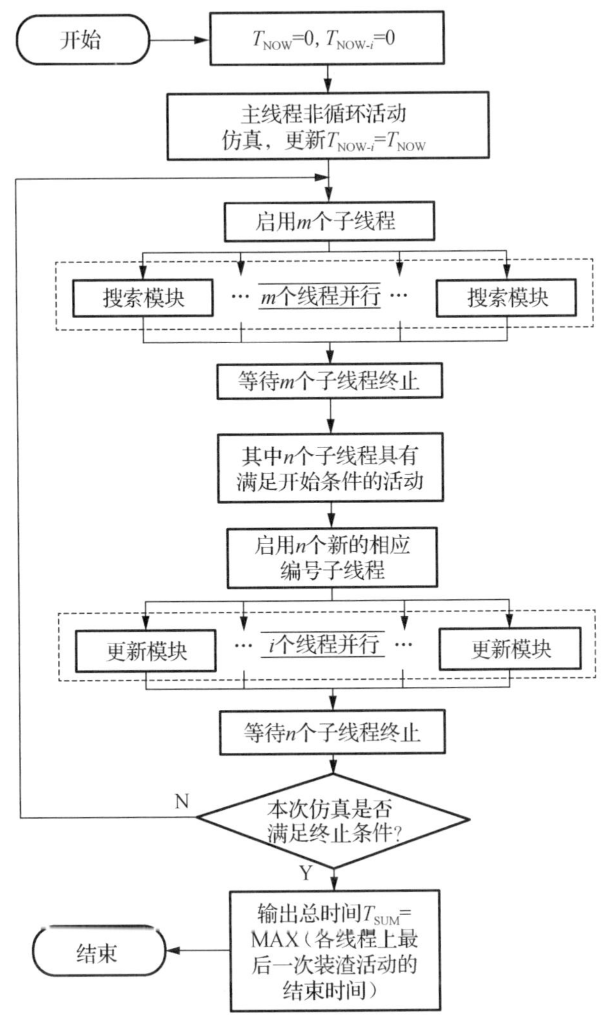

图 9.6 加速循环网络（A-CYCLONE）仿真算法流程图

6）程序转入主线程，在主线程中等待步骤 5）中子线程全部终止后，判断各线程的装渣活动次数总和 N 是否满足终止条件，是则进入步骤 7），否则返回步骤 3）。

7）计算程序终止。输出总时间 T_{SUM}= MAX（各线程上最后一次装渣活动的结束时间）。

9.2.2.4 基于贝叶斯理论的动态施工进度修正预测方法

基于由 SPSS 和 CYCLONE 算法构成的分层仿真模型和贝叶斯修正理论，动态施工进度修正预测方法的实现步骤如下，流程图如图 9.7 所示。

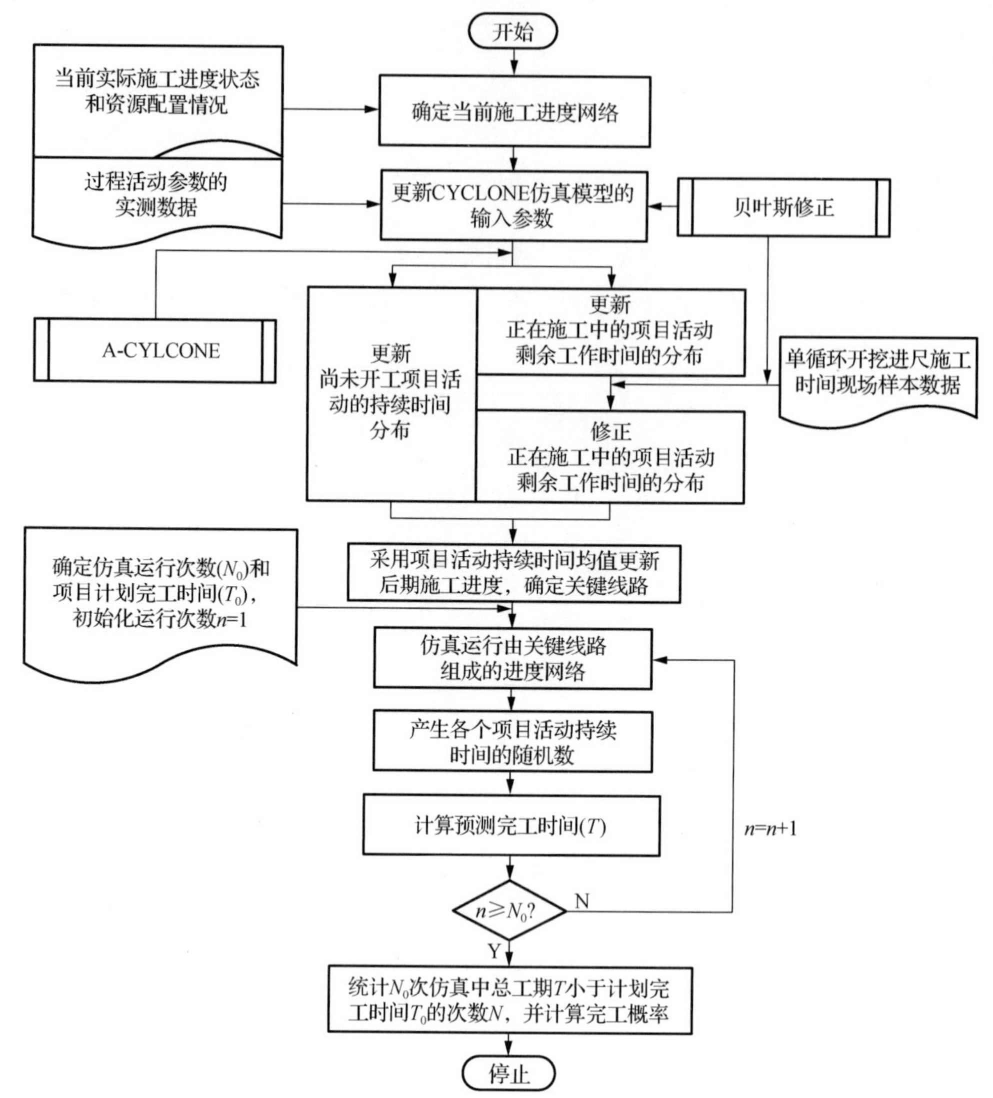

图 9.7　动态施工进度修正预测方法

1）根据当前实际施工进度状态和资源配置情况确定当前施工进度网络。

2）根据过程活动参数的实测数据，采用贝叶斯修正技术更新 CYCLONE 仿真模型中相应的输入参数。

3）采用更新后的输入参数通过 CYCLONE 仿真对 SPSS 施工进度网络中所有尚未

完工项目活动的持续时间分布进行计算。

4）根据采集的单循环开挖进尺施工时间的现场样本数据，修正各正在施工中的项目活动剩余工作时间的分布。

5）根据各个项目活动修正后的概率分布均值通过当前施工进度网络计算更新施工进度（各个项目活动的开工时间和完工时间），同时确定出关键线路。

6）确定仿真运行次数（N_0）和项目计划完工时间（T_0）。

7）仿真运行由关键线路组成的进度网络 N_0 次，过程中各个工序的持续时间均由根据其各自修正分布产生的随机数确定。

8）统计 N_0 次仿真中总工期 T 小于计划完工时间 T_0 的次数 N，并计算完工概率，即 $P(T<T_0)=\dfrac{N}{N_0}\times 100\%$。

9.2.2.5 案例分析

本节依托国内西南某水电站工程中地下洞室施工系统对所提动态施工进度修正预测方法的应用过程进行具体说明。该地下洞室系统主要由主副厂房、主变压器室、尾水调压室、引水隧洞、尾水隧洞和其他洞室组成，其中前三者称为地下洞室系统的三大洞室。图 9.8 给出了地下洞室系统中三大洞室的横断面，同时图 9.9 中给出厂房部分相应的施工进度网络。

该地下洞室项目计划于 2013 年 6 月 30 日（首台机组发电）时完工。以 2007 年 2 月 1 日厂房 2 层已经开挖施工 30 天时的施工状态为例阐述动态施工进度修正预测方法的应用。表 9.2 给出了厂房 2 层每单循环开挖进尺持续时间的实测数据，表中粗体文字为截至 2007 年 2 月 1 日的实测数据，斜体文字为 2007 年 2 月 1 日之后 30 天的采集数据。表 9.3 给出了 2007 年 2 月 1 日厂房两个正在施工中的项目活动的施工参数和资源配置情况。

表 9.2 厂房 2 层每循环进尺工作时间的实测数据 （单位：h）

厂房 2 层上游侧				厂房 2 层下游侧			
1#工作面		2#工作面		1#工作面		2#工作面	
28.7	*31.6*	**28.5**	*32.4*	**29.6**	31.5	**29.2**	27.8
29.3	*29.2*	**29.0**	*30.0*	**30.4**	31.6	**31.0**	26.5
29.9	*28.9*	**29.6**	*28.6*	**33.5**	34.1	**32.8**	29.6
30.8	*29.4*	**30.5**	*29.1*	**36.9**	32.4	**36.5**	31.7
31.7	*29.5*	**32.0**	*28.2*	**38.6**	34.0	**38.8**	33.3
33.8	*30.0*	**33.2**	*26.8*	**37.5**	31.3	**37.0**	33.5

续表

厂房 2 层上游侧				厂房 2 层下游侧			
1#工作面		2#工作面		1#工作面		2#工作面	
34.3	34.8	**34.7**	31.8	**36.4**	33.5	**36.9**	34.2
33.6	32.3	**34.6**	31.9	*35.7*	33.6	*35.6*	34.2
34.9	32.2	**35.8**	33.5	*35.2*	34.6	*35.0*	33.4
38.5	34.9	**37.9**	32.6	*34.1*	31.9	*33.4*	34.6
38.9	34.0	**39.5**	33.9	*34.7*	32.9	*33.9*	33.1
41.0	32.6	**40.6**	34.6	*34.0*	31.3	*32.2*	32.7
40.3	33.9	**39.8**	33.2	*32.3*	28.1	*33.8*	29.9
39.8	32.6	**38.9**	31.6	*33.0*	27.3	*34.4*	28.9
37.3	34.4	*37.6*	32.9	*31.3*	29.9	*32.7*	29.5
35.9	27.7	*36.8*	27.3	*29.4*	28.6	*31.1*	26.9
34.5	29.6	*35.1*	26.4	*29.9*	29.1	*29.2*	28.2
33.1	26.8	*34.1*	26.9	*28.6*	27.7	*29.2*	28.7
31.8	26.4	*34.4*	29.5	*27.2*	26.4	*28.8*	30.0
34.4	26.9	*33.6*	26.4	*26.4*	27.6	*26.0*	28.6
33.6	28.6	*32.2*	27.4	*27.7*	28.1	*27.0*	26.4
31.7	27.3	*31.2*	27.7	*29.9*	26.8	*26.1*	26.3

表 9.3　2007 年 2 月 1 日厂房正在施工项目活动的施工参数及资源配置情况

正在施工工序	开工天数/d	洞长/m	开挖进尺/m	循环进尺/m	断面宽度/m	梯度高度/m	钻机（数量/型号）	汽车（数量/型号）	装载机（数量/型号）	工作面数
厂房上 2 上游	30	307.2	98.0	3.5	15.95	6.7	2/ROC	8/30t	2/5m^3	2
厂房上 2 下游	15	307.2	49.0	3.5	15.95	6.7	2/ ROC	8/30t	2/5m^3	2

根据动态施工进度修正预测方法流程，在进行施工进度网络中所有尚未完工项目活动持续时间更新之前需要对 CYCLONE 仿真模型中的输入参数进行修正。以 ROC 型钻机生产率（R_{dm}）的更新过程为例，由于截至 2007 年 2 月 1 日，之前已经完成或正在进行的其他工序中没有使用过 ROC 型钻机，故当前 ROC 型钻机生产率的样本信息仅限于主厂房 2 层开挖过程采集获得的数据，且之前尚未进行过 ROC 型钻机生产率的更新。类似工程主厂房施工过程中随机抽取 100 个 ROC 钻机生产率的记录数据作为先验信息。

从类似工程中随机选取 100 个 ROC 钻机生产率的施工记录数据，根据式（9.17）和式（9.18）、式（9.26）和式（9.27）可确定 R_{dm} 先验分布均值和方差的超参数，即 $\mu_0 = 0.496$，$\tau_0 = 100$，$\alpha_0 = 49.5$，$\beta_0 = 0.335$。

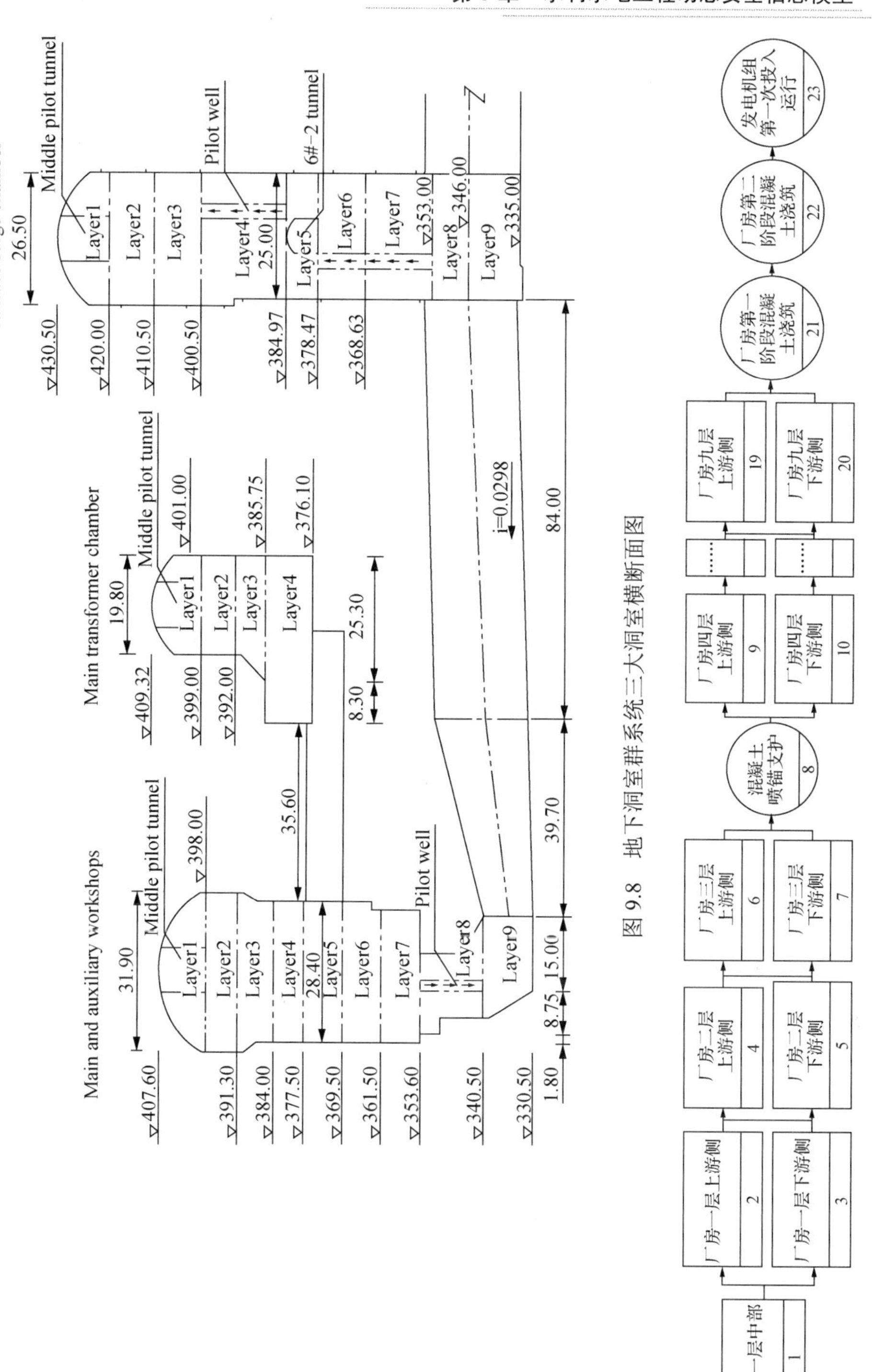

图 9.8　地下洞室群系统三大洞室横断面图

图 9.9　厂房系统施工进度网络

表 9.4 中给出了厂房 2 层施工过程中由各工作面采集的施工记录转换得到的 R_{dm} 的样本数据，表中粗体文字为截至 2007 年 2 月 1 日的样本数据，斜体文字为 2007 年 2 月 1 日之后 30 天的样本数据。基于表中截至 2007 年 2 月 1 日时 R_{dm} 的样本数据，通过式（9-8）～式（9-13）可将 R_{dm} 的均值和方差进行修正，即

$$\mu_1 = 0.480\text{，}\ \tau_1 = 142\text{，}\ \alpha_1 = 70.5\text{，}\ \beta_1 = 0.471\text{；}$$

$$\hat{\mu} = 0.480\text{，}\ \hat{\sigma}^2 = 0.0068$$

表 9.4　厂房 2 层 ROC 钻机生产效率样本数据　（单位：m/min）

主厂房 2 层上游侧				主厂房 2 层下游侧			
1#工作面		2#工作面		1#工作面		2#工作面	
0.47	*0.56*	**0.52**	*0.57*	**0.54**	*0.4*	**0.45**	*0.47*
0.51	*0.52*	**0.50**	*0.45*	**0.54**	*0.32*	**0.54**	*0.31*
0.52	*0.45*	**0.51**	*0.44*	**0.45**	*0.38*	**0.44**	*0.33*
0.45	*0.45*	**0.43**	*0.59*	**0.46**	*0.52*	**0.44**	*0.52*
0.36	*0.48*	**0.38**	*0.37*	**0.35**	*0.53*	**0.34**	*0.58*
0.43	*0.51*	**0.51**	*0.47*	**0.44**	*0.59*	**0.42**	*0.58*
0.44	*0.59*	**0.43**	*0.55*	**0.34**	*0.48*	**0.31**	*0.43*
0.37	*0.57*	**0.40**	*0.5*	*0.4*	*0.56*	*0.38*	*0.52*
0.42	*0.39*	**0.39**	*0.31*	*0.4*		*0.48*	
0.38	*0.42*	**0.41**	*0.43*	*0.49*		*0.41*	
0.46	*0.37*	**0.36**	*0.33*	*0.49*		*0.44*	
0.44	*0.34*	**0.54**	*0.44*	*0.39*		*0.32*	
0.42	*0.56*	**0.35**	*0.57*	*0.3*		*0.32*	
0.54	*0.47*	**0.52**	*0.49*	*0.45*		*0.48*	

相应地，R_{dm} 的概率分布由 $N(0.496,0.0823)$ 修正为 $N(0.480,0.0825)$。图 9.10 给出了在 2007 年 2 月 1 日时获得的 R_{dm} 的原始分布、修正分布和样本分布。

由于2007年2月1日之后30天的施工过程中又采集到一些样本数据，则可以在2007年 3 月 3 日时继续根据式（9-8）～式（9-13）进行 R_{dm} 概率分布的修正，即

$$\mu_0' = 0.480\text{，}\ \tau_0' = 142\text{，}\ \alpha_0' = 70.5\text{，}\ \beta_0' = 0.471\text{；}$$

$$\mu_1' = 0.473\text{，}\ \tau_1' = 200\text{，}\ \alpha_1' = 99.5\text{，}\ \beta_1' = 0.691\text{；}$$

$$\hat{\mu}' = 0.473\text{，}\ \hat{\sigma}^{2\prime} = 0.0070$$

相应地，R_{dm} 的概率分布由 $N(0.480,0.0825)$ 修正为 $N(0.473,0.0837)$。图 9.11 中给出了在 2007 年 3 月 3 日时获得的 R_{dm} 的一次修正分布、二次修正分布和样本分布。

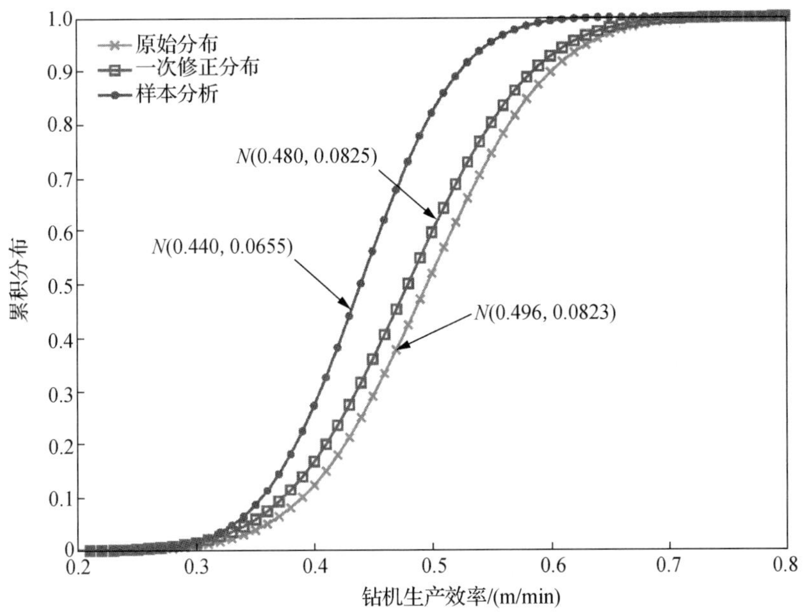

图 9.10　2007 年 2 月 1 日 R_{dm} 一次修正结果

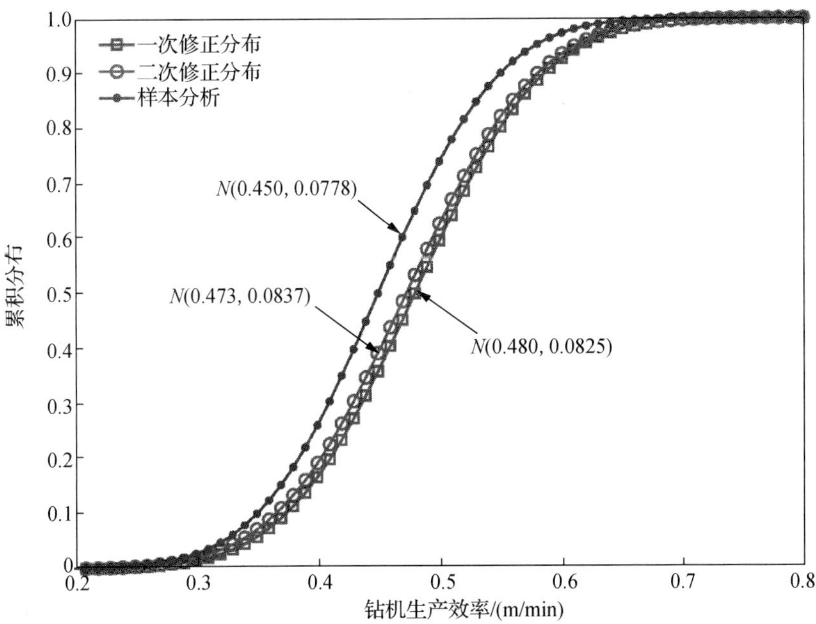

图 9.11　2007 年 3 月 3 日 R_{dm} 二次修正结果

对比图 9.11 和图 9.10 可知，2007 年 3 月 3 日时的二次修正分布与该时间的样本分布更为接近。故说明随着样本数量的增加，修正分布会越来越接近真实分布；另一方面，也说明当获得足够数量的样本数据之后样本分布能够取代修正分布。也就是说，采用贝叶斯修正技术对参数的更新在工程施工初期更为重要。在 2007 年 2 月 1 日对表 9.1 中列出的其他 3 种输入参数采用贝叶斯修正技术更新之后即可重新进行 CYCLONE 仿真计算所有尚未开工项目活动的持续时间。需要注意的是仿真过程中为避免随机采样时出现极大值或负值，而使用的是输入参数的截断分布。截断分布的两个边界参数值分别为已有实测数据中的最小值和最大值。表 9-5 中给出了 2007 年 2 月 1 日对厂房尚未完工的项目活动持续时间概率分布的更新结果。

表 9-5　2007 年 2 月 1 日厂房尚未完工的项目活动持续时间概率分布的更新结果

尚未完工的项目活动名称	持续时间概率分布
厂房 2 层上游侧	*N*（57.00，5.0670）
厂房 2 层下游侧	*N*（70.30，6.2493）
厂房 3 层上/下游侧	***N*（73.56，5.7860）**
岩锚梁混凝土施工	***N*（102.56，5.9628）**
厂房 4 层上/下游侧	***N*（95.43，6.3743）**
厂房 5 层上/下游侧	***N*（72.65，5.6086）**
厂房 6 层上/下游侧	***N*（73.28，5.6728）**
厂房 7 层上/下游侧	***N*（71.88，5.5220）**
厂房 8 层上/下游侧	***N*（62.81，5.2349）**
厂房 9 层上/下游侧	***N*（59.37，4.9650）**
1 期混凝土施工	***N*（405.32，7.8550）**
2 期混凝土施工	***N*（380.53，7.3746）**
首台机组发电	***N*（398.64，7.7256）**

接下来，根据厂房 2 层上游侧项目活动的更新参数和表 9.3 中显示的实际施工信息对其单循环进尺持续时间进行 CYCLONE 仿真计算，获得 50 个计算结果作为先验数据，则厂房 2 层上游侧项目活动的单循环进尺持续时间 t 的均值和方差的先验分布的超参数可以根据式（9.17）、式（9.18）、式（9.26）和式（9.27）进行如下确定，即

$$\mu_0 = 1.90\text{，}\ \tau_0 = 50\text{，}\ \alpha_0 = 24.5\text{，}\ \beta_0 = 0.699$$

由于厂房 2 层正在施工的上、下游侧项目活动的开挖尺寸参数和资源配置相同，故从两者采集到的实测施工数据总和可以一起用于两者单循环进尺持续时间的修正。根据表 9.2 中给出的 t 截至 2007 年 2 月 1 日的实测数据，其均值和方差的估计值可依据式（9.8）～式（9.13）进行修正，即

$$\mu_1 = 2.02\text{，}\ \tau_1 = 92\text{，}\ \alpha_1 = 45.5\text{，}\ \beta_1 = 2.726\text{；}$$

$$\hat{\mu}=2.02,\ \hat{\sigma}^2=0.0613$$

相应地，t 的概率分布由 $N(1.90,\ 0.1689)$ 修正为 $N(2.02,\ 0.2475)$。如图 9.12 所示，t 的原始分布和一次修正分布分别为基于原始参数和修正参数采用 CYCLONE 仿真计算所得分布；二次修正分布为基于实测数据修正所得分布；实际分布是表 9-2 中所有实测数据的样本分布；样本分布则是表 9.2 中粗体显示部分的样本分布。从图 9.12 中可以看出，一次修正分布较原始分布更加接近于实际分布，而二次修正分布与其他分布相比与实际分布最为接近。显然说明采用修正参数进行的仿真计算结果较原始参数能够获得更加准确的预测，并且当采用实测数据进行再次修正之后能够获得更加准确的预测结果。这是因为上述 4 个参数的修正无法考虑施工过程中全部的不确定性，而单循环进尺持续时间的实测数据能够较好地反映施工过程的不确定性并能进一步改进修正结果。

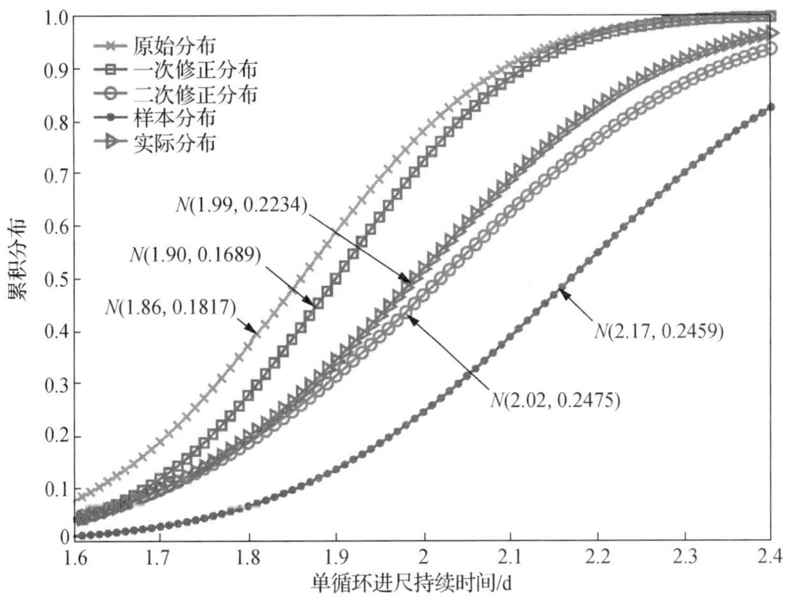

图 9.12　2007 年 2 月 1 日厂房 2 层单循环进尺持续时间 t 修正结果

由于 2007 年 2 月 1 日之后 30 天的施工过程中又采集到一些样本数据，如表 9.2 中的斜体显示数据，则可以在 2007 年 3 月 3 日时继续根据式（9.8）～式（9.13）进行 t 概率分布的修正，即

$$\mu_0'=2.02,\ \tau_0'=92,\ \alpha_0'=45.5,\ \beta_0'=2.726;$$

$$\mu_1'=2.03,\ \tau_1'=150,\ \alpha_1'=74.5,\ \beta_1'=3.6191;$$

$$\hat{\mu}'=2.03,\ \hat{\sigma}^{2\prime}=0.0492$$

图 9.13 给出了 2007 年 3 月 3 日厂房 2 层单循环进尺持续时间 t 的二次修正分布（即 2007 年 2 月 1 日获得的二次修正分布）、二次修正分布、实际分布和样本分布。将图 9.14 与图 9.13 进行对比可知，第 2 次修正分布与第 1 次修正分布相比更接近于实际分布，故可以认为后一阶段的修正结果要比前一阶段更加接近实际，同时项目活动的单循环进尺持续时间样本数量有限，因此对 t 的修正在施工任何时期都很重要。

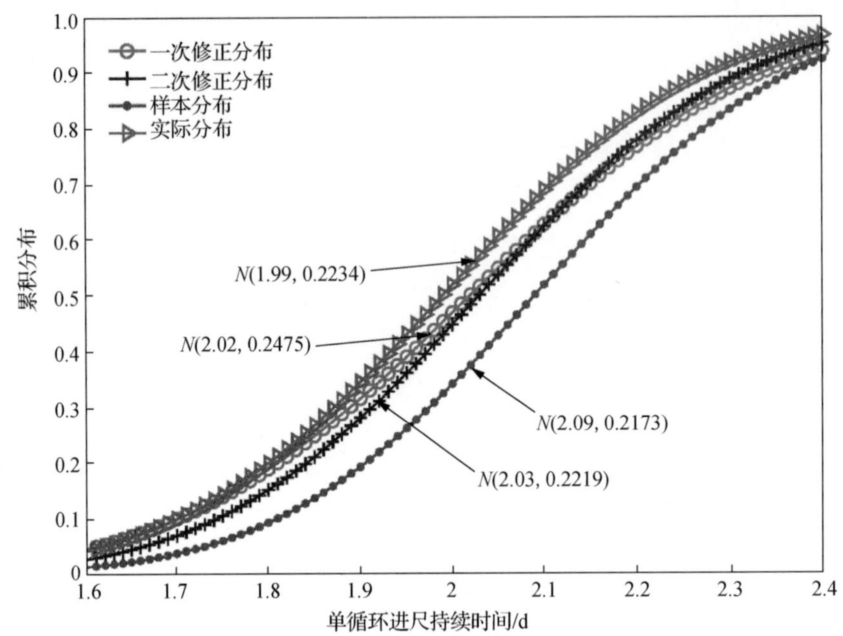

图 9.13　2007 年 3 月 3 日厂房 2 层单循环进尺持续时间 t 修正结果

根据 t 在 2007 年 2 月 1 日时的二次修正分布 $N(2.02,0.2475)$，厂房 2 层正在施工的项目活动剩余工作时间的概率分布可以根据式（9.28）确定。厂房 2 层地质条件良好，其计算结果如表 9.6 所示。

表 9.6　2007 年 2 月 1 日厂房正在施工的项目活动持续时间概率分布的二次修正结果

正在施工的项目活动名称	持续时间概率分布
厂房 2 层上游侧	**N（60.60，7.4250）**
厂房 2 层下游侧	**N（74.74，9.1575）**

工程其他正在施工的项目活动的剩余工作时间也可以采用同样的过程进行修正更新。然后根据各个项目活动修正后的概率分布均值通过当前施工进度网络计算更新施工进度（各个项目活动的开工时间和完工时间），同时确定出关键线路。接着采用表 9.5 和表 9.6 中粗体显示的各个项目活动修正后的持续时间的概率分布，仿真运行由关键线

路组成的进度网络 10000 次。统计出仿真计算结果小于计划完工时间（1925 天）的次数，算出 2007 年 2 月 1 日时修正后的完工概率为 88.50%。

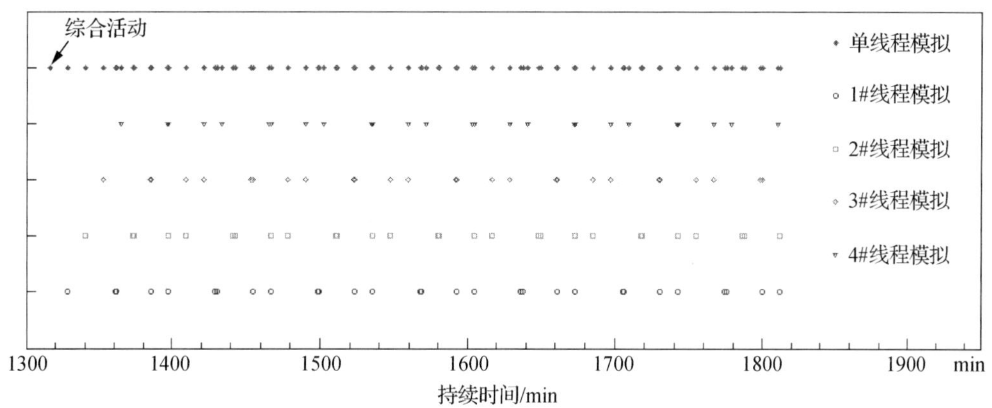

图 9.14　CYCLONE 和 A-CYCLONE 仿真钟推进对比

表 9.7 给出了采用 CYCLONE 和 A-CYCLONE 分别对厂房 2 层上游侧项目活动单循环进尺施工过程进行仿真花费时间对比，运行计算机配置为 3.22GHz，8 核的处理器。单循环进尺开挖在配置 4 辆运输车和 1 台装载机的情况下需要 31 次出渣。从表 9-7 中明显可以看出 A-CYCLONE 的仿真效率较 CYCLONE 提高许多。为了证明 A-CYCLONE 仿真过程的正确性，图 9.14 给出了采用各个过程活动持续时间均值分别进行 CYCLONE 和 A-CYCLONE 仿真的仿真钟推进对比，同时表 9-8 中给出两者顺序表的对比情况。可以看出，采用 CYCLONE 方法在单线程上仿真的活动在 A-CYCLONE 仿真过程中已分成 4 组同时在各自的子线程上进行处理，同时 A-CYCLONE 的顺序表中活动的先后顺序与 CYCLONE 中一致。

表 9.7　CYCLONE 和 A-CYCLONE 的仿真效率对比

仿真方法	配置 4 辆运输车需要 31 次出渣的单循环进尺		配置 5 辆运输车需要 50 次出渣的单循环进尺	
	仿真花费时间（h:min:s）	效率提高	仿真花费时间（h:min:s）	效率提高
CYCLONE	00:03:27	3.0	00:08:45	4.8
A-CYCLONE	00:00:52		00:01:30	

假设单循环进尺长度增加至 6m，同时每个工作面上的运输车增加至 5 辆，则单循环进尺施工过程中的出渣次数需要增加至 50 次。根据表 9.7 可知，当出渣次数增加时采用 CYCLONE 方法仿真花费时间增加较多，而 A-CYCLONE 方法增加较少，总体来说 A-CYCLONE 仿真效率优势更加明显。

表 9.8 CYCLONE 和 A-CYCLONE 的仿真顺序表（前 15 行）对比

CYCLONE 顺序表			A-CYCLONE 顺序表			运输车流元编号
结束时间/min	活动编号	活动名称	结束时间/min	活动编号	活动名称	
1324.54	1	组合活动	1324.54	1	组合活动	NULL
1336.19	2	装渣	1336.19	2	装渣	1
1348.54	2	装渣	1348.54	2	装渣	2
1362.62	2	装渣	1362.62	2	装渣	3
1375.98	2	装渣	1375.98	2	装渣	4
1376.98	6	运渣	1376.98	6	运渣	1
1377.98	7	卸渣	1377.98	7	卸渣	1
1383.42	6	运渣	1383.42	6	运渣	2
1384.42	7	卸渣	1384.42	7	卸渣	2
1394.31	6	运渣	1394.31	6	运渣	3
1395.52	7	卸渣	1395.52	7	卸渣	3
1405.23	6	运渣	1405.23	6	运渣	4
1406.39	7	卸渣	1406.39	7	卸渣	4
1407.87	8	空返	1407.87	8	空返	2
1410.51	8	空返	1410.51	8	空返	1
…	…	…	…	…	…	…

9.2.3 动态施工进度信息模型的建立

动态施工进度信息模型的建立过程即是将动态施工进度信息与工程三维可视化信息模型所表达的施工面貌建立映射关系的过程，其建立方法可以归结为两种：网格单元映射法和实体映射法。

9.2.3.1 网格单元映射法

网格单元映射法适用的工程三维可视化信息模型是有限元网格模型。该方法的优点是能够表达出工程建筑物细致的施工面貌，且生成的动态施工进度信息模型能够方便地转化为动态结构安全数值仿真信息模型，用于数值仿真计算。缺点是网格单元数量的增多会影响动态施工进度信息模型的显示效率。

网格单元映射法的具体实现如下。

1）根据当前施工进度状态和对已经完工施工进度信息的采集，采用动态施工进度修正预测方法预测后期施工进度。

相应地，在数据库中建立“计划施工进度基础信息表”“计划施工进度详细信息表”“实际施工进度基础信息表”和“实际施工进度详细信息表”以进行计划、实际和预测施工进度信息的存储，同时方便进行实际-计划施工进度的对比，反映工程当前实际的施工完成状态。

计划施工进度基础信息表：用于存储施工进度网络中各个项目活动（施工工序）的编号、名称、计划开始时间、计划结束时间、计划工期、总工程量、设计施工长度（高度）、计划日均工程量、计划日均施工长度（高度）等基础信息，其存储内容根据计划施工进度仿真计算确定。

计划施工进度详细信息表：用于存储各个项目活动按照计划施工进度每天的详细施工信息，包括项目活动编号、日工程量、日施工长度（高度）、累计工程量、累计施工长度（高度），其存储数据可根据“计划施工进度基础信息表”内容自动生成，两个计划施工进度信息表中的存储内容在工程施工前已经确定，数据在施工过程中一般不发生变化。

实际施工进度基础信息表：用于存储计划施工进度网络中各个项目活动（施工工序）的编号、名称、实际开始时间、实际结束时间，其存储数据根据各个项目活动实际施工状态进行更新（当项目活动尚未开工，则其实际开始时间和实际结束时间均为空值；当项目活动完工后，其实际开始时间和实际结束时间均按实际施工过程录入；当项目活动正在施工时，只有实际结束时间为空值）。

实际施工进度详细信息表：用于存储各个项目活动已经完工部分每天的实际施工信息及尚未开始部分每天的预测施工信息，包括项目活动编号、日工程量、日施工长度（高度）、累计工程量、累计施工长度（高度）。该数据表存储内容需要根据各个项目活动实际施工进展情况进行动态更新。针对任意一个项目活动，其施工过程按照当前时间可以划分为两个部分，即由开始时间至当前时间组成的已经完工部分，以及由当前时间至结束时间组成的尚未完工部分共同构成，两个部分每天施工信息的更新也需要采用不同的途径：已经完工部分每天的实际施工信息需要根据现场对项目活动每天施工数据的采集录入进行动态更新；而尚未完工部分每天的预测施工信息的确定则是根据动态施工进度修正预测方法确定的后期预测施工进度（各尚未完工项目活动的预测开始时间、预测结束时间、预测剩余工作时间），同时根据其尚未完工部分的工程量、施工长度（高度），计算其剩余工期内的日均工程量、日均施工长度（高度），进而计算其累计工程量、累计施工长度（高度）。因此，实际施工进度详细信息表的动态更新应该按照如下步骤进行：当项目活动开始施工之前，则根据动态预测施工进度定期（动态施工进度预测并非每天都执行）对每天的施工进度进行更新；当项目活动开始施工之后，则需要每天对当天的工程量信息进行更新，覆盖原有的预测工程量信息，如遇到定期执行的动态施工进度修正预测，则需要对当天时间之后的预测工程量信息依据最新的施工进度预测结果进行全部更新。

2）建立用于动态施工进度信息表达的有限元网格模型，有限元网格模型的建立可通过 CAD/CAE 转换接口采用网格剖分的方法实现，也可直接通过创建节点-单元的顺序构建，此外建模时网格单元的分部划分应考虑工程施工时项目活动的划分，沿施工进展方向上网格单元的划分尺寸可以依据单位循环施工长度（高度）的约数进行确定；按照工程项目活动对有限元网格模型单元进行分组，并记录存储表达各个项目活动单元组的包围盒坐标（施工起始位置坐标和施工结束位置坐标）及施工进展方向向量。

相应地，在数据库中建立网格模型节点表、网格模型单元表和单元分组信息表用以存储有限元网格模型数据以及单元分组信息。

网格模型节点表：用于存储有限元网格模型中的节点编号和节点 X、Y、Z 三个坐标分量。

网格模型单元表：用于存储有限元网格模型中的单元编号、单元所含节点编号、单元分组编号等信息。

单元分组信息表：用于存储有限元网格模型中的单元分组编号、单元分组名称、对应项目活动编号、单元组中施工起始位置坐标、单元组中施工终止位置坐标以及施工进展方向向量。

3）根据当前施工日期、已经完工的施工进度信息，对所有项目活动按照尚未开工、正在施工、已经完工 3 种施工状态进行分类。

相应地，在数据库中建立计划施工进度状态表和实际施工进度状态表，用于存储各个项目活动在各个施工日期下对应的施工状态，包括项目活动编号等信息。

计划施工进度状态表中计划施工状态数据的动态更新依据为：当当前施工日期小于该项目活动的计划开始时间，说明其尚未开工，施工状态值设为-1；当当前施工日期位于项目活动的计划开始时间与计划结束时间之间，说明其正在施工，施工状态值设为 0；施工日期大于该项目活动的计划开始时间，说明其已经完工，施工状态值设为 1。

实际施工进度状态表中实际施工状态数据的动态更新依据为：当实际施工进度基础信息表中该项目活动实际开始时间为空，说明其尚未开工，施工状态值设为-1；当实际施工进度基础信息表中该项目实际开始时间不为空，而实际结束时间为空，说明其正在施工，施工状态值设为 0；当实际施工进度基础信息表中该项目实际开始时间和实际结束时间均不为空，说明其已经完工，施工状态值设为 1。

4）在任意施工日期下，根据各个项目活动的施工状态，判断各个项目活动对应单元组在有限元网格模型中的显示状态，并根据单元坐标搜索以控制各个项目活动对应单元组中单元的显示。

需要指出的是，尚未开工状态：对于创建类项目活动（如混凝土浇筑、土石方填筑等），其对应单元组中的单元为完全隐藏状态，对于拆除类项目活动（如土石方开挖），其对应单元组中的单元为完全显示状态。已经完工状态：对于创建类项目活动，其对应单元组中的单元为完全显示状态，对于拆除类项目活动，其对应单元组中的单元为完全隐藏状态。正在施工状态：项目活动对应单元组中的单元为部分显示，部分隐藏状态，对于创建类项目活动，已经完工长度（高度）范围内的对应单元为显示状态，其余为隐藏状态，对于拆除类项目活动，已经完工长度（高度）范围内的对应单元为隐藏状态，其余为显示状态。故处于正在施工状态的项目活动对应的单元组还应该进一步根据完工长度进行单元坐标搜索以控制单元的显示或隐藏。

5）通过循环各个施工日期，以动态控制各个项目活动对应单元组中单元的显示状态，从而实现计划或者是实际和预测施工进度面貌的动态连续展示。对于实际-计划施工进度的对比可以同时采用两个动态施工进度信息模型（计划施工进度信息模型和实测施工进度信息模型）显示区域对比显示计划和实际的动态施工面貌。

上述网格单元映射法中需要建立的数据库表的字段名及其数据类型如表9-9所示。

表9.9 网格单元映射法中建立的数据库表字段信息

计划施工进度基础信息表

字段名称	项目活动编号	项目活动名称	计划开始时间	计划结束时间	计划工期	总工程量	设计施工长度（高度）	计划日均工程量	计划日均施工长度（高度）
数据类型	varchar（10）	varchar（50）	date	date	int	float	float	float	float

计划施工进度详细信息表

字段名称	项目活动编号	日工程量	日施工长度（高度）	累计工程量	累计施工长度 （高度）
数据类型	varchar（10）	float	float	float	float

实际施工进度基础信息表

字段名称	项目活动编号	项目活动名称	实际开始时间	实际结束时间
数据类型	varchar（10）	varchar（50）	date	date

实际施工进度详细信息表

字段名称	项目活动编号	日工程量	日施工长度（高度）	累计工程量	累计施工长度（高度）
数据类型	varchar（10）	float	float	float	float

网格模型节点表

字段名称	节点编号	X	Y	Z
数据类型	varchar（10）	float	float	float

网格模型单元表

字段名称	单元编号	Nd1	Nd2	Nd3	Nd4	Nd5	Nd6	Nd7	Nd8
数据类型	varchar（10）	float	Float	float	float	float	float	float	float

续表

单元分组信息表

字段名称	单元分组编号	对应项目活动编号	施工起始 X	施工起始 Y	施工起始 Z	施工终止 X	施工终止 Y	施工终止 Z	施工进展方向向量
数据类型	varchar（10）	varchar（10）	float	float	float	float	float	float	varchar（10）

计划施工进度状态表

字段名称	项目活动编号	施工日期	计划施工状态
数据类型	varchar（10）	date	int

实际施工进度状态表

字段名称	项目活动编号	施工日期	实际施工状态
数据类型	varchar（10）	date	int

图 9.15 和图 9.16 分别给出了水利水电工程创建类和拆除类两种类型施工项目的动态施工进度信息模型在某一时间的显示状态。如图 9.15 中所示施工进度信息模型的显示进度来看，各个坝段相对施工进度关系一目了然，目前所有坝段都已经开始浇筑，除 1# 坝段已经完工以外，其余坝段均正在施工；如图 9.16 中所示施工进度信息模型的显示进度来看，厂房 1 层已经开挖完毕，厂房 2 层分为上游侧和下游侧 2 个项目活动，二者均正在施工，且下游侧较上游侧滞后一定距离；主变室 1 层也正在施工，分为中部、上游侧和下游侧 3 个项目活动，且上游侧、下游侧与中部开挖相比分别滞后不同的距离。

图 9.15 混凝土重力坝工程大坝当前施工进度信息模型

需要指出的是，以上阐述的网格映射法针对的是水利水电工程建筑物自身施工面貌（混凝土浇筑面貌、土石方填筑或开挖面貌）动态表达所适用的方法，事实上该方法同样适用于控制过程中施工措施（如围岩支护、混凝土冷却水管）进度面貌的动态更新。

图 9.17 中给出的就是与图 9.16 所示建筑物开挖施工进度相对应的包含支护进度的施工信息模型。支护措施模型同样采用网格单元（线单元）进行表达，与开挖施工进度数据存储和更新一样，需要建立支护计划施工进度基础信息表、支护计划施工进度详细信息表、支护实际施工进度基础信息表和支护实际施工进度详细信息表，数据表字段与开挖施工进度类似。支护进度的制定和更新需要依据开挖进度，工程上对于良好地质区域，支护一般滞后于开挖一定距离，如图 9.17 中所示。对于不良地质区域要求在开挖后及时支护。

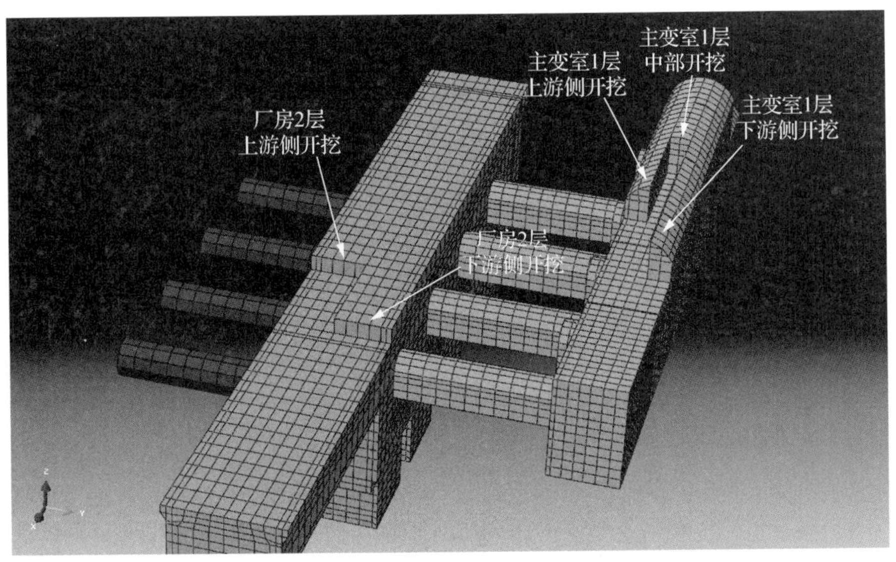

图 9.16　地下洞室工程主要洞室当前施工进度信息模型（不含支护）

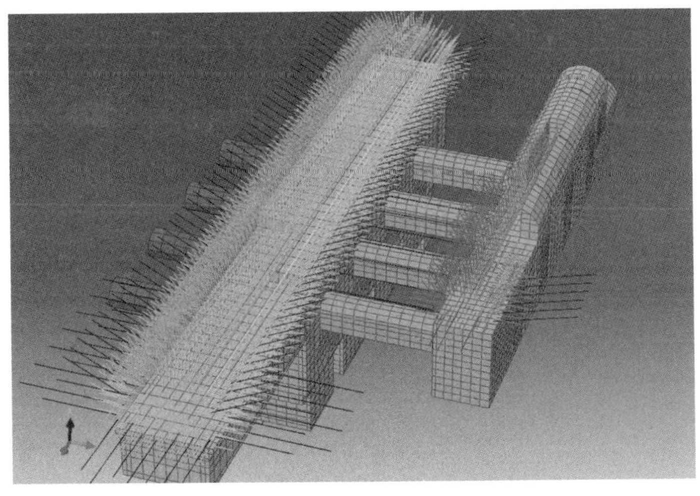

图 9.17　地下洞室工程主要洞室当前施工进度信息模型（含支护）

9.2.3.2 实体映射法

实体映射法适用的工程三维可视化信息模型是 CAD 实体模型，该方法不便于展示各个项目活动细致的施工过程，因此建立的动态施工进度信息模型不能直接用于结构数值仿真计算，然而其对施工面貌的动态展示效率较高。

实体映射法的具体实现过程如下。

1）根据当前施工进度状态和对已经完工施工进度信息的采集，采用动态施工进度修正预测方法预测后期施工进度。

数据库表的建立方法与网格单元映射法一致。

2）建立用于动态施工进度信息表达的 CAD 实体模型；按照工程项目活动对 CAD 实体模型进行分组。

相应地，在数据库中建立实体模型分组信息表用以存储实体模型的分组信息，字段包括：实体模型 ID 和项目活动 ID，这样便建立起项目活动与各个实体模型的映射关系，进而能够通过项目活动为各个实体模型赋予其相应的施工进度信息。

需要说明的是，此处并没有建立 CAD 实体模型数据的存储表，而是依靠模型文件本身存储模型数据，是考虑到能够直接进行 CAD 实体模型文件读取、显示，并能通过开发实现动态施工进度展示的商业软件（ArcGIS、Autodesk Navisworks）有很多，而无须像有限元网格模型那样需要依靠底层可视化编程技术（OpenGL 或 Vtk）才能实现动态施工进度的展示。

3）根据当前施工日期、已经完工的施工进度信息，对所有项目活动按照尚未开工、正在施工、已经完工 3 种施工状态进行分类。

4）在任意施工日期下，根据各个项目活动的施工状态，判断各个项目活动对应实体模型分组的显示状态。

需要指出的是，尚未开工状态：对于创建类项目活动其对应实体模型分组为完全隐藏状态，对于拆除类项目活动（如土石方开挖），其对应实体模型分组为完全显示状态。已经完工状态：对于创建类项目活动，其对应实体模型分组为完全显示状态，对于拆除类项目活动，其对应实体模型分组为完全隐藏状态。正在施工状态：项目活动对应实体模型分组的显示状态应该是尚未开工和已经完工状态之间的一个过渡显示状态，对于创建类项目活动，正在施工状态对应的实体模型分组可以采用具有一定透明度的绿色状态显示，对于拆除类项目活动，正在施工状态对应的实体模型分组可以采用具有一定透明度的蓝色状态显示，如图 9.18 所示 ArcGIS 中进行的地下洞室动态施工进度面貌的展示。

5）通过循环各个施工日期，以动态控制各个项目活动对应实体模型分组的显示状态，从而实现计划或者是实际和预测施工进度面貌的动态连续展示。对于实际-计划施工进度的对比可以同时采用两个动态施工进度信息模型（计划施工进度信息模型和实测施工进度信息模型）显示区域对比，从而显示计划和实际的动态施工面貌（图 9.19）。

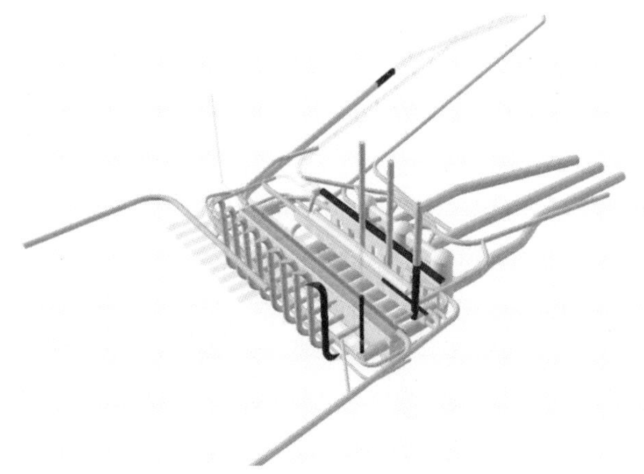

图 9.18　地下洞室工程当前施工进度信息模型

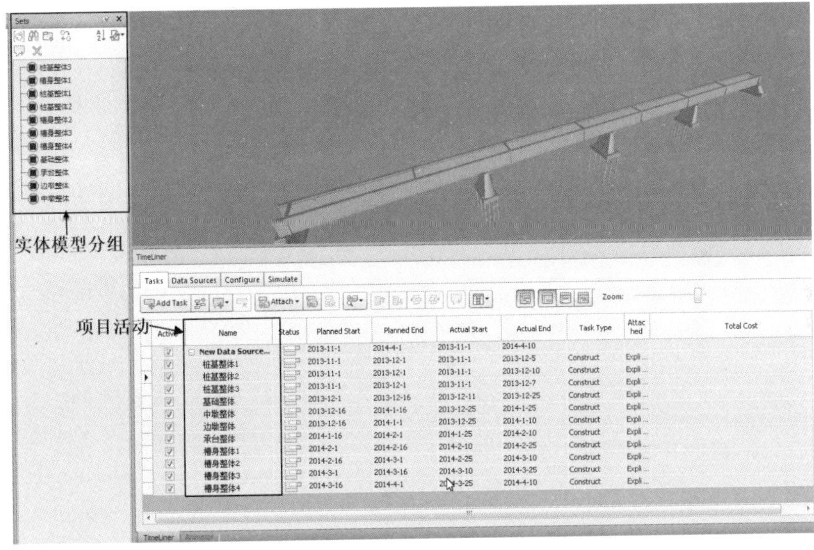

图 9.19　渡槽工程施工进度信息模型中实体模型分组情况

图 9.20～图 9.22 中显示了某渡槽工程 Autodesk Navisworks 中动态施工进度信息模型 3 个不同时间施工面貌的展示，其中采用具有一定透明度的颜色来表达正在施工的项目活动，并通过屏幕文字显示各个时间完成进度的百分比情况。

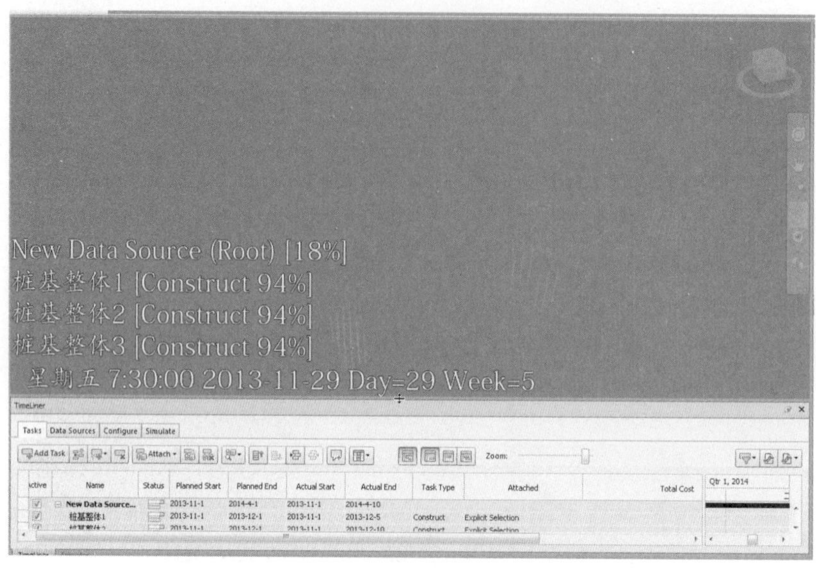

图 9.20　渡槽工程动态施工进度信息模型 1-桩基正在施工

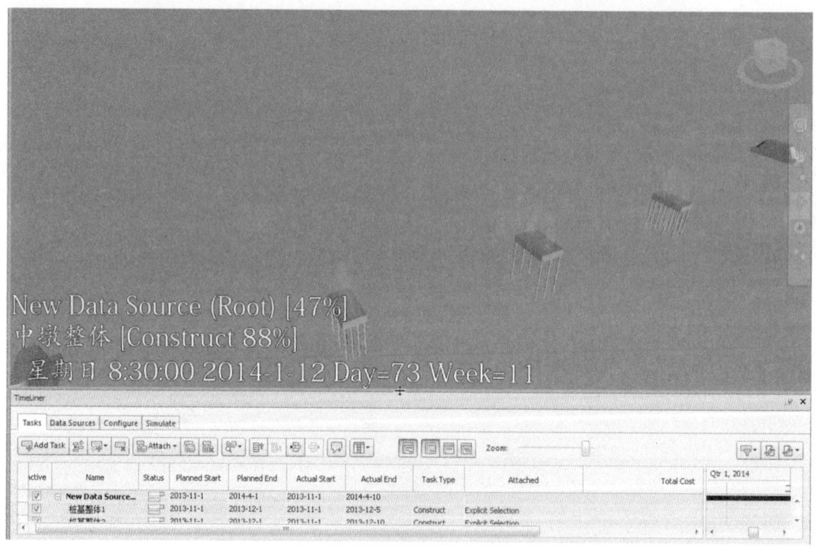

图 9.21　渡槽工程动态施工进度信息模型 2-中墩正在施工

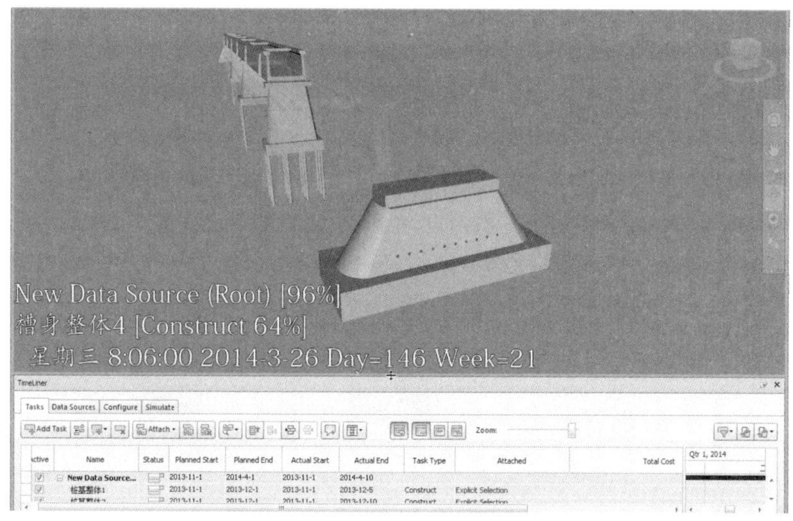

图 9.22　渡槽工程动态施工进度信息模型 3-槽身正在吊装

需要说明的是，对于施工方法、施工工程量、施工资源配置、施工花费等伴随施工进度而动态更新的数据，则通过在数据库中建立各个项目活动的施工参数信息表，将这些施工参数信息通过项目活动对应的单元组或是实体模型组加载至动态施工进度信息模型，以实现施工参数信息的动态显示和查询。

9.3　水利水电工程动态安全监测信息模型建立

水利水电工程动态安全监测信息模型的建立是在动态施工进度信息模型的基础上，根据计划或者已完及预测施工进度面貌，将相对应的已经安装的监测仪器模型及其采集数据不断更新显示的过程。因此动态安全监测信息模型的建立需要解决三大问题：①监测仪器模型的可视化表达；②监测仪器显示进度的确定；③与预测施工进度相对应的安全监测数据预测曲线的确定。

9.3.1　监测仪器模型的可视化表达

水利水电工程动态安全监测信息模型中监测仪器模型可视化的步骤如下。首先，根据各类监测仪器的特征参数（如多点位移计测点个数和仪器长度）建立监测仪器三维参数化实体构件库，如图 9.23 所示。然后，根据工程计划或实际安装的监测仪器参数，调用监测仪器三维参数化实体构件库生成相应尺寸和型号的监测仪器模型，并根据其在动态施工进度信息模型中的位置进行坐标转换，以正确加载至动态施工进度信息模型中，如图 9.24 所示。

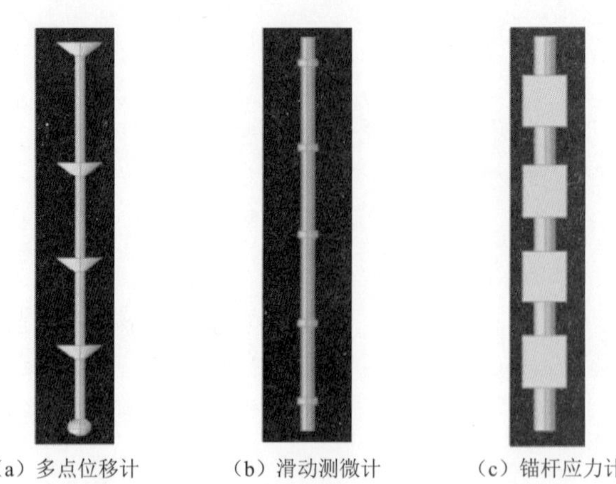

（a）多点位移计　（b）滑动测微计　（c）锚杆应力计

图 9.23　监测仪器三维参数化实体构件

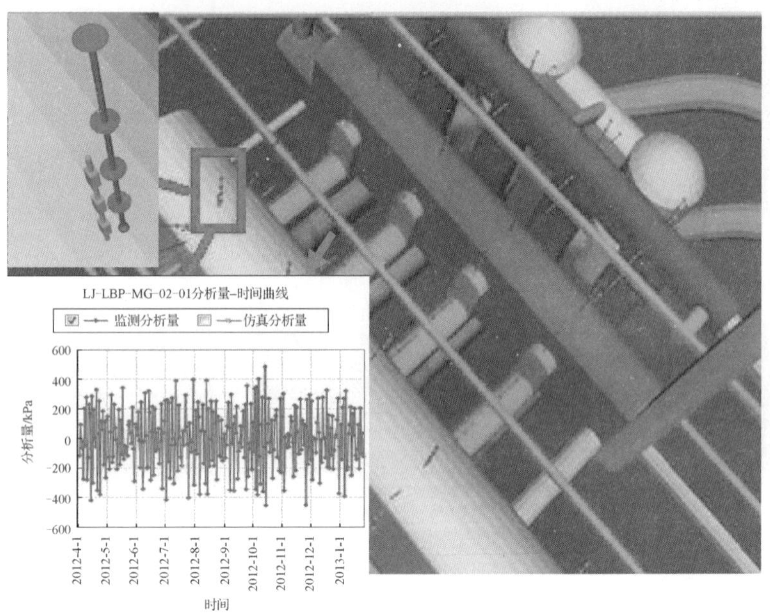

图 9.24　某地下洞室工程安全监测信息模型

9.3.2　监测仪器显示进度的确定

与水利水电工程混凝土浇筑，土石方填筑或开挖，围岩支护等的施工进度一样，安全监测仪器也具有自己的一套安装进度，同时根据各类监测仪器采集的数据种类不同，其安装进度也不尽相同。收敛计、多点位移计在围岩开挖完成之后便需要进行安装以及时监测围岩变形情况，而锚杆应力计、锚索测力计则需要在锚杆、锚索等支护施工完毕后再进行安装。

9.3.3 安全监测数据预测曲线的确定

动态安全监测信息模型除了能够提供计划或实际、预测施工进度下监测仪器模型的动态可视化之外，还能够显示与实际施工进度相对应的已有监测数据的变化曲线，更重要的是能够显示与预测施工进度相对应的监测数据预测曲线，以提前获取工程结构未来安全状态的发展变化，为及时采取相应措施提供依据。

安全监测数据预测曲线的确定方法即是根据已有监测数据建立该监测量的预测模型，以预测出未来时间的监测数据并绘制成曲线显示。

以变形预测为例，由于水利水电工程建筑材料、岩体的徐变性，同时又在施工过程中遭受相当大程度外界因素的影响，如降雨、蓄水、地下水位、施工扰动等，从而使水利水电工程建筑物及岩体变形通常具有较高非线性。考虑到外界影响因素的不确定，通常根据监测数据进行时间序列分析，建立时序分析预测模型。

针对时序模型在处理非线性问题时存在的模型结构和参数选择的困难，这里采用遗传算法自动搜索时序模型的最佳输入步长，并对模型的结构和参数进行优化。

设监测序列$\{x_n\}$，根据连续函数至少在较小的邻域内可以用多项式任意逼近的数学理论，建立监测序列的时序模型，即

$$x_{i+p}=\sum_{j=0}^{p}\sum_{k=1}^{q}c_{jk}x_{i+j}^{q} \tag{9-29}$$

式中：p 为输入变形历史时步数；c_{jk} 为多项式的系数；q 为多项式的阶。

应用遗传算法优化的适应度函数基于模型预测输出值和实测值之间的误差计算获得。

$$F=\frac{1}{n}\sqrt{\sum_{i=1}^{n}(\hat{x}_i-x_i)^2} \tag{9-30}$$

式中：x_i、$\hat{x}_i$ 分别为实际测值和模型预测值。

基于遗传算法优化的时序分析模型建立步骤如下。

1）随机产生 n 组模型结构参数(p_i,q_i)，$i=1,2,\cdots,n$；作为初始模型结构群体。

2）对每一组模型结构参数(p_i,q_i)计算适应度值。

① 根据 p_i 值构造学习样本。

② 随机产生 m 组模型系数$(c_{jk,m})$，$i=1,2,\cdots,n$。

③ 由式（9-29）计算当前结构下每组模型系数对应的模型$\{p_i,q_i,c_{jk,m}\}$的适应度值。

④ 判断是否满足模型系数进化终止条件，是则选择具有最佳适应度的模型参数作

为当前模型结构的参数，并将其对应的适应度作为当前模型结构的适应度；否则按照适应度值选择模型参数组个体进行交叉、变异等遗传进化操作，形成新一代模型参数组，转③。

3）判断是否满足结构参数进化终止条件，是则结束计算，并选择具有最佳适应度的个体作为最终解；否则按照适应度值选择模型结构个体进行交叉、变异等遗传进化操作，形成新一代模型结构参数组，转 2)。

9.4 基于施工状态动态映射的动态结构安全数值仿真信息模型建立

9.4.1 动态结构安全数值仿真信息模型的建立原理

施工状态包含两个部分的内容，分别为工程的施工进度状态和施工条件。由于施工状态可以由数值仿真模型的几何尺寸、荷载、边界条件及材料模型等进行模拟，故正确建立工程施工状态到三维数值仿真模型模拟状态的动态映射关系，是实现工程安全动态数值仿真的基础。

引入数学中“集合”的概念，将施工状态集合（X）与数值仿真模型模拟状态集合（Y）之间的动态映射关系，记为 X→Y。故实现动态数值仿真的前提就是要建立此动态映射关系，保证在任一施工状态都能找到对应的数值仿真模型模拟状态。

施工状态集合分为施工进度状态集合（记为 x1i）和施工条件状态集合（记为 x2i）两个子集，故要建立的映射是多对一的关系。

（1）施工进度状态子集合元素（x1i）

水利水电工程的施工过程就是工程施工进度网络中各个项目活动对应的施工单元工程的混凝土浇筑、土石方填筑或开挖、施工措施安装及拆除等施工活动所创建的施工面貌，各个施工时间对应的工程施工面貌便构成施工进度状态子“集合”。

（2）施工条件子集合元素（x2i）

水利水电工程施工过程中的施工条件是指与各个施工进度状态相对应的影响工程边界条件，材料参数和荷载分布的施工措施、气温、蓄水、风速、日照等，共同构成施工条件子“集合”。

（3）数值仿真模型模拟状态集合元素（yi）

采用有限元法进行仿真计算建立的数值仿真模型，其基本组成单位是单元，故具有与各个施工进度状态相对应的边界条件、材料模型和荷载信息，且能够表达相应施工面貌的单元分组之和即构成了数值仿真模型模拟状态集合。

动态结构安全数值仿真信息模型的建立原理即是通过构建施工状态集合与数值仿

真模型模拟状态集合之间的动态映射关系，从而在CAE软件环境中建立能够正确模拟动态变化施工状态的结构安全数值仿真信息模型，进而通过结构安全数值仿真分析获得工程结构各部位的结构安全信息，以实现结构安全状态的动态分析，有利于动态把握工程建筑物结构整体的安全状态，及时做出调整以保证施工全过程的结构安全。

9.4.2 计划施工动态结构安全数值仿真信息模型的建立

模拟计划施工状态的动态结构安全数值仿真信息模型一方面可以用于工程建筑物结构设计和施工方案设计的联合校核，另一方面也是建立模拟实际、预测施工状态的动态结构安全数值仿真信息模型的准备基础。

模拟计划施工状态的动态结构安全数值仿真信息模型的建立是在满足一定网格划分要求的有限元网格信息模型的基础上，通过计划施工状态的动态映射实现。

（1）动态数值仿真信息模型所使用的基础——有限元网格模型的建立

1）创建模型时单元划分的要求：①单元的划分要考虑施工进度网络构成中各个项目活动对应模型的边界线；②沿项目活动施工进展方向的单元应尽量按照单位施工长度（高度）的约数进行划分；③单元的划分应考虑监测断面所在位置，监测断面上节点的创建应尽量与监测点位置接近，方便施工过程中进行结构安全数值计算结果与监测数据的对比分析，以验证动态结构安全数值仿真信息模型建立的正确性。

2）单元材料分区：水利水电工程数值仿真信息模型主要由表达混凝土、地质体和施工措施（如围岩支护或是混凝土冷却水管）三大部分的网格单元模型组成，由于各部分物理力学参数不同，需要对表达各部分的相应单元赋予不同的材料参数。其中混凝土单元材料参数一般按照分区混凝土的性态（级配以及常态或碾压）进行划分；地质体单元材料参数一般按照岩体的风化程度以及断层、节理进行划分；施工措施单元材料参数则按照其不同的措施类型进行划分。

（2）计划施工状态到数值仿真模型的映射

1）计划施工进度状态到数值仿真模型的映射：计划施工进度状态到数值仿真信息模型的映射方法可以按照“网格单元映射法”实现。

2）施工条件到数值仿真模型的映射。

① 计划施工条件影响下的单元边界条件到数值仿真模型的映射：水利水电工程数值仿真模型的边界条件主要包括位移边界条件、应力边界条件、温度边界条件、渗流边界条件。

a. 位移边界条件一般施加在数值仿真模型四周和底部边界上，随着施工进度的发展，用于表达整体施工面貌的数值仿真模型的范围可能越来越大（如随着混凝土坝施工过程的推进，开始浇筑的混凝土坝段越来越多；随着工程边坡施工过程的推进，边坡开挖的范围也越来越大），故其位移边界条件也应该伴随施工进度状态的改变而不断更新到数值仿真模型的映射。

b．对于地下洞室工程数值仿真模型来说其模型四周和底部边界除了具有位移边界条件之外，还应该具有应力边界条件。这是因为考虑到数值仿真计算效率以及结构安全关注区域有限，用于计算的地下洞室工程数值仿真模型是以地下工程主要洞室开挖体所在区域为中心分别向四周和底部延伸一定距离，顶部延伸到地表而获得的区域数值仿真模型。由于岩体中地应力的存在，该区域数值仿真模型的应力边界条件需要首先确定才能为之后动态分析开挖支护过程引起的应力重分布提供正确的初始条件。确定应力边界条件最可靠的方法是依据实测数据，然而地下洞室工程影响范围内的地质体规模巨大，加上勘测时场地条件和工作投入时间限制，导致地应力勘测点数目有限且分布零散，常用的确定地下洞室工程数值仿真模型应力边界条件的方法是地应力反演分析法。通常选用的是基于实测地应力和神经网络的地应力反演分析方法：首先，选取 m 组应力边界条件作用在数值仿真模型上，通过有限元计算获得数值仿真模型中与实测地应力监测点位置相对应的节点处的地应力结果；然后，将每组各个测点处的地应力数值计算结果作为输入样本，与其相应的应力边界条件作为输出样本代入建立的神经网络模型进行训练，训练完成后的神经网络模型即可作为表示各个测点处地应力数值与应力边界条件之间非线性关系的函数，故将各个测点处实测地应力数据代入神经网络之后即可得到数值仿真模型实际正确的地应力边界条件。

c．温度边界条件主要是混凝土施工期温度仿真过程中需要考虑混凝土与空气、水及与其他混凝土之间的边界条件。随着施工进度状态的改变，混凝土与空气、水与其他混凝土之间的接触面积在不断发生变化，相应边界条件类型也在不断更新。计划施工条件下，气温和水温随时间的变化规律都是按照工程所在地多年气温、水温的监测数据统计分析获得。

d．渗流边界条件的更新主要是由于施工过程中水库蓄水水位的变化及防渗措施的建立。

② 计划施工条件影响下的单元材料参数到数值仿真模型的映射：一方面，数值仿真信息模型中的施工措施模型可以创建相应的单元模型进行表达，并按照各个计划施工进度状态对应的施工措施面貌进行数值仿真模型的映射；另一方面，由于考虑到结构安全数值仿真计算的效率，也可以采用等效的方法即将施工措施对混凝土或地质体的影响等效至单元参数的改变上。如式（9-31）为地下洞室系统锚杆支护对围岩参数提高的等效公式；式（9-32）为混凝土浇筑过程中冷却水管影响混凝土温度的等效热传导方程，即

$$\begin{cases} C_1 = C_0 + \eta \dfrac{\tau s}{ab} \\ \varphi_1 = \varphi_0 \end{cases} \tag{9-31}$$

式中：C_0、φ_0 分别为岩体的黏聚力和内摩擦角；C_1、φ_1 为锚固岩体的黏聚力和内摩擦角，τ 为锚杆材料的抗剪强度；s 为锚杆的横截面面积；a、b 分别为锚杆的纵、横向间距；η 为黏聚力综合经验系数，一般取为 2～5。

$$\frac{\partial T}{\partial \tau}=a\nabla^2 T+\left(T_0-T_w\right)\frac{\partial \varphi}{\partial \tau}+\theta_0\frac{\partial \psi}{\partial \tau} \tag{9-32}$$

式中：T 为混凝土温度；τ 为时间；$\nabla^2 T$ 为 Laplace 算子；a 为混凝土的导温系数；T_0 为混凝土初温；T_w 为进口处冷却水温度；θ_0 为混凝土最终绝热温升。式中两个函数的表达式如下：

$$\begin{cases}\psi(t)=m\left(e^{-bt}-e^{-mt}\right)/(m-b)\\ \varphi(t)=e^{-kz}\\ z=at/D^2\\ k=2.09-1.35\eta+0.32\eta^2\\ \eta=\lambda L/c_w\rho_w Q\\ b=ka/D^2\end{cases} \tag{9-33}$$

式中：λ 为混凝土导热系数；D 为混凝土的等效冷却直径；c_w、ρ_w、Q 为冷却水的比热、密度、流量；L 为冷却水管的长度；m 为水泥水化热发热速率。

③ 计划施工条件影响下的单元所受外部荷载到数值仿真模型的映射：单元所受外部荷载的动态更新主要是根据计划施工进度过程中水库蓄水水位发生变化而对单元所受静水压力进行相应更新。

9.4.3 实际施工动态结构安全数值仿真信息模型的建立

模拟实际施工状态的动态结构安全数值仿真信息模型是在模拟计划施工状态的动态数值仿真信息模型的基础上通过采用实际、预测施工进度状态对原计划施工进度状态进行更新；同时采用与实际施工进度状态相对应的实际施工条件对计划施工条件进行更新，最后根据更新后的施工状态通过映射关系实现动态结构安全数值仿真信息模型对施工状态的正确模拟。

实际施工状态到数值仿真模型的映射方法如下。

1）实际施工进度状态到数值仿真模型的映射：实际施工进度状态到数值仿真信息模型的映射方法同样按照“网格单元映射法”实现。需要说明的是，施工过程中工程建筑物、岩体的结构安全状态随施工过程不断发展变化，任意一个时间步的施工状态所对应的结构安全状态都会受到其前一时间步施工状态的影响，因此建立能够正确模拟不同施工状态的动态数值仿真模型是正确分析工程建筑物、岩体当前结构整体安全状态的基础。通过对结构整体安全状态的分析，可以及时发现结构安全薄弱部位以及时采取补救措施。此外，进一步将预测施工进度状态向已经建立的数值仿真模型进行映射，创建能够正确模拟预测施工进度状态的数值仿真模型，可以对预测施工方案下结构的安全状态进行分析，以此进行后期施工方案合理性的检验与优化。

2）实际施工条件到数值仿真模型的映射。

① 实际施工条件影响下的单元边界条件到数值仿真模型的映射：用于模拟实际施工过程的数值仿真模型的单元边界条件一方面受到实际施工进度状态的影响，即实际施工过程中实际施工进度与计划施工进度的差异，导致同一时间模拟实际施工进度状态的数值仿真模型规模、面貌与模拟计划施工进度状态的数值仿真模型不同，因此单元边界条件也应该按照实际施工进度状态重新进行映射；另一方面实际施工过程中气温、水温以及施工措施等施工条件也会与计划施工条件有所不同，故单元边界条件也应该按照实际施工条件重新进行映射。

② 实际施工条件影响下的单元材料参数到数值仿真模型的映射：模拟计划施工条件的数值仿真模型所采用的单元材料参数往往是根据室内试验获得的参数取值范围内通过主观经验进行选取，通常与反映实际施工条件的单元材料参数相差较大，因此需要在实际施工过程中重新对单元材料参数进行映射。更新映射主要从以下三个方面进行：第一，对于施工过程中突然发现的不良地质区域，需要建立能够表示不良地质体的形状和范围的封闭几何图元（如不规则多面体），然后通过在数值仿真模型中搜索位于此几何图元内部或是与其相交的单元，而识别出表达不良地质区域的模型单元，并按照不良地质的参数对其原材料参数进行替换，这样即实现了突发不良地质区域到数值仿真模型的映射；第二，实际施工过程中由于新增不良地质等情况的出现，导致实际施工措施与计划相比也会发生调整，需要按照实际调整后的施工措施通过单元参数等效的方法向数值仿真模型进行映射；第三，实际施工过程中为保证结构安全数值仿真模型对各个实际施工状态模拟分析的正确性，需要依据监测点的位移或应力的实测数据对数值仿真模型单元材料参数进行反演。

下面详细介绍一下基于位移实测数据的反演分析方法：位移反分析即为以位移监测数据为依据的岩体力学参数反演，实质就是寻找一组能使计算位移值与实测位移值逼近的岩体力学参数，是一个优化问题。对于实际工程的设计和施工来说，这种逼近追求的是总体上的最优效果，目标函数通常取

$$\min F(P)=\sum_{i=1}^{q}\sum_{j=1}^{k}\left(\hat{u}_{ij}(P)-u_{ij}\right)^2 \tag{9-34}$$

式中：P 为一组待反演参数；$\hat{u}_{ij}(P)$ 为采用参数 P 计算得到的第 i 个监测点的位移分量 j 的数值计算值；u_{ij} 为相应的位移分量实测值；q 为位移测点总数；k 为位移分量数。

岩体力学参数动态反演是依托于与实际施工状态相对应的数值仿真模型，采用遗传算

法-神经网络智能位移反分析方法实现对岩体力学参数的动态反演。岩体力学参数实时反演步骤如下：根据工程实际施工进度状态映射得到的反映实时状态的数值仿真计算模型；综合地质情况、施工情况、监测数据及现场巡查情况分析确定待反演岩体区域和其待反演参数（如弹性模量 E、黏聚力 c 和内摩擦角 φ 等）；依据工程现场测试、室内试验或凭借工程经验，确定待反演参数的取值范围；基于待反演参数的取值范围，采用正交设计或均匀设计试验方法生成待反演参数样本；对每组待反演参数样本，分别采用数值仿真方法计算所有监测点的位移计算值，获得一系列包含待反演参数和与其相对应的监测点位移计算值的样本；将得到的待反演参数和监测点位移计算值样本作为训练样本，对神经网络模型进行训练，得到可以表达待反演参数与位移之间映射关系的神经网络模型，用其代替反演寻优过程中的数值模拟计算；根据实际位移监测数据，依据训练得到的神经网络模型，采用遗传算法在待反演参数取值空间中搜寻全局最优待反演参数取值。

③ 实际施工条件影响下的单元所受外部荷载到数值仿真模型的映射：实际施工条件下，单元所受外部荷载的更新则是由于实际施工进度较计划施工进度发生变化，以至于相同施工时间下所受到的外部荷载可能会不同（如水库蓄水时间和蓄水高度会发生变化），因此需要对单元所受外部荷载按照实际施工条件进行更新。

9.5　基于动态数值仿真信息模型的结构安全与进度耦合动态可视化

常规的对数值仿真计算结果的展示主要为静态图像的形式，该形式不利于查看工程施工全过程各部位结构安全状态和进度面貌的动态连续变化，而且从图像中获得的与结构安全状态相对应的施工状态信息量有限，且无法交互。基于动态数值仿真信息模型的结构安全与进度耦合动态可视化是对工程全尺度结构安全状态和进度状态显示效果的巨大改进。

结构安全与进度耦合动态可视化是在数值仿真模型的基础上，将动态施工进度信息映射至数值仿真模型，从而建立各个时间的施工面貌，同时将与各个施工面貌相对应的施工条件影响映射至数值仿真模型并确定出单元的边界条件、材料参数及外部荷载，进而建立起动态结构安全数值仿真信息模型，通过结构安全动态仿真分析获得工程结构各部位的结构安全状态分析结果，最后采用三维动态可视化技术，不断推进表示施工时间的可视化时间钟，同时将各个施工时间对应的工程施工面貌以及施工面貌对应的结构安全状态分析结果以动态结构安全数值仿真信息模型为载体进行连续、动态三维可视化展示，过程中对于无法用可视化模型显示表达的信息，如施工措施参数、施工方法、施工资源配置、施工工程量、施工花费以及安全监控指标阈值等，则通过动态数据列表和动态曲线图的形式进行二维可视化展示和交互式查询。

9.5.1 数值仿真分析结果的提取与存储

存储用于动态可视化的数值仿真分析结果除了需要满足工程施工全过程建筑物和岩体结构安全与进度状态的耦合动态可视化的数据支持，同时还要考虑进行连续动态可视化显示时读取数据的效率，因此对存储数据的要求是全面而且直接、简捷，即无须再在动态可视化的过程中花费时间进行数据的再次分析，同时较少的存储数据总量也会使数据的访问查询更加快捷。这就要求在数值仿真分析结果数据提取后需要对其进行一定的简化和附加信息的添加后再存储至数据库中。

实现工程结构安全与进度状态耦合动态可视化需要从动态数值仿真模型中提取的数据包括以下几个方面。

1）与工程尚未开工状态相对应的数值仿真模型的节点基本信息表。该数据表中包括节点编号，节点位置坐标的 X、Y、Z 三个方向的分量。

2）与工程尚未开工状态相对应的数值仿真模型的单元基本信息表。该数据表中包括单元编号，单元所含节点编号，单元材料类型，单元项目活动编号等信息，借助存储的单元项目活动编号即可查询出各个单元所对应的施工信息。

3）与工程各个施工状态相对应的数值仿真模型的单元改变表。该数据表中包括改变单元编号、施工时间步等信息。一般在各个施工时间步直接从数值仿真模型中提取的单元数据，是表达该时间施工面貌的单元总和，如果将其全部导出，则会重复存储上一施工时间步对应的部分单元，因此在单元数据的提取时，需要将当前施工时间步对应的单元集合与上一时间步单元集合作差运算，这样既可以保证能够获得与各个施工时间状态相对应的显示单元，同时也可以避免单元的重复存储，提高查询效率。

4）与工程各个施工状态相对应的数值仿真模型的节点结果表。该数据表中包括用于表示各个施工状态的数值仿真模型中显示单元所包含的节点编号及其各个节点位置处的数值计算结果（如 1、3 主应力和 6 个应力分量，合位移和 3 个位移分量）以及对应的计算时间步（即施工时间步）。与单元改变表的存储要求不同，相同节点处的数值计算结果在不同的时间步均会有所变化，因此必须把每个时间步该节点数值计算结果及其节点编号信息进行存储。

上述用于结构安全与进度耦合动态可视化建立的数据库表的字段名及其数据类型如表 9.10 所示。

表 9.10　结构安全与进度耦合动态可视化需要建立的数据库表字段名及其数据类型

<table>
<tr><td colspan="5">节点基本信息表</td></tr>
<tr><td>字段名称</td><td>节点编号</td><td>X</td><td>Y</td><td>Z</td></tr>
<tr><td>数据类型</td><td>varchar（10）</td><td>float</td><td>float</td><td>float</td></tr>
</table>

<table>
<tr><td colspan="11">单元基本信息表</td></tr>
<tr><td>字段名称</td><td>单元编号</td><td>Nd1</td><td>Nd2</td><td>Nd3</td><td>Nd4</td><td>Nd5</td><td>Nd6</td><td>Nd7</td><td>Nd8</td><td>材料类型</td></tr>
<tr><td>数据类型</td><td>varchar（10）</td><td>float</td><td>float</td><td>float</td><td>float</td><td>float</td><td>float</td><td>float</td><td>float</td><td>varchar(10)</td></tr>
</table>

<table>
<tr><td colspan="3">单元改变表</td><td colspan="7">节点结果表</td></tr>
<tr><td>字段名称</td><td>单元编号</td><td>时间步</td><td>字段名称</td><td>节点编号</td><td>时间步</td><td>应力值 1</td><td>应力值 i</td><td>位移值 1</td><td>位移值 i</td></tr>
<tr><td>数据类型</td><td>varchar（10）</td><td>int</td><td>数据类型</td><td>nvarchar（10）</td><td>int</td><td>float</td><td>float</td><td>float</td><td>float</td></tr>
</table>

9.5.2　基于可视化开发工具的结构安全与进度耦合动态可视化

结构安全与进度耦合动态可视化方法是采用动态信息可视化技术，不断推进表示施工时间的可视化时间钟，将各个施工时间表达施工进度面貌的数值仿真模型的单元组成信息以及相应施工时间下表达结构安全状态的节点数值计算结果信息同时进行连续、动态可视化展示。

动态信息可视化展示的过程实际是一个通过可视化软件开发工具不断更新数据读取，进行动态绘制的过程。可以选用的可视化软件开发工具主要包括 OpenGL、DirectX 和 VTK 等。其中，OpenGL（Open Graphics Library）是一个跨编程语言、跨平台的开源图形编程接口，已经广泛应用于计算机辅助设计、虚拟现实、制造业、游戏开发、医学等行业领域中，OpenGL 能够帮助开发者实现在个人计算机、图形工作站等硬件设备上进行高性能、高视觉表现力图形处理软件的开发。DirectX 是微软公司提供的一种 Windows 操作系统下的应用程序接口，与 OpenGL 相比，它不只是一个图形函数库，还是包括显示、声音、输入和网络 4 大部分，其在游戏开发方面更有优势，更多应用于家庭、娱乐应用，但在专业高端绘图领域 OpenGL 则占据主要地位。进行结构安全与进度耦合动态可视化选用的可视化开发工具 VTK（Visualization Toolkit）是基于 OpenGL 采用面向对象的设计方法开发出的可视化工具函数库（C++类库），具有 3D 图形、图像处理、数据处理、可视化、人机交互、体绘制等功能，已广泛应用于医学、流体力学和气象学等领域。VTK 将可视化开发过程中的一些细节屏蔽（如三角形顶点向量的确定、光照设置等），并将一些常用的算法封装起来，提高了编程效率、降低了编程难度；VTK 具有高速缓存能力，处理海量数据时不必担心内存的限制；支持对多种数据类型的处理，其提供的非结构网格类（unstructuredGrid）正是用于存储有限元网格模型数据的可视化类型。

下面具体介绍一下采用 VTK 进行结构安全与进度耦合动态可视化的方法及步骤。VTK 提供了一个规范化的可视化流水线，如图 9.25 所示，作为存储几何体数据的可视化模型向图形模型转换的接口。

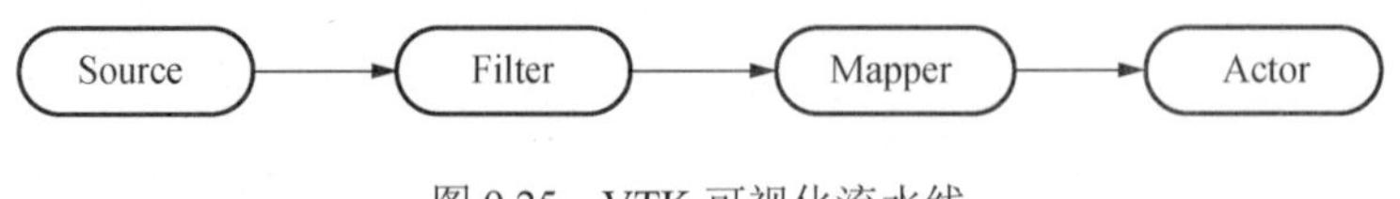

图 9.25 VTK 可视化流水线

如图 9.25 所示的 Source（数据源）和 Filter（过滤器）是可视化模型的两个重要组成部分：数据源中存储的是读取数据文件、数据库表产生的原始几何体数据；过滤器是用于对原始数据按照一定规则进行提取而生成二次数据的工具，如等值面、剖切面和等值线的提取。Mapper（映射器）是连接可视化模型与图形模型的转换接口，其主要作用是将可视化模型中存储的数据对象转换成图形对象。Actor（角色）是图形模型中的一个重要对象，用于表达渲染场景中的绘制对象实体。

根据上述 VTK 提供的可视化流水线过程，可以确定出结构安全与进度状态耦合动态可视化的步骤如下。

1）数据初始化：可视化时间钟 t=1。

2）可视化模型创建：联合“节点结果表”对“节点基本信息表”进行查询，提取出时间 t 对应的数值仿真模型的显示节点数据，通过调用 vtkPoints 类的 InsertPoint 方法录入该类的实例中存储；对“节点结果表”进行查询，提取出时间 t 对应的数值仿真模型的节点计算结果，通过调用 vtkFloatArray 类的 InsertTuple 方法录入该类的实例中存储；创建 vtkUnstructuredGrid 类的实例，调用其 SetPoints 读入节点数据；对“单元基本信息表”进行查询，提取出时间 t 对应的数值仿真模型的单元数据，并通过单元拥有节点总数对各个单元的类型进行判断，以确定是按照 vtkHexahedron、vtkWedge 或是 vtkTetra 类进行单元数据的存储；调用 vtkUnstructuredGrid 类实例的 InsertNextCell 方法读入不同类型的单元数据；调用 vtkUnstructuredGrid 类实例的 GetPointData().SetScalars 方法读入节点计算结果数据；由于不需要对 vtkUnstructuredGrid 实例中存储的数据进行过滤，故至此便完成了可视化模型的创建。

3）可视化模型向图形模型的映射：创建 vtkLookupTable 类的实例，调用其 SetNumberOfColors 方法确定节点计算结果映射的颜色数目；创建 vtkDataSetMapper 类的实例，调用其 SetInput 方法读入 vtkUnstructuredGrid 中非结构网格数据，调用其 SetLookupTable 方法读入 vtkLookupTable 设置的颜色映射表。

4）图形模型创建：创建 vtkActor 类的实例，调用其 SetMapper 方法读入映射器

（vtkDataSetMapper）中的数据存储在角色中；创建 vtkRenderer 类的实例，调用其 AddActor 方法将角色添加至绘图对象中；调用 vtkRenderWindow 类的 Render 方法将绘图对象绘制到显示窗口中。

5）可视化时间钟推进：t=t+1；判断 t 是否等于结束时间，是则转入第 5）步，否则返回第 2）步继续执行。

6）可视化终止。

图 9.26 给出了某水电站边坡工程结构安全与施工进度耦合动态可视化过程中 4 个时间对应的显示状态。图 9.26（a）～图 9.26（d）分别表示右侧边坡的开挖进度和位移变化量，系统将同时计算出边坡开挖后的安全系数。

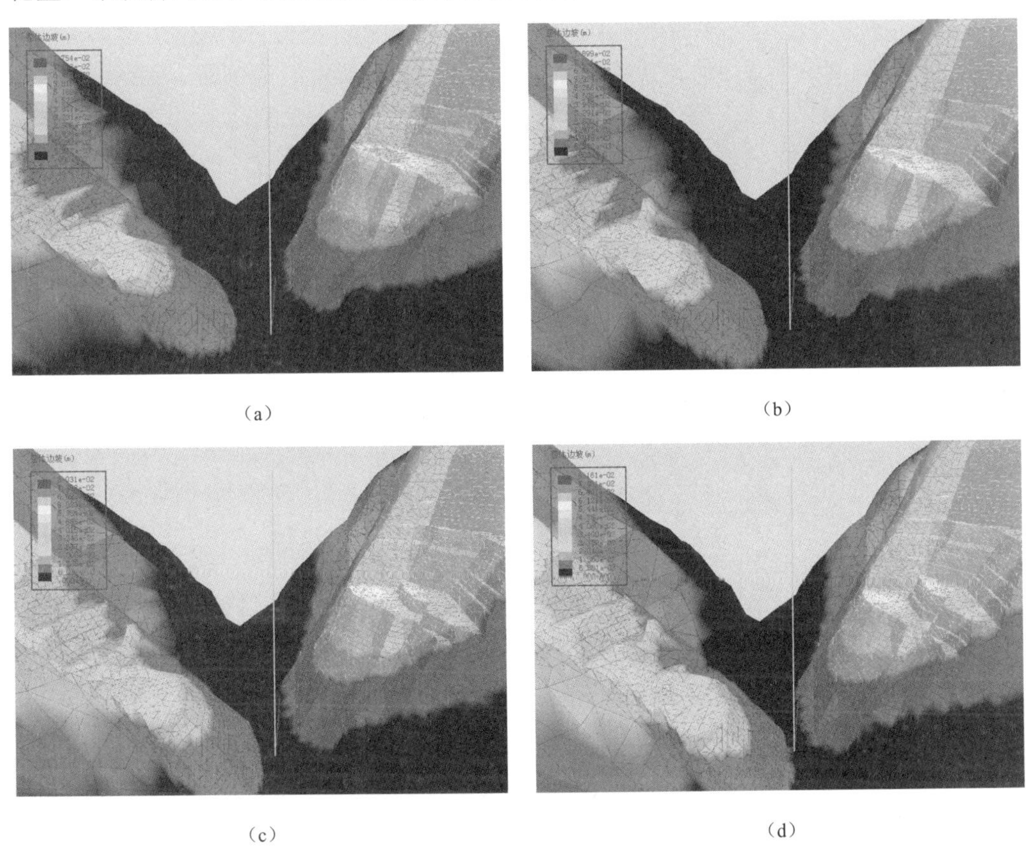

图 9.26　某水电站边坡工程结构安全与施工进度耦合动态可视化显示效果

第10章 RCC重力坝结构安全与进度耦合动态仿真信息模型

碾压混凝土重力坝综合了混凝土坝运行安全和土石坝施工快速的特性，但碾压混凝土的极限拉伸值比常态混凝土低，施工过程中的坝体温度变化更容易导致坝体出现拉伸裂缝，影响坝体安全。施工期坝体结构的安全状态直接影响到施工方案的优化和后续施工方案的调整，建立集成多维施工安全信息的动态模型是实现海量数据精细化管理的关键。通过提取出模型当中有效的工程信息，并对其进行结构安全动态仿真分析计算可以准确地模拟出任意施工方案下坝体结构安全状态的变化过程，从而帮助施工人员准确地进行方案优化调整。

目前，已对大体积混凝土结构施工过程的温度应力仿真方面进行了一定程度的研究，实现了大体积混凝土温度应力的仿真计算、混凝土坝施工期和运行期的温度和应力场的仿真分析模拟以及大坝诱导缝工作特性分析等。然而，已有研究主要针对单坝段进行，在温度场计算时简化了相邻坝段间的传热影响和坝体横河向两侧面动态变化的对流边界条件，这导致计算结果与实际相差较大；少数针对整体坝段的研究在如何根据施工状态动态、快速改变数值仿真模型模拟状态进行结构安全与进度的耦合仿真及可视化等方面涉及较少；此外，已有研究对仿真计算结果的展示主要以静态图像的形式，不利于查看坝段群全过程结构安全状态和进度面貌的动态连续变化，而且从图像中获得的信息量有限，无法交互。

通过建立碾压混凝土重力坝三维全尺度施工过程结构安全与进度耦合动态仿真信息模型和方法，考虑坝段群施工过程中施工进度与结构安全的相互影响，动态仿真分析了坝段群在拟定施工方案下任一进度面貌的结构安全状态，并采用可视化技术实现坝段群全过程结构安全状态和进度面貌耦合变化的动态、交互式播放，以及结构安全控制指标信息、施工进度、方案信息的可视化、交互式跟踪分析，为决策者实现工程结构安全与进度状态的全过程把控，制定施工方案并提供快速、全面的数据支持。

10.1 RCC重力坝施工状态与数值仿真模型之间的动态映射

碾压混凝土重力坝施工状态包含两部分内容，分别为工程的施工进度状态和施工条件。由于施工状态可以由数值仿真模型的几何尺寸、荷载、边界条件及材料模型等进行模拟，正确建立工程施工状态到三维全尺度结构安全数值仿真信息模型模拟状态的动态映射关系，是实现碾压混凝土重力坝施工过程安全与进度耦合动态仿真的基础。

10.1.1　动态映射中的元素

（1）施工进度状态子“集合”元素（x1i）

碾压混凝土重力坝的施工过程就是各坝段混凝土不断碾压浇筑，逐渐升高的过程。为便于模拟各时刻碾压混凝土重力坝整体施工进度面貌，将各坝段均视为一个单元工程，故这些单元工程进度状态就构成了实际施工进度状态的子“集合”。

（2）施工条件子“集合”元素（x2i）

碾压混凝土重力坝的施工过程中的施工条件是指与各个施工进度状态相对应的影响混凝土边界条件、热力学参数的外界气候温度、库水温度、风速、日照、温控措施等，共同构成施工条件子“集合”。

（3）数值仿真模型模拟状态“集合”元素（yi）

采用有限元法进行仿真计算建立的数值仿真模型，其基本组成单位是单元，故具有荷载、边界条件和材料模型的各坝段单元组合之和构成了数值仿真模型模拟状态“集合”。

10.1.2　RCC 重力坝施工进度状态动态映射

碾压混凝土重力坝施工进度状态动态映射的实现：根据工程施工进度信息，将各个坝段施工完成的浇筑层，通过动态映射关系在数值仿真模型中找到与之对应的单元组，按照施工顺序将其有序“激活”，以实现施工进度状态的仿真模拟。

将碾压混凝土重力坝数值仿真模型分为坝体和基岩两部分，施工进度状态子“集合”只与坝体部分对应。坝体单元主要依据施工单元工程（坝段）和大坝常用施工浇筑层厚度的公约数进行分段和分层划分，形成能够与各坝段各个浇筑层相对应的单元组，则每个坝段的施工进度状态在三维数值仿真模型中都会对应并且唯一对应一个或一组单元组，如图 10.1 所示。

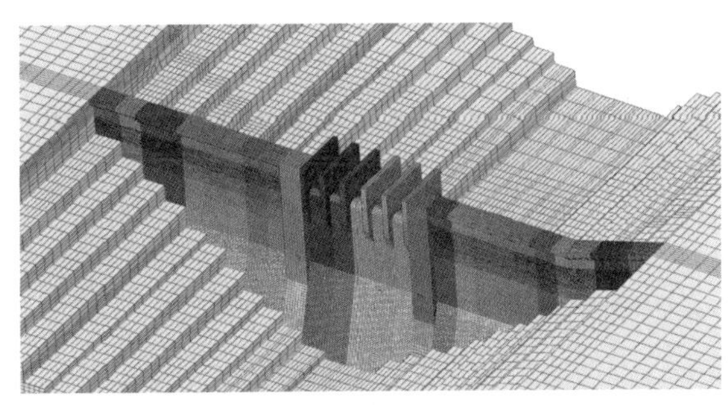

图 10.1　碾压混凝土重力坝映射施工进度状态的数值仿真模型单元划分

在施工时间 t，任一单元工程有三种施工进度状态：未施工、正在施工、施工完毕。设状态变量 m_{it} 表示在 t 时刻第 i 项单元工程 a_i 的施工进度状态，则有

$$m_{it}=\begin{cases}-1, & \text{若}a_i\text{在工作时间}t\text{时刻还未施工}\\ 0, & \text{若}a_i\text{在工作时间}t\text{时刻正在施工}\\ 1, & \text{若}a_i\text{在工作时间}t\text{时刻已经结束}\end{cases} \tag{10.1}$$

若工程共有 n 项单元工程，则在 t 时刻所有单元工程进度状态的集合构成了一个进度状态向量 m_t，即

$$\boldsymbol{m}_t=(m_{1t}\quad m_{2t}\quad \cdots \quad m_{nt})^{\mathrm{T}} \tag{10.2}$$

在施工时间 t，首先判断每个单元工程 m_{it} 的值，若 $m_{it}=-1$，则该坝段对应单元保持处于“杀死”状态；若 $m_{it}=0$，则该坝段对应单元中与浇筑完成相对应的单元组需要被激活，未浇筑部分不能被激活；若 $m_{it}=1$，则该坝段对应单元全部被激活。

故施工进度到数值仿真模型的动态映射可以描述为：读入 t 时刻的施工进度数据，首先判断 $\boldsymbol{m}_t$ 状态向量中每个单元工程的 m_{it} 值，同时根据各单元工程 t 时刻的浇筑高度以及 $t-1$ 时刻的累计浇筑高度通过单元坐标去搜索数值仿真模型中需要激活的单元。

10.1.3　RCC 重力坝施工条件的动态映射

在施工时间 t，可将坝段群所承受的施工条件的影响等效转换映射为数值仿真模型中相应单元组的边界条件。

（1）外界环境条件的等效映射

进行碾压混凝土重力坝温度应力的仿真计算，须知道大坝温度场计算的初始条件和边界条件，其中边界条件包括周围介质与混凝土表面相互作用的规律及物体的几何形状。

外界气温：混凝土与空气接触时的情况属于第三类边界条件，因此可将外界气温的影响转换为数值仿真模型中的第三类边界条件。第三类边界条件表示固体与空气接触时的传热条件，即混凝土的表面热流量和表面温度 T 与气温 T_{a} 之差成正比，数学表达式为

$$-\lambda\left(\frac{\partial T}{\partial n}\right)=\beta\left(T-T_{\mathrm{a}}\right) \tag{10.3}$$

式中：β 为热交换系数，W/（$\mathrm{m}^2\cdot$℃）。

库水温度：混凝土表面与流水直接接触的情况属于第一类边界条件，这时可取混凝土表面的温度等于库水的温度。

风速主要影响第三类边界条件里的热交换系数 β。

日照的影响相当于周围空气的温度增高，同样影响的是第三类边界条件。

基于上述分析，数值仿真模型中可通过对与水和空气接触的混凝土单元施加相应边界条件的方法，将外界气候温度、库水温度、风速、日照等外界环境条件进行等效映射。

需要注意的是，对于碾压混凝土重力坝施工过程三维全尺度结构安全动态仿真计算，坝段群中单坝段的边界条件会随该坝段与相邻坝段的浇筑高度相对关系和库水位高度发生变化。

（2）温控措施的等效映射

在大体积混凝土施工中，目前广泛采用冷却水管来控制温差，减小温度应力。将冷却水管冷却效果等效映射为影响混凝土温度的等效热传导方程，将冷却水管的冷却效果体现在混凝土生热率的改变，同时避免了局部单元剖分的问题。

10.2　三维全尺度结构安全与进度耦合动态仿真及可视化系统开发

10.2.1　系统主要功能

碾压混凝土重力坝三维全尺度结构安全与进度耦合动态仿真及可视化系统功能主要包括：三维全尺度结构安全与进度耦合动态仿真分析，结构安全与进度耦合动态可视化两大部分。

（1）碾压混凝土重力坝结构安全与进度耦合动态仿真

结构安全与施工进度是碾压混凝土重力坝施工中两个相互影响、相互制约的重要方面。

碾压混凝土重力坝施工过程结构安全与进度耦合动态仿真可用于不同施工方案下重力坝施工过程结构安全的动态仿真分析，在满足施工过程结构安全的前提下进行施工进度仿真分析，以确定最终的由浇筑进度计划、浇筑层厚度、间歇期、温控措施等组成的施工组合方案；同时在实际施工过程中若出现结构安全或施工进度不满足要求的情况，可以快速进行后续施工调整方案下的结构安全与进度耦合动态仿真，以确定合理的施工调整方案，反馈施工。

（2）碾压混凝土重力坝结构安全与进度状态耦合动态可视化

碾压混凝土重力坝坝段群在施工过程中，其外部宏观施工进度面貌（状态）不断更新的同时，其内部细观结构安全状态也在不断发展变化。系统通过可视化技术将其结构安全与进度耦合动态仿真相关的输入数据、过程数据和输出数据，以坝段群三维动态可视化信息模型为显示载体，实现其结构安全与进度状态、信息的耦合动态可视化。

10.2.2　系统功能实现

系统开发采用 C#.Net 为窗体应用程序编程语言，APDL 为数值仿真计算程序开发语言，VTK 为可视化编程工具。其中三维全尺度施工过程结构安全与进度耦合动态仿真子系统中包括两个仿真计算程序：结构安全仿真计算程序基于 ANSYS 有限元分析软件平台，采用 APDL 二次开发实现，而施工进度仿真预测计算程序基于网络计划仿真技术，采用 C#.Net 编程实现；结构安全与进度状态耦合动态可视化子系统采用 C#.Net 和 VTK 编程开发实现。

（1）三维全尺度结构安全与进度耦合动态仿真子系统的实现

结构安全仿真计算程序包括温度场和温度应力仿真计算两大部分。

温度场计算程序主要包括：数据读入及程序初始化模块、模型单元激活模块、坝段浇筑层分块模块、单元生热率分块分层更新模块、模型边界条件更新模块等。其算法步骤如下，相应流程图如图 10.2 所示。

① 进行“数据读入及程序初始化模块”：采用*VREAD 函数分别读取大坝施工进度数据文件和模型数据文件中的施工进度数据、施工浇筑方案数据、模型数据，并存储在相应名称的数组中；初始化累计计算参数和标识参数；初始化有限元数值仿真模型：为加快计算效率，事先将大坝各坝段坝体单元和基岩单元全部杀死，然后随着坝段开始浇筑，仅激活当前浇筑坝段坝体和基岩单元以及相邻坝段基岩单元。

② 以一天为一个计算步，开始大坝施工工期内 T=1 时的温度场计算。

③ 施工进度状态到数值仿真模型的映射。循环每一个坝段：首先根据当前坝段当天的施工进度数据，判断需要激活的数值仿真模型单元；由于不同的施工组合方案下的混凝土单元会产生不同的生热率变化规律，为实现坝段各浇筑层单元的生热率的循环更新，将坝段各浇筑层按照其施工浇筑方案属性进行分块；然后循环各个分块中的每一个浇筑层依次进行单元生热率的更新。待循环完成所有坝段单元的更新，则进入第④步。

④ 施工条件到数值仿真模型的映射。循环每一个坝段：根据当前数值仿真模型模拟的施工进度面貌，为各坝段坝体、基岩单元施加第三类边界条件和第一类边界条件。待循环完成所有坝段，则根据当前已激活的数值仿真模型范围，施加基岩 4 个侧面和底面的绝热边界条件。

⑤ 进行 ANSYS 温度场计算的参数设置，并开始本次计算步温度场计算。

⑥ 待计算完成，删除当前数值仿真模型单元的所有边界条件。

⑦ 更新计算步 T=T+1，并判断是否完成整个施工工期的数值仿真计算，是则程序终止，否则返回第③步。

温度应力计算采用间接法进行实现，即将温度场仿真计算求得的节点温度作为节点体荷载应用于温度应力仿真计算中。温度应力计算程序与温度场计算程序算法流程的框架基本一致，由于需要考虑混凝土徐变，则建立每天单元材料模型分块分层更新模块。程序流程图如图 10.3 所示。

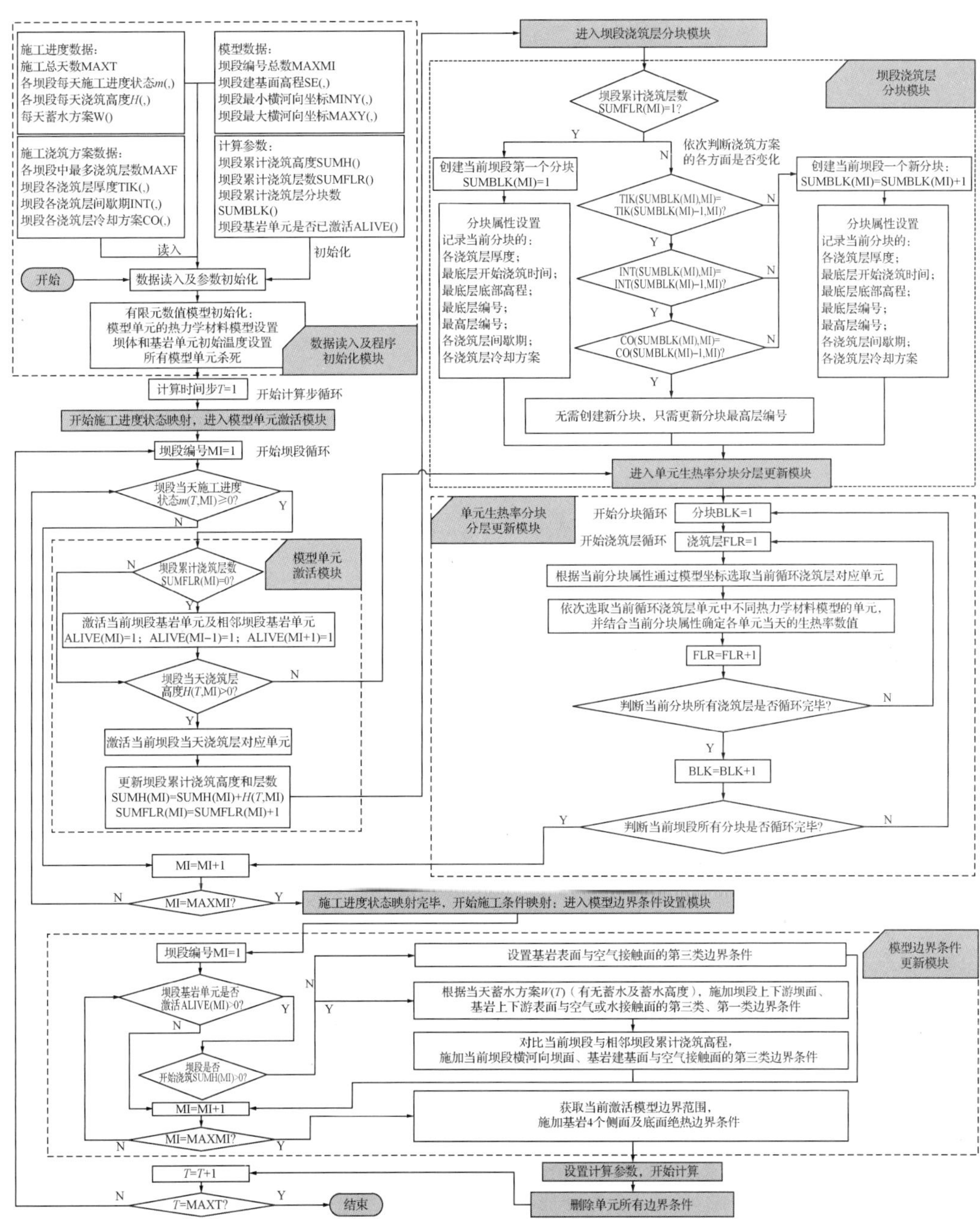

图 10.2 碾压混凝土重力坝三维全尺度施工过程温度场计算程序流程

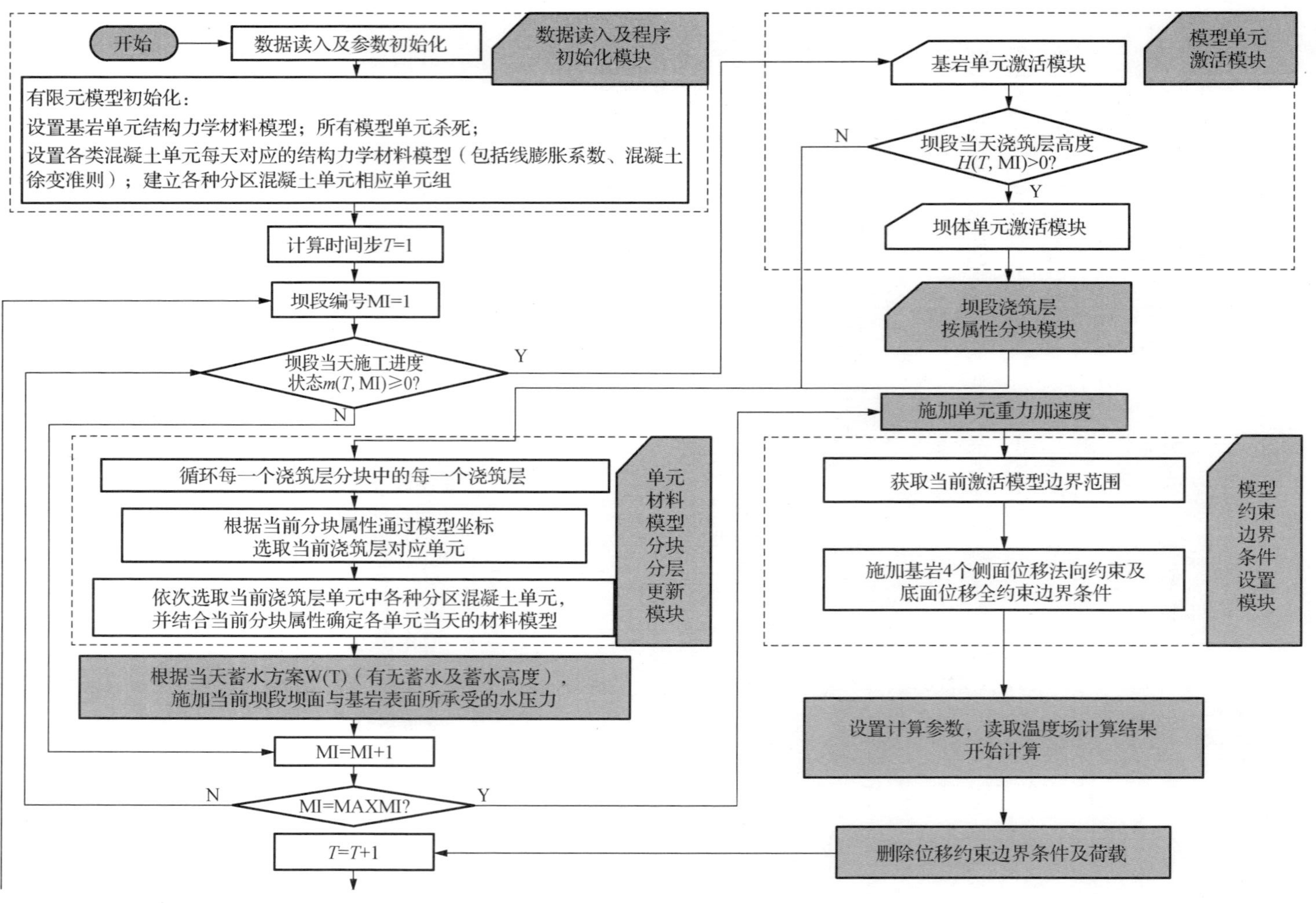

图 10.3 碾压混凝土重力坝三维全尺度施工过程温度应力计算程序流程

施工进度仿真预测计算程序基于网络计划仿真技术编程实现，在此不做详细介绍。

（2）结构安全与进度状态耦合动态可视化子系统的实现

结构安全与进度状态耦合动态可视化功能的实现主要包括两大步骤：一是通过 APDL 读取各个计算时间步（施工时间）的有限元模型数据和计算结果数据并录入数据库；二是通过 C#.Net 和 VTK 编程实现各个计算时间步模型结构安全和进度状态耦合动态可视化。

第一个步骤需要读取的数据主要包括：模型中所有节点的编号及其坐标，所有单元的编号及其节点编号，各个时间步新激活单元编号，各个计算步激活单元节点的计算结果。四部分数据读取的关键代码如表 10.1 所示，读取后的数据存储在文本文件中，然后自动导入数据库，分别存储在“节点表”“单元表”“单元改变表”“计算结果表”4 个数据表中，各个数据表的字段如表 10.1 所示。

表 10.1 数值仿真模型及计算结果数据录入关键代码

录入数据	数据录入关键代码示例	录入数据表字段示例
模型所有节点数据	*VGET,xyz(1,1),NODE,,LOC,X *VGET,nodes(1), NODE,,NLIST	NodeID, X, Y, Z
模型所有单元数据	*VGET,nodelist(1,1), ELEM,, NODE,1 * VGET,mats(1), ELEM,,ATTR,MAT *VGET,elems(1), ELEM,,ELIST	ElementID, N1, N2, N3,N4,N5,N6,N7,N8,MAT
各时间步新激活单元数据	CMSEL,S,elive%t% CMSEL,U,elive%t-1% *VGET,aliveelems(1),ELEM,,ELIST	ElementID, Step
各时间步激活节点结果	CMSEL,S,elive%t% *VGET,nodetemp(1), NODE,,TEMP *VGET,nodetemp(1), NODE,S,1 *VGET,nodetemp(1), NODE,U, SUM *VGET,nodes(1), NODE,,NLIST	NodeID, Step, Temp,S1,USUM

第二个步骤主要是运用 VTK 可视化流水线实现。VTK 是一种基于 OpenGL 的可视化工具函数库，由于其强大的可视化功能，已广泛应用于医学领域。

根据 VTK 可视化流水线可以设计出结构安全与进度状态耦合动态可视化的流程为：

1）时间步 T=1，可视化开始。

2）采用 vtkPoints 类、vtkHexahedron 类依次存储从数据库中获取的各个时间步的节点数据、单元数据，进而采用 vtkUnstructuredGrid 类生成各个时间步的整体可视化模型；采用 vtkFloatArray 类存储各个节点对应的仿真计算结果数据。

3）采用 vtkDataSetMapper 类同时将可视化模型映射成图像模型，将节点计算结果数据映射成不同显示颜色。

4）时间步 $T=T+\Delta T$，判断是否达到最终时间，是则终止程序，否则返回第 2）步。

10.3 工程实例应用

以某碾压混凝土重力坝工程为例进行上述理论和开发系统的应用。该碾压混凝土重力坝坝底高程 1166.00m，坝顶高程 1334.00m，最大坝高 168m，共分为 23 个坝段，全尺度数值仿真模型共包含 326174 个节点，302576 个单元，如图 10.1 所示（从左至右分别为 1#至 23#坝段），典型坝段混凝土分区如图 10.4 所示。

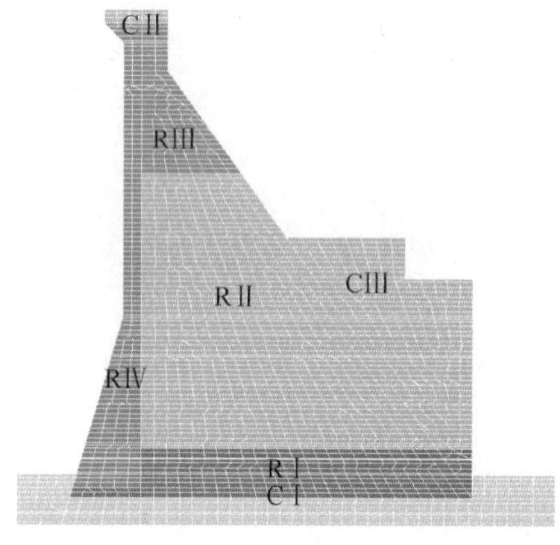

图 10.4　典型坝段混凝土分区图

大坝浇筑计划从第一年 9 月 12#—14#溢流坝段浇筑开始，第二年 10 月第一次蓄水至高程 1290.00m，到第三年 2 月所有坝段浇筑完毕，计划工期 535d。坝体垫层及其他常态混凝土浇筑层厚为 1.5m，间歇期为 5d；强约束区范围内，每铺层碾压压实厚度 0.3m，连续碾压 5 层（计 1.5m 层厚）后间歇 5 天；强约束区范围以外，每铺层碾压压实厚度 0.3m，连续碾压 5（计 1.5m 层厚）～10 层（计 3.0m 层厚）后间歇 5～7d，具体施工组合方案计划如表 10-2 所示。

表 10.2　大坝施工组合方案

混凝土种类	垫层		强约束区		弱约束区		脱离约束区				
	CⅠ	RⅠ	RⅡ	RⅣ	RⅡ	RⅣ	RⅡ	RⅢ	RⅣ	CⅡ	CⅢ
浇筑层厚度/m	1.5		1.5		1.5		3.0				
间歇期/d	5		5		5		7				
冷却水管间距	1.5m×2.0m		1.5m×2.0m		1.5m×2.0m		1.5m×3.0m				
冷却水温/℃	12		12		12		12				
冷却时间/d	15		15		15		10				

根据“施工过程结构安全与进度耦合动态仿真子系统”中提供的温度场动态仿真计算程序，将大坝浇筑每一天的施工状态向数值仿真模型进行快速映射，并计算出每一天温度场结果，然后通过“结构安全与进度状态耦合动态可视化子系统”进行动态交互式显示、分析。

用户不仅能够以交互式的方式跟踪查看坝段群在施工过程中连续、动态的结构安全状态和进度面貌概况，还可以从系统界面上获取其他更为详细、重要的施工进度、方案信息和结构安全信息，包括已开工坝段施工进度信息，施工组合方案信息，最高温度值及其出现位置，基础温差等（图 10.5～图 10.8）；还能够通过单击关注部位获取热点所属坝段、所在位置、混凝土分区和当前温度值，也可以追溯其浇筑日期、施工组合方案等信息（图 10.8）；此外，系统在三维动态可视化过程中，动态绘制出已开工坝段温控指标（最高温度及基础温差）的变化曲线（图 10.9），为分析施工方案的合理性提供数据支持。若发现某一施工时段内温控指标不满足规范标准，则可再次利用“耦合动态仿真子系统”快速进行调整施工方案下的全过程温度仿真和施工进度预测分析，重新确定施工方案。

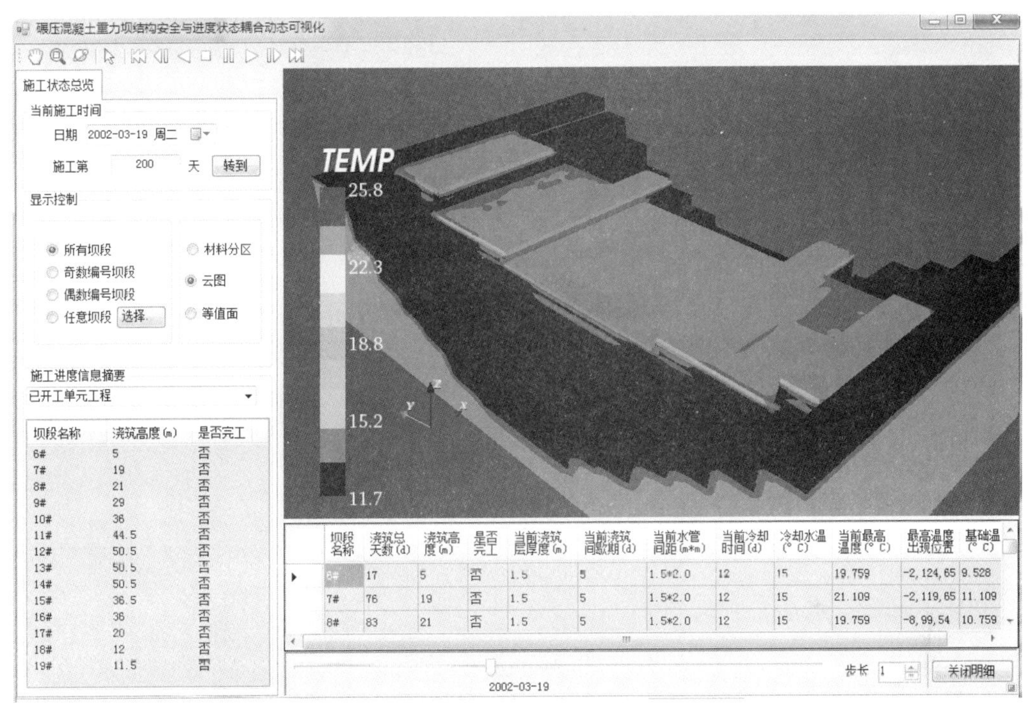

图 10.5　第 200 天坝段群结构安全和进度状态上游视角查看

可以看出，系统将数值仿真计算和后处理进行快速、无缝衔接，实现了宏观（坝段群）进度面貌和细观（节点处）结构安全信息的耦合动态交互式展示和跟踪分析，为决策者全面把控碾压混凝土重力坝坝段群结构安全和进度，进行施工方案的确定提供了一套辅助工具。

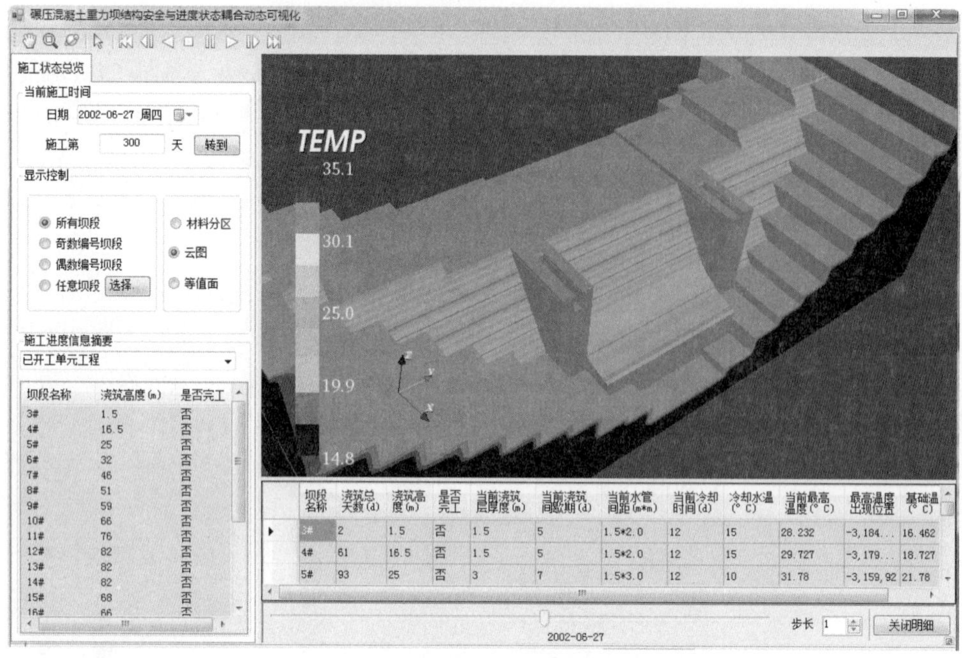

图 10.6　第 300 天坝段群结构安全和进度状态下游视角查看

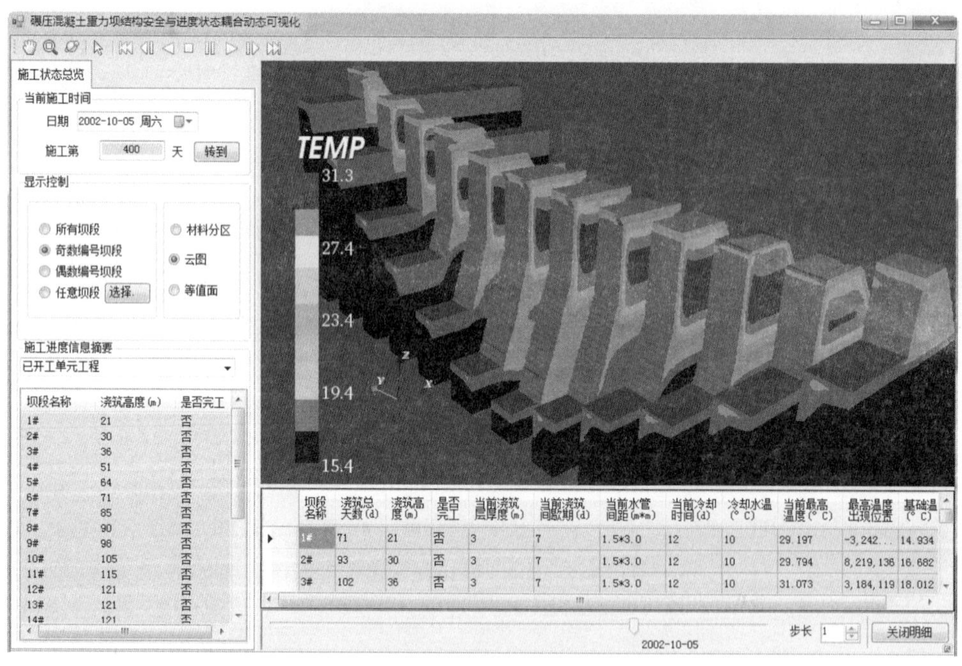

图 10.7　第 400 天奇数编号坝段群结构安全和进度状态查看

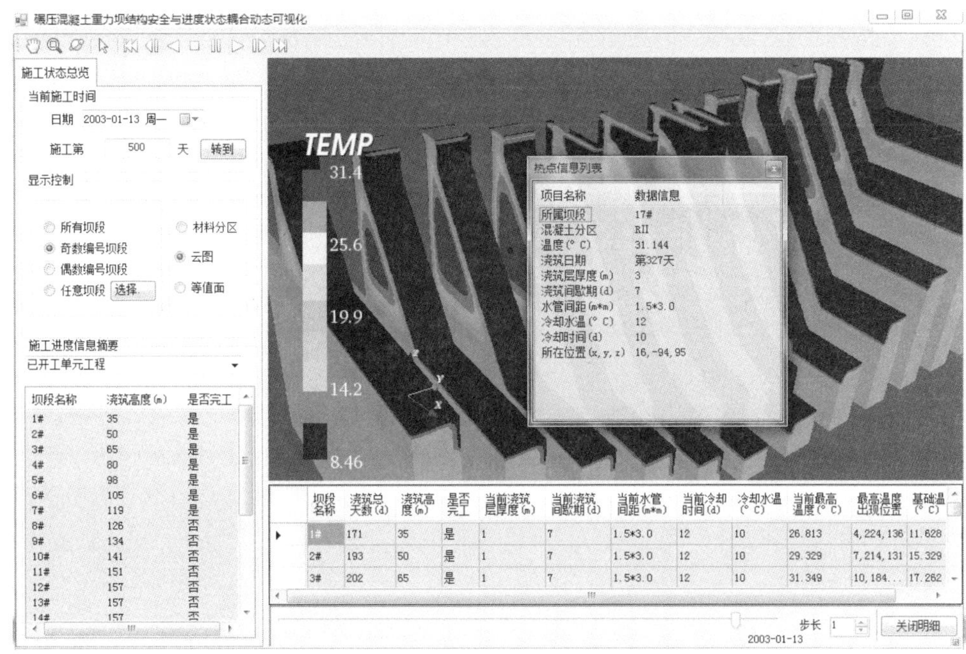

坝段名称	浇筑高度(m)	是否完工
1#	35	是
2#	50	是
3#	65	是
4#	80	是
5#	98	是
6#	105	是
7#	119	是
8#	126	否
9#	134	否
10#	141	否
11#	151	否
12#	157	否
13#	157	否
14#	157	否

坝段名称	浇筑总天数(d)	浇筑高度(m)	是否完工	当前浇筑层厚度(m)	当前浇筑间歇期(d)	当前水管间距(m*m)	当前冷却时间(d)	冷却水温(°C)	当前最高温度(°C)	最高温度出现位置	基础温(°C)
1#	171	35	是	1	7	1.5*3.0	12	10	26.813	4, 224, 136	11.628
2#	193	50	是	1	7	1.5*3.0	12	10	29.329	7, 214, 131	15.329
3#	202	65	是	1	7	1.5*3.0	12	10	31.349	10, 184...	17.262

图 10.8　第 500 天关注部位结构安全与进度信息查看

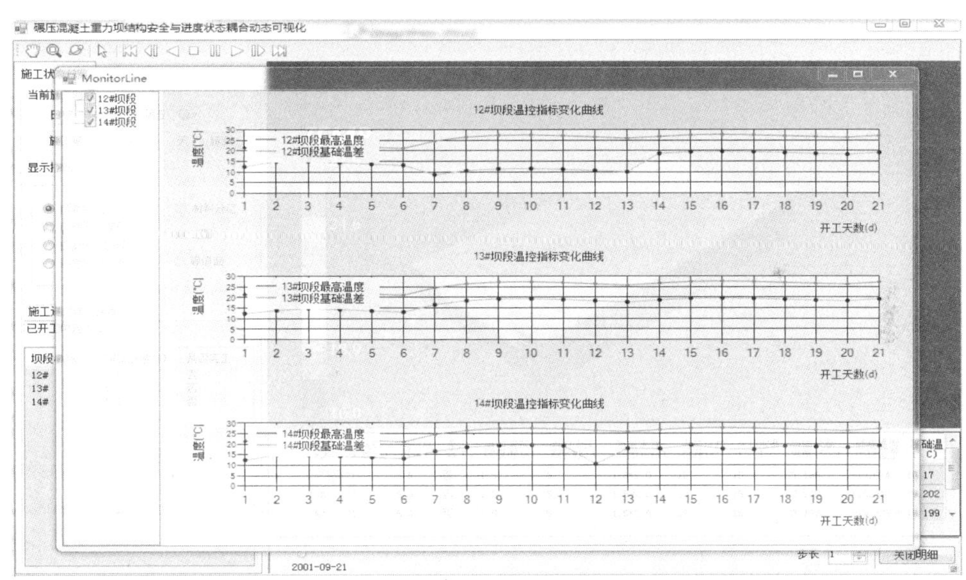

图 10.9　温控指标变化曲线动态绘制

第11章　BIM在长距离引水工程施工管理中的应用

水利水电工程中常常涉及较大单体工程、长线工程以及大规模区域性工程，工程全生命周期管理中既对区域宏观管理有要求，也对单体精细化管理有一定要求。同时，对于水利水电工程整体的数据管理来说，宏微观信息的融合可以为后续数据的处理、分析、挖掘及信息共享提供统一的数据平台。因此，实现跨领域的空间信息和模型信息的集成变得十分重要。

BIM 与 GIS 结合：一方面，大量高精度的模型和 GIS 框架结合可以使数据和流程实现多源关联，减少系统之间的独立性与重复工作，促进跨系统、跨平台间的数据交换，增强系统之间的互连、互通和互用性；另一方面，融合 BIM 与 GIS 技术，对长距离引水工程涉及的主要空间对象进行建模标识和展示，同时提供空间对象集成的相关信息查询、分析应用、辅助管理和决策支持虚拟现实环境，是深化多领域的协同交流、提高水利水电工程项目全生命周期服务质量的关键。

11.1　工 程 简 介

某长距离引水工程位于我国云南省境内，是加快云南经济社会发展、改善民生的一项重要而紧迫的战略性大型引水工程。

工程所处地区位于云南省中部，地处云贵高原与横断山脉交接带，在确定该引水工程规划范围时，以历史上各有关部门界定的“滇中区”为基础，剔除与引水工程完全无关的区域，适当增加了一些水资源紧缺、供需矛盾突出、水环境恶化且经济社会地位重要的地区。规划区包括昆明市、玉溪市、楚雄州、曲靖市、大理州、红河州以及丽江市 7 个地级行政区的 49 个县级行政区，面积 9.49 万 km^2，具体内容见表 11.1。

表 11.1　滇中规划区范围表

地级行政区	县级行政区	数量
大理州	大理市、剑川县、鹤庆县、洱源县、巍山县、宾川县、祥云县、弥渡县、漾濞县、南涧县	10
丽江市	永胜县（片角乡）	1
楚雄州	楚雄市、南华县、禄丰县、元谋县、牟定县、姚安县、大姚县、武定县	8

续表

地级行政区	县级行政区	数量
昆明市	五华区、盘龙区、官渡区、西山区、呈贡区、晋宁区、安宁市、嵩明县、富民县、寻甸县、宜良县、禄劝县、石林县	13
曲靖市	麒麟区、马龙区、沾益区、陆良县	4
玉溪市	澄江市、红塔区、江川区、通海县、易门县、华宁县	6
红河州	开远市、个旧市、蒙自市、弥勒市、建水县、泸西县、石屏县	7

该引水项目工程庞大，奔子栏阿洛贡至红河蒙自引水线路总长 846.525km，共 200 个构筑物，其中引渠一段，长 105m；明渠 12 段，长 7.57km；渡槽 33 座，长 8.64km；隧洞 103 座，长 771.92km；暗涵 32 段，总长 28.20km；倒虹吸 16 座，长 28.46km，消能构筑物 3 段，长 1.63km。其中明渠、渡槽、隧洞、暗涵和倒虹吸 5 种构筑物占输水线路长度比例分别为 0.9%、1.0%、91.2%、3.3%和 3.4%。图 11.1 与图 11.2 为部分工程区域的线路布置示意图。

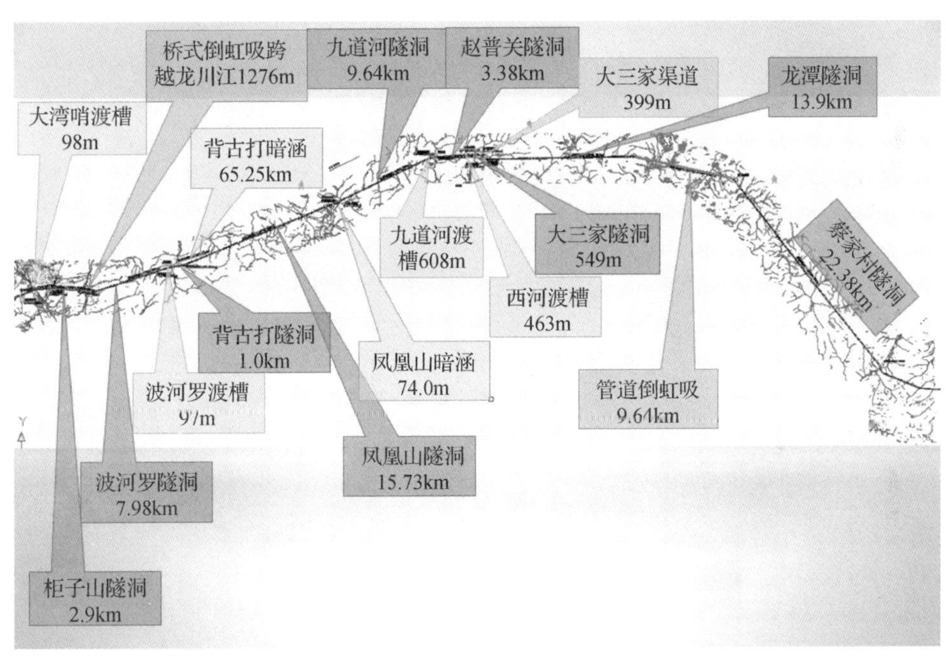

图 11.1　楚雄段线路布置示意图

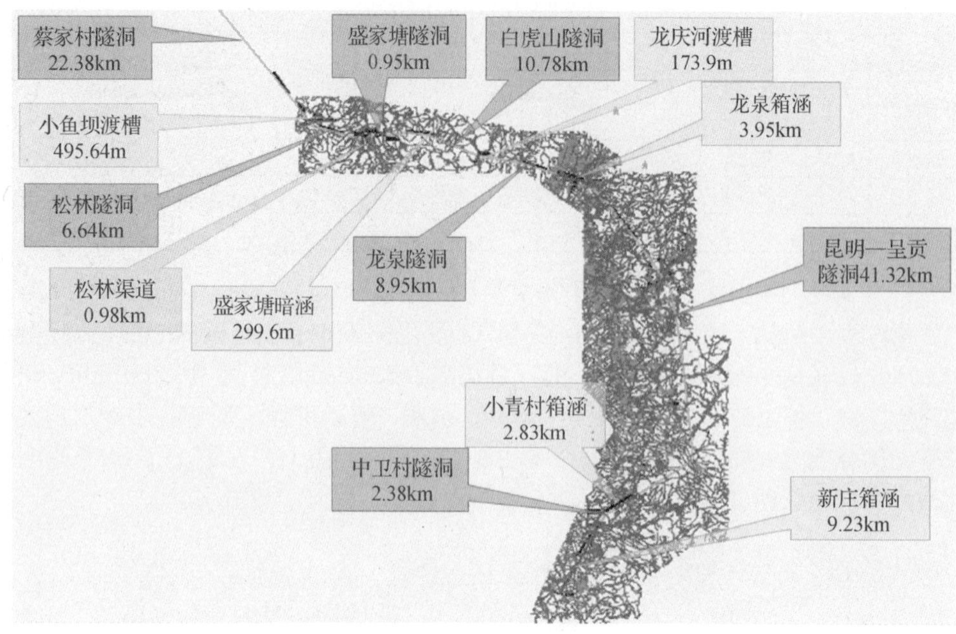

图 11.2 昆明段线路布置示意图

主体工程主要由水源工程、输水工程组成。水源工程主要由引水渠、地下泵站等组成；输水工程工程主要由明渠、渡槽、隧洞、暗涵和倒虹吸等建筑物组成，各种构筑物占线路长度比例分别为 0.06%、2.26%、88.96%、4.14%和 4.36%。

明渠过水断面采用梯形断面或矩形断面，设计流量 145～20m^3/s，纵坡 1/2000～1/15000。石渠边坡采用 1/1.5～1/0.75，土渠边坡采用 1.5/2.5～1/2.5。明渠水深 2.64～6.21m，超高 1.5m，采用混凝土衬砌，石质明渠衬砌厚 25.0cm，土质明渠衬砌厚 10.0cm，并设碎石垫层。

隧洞设计流量 145～10m^3/s，设计纵坡 1/8000～1/2000。香炉山超长隧洞采用 TBM 法和钻爆法施工，为圆形断面，净直径 9.8m，设计水深 7.71m。其余隧洞均采用钻爆法施工，为城门洞形断面，城门洞净底宽 2.6～9.5m，净高 3.75～10.41m，设计水深 2.64～7.78m。隧洞混凝土衬砌厚度 0.4～0.7m，含钢量 80～110kg/m^3。

渡槽为单线、单槽或双槽简支梁结构形式，过水断面采用矩形断面，设计流量 10～145m^3/s，设计纵坡 1/6500～1/2000，底宽 2.6～11.4m，水深 2.64～8.00m。

暗涵为双孔矩形钢筋混凝土箱涵，设计流量 10～145m^3/s，纵坡 1/8000～1/2000，孔口尺寸 6.15m×8.00m～2.60m×3.40m，设计水深 2.64～7.00m，箱涵壁厚 0.6～1.0m。

总干渠布置有管道倒虹吸和桥式倒虹吸，设计流量 10～145m^3/s。管道倒虹吸压力钢管最大内水压力 0.3～2.5MPa，直径 2.2～4.10m；PCCP 管最大内水压力 0.7～1.8MPa，直径 2.4m。桥式倒虹吸最大内水压力 1.7MPa，桥梁采用预应力连续梁结构，墩高约 60m。

此外，总干渠初步布置了分水闸、节制闸、退水闸、检修闸等控制构筑物 189 座，穿渠涵洞 12 座，交通桥 13 座。

11.2　系 统 应 用

11.2.1　创建三维 GIS 地理空间场景

利用中国科学院提供的地理空间数据云资源免费获取云南地区的 DEM 高程数据，解压后得到的 img 文件需要利用地图绘制软件 Global Mapper 转化为 TerraBuilder 识别的地形文件格式 tif，图 11.3 显示的是云南区域的数字高程模型；构建三维地形场景所需的遥感影像数据可以通过谷歌地球获取，最后对得到的数字高程模型和影像数据输入到 TerraBuilder 进行集合处理，创建能够真实反映工程区域地形地貌的三维数据场景（mpt 文件），如图 11.4 所示。

图 11.3　云南区域的数字高程模型

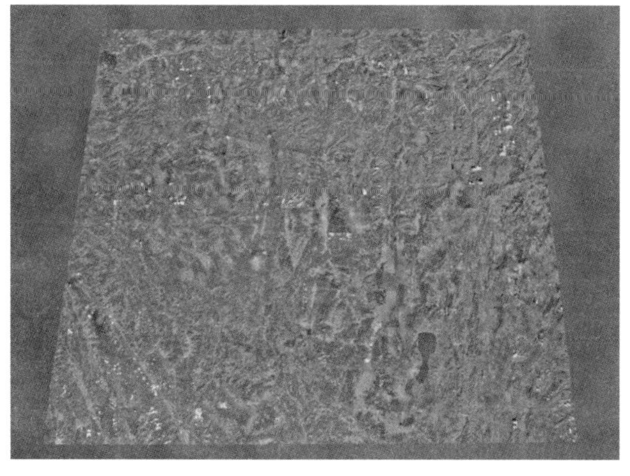

图 11.4　云南区域的三维数据场景

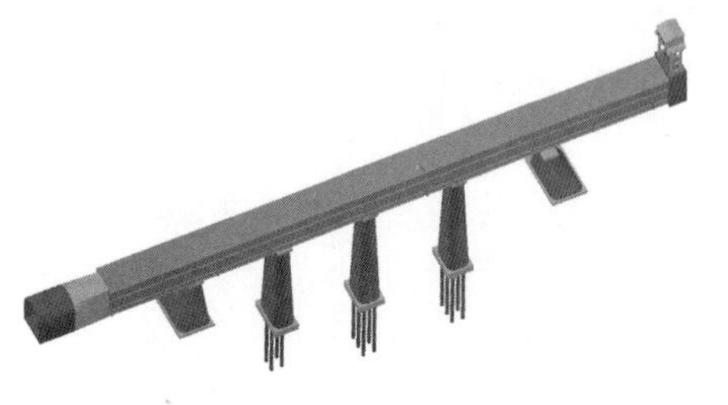

图 11.5 龙庆河渡槽的模型

11.2.2 创建工程 BIM 模型

利用 Revit 软件中强大的模块化设计功能建立该引水工程三维模型，如图 11.5 为工程中龙庆河渡槽的模型；由于 Revit 软件已有的一些族只适合应用于建筑领域，而不适应于水利工程，需建立一系列的专业族来提高工作效率，图 11.6 为建立渡槽工程模型的专业族集合。

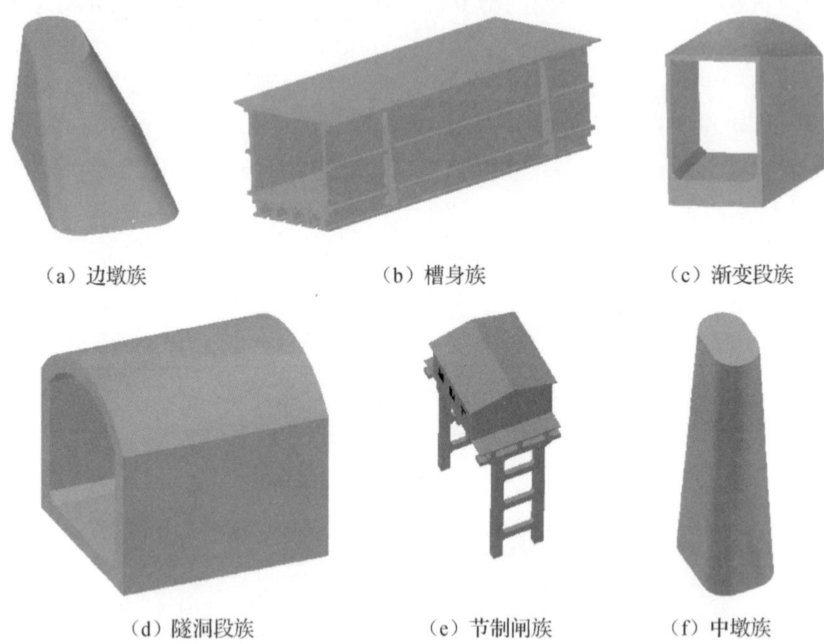

（a）边墩族 （b）槽身族 （c）渐变段族

（d）隧洞段族 （e）节制闸族 （f）中墩族

图 11.6 渡槽工程的专业族集合

11.2.3 Skyline 平台对引水工程 BIM 的集成

为了构建长距离引水工程三维可视化场景及实现 GIS 与 BIM 在模型层面的融合和深化分析应用，首先需要将 GIS 模型和 BIM 在三维 GIS 平台——Skyline 中进行集成应用。基于 Revit 软件平台创建的 BIM 文件，需要经过格式转换、后处理编辑等一系列操作手段，才能够在 Skyline TerraExplorer 环境中高效、精确地显示。以 DirectX 模型为中间转换模型，实现海量 3D BIM 的迅速导入。具体的集成操作流程如图 11.7 所示。

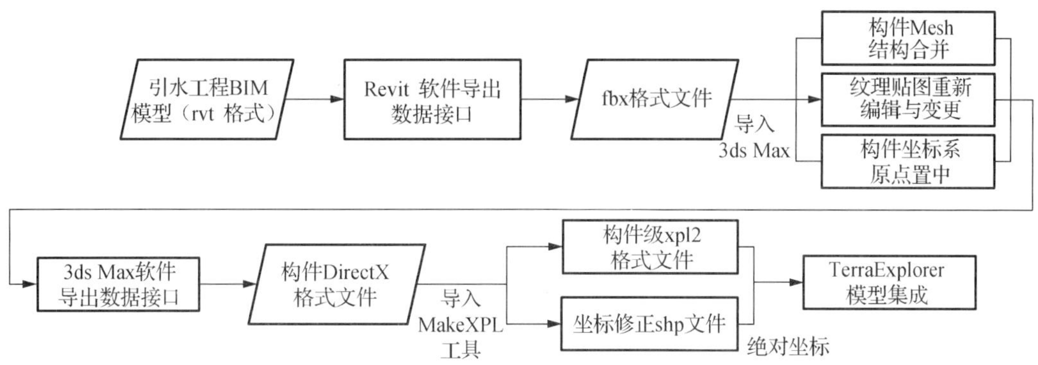

图 11.7 以 3ds Max 为中间辅助工具的 Revit 模型集成操作流程

核心操作流程：

1)利用 3ds Max 软件将由 Revit 软件导出的 fbx 格式的 BIM 转化为 DirectX 模型。

2）Skyline 自带的 MakeXPL 工具可对 DirectX 模型做进一步转换，获得 xpl2 压缩格式的模型文件以及保存模型原始三维坐标的 shp 文件。

3）在 TerraExplorer 中根据 Shp 文件批量导入 xpl2 模型。

遵循上述操作流程完成长距离引水工程 BIM 模型在 GIS 平台上的集成，图 11.8 为集成后的 3D GIS 场景模型，图 11.9 为 3D GIS 场景中的龙庆河渡槽模型。

图 11.8 3D GIS 场景模型

图 11.9　3D GIS 场景中的龙庆河渡槽模型

11.2.4　GIS-BIM 应用

11.2.4.1　GIS 应用

（1）获取地形剖面

系统中自带的地形剖面工具，可以展示地形高程沿着某一路径的剖面，以及最大高程值、最小高程值和坡度等相关信息，如图 11.10 所示。在地形图上利用鼠标左键可任意画出待分析的坡面路线，“确认”后即可显示“地形剖面信息框”，框中具备多种操作方式，可满足用户分析需求。

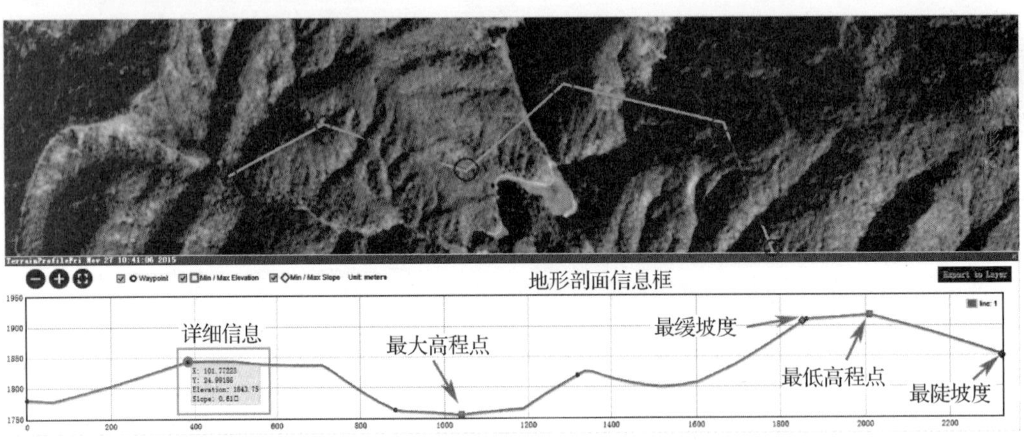

图 11.10　地形剖面图展示

（2）洪水淹没分析

系统中的洪水的淹没分析功能，对引水工程防洪减灾、洪水风险分析及灾情影响评估都具有重要的意义。此功能可设定水平面分析范围，当洪水发生后，自动分析洪水的覆盖情况及淹没处的水位高度，如图 11.11 所示。

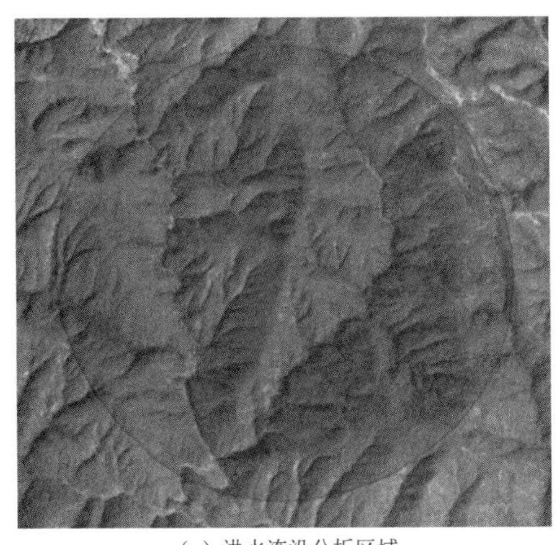

（a）洪水淹没分析区域

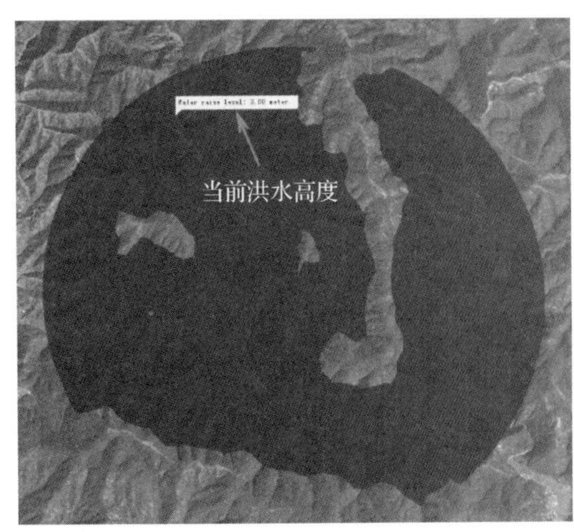

（b）洪水淹没计算结果

图 11.11　洪水淹没分析效果图

（3）三维模型编辑

三维模型加载到三维地形场景之后，可以在系统中对其常用属性进行编辑，如偏航、倾斜、旋转、缩放比例等常用属性。同时，模型在三维窗口中可通过拖动不同箭头，分别调整 3D 模型三个方位的比例，如图 11.12 所示。

（4）三维导航

系统中提供多种三维导航操作，包括 Zoom（缩放）、North（正北）、Rotate（环绕）、Follow（跟踪）4 种方式，可更加直观、清楚地了解当前所在的地理位置，方便用户快捷清晰地浏览引水工程概貌和寻找目的地，如图 11.13 与图 11.14 所示。

11.2.4.2　BIM 应用

（1）系统主界面

系统主界面是用户进入系统开发部分的最先映入眼帘的操作界面，也是实现 BIM 功能的控制平台，如图 11.15 所示。主界面中需要显示各个功能按钮，因此主界面既要美观大方，同时又要方便用户操作，如具有下拉菜单、功能提示等基本的 Windows 系统操作风格；系统中的主界面上可划分为常用、合同管理、资源管理、设计管理、招标采购管理、进度管理、费用管理总计 7 个菜单项。

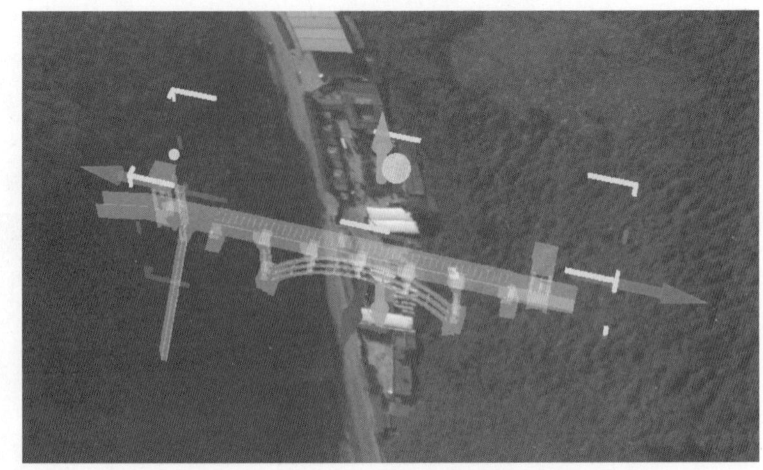

图 11.12　三维模型编辑显示图

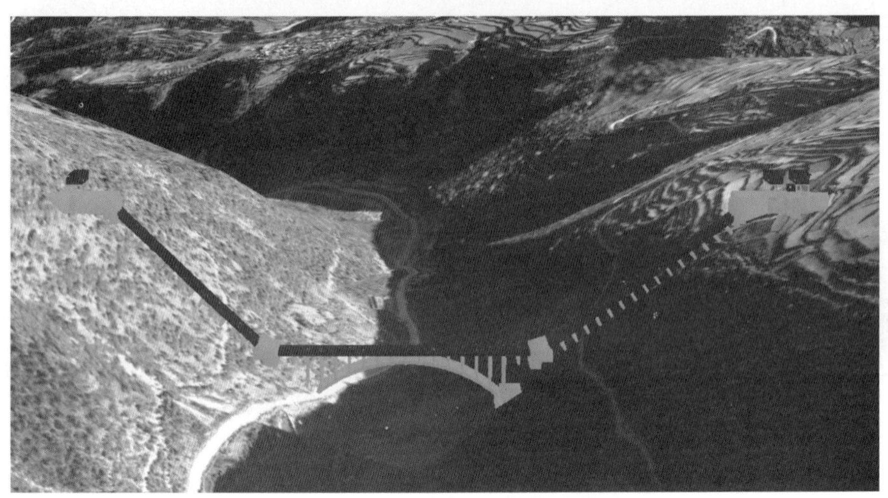

图 11.13　从被选中对象的右侧查看该对象

（2）工程设置

对长距离引水工程项目的基本信息进行维护与更新，包括项目编号、项目名称、项目级别、建设工期等字段，如图 11.16 所示。总承包项目管理是项目进入系统的入口，项目编号与名称是项目在系统中的唯一标识，并由项目的录入人对其进行维护。

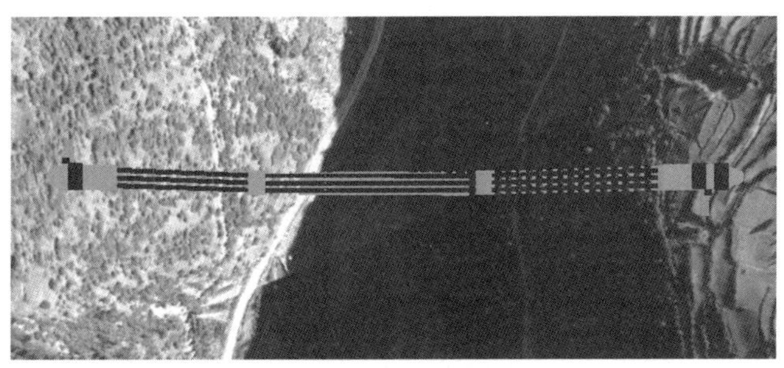

图 11.14　从被选中对象的后上方查看该对象（与地面成 45°）

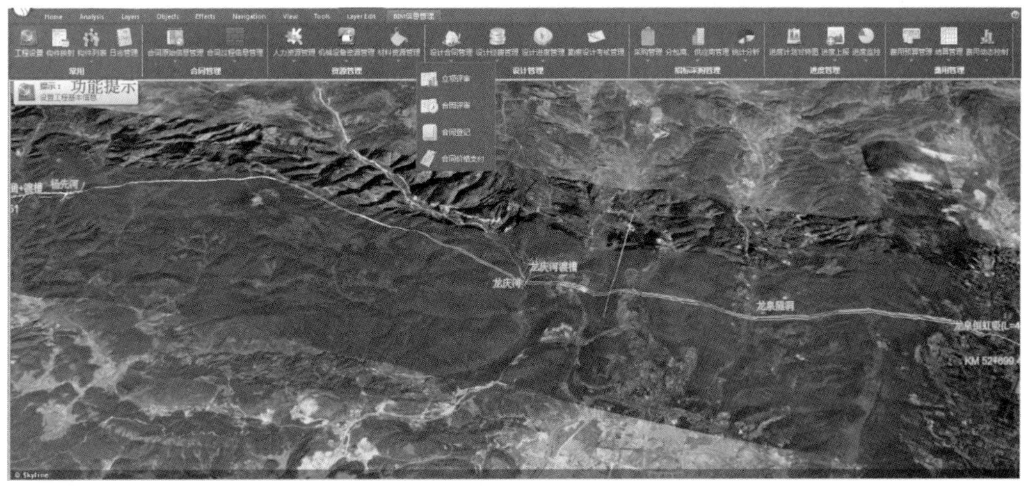

图 11.15　系统主界面

工程设置

××引水工程基本信息

项目编号：		项目名称：	××长距离引水工程	项目类型：	引水工程
开始日期：	2010-01-01	结束日期：	2018-01-01	计划工期/月：	96
所属国家：	中国	水源河流：	金沙江	计划投资/元：	69
录入时间：	2010-02-12	项目级别：	大（1）型	阶段：	建设阶段
工程所在地：					

项目说明：主体工程主要由水源工程、输水工程组成。水源工程地处××，主要由引水渠、地下泵站等组成；输水工程从金沙江右岸支流冲江河右岸推水后，途经××、××、××、××、××，终点为××的××，线路全长663.9km。工程主要由明渠、渡槽、隧洞、暗涵和倒虹吸等建筑物组成，各种建筑物占线路长度比例分别为：0.06%、2.26%、88.96%、4.34%和4.36%。

其它说明：

附件信息：上传附件

序号	文件名称	上传人	上传时间	操作
1	XX引水工程合同标书		2010-01-07 10:52:25	下载 删除
2	XX引水工程项目策划书		2010-01-07 10:53:16	下载 删除
3	XX引水工程管理局组织结构		2010-01-07 10:54:06	下载 删除
4	XX引水工程安全管理规定		2010-01-07 10:55:12	下载 删除

编辑　取消　保存

图 11.16　工程设置系统界面图

（3）合同基本信息维护

分包合同基本信息管理的基本功能是实现对与引水工程模型构件相关联的施工分包合同的原始信息进行统一的维护管理（图 11.17），包括合同编号、合同名称等属性信息（图 11.18），从而便于系统用户对其进行维护和更新；录入的分包合同，用户需要手动执行与相应的工程子模型进行关联或解关联操作。

合同基本信息维护

××长距离引水工程施工分包合同列表

	合同编号	合同名称	关联模型名称	签订时间	录入人	录入时间	新增
1	XX-SC-XX	XX引水工程施工分包合同1	蔡家村隧洞	2009-10-13	XX	2009-10-XX	详细
2	XX-SC-XX	XX引水工程施工分包合同2	龙泉隧洞	2010-05-10	XX	2010-05-XX	详细
3	XX-SC-XX	XX引水工程施工分包合同3	龙庆隧洞	2010-07-24	XX	2010-08-XX	详细
4	XX-SC-XX	XX引水工程施工分包合同4	小鱼坝倒虹吸	2011-08-02	XXX	2011-08-XX	详细

« 1 2 3 4 5 »

图 11.17　施工分包合同列表

施工合同详细信息

分包合同基本信息

分包合同编号:	XX-SC-01	分包合同名称:	XX长距离引水工程施工分包合同	项目名称:	XX长距离引水工程
合同类别:	施工分包合同	合同状态:	已签订	合同金额/万元:	××××00
付款类别:	支票	甲方:	××长距离引水工程管理局	乙方:	××××集团有限公司
开工日期:	2013-01-12	评审日期:	2009-××-××	签订日期:	2009-10-13
甲方签订人:	×××	乙方签订人:	××飞	分包工程名称:	××隧洞开挖支护施工
分包类型:	专业分包	乙方开户银行:	中国建设银行××××	乙方账号:	×××××× 28×××××
模型关联:	蔡家村隧洞 关联 解除关联				
评审意见:	详见附件《xx长距离引水工程施工分包合同1评审意见书》				
备注:	支付信息按月结算，于开工后的每月15号进行结算支付。				

附件信息：

序号	文件名称	上传人	上传时间	操作
1	XX引水工程施工概要说明	××	2009-10-15 15:03:11	
2	XX引水工程施工合同书	××	2009-10-15 15:03:43	
3	XX引水工程施工合同评审意见书	××	2009-10-15 15:04:09	

编辑　取消　保存

图 11.18　分包合同基本信息

（4）模型支付

引水工程在实际施工过程中，是按月份对已完工程量进行结算支付，根据不同的结算标准可分为计划内支付、计划外支付、历史性支付三种类型。计划内支付：上月已对本月的支付做出详细的预算计划；计划外支付则是指上月未对本月的支付做预算而突然发生的支付申请；历史性支付：指对合同在未录入系统之前的支付信息进行汇总并手动录入到系统之中。系统中是以模型为控制基础管理其具体的支付信息，3 种类型的支付数据组成了相应模型构件施工过程中的实际支付总额，如图 11.19 所示。

模型支付

蔡家村隧洞施工支付信息

• 计划内支付（53%）　• 计划外支付（28%）　• 历史支付（19%）

计划内支付　计划外支付　历史性支付　累计支付

#	合同名称	年度	月份	第几次支付	本次审批支付金额(元)	实际支付金额(元)	创建者	创建日期
1	XX长距离引水工程施工分包合同1	2013	2	1	×××××	×××××	××	2013-03-××
2	XX长距离引水工程施工分包合同1	2013	3	2	×××××	×××××	××	2013-04-××
3	XX长距离引水工程施工分包合同1	2013	4	3	×××××	×××××	××	2013-05-××
4	XX长距离引水工程施工分包合同1	2013	5	6	×××××	×××××	××	2013-06-××
5	XX长距离引水工程施工分包合同1	2013	6	7	×××××	×××××	××	2013-07-××
6	XX长距离引水工程施工分包合同1	2013	7	8	×××××	×××××	××	2013-08-××
7	XX长距离引水工程施工分包合同1	2013	8	9	×××××	×××××	××	2013-09-××
8	XX长距离引水工程施工分包合同1	2013	9	10	×××××	×××××	××	2013-10-××

图 11.19　蔡家村隧洞模型施工支付列表

（5）统供材料耗量汇总信息查询

根据施工组织措施、技术性文件和实际施工领用情况，系统可对引水工程特定模型构件的施工过程中统供材料的理论量和实际消耗量进行汇总统计分析，从而计算得出其累积领用量（在统供物资管理模块中获取）、累积理论量（根据施工进度和单耗分析数据进行计算得出）和累积差值，如图 11.20 所示。

统供材料耗量汇总信息查询

龙庆隧洞施工统供材料耗量汇总统计信息

分析条件

开始年：2015　开始月：6　——　结束年：2015　结束月：7　分析

基本信息

统供材料汇总信息

合同编号：	XX-SC-03	合同名称：	XX引水工程施工分包合同3
合同金额(万元)：	345.5000	合同单位：	XXXXXXXXXXXXX工程局有限公司
所属项目名称：	××引水工程	所属项目编号：	CHINA-XXXX
合同签订时间：	2010-××-××	实际开工时间：	2011-XX-XX

单耗分析信息

序号	物资编号	物资名称	单位	累积领用量	累积理论量	累计差值
1	CHINA-××××-××-PX010	柴油	吨	×××××	×××××	×××××
2	CHINA-××××-××-PX215	钢筋(综合)	吨	××××××	×××××	×××××
3	CHINA-××××-××-PX080	普通硅酸盐水泥32.5（P.O.32.…	吨	××××	×××××	×××××
4	CHINA-××××-××-PX095	通硅酸盐水泥42.5（P.O.42.5）	吨	×××××	×××××	×××××
5	CHINA-××××-××-PM165	通硅酸盐水泥52.5（P.O.52.5）	吨	0.000	0.000	0.000
6	CHINA-××××-××-PM214	袋装、散装粉煤灰（Ⅰ级）	吨	0.000	0.000	0.000
7	CHINA-××××-××-PM215	袋装、散装粉煤灰（Ⅱ级）	吨	0.000	0.000	0.000
8	CHINA-××××-××-PM231	2#岩石炸药	吨	0.000	1.293	×××××
9	CHINA-××××-××-PM232	4#抗水岩石炸药	吨	0.000	0.000	0.000
10	CHINA-××××-××-PM234	乳化炸药	吨	0.000	0.000	0.000
11	CHINA-××××-××-PM001	施工用电	kw.h	0.000	×××××	×××××

图 11.20　龙庆隧洞模型施工统供材料汇总统计分析结果

（6）进度计划管理（录入、监控、统计查询）

鉴于设计图纸交付进度直接影响和制约着引水工程建设过程中的采购和施工环节，在项目实施的各个环节起着至关重要的作用，系统中对设计进度计划中的各个细项工作执行严格的控制管理，包括监控、查询和预警，如图 11.21 所示。

对不同进度可以设置不同颜色进行区分，如黄色表示进度预警，即设计图纸没有能够按期交付；红色表示成果延误提交，即设计图纸已经交付，但是交付日期晚于图纸交付计划截止日期；绿色表示成果按期提交，即设计图纸在交付计划截至日期之前正常提交。

进度计划管理(录入、监控、统计查询)

盛家塘隧洞设计图纸交付进度统计

新增 删除 保存 查看统计图

序号	任务名称	计划开始日期	计划截止日期	预警日期	进度预警人	状态监控	成果提交状态	成果提交日期	查看
1	××××洞 - 图纸 - 2 - 平面布置图	2015-××-××	2015-××-××	2015-××-××	×××	成果延误提交	已提交	2015-××-××	查看
2	××××洞 - 图纸 - 11 - 施工组织设计图	2015-××-××	2015-××-××	2015-××-××	×××	进度预警	未提交		查看
3	××××洞 - 图纸 -21-排架横剖面图1	2015-××-××	2015-××-××	2015-××-××	×××	成果按期提交	已提交	2015-××-××	查看
4	××××洞 - 图纸 - 9 - 临时支护施工参考图	2015-××-××	2015-××-××	2015-××-××	×××	进度预警	未提交		查看
5	××××洞 - 图纸 - 7 - 隧洞永久衬砌结构图	2015-××-××	2015-××-××	2015-××-××	×××	进度预警	未提交		查看
6	××××洞 - 图纸 - 3 - 典型断面图	2015-××-××	2015-××-××	2015-××-××	×××	进度预警	未提交		查看
7	××××洞 - 图纸 - 5 - 进口渐变段结构图	2015-××-××	2015-××-××	2015-××-××	×××	进度预警	未提交		查看
8	××××洞 - 图纸 - 4 - 纵剖面图	2015-××-××	2015-××-××	2015-××-××	×××	进度预警	未提交		查看
9	××××洞·图纸 - 6 - 出口渐变段结构图	2015-××-××	2015-××-××	2015-××-××	×××	进度预警	未提交		查看
10	××××洞 - 图纸 - 10 -隧洞固结灌浆施工详图	2015-××-××	2015-××-××	2015-××-××	×××	进度预警	未提交		查看
11	××××洞 - 图纸 - 8 - 衬砌钢筋图	2015-××-××	2015-××-××	2015-××-××	×××	进度预警	未提交		查看
12	××××洞 - 图纸 -22-排架横剖面图2	2015-××-××	2015-××-××	2015-××-××	×××	成果按期提交	已提交	2015-××-××	查看

25 1 /1 每页 25 条,共 12 条

图 11.21 盛家塘隧洞设计图纸交付进度统计结果

为了更直观地显示进度计划的执行情况，使信息对比和变化一目了然，系统提供了甘特图、柱状图和扇形图 3 种不同的图表类型（图 11.22），进而使数据图形化，以利于系统用户加强对工程设计进度的控制。不同的图表样式有着自身的表达特性，但是它们的共性点是使信息直观形象，有助于对统计资料进行比较、对照、分析和研究。

（7）在线编辑勘察设计考核通知

引水工程在建设期间，需要按年度对所有工程设计单位进行勘察设计考核，其考核结果将作为设计经费结算的参考和依据。系统中提供了功能丰富且操作灵活的在线编辑器——UEditor（图 11.23），方便用户直接在线编辑需要考核通知的内容。UEditor 是目前比较流行的一种所见即所得的富文本在线编辑器，其开源、轻量和可定制的特点可帮助开发者解决多种难题，可大大降低开发成本。

（8）比价定标

为建立物资采购过程中的平等和竞争机制，保障引水工程建设资金的有效使用，系统中开发了比价定标子模块，如图 11.24 所示。根据相关规定，当采购物资的单件或批量物资总价超过 200000 元时，要求选择两个以上的物资供应厂家进行比质比价，其比价过程中的流程信息必须完整地保存到系统中，方便用户查询，从而做到阳光采购，达到公开、公平以及公正的目的。

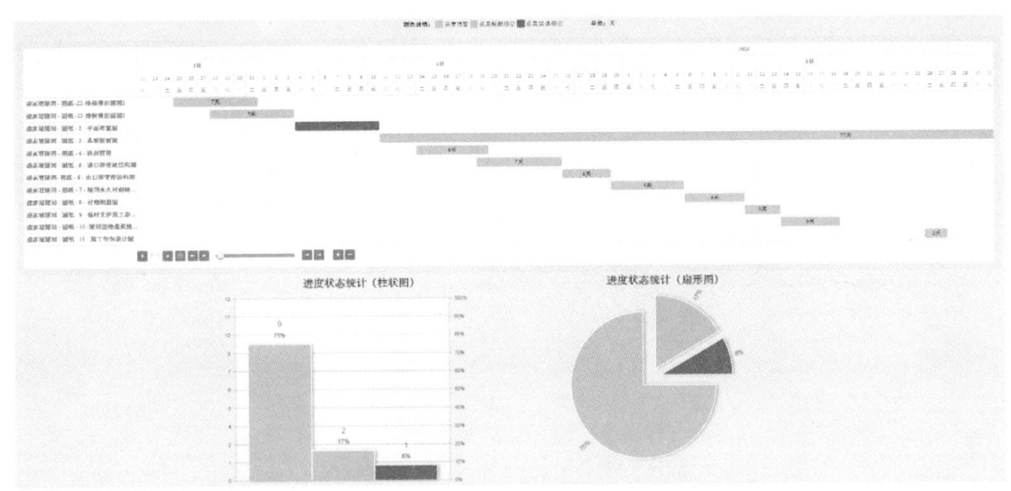

图 11.22　统计结果图表化表达效果图

在线编辑考核通知

填写通知信息:

序号	项目名称		勘察设计单位	勘察设计单位分管人员	建管部分管人员	设计管理部分管人员
1	××××开挖工程		××××××××	×××	×××	××
2	××××工程		××××××××	××	×××	×××
3	××××开挖工程		××××××××	×××	×××	×××
4	×××暗涵		××××××××	××	×××	××
5	××隧洞开挖工程		××××××××	×××	×××	×××
增加项	考核年度	2014	项目管理部分管人员	××	费用控制部分管人员	×××
删除项	通知发布日期	2015-01-16	招标采购部分管人员	×××	机电管理部分管人员	××

编辑通知单:

自定义标题　段落　方正大标宋　24px

编辑器功能按钮

图 11.23　在线编辑界面

（9）进度计划甘特图

针对长距离引水工程的实际施工情况，需要将工程划分为多个施工段，如龙泉隧洞、松林隧洞等标段，并在各个施工标段的基础上进一步完成工作细节的划分，进而形成完整的工作分解结构；为加强对工程施工进度的控制，需要在工作分解结构的基础上，制定详细的施工进度计划；如果以表格的形式展示施工进度计划，则会显得烦琐、混乱，不利于项目管理。

比价定标

材料集中采购>>比价定标

××××虹吸工程—电缆桥架设备采购

总价比价定标：（点击需要选择的供应商及对应总价单元格，即可弹出定标对话框，对已定标供应商和价格用红色显示） 查看所有详细报价 报价汇总

供应商	总价—/万元	投标附件
×××电力设备有限公司	××.0600	查看
×××蓝机电设备有限公司	××.5100	查看
×××电气工程有限公司	××.1900	查看

分组比价：

将分组列放到此处

	物资名称	类别	材质	等级	供应商
	CPVC止回阀CPVC check value	DN15 PN1.0	CPVC	GB/T18998	××××电力设备有限公司
	CPVC止回阀CPVC check value	DN25 PN1.0	CPVC	GB/T18998	××××电力设备有限公司
	CPVC球阀CPVC check value	DN15 PN1.0	CPVC	GB/T18998	××××电力设备有限公司
	CPVC球阀CPVC check value	dn25 PN1.0	CPVC	GB/T18998	××××电力设备有限公司
	CPVC手动球阀CPVC Manual value	PN1.0 dn25	CPVC	GB/T18998	××××电力设备有限公司
	CPVC球阀CPVC Manual value	PN1.0 DN25	CPVC	GB/T18998	××××电力设备有限公司
	球阀	DN15	UPVC		××××电力设备有限公司

图 11.24 小鱼坝倒虹吸工程——电缆桥架设备采购比价定标

甘特图（Gantt Chart）作为一种最常用的项目进度计划管理工具，其具有简洁直观、易于编制的显著特点，它通过图表的形式，利用活动列表和时间刻度形象化地表达项目的特定活动顺序与持续时间。

为了更好地展示项目施工进度计划，系统中增设了进度计划甘特图模块，在满足甘特图最基本特点的基础上，实际活动完成情况也会显示在图形中，以易于与计划要求做对比；同时，系统中的甘特图具有可随意拖拉、动态添加施工任务、触点提示、多种显示类型等特点，如图 11.25 所示。

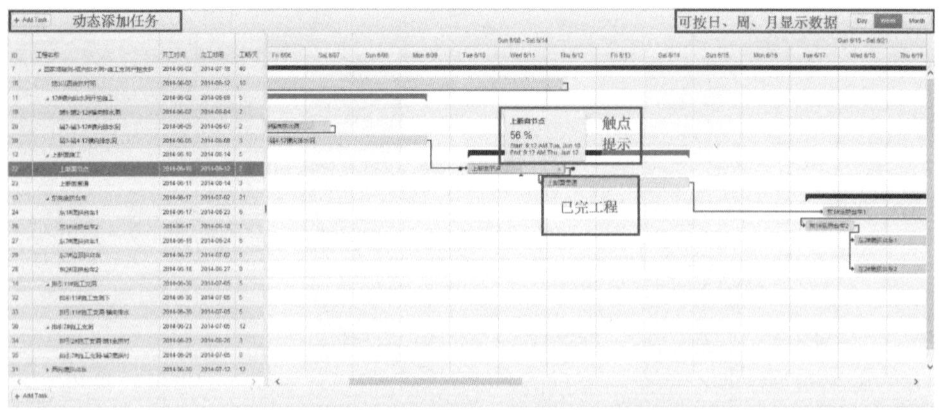

图 11.25 盛家塘隧洞进度计划甘特图

（10）赢得值评判

利用赢得值原理对龙泉倒虹吸工程自 2014 年 10 月至 2015 年 4 月的整体施工进度/成本进行综合评价，其对应 SPI 和 CPI 结果如表 11.2 所示。

表 11.2　施工进度/成本综合分析结果

时间	SPI	CPI
2014-10	0.81	0.63
2014-11	0.99	0.72
2014-12	1.02	0.71
2015-01	1.06	0.72
2015-02	1.15	0.79
2015-03	1.23	0.87
2015-04	1.23	0.96

由以上分析结果可得：

1）从 2014 年 10 月开始到 11 月，CPI<1 且 SPI<1，说明龙泉倒虹吸工程在此建设期间成本超支且进度滞后，是非常不利的，应及早采取控制措施。

2）从 2014 年 11 月至 2015 年 4 月，SPI 从 0.99 上升到 1.23，CPI 从 0.72 上升到 0.96，说明这一阶段的实际进度赶上并超过计划进度，此时如果实际的成本支出仍然大于预算成本，表明工程进度/成本综合控制水平开始向良性发展。

参 考 文 献

BIM 工程技术人员专业技能培训用书编委会，2016. BIM 技术概论[M]. 北京：中国建筑工业出版社.
蔡绍宽，钟登华，刘东海，2011. 水电工程 EPC 总承包项目管理理论与实践[M]. 北京：中国水利水电出版社.
陈杰，2014. 基于云 BIM 的建设工程协同设计与施工协同机制[D]. 北京：清华大学.
陈晓，2005. Partnering 模式的理论与应用研究[D]. 南京：河海大学.
池仁勇，2009. 项目管理[M]. 北京：清华大学出版社.
范喆，2010. 基于 BIM 技术的施工阶段 4D 资源动态管理[D]. 北京：清华大学.
韩硕，2015. 探索中国制造业的新未来：德国工业 4.0 对中国制造业发展的启示[J]. 中国集体经济（6）：9-10.
何关培，2011. BIM 总论[M]. 北京：中国建筑工业出版社.
机械工业信息研究院战略与规划研究所，2014. 德国工业 4.0 战略计划实施建议（摘编）[J]. 世界制造技术与装备市场（3）：42-48.
金峰，周志丹，周元德，等，2006. 基于 ABAQUS 平台的混凝土坝温度应力计算程序的开发与应用[J]. 水力发电学报，25(4)：75-78.
李术才，王渭明，王拉才，1997. 非线性时序分析模型在地下工程位移预报中的应用[J]. 岩土工程学报，19(4)：15-20.
卢高阳，2014. 基于 BIM 的施工进度计划编制方法研究[D]. 武汉：华中科技大学.
明星，2014. 基于 MVD 的建筑与结构模型转换研究[D]. 上海：上海交通大学.
欧阳东，2013. BIM 技术：第二次建筑设计革命[M]. 北京：中国建筑工业出版社.
清华大学 BIM 课题组，2011. 中国建筑信息模型标准框架研究[M]. 北京：中国建筑工业出版社.
清华大学 BIM 课题组，互联立方公司 BIM 课题组，2011. 设计企业 BIM 实施标准指南[M]. 北京：中国建筑工业出版社.
邱奎宁，张汉义，王静，等，2010. IFC 技术标准系列文章之一：IFC 标准及实例介绍[J]. 土木建筑工程信息技术，2（1）：68-72.
任桂娜，2013. 基于 BIM 的工程项目进度计划自动生成模型研究[D]. 哈尔滨：哈尔滨工业大学.
撒文奇，张社荣，杜成波，等，2013. 大型地下洞室群施工期结构安全与进度耦合实时仿真[J]. 四川大学学报(工程科学版)，45(1)：98-106.
沈雄伟，2007. Primavera（P3E/C）应用指导：水电篇[M]. 北京：中国建筑工业出版社.
孙钰杰，张社荣，潘飞，2017. 基于 IFC 的水电设备运行维护管理系统设计及原型实现[J]. 工程管理学报，31(01)：17-22.
王超羽，2009. 水利水电勘测设计企业知识管理系统应用研究[D]. 北京：清华大学.
王华兴，张社荣，潘飞，2017. IFC4 流程实体在 4D 施工信息模型创建中的应用[J]. 工程管理学报，31(02)：90-94.
王学科，2007. 项目管理的 PMC 模式及其应用分析[D]. 天津：天津大学.
王勇，张斌，2009. 项目管理知识体系指南（PMBOK 指南）[M]. 4 版. 北京：电子工业出版社.
谢祥明，郭磊，2011. 高温地区碾压混凝土重力坝的施工期温度裂缝控制[J]. 天津大学学报，44(6)：504-510.
徐玖平，2014. 大型水利水电工程建设项目集成管理[M]. 2 版. 北京：科学出版社.
徐锐，2006. 基于 IFCXML 的建筑数据共享平台的研究与设计[D]. 上海：复旦大学.
杨敏，任红林，2004. 土木工程信息化战略及其实施构架[J]. 同济大学学报（自然科学版）（3）：302-306.
张建平，余芳强，李丁，2012. 面向建筑全生命期的集成 BIM 建模技术研究[J]. 土木建筑工程信息技术（1）：6-14.
张康照，2012. 基于 BIM 实时模型的施工进度监测系统研究[D]. 天津：天津大学.
张洋，2009. 基于 BIM 的建筑工程信息集成与管理研究[D]. 北京：清华大学.
张志伟，何田丰，冯奕，等，2017. 基于 IFC 标准的水电工程信息模型研究[J]. 水力发电学报，36(2)：83-91.
张宗亮，2016. HydroBIM-水电工程设计施工一体化[M]. 北京：中国水利水电出版社.
中华人民共和国水利部，2005. 混凝土重力坝设计规范：SL 319—2005 [S]. 北京：中国水利水电出版社.
中华人民共和国水利部，2019. 2018 年全国水利发展统计公报[M]. 北京：中国水利水电出版社.
钟登华，吴康新，练继亮，2008. 基于多 Agent 的混凝土坝施工仿真与优化研究[J]. 系统仿真学报，20(2)：485-489.

钟登华，石志超，杜荣祥，等，2015. 基于 CATIA 的心墙堆石坝三维可视化交互系统[J]. 水利水电技术，46(06)：16-20，33.

周成，2013. 基于 IDM 的建筑工程数据交付标准研究[D]. 上海：上海交通大学.

周伟，常晓林，刘杏红，等，2006. 基于温度应力仿真分析的碾压混凝土重力坝诱导缝开裂研究[J]. 岩石力学与工程学报，25(1)：122-127.

周伟，常晓林，喻建清，等，2008. 基于施工期温度仿真的小湾高拱坝结构诱导缝设置效果分析[J]. 四川大学学报（工程科学版），40(1)：51-57.

朱伯芳，2006. 混凝土坝温度控制与防止裂缝的现状与展望[J]. 水利学报，37(12)：1424-1432.

朱伯芳，2012. 大体积混凝土温度应力与温度控制[M]. 2 版. 北京：中国水利水电出版社.

左正，胡昱，段云岭，等，2014. 基于第 5 代 HTML 标准的拱坝工程三维可视化网络平台[J]. 计算机辅助设计与图形学学报，26(04)：590-596.

BIMForum, 2015. Level of Development Specification For Building Information Models Version:2015[Z/OL].[2019-02-03]. https://bim-international. com/wp-content/uploads/2016/03/LOD-Specification-2015.pdf.

BOOTH D, HAAS H, MCCABE F, et al., 2004. Web Service architecture, W3C working Draft[M/OL].(2004-02-11)[2019-01-20]. http://www.w3.org/tr/ws-arch.

Building and Construction Authority(BCA). Singapore BIM guide version 1.0[Z/OL].[2019-02-03]. https://www.corenet.gov.sg/media/586135/Singapore_BIM_Guide_Version_1.pdf

EASTMAN C M, EASTMAN C, TEICHOLZ P, et al., 2011. BIM handbook: A guide to building information modeling for owners, managers, designers, engineers and contractors[M]. New Jersey:John Wiley & Sons.

HALPIN D W, RIGGS L S, 1992. Planning and Analysis of Construction operations[M]. New Jersey:John Wiley & Sons.

IFC Solutions Factory, 2005. The model view definition site[Z/OL]. [2019-02-03]. http://www.blis-project.org/IAI-MVD/.

JORGENSEN K A, SKAUGE J, CHRISTIANSSON P, et al., 2008. Use of IFC model servers-modelling collaboration possibilities in practice[R]. Aalborg:Department of Production, Aalborg University.

LANGE B, NGUYEN T, 2014.A Hadoop distribution for engineering simulation[J]. INRIA Grenoble-Rhône-Alpes,178(4541): 1-29.

LANGE B, NGUYEN T, 2015. A Hadoop use case for engineering data[C]//Cooperative Design, Visualization, and Engineering. Berlin:Springer.

LI J R, ZHONG D H, 2005. A GIS-based visual simulation system for underground power station construction[C]//Computing in Civil Engineering: 1-12.

LIPKE W, 2014.Earned Value Management and Earned Schedule Performance Indexes[M]. New Jersey:Wiley.

National Institute of Building Sciences(NIBS), 2012. National BIM Standard – United States Version 3[Z/OL].(2015-04-10)[2019-03-01]. https://www.nibs.org/news/226090/National-BIM-Standard-United-States-Version-3-Release-Postponed.htm.

SOLIHIN W, EASTMAN C, 2016. A Simplified BIM model server on a big data platform [C]//31st CIB W78, Brisbane: Queensland University Press.